EUL VERLAG

Jürgen Dost

Arbeit, Führung und Gesundheit

Entwicklung, Überprüfung und Anwendung eines Acht-Faktoren-Modells gesunder Führung

Mit einem Geleitwort von Univ.-Prof. Dr. Dr. Michael Kastner,
Technische Universität Dortmund

Bibliografische Information der Deutschen Nationalbibliothek

Die Deutsche Nationalbibliothek verzeichnet diese Publikation in der Deutschen Nationalbibliografie; detaillierte bibliografische Daten sind im Internet über <http://dnb.d-nb.de> abrufbar.

Dissertation im Fach Psychologie der Fakultät „Erziehungswissenschaften, Psychologie und Soziologie" der Technischen Universität Dortmund, 2014

ISBN 978-3-8441-0356-4
1. Auflage Oktober 2014

JOSEF EUL VERLAG GmbH
Brandsberg 6
53797 Lohmar
Tel.: 0 22 05 / 90 10 6-6
Fax: 0 22 05 / 90 10 6-88
E-Mail: info@eul-verlag.de
http://www.eul-verlag.de

Bei der Herstellung unserer Bücher möchten wir die Umwelt schonen. Dieses Buch ist daher auf säurefreiem, 100% chlorfrei gebleichtem, alterungsbeständigem Papier nach DIN 6738 gedruckt.

Geleitwort

Jürgen Dost gelingt es, den Bogen von den Zusammenhängen zwischen Arbeit, Gesundheit und Führung zu einem ganzheitlichen BGM – Modell mit acht Faktoren gesunder Führung sowie einer empirischen Fundierung zu spannen.

Als Leser gewinnt man einen Überblick über konkrete Vorgehensweisen in einem konkreten Unternehmen. Neu ist vor allem der Entwurf eines Instrumentes zum Führungs – Controlling, denn die Probleme der rein zahlenorientierten Führung dürften sich herumgesprochen haben.

Es bleibt zu hoffen, dass Führungskräfte lesen, was sie inhaltlich tun müssen, um Mitarbeiter möglichst langfristig gesund und leistungsfähig zu erhalten.

Amerang, im August 2014 Univ.-Prof. Dr. Dr. Michael Kastner

Vorwort

Wenn man sich im Alter von 52 Jahren und ohne jeglichen äußeren Druck, den akademischen Titel für die Karriere gewinnbringend einsetzen zu müssen, zur Promotion entschließt, ist das sicher kein „Standard". Vielmehr ist dies in meinem Fall Folge eines lange währenden *Zeigarnik-Effekts*, von dem wir ja wissen, dass unterbrochene Handlungen und Vornahmen besser erinnert werden als abgeschlossene und auch eine motivationale Kraft entwickeln können, die „offene Gestalt zu schließen". Der Abbruch meines damaligen Promotionsvorhabens unmittelbar nach dem Diplom erfolgte wegen zu hoher laborexperimenteller Anteile, wie sie von der Deutschen Forschungsgemeinschaft (DFG) gefordert wurden – nach 11 Semestern Laboruntersuchungen in diversen Experimentalpraktika trieb es mich als jungen Arbeits- und Organisationspsychologen ins Anwendungsfeld. Umso schöner, dass dieses Feld in Form eines Praxisprojekts die späte Möglichkeit bot, anwendungsorientierte Wissenschaft zu betreiben und das Promotionsvorhaben dann doch noch zu realisieren.

Dies mit der normalen Arbeit der Personalleitung zu kombinieren ist nicht immer leicht, und mein Dank gilt einigen Personen, die mich hierbei unterstützt haben und somit zum Gelingen des „Projekts Promotion" beigetragen haben.

Da ist zunächst mein Doktorvater und Betreuer Univ.-Prof. Dr. Dr. Michael Kastner zu nennen, für die zahlreichen kritischen Anmerkungen und Denkanstöße, die zwar immer einiges Kopfzerbrechen und zusätzliche Arbeitsstunden verursachten, aber absolut hilfreich waren, um qualitativ hochwertig zu arbeiten und sich nicht in der Komplexität der Thematik zu verirren.

Herrn Univ.-Prof. Dr. Bernd Gasch danke ich für seine Bereitschaft, das Zweitgutachten zu erstellen, und Herrn Univ.-Prof. Dr. Uwe Kleinbeck dafür, dass er als dritter Prüfer zur Verfügung stand.

Des Weiteren danke ich den Geschäftsführern des Unternehmens, in dem ich sowohl meine tägliche als auch die zur Promotion führende Arbeit ausübe: Herrn Dipl.-Ing. Michael Gruszien und Herrn Dipl.-Kfm. Robin Vauth. Ich danke für deren Bereitschaft, das Programm zum Betrieblichen Gesundheitsmanagement wissenschaftlicher aufzubauen, als dies vielleicht in der Praxis üblich ist. Erst hierdurch wurde es mir möglich, Anwendungs- und Promotionsinteressen zu vereinen.

Auch meine Mitarbeiter in der Personalabteilung haben mich stark unterstützt, indem sie den einen oder anderen „Projekt-Schlenker" bereitwillig mitmachten und es akzeptierten, dass ich mich vorübergehend aus dem Tagesgeschäft stärker zurückzog als dies für mich üblich ist.

Frau stud. psych. Anja Reichelt danke ich für ihre Dateneingabe und -auswertung im Zusammenhang mit der Studie 2 im Jahr 2013.

Besonderer Dank gilt auch meiner Tochter Antonella, B.Sc. Medizinische Biologie, die mich durch ihren eigenen akademischen Ehrgeiz und ihre naturwissenschaftliche Denk- und Arbeitsweise anspornte und so etwas wie einen „Daddy-Daughter-Wettstreit" anfeuerte, der mir half, Motivation in Volition münden zu lassen. Und ich gebe offen zu: den direkten Wettkampf würde sie gewinnen!

Ohne die Unterstützung und die Ermunterungen meiner Frau Blanka hätte ich die Doppelbelastung nicht über nahezu vier Jahre durchgehalten: es ist kaum möglich, über diesen Zeitraum Wochenenden und Urlaube mit schlechtem Gewissen am Laptop zu verbringen, weil man eigentlich zu anderen familiären Aktivitäten erwartet wird. Hier hat sie größtes Verständnis gezeigt, und in den Urlauben war es auch nicht die schlechteste Erfahrung, mit ihr zusammen unter vor provenzalischer und südspanischer Sonne schützenden Platanen zu sitzen und Fachartikel zu bearbeiten. Auch hat sie die hier vorliegende Arbeit kritisch redigiert und in die druckreife Form gebracht, und als Diplom-Psychologin hat sie wertvolle inhaltliche Diskussionen mit mir geführt.

Solingen, im September 2014 — Jürgen Dost

Inhaltsverzeichnis

Verzeichnis der Abbildungen

Verzeichnis der Tabellen

Verzeichnis der Abkürzungen

a.a.O.	am angegebenen Ort
AD	additional decremental
ALM	Allgemeines lineares Modell
ANOVA	Analysis of Variance
ANS	Autonomes Nervensystem
AV	Abhängige Variable
AWB	Allgemeines Wohlbefinden
AZ	Arbeitszufriedenheit
BGF	Betriebliche Gesundheitsförderung
BGM	Betriebliches Gesundheitsmanagement
BMS	Beanspruchung, Monotonie, Sättigung
BSE	Bedürfnis nach Selbstentfaltung
BSW	Berufliche Selbstwirksamkeit
CE	constant effect
CEO	Chief Executive Officer
CR	Contingent reward
CSR	Corporate Social Responsibility
DCR	Dyadic Career Reality
DGE	Deutsche Gesellschaft für Ernährung
DIN	Deutsche Industrie-Norm
DSM	Diagnostic and Statistical Manual of Mental Disorders
E x W	Erwartung mal Wert
EKG	Elektrokardiogramm/-graphie
Eng	Engagement
ERI	Effort-Reward-Imbalance
ETH	Eidgenössische Technische Hochschule
EVI	Employee Value Index
EVP	Employer Value Proposition
FG	Führungsgrundsätze
FK	Führungskraft
FMCG	Fast Moving Consumer Goods

FVVB	Fragebogen zur Vorgesetzten-Verhaltensbeschreibung
GAS	General Adaptation Syndrome
GFK	Gratifikationskrise
GNS	Growth Need Strength
GP	Gesundheitspolitik
GRD	General Resistance Deficit
GRR	General Resistance Resources
HC	Human Capital
HdA	Humanisierung der Arbeitswelt
HSE	Health, Safety, Environment
ICD	International Statistical Classification of Diseases
IS	Immunsystem
ISO	International Organization for Standardization
ISTA	Instrument zur stressbezogenen Tätigkeitsanalyse
JCM	Job Characteristics Modell
JCQ	Job Content Questionnaire
JDS	Job Diagnostic Survey
KHK	Koronare Herzkrankheit
KMU	Kleine und mittlere Unternehmen
l.o.c.	locus of control
LBDQ	Leader Behavior Description Questionnaire
LMX-Index	Leader-Member-Exchange Index
MBE-A	Management by Exception - Aktiv
MBE-P	Management by Exception - Passiv
MbO	Management by Objectives
MLQ	Multiphasic Leadership Questionnaire
MPA	Motivationspotential der Arbeit
MPS	Motivational Potential Score
MV	Mediatorvariable
MVW	Mission, Vision, Werte
O	Organisation
OAS	Operatives Abbild-System
OE	Organisationsentwicklung
P	Person

PDCA	Plan-Do-Check-Act
P-E-Fit	Person-Environment-Fit
PNI	Psychoneuroimmunologie
POS	Perceived Organizational Support
RLO	Resultat- und Leistungsorientierung
ROI	Return on Investment
RTA-Ansatz	Requisite Task Attribute-Ansatz
S	Situation
SAA	Subjektive Arbeitsanalyse
SALSA	Salutogenetische subjektive Arbeitsanalyse
SHEEP	Stockholm Heart Epidemiology Study
SMP	Salutogenetisches Motivationspotential der Tätigkeit
SOC	Sense of Coherence
SOE	Systemverträgliche Organisationsentwicklung
SozUnt	Soziale Unterstützung
SPSS	Statistical Package for the Social Sciences
SU	Soziale Unterstützung
SWE	Selbstwirksamkeitserwartung
TBS	Tätigkeitsbewertungssystem
TOTE	Test-Operate-Test-Exit
UV	Unabhängige Variable
VDI	Verein Deutscher Ingenieure
VERA	Verfahren zur Ermittlung von Regulationserfordernissen in der Arbeitstätigkeit
VFLIG	Vertrauens-FehlerLern-Innovations-Gesundheitskultur
VNS	Vegetatives Nervensystem
Vp	Versuchsperson
VVR	Vergleichs-Veränderungs-Rückkoppelungsfolgen
wai	work ability Index
WCGS	Western Collaborative Group Study
WHO	World Health Organization
WHP	Work Health Program
WLB	Work Life Balance
WOLF	Work, Lipids, Fibrinogen
ZNS	Zentrales Nervensystem

1 Einleitung

1.1 Diese Arbeit im Überblick

Die vorliegende Arbeit beschäftigt sich mit dem Themenkomplex *Arbeit, Führung und Gesundheit*.

In Kapitel 1 des Theorieteils werden aktuelle Entwicklungen in unserer Bevölkerungsstruktur und im Umfeld der internationalen Wirtschaft beschrieben, durch die Unternehmen vor massive Herausforderungen gestellt werden, wollen sie auch in Zukunft erfolgreich sein. Diese Herausforderungen lassen sich auf die folgenden Fragen fokussieren:

1) „Was müssen wir als Unternehmen tun, um unsere Mitarbeiter* so lange wie möglich leistungsfähig = gesund und kompetent und leistungswillig = motiviert zu halten?"

2) „Wie müssen wir das Unternehmen und seine Arbeitsbedingungen gestalten, um auch bei abnehmender Verfügbarkeit begabter Nachwuchskräfte auf dem Arbeitsmarkt erfolgreich rekrutieren und Talente im Unternehmen halten zu können?"

Es ist die (empirisch zu belegende) Überzeugung des Autors, dass beide Ziele mit der Schaffung sogenannt „gesunder" Arbeitsbedingungen zu erreichen sind bzw. man auf diesem Wege der Zielerreichung zumindest näher kommt. Ein ganz wesentlicher Einfluss auf diese Arbeitsbedingungen kommt den Führungskräften zu.

Kapitel 2 bietet einen Überblick über die wesentlichen Theorien und Befunde zu den Themen *Führung* sowie den Zusammenhängen von *Arbeit und Gesundheit*. Aus beiden Theoriekomplexen werden positive Gestaltungsbedingungen als Soll-Vorgaben für *gesundes Führen* abgeleitet, die in einem *Acht-Faktoren-Modell gesunder Führung* zusammengefasst werden. Hiernach wird ein Überblick zu verschiedenen Ansätzen des Betrieblichen Gesundheits-Managements (BGM) geliefert, das in seiner ganzheitlich-systemischen Ausprägung – also die Phase der Einführung unverbunden dastehender Einzelmaßnahmen transzendierend – ein geeignetes Konzept darstellt, um die von den Unternehmen gewünschten Ziele zu erreichen oder ihnen zumindest nahe zu kommen. Nach einigen wissenschaftstheoretischen Ausführungen zu Umfeld und Intention der Datenerhebungen bilden die aus den dargestellten Theorien abgeleiteten Hypothesen für den empirischen Teil der Arbeit den Abschluss des Kapitels.

---

* Der besseren Lesbarkeit wegen verwendet dieser Text ausschließlich die maskuline Form für Begriffe, mit denen selbstverständlich beide Geschlechter gemeint sind.

Die Kapitel 3 bis 7 widmen sich dem empirischen Teil der Arbeit.

In Kapitel 3 erfolgt eine Beschreibung des Unternehmens, in dem die Untersuchungen stattfanden, des BGM-Programms, in das die Datenerhebung als eines von elf (später: zwölf) Modulen eingegliedert war sowie eine Beschreibung der genauen Messintentionen.

Kapitel 4 beschreibt die Datenerhebung und die Darstellung der Ergebnisse: die Skalenstruktur und Einzelitems des Erhebungstools sowie die Durchführungsmodalitäten der Datenerhebung. Nach einer Darstellung der statistischen Analysemethoden werden die Ergebnisse der Messzeitpunkte t1 und t2 präsentiert, zunächst zu jedem Zeitpunkt im Querschnitt, später auch im längsschnittlichen Vergleich t1 vs. t2.

Besondere Beachtung wird zum einen die erste Evaluation der verschiedenen Maßnahmen des BGMs erhalten, speziell aber auch die Analyse der Zusammenhänge zwischen der subjektiv erlebten und bewerteten Führung und den als abhängige Variablen definierten Aspekten Allgemeines Wohlbefinden, Engagement und Arbeitszufriedenheit.

Eine kritische Diskussion der Ergebnisse erfolgt in Kapitel 5.

In Kapitel 6 werden die Erkenntnisse der Theorien zu den Themen *Führung* sowie *Arbeit und Gesundheit* mit den Erkenntnissen des empirischen Teils zusammengeführt. Hier geht es um den Entwurf eines komplexen Instruments zum Führungs-Controlling, das Zielvorgaben für „gesunde Führung" auf den Ebenen des organisationalen, des sozialen und des Arbeitssystems definiert, eine Bewertung im Sinne des Ist-Zustandes ermöglicht und Hinweise auf Optimierungsfelder gibt. Dieses Instrument soll als Grundlage für ein später zu elaborierendes Audit-Instrument dienen.

Die gesamte Arbeit basiert auf einem anwendungsorientierten Forschungsprojekt. Im Mittelpunkt steht ein in einem Unternehmen eingeführtes BGM-Konzept, eine erste Evaluation dieses Konzepts mit Empfehlungen aus der Praxis und für die Praxis, sowie eine Datenerhebung, die die Restriktionen für „rigorose Forschung" sensu Argyris (1973) erkennt, akzeptiert und daher im Sinne mehr „organischer Forschung" agiert. In Laborexperimenten sinnvolle und notwendige Methoden sind in einem „lebenden System Organisation" mit all den Restriktionen wie Vertraulichkeitszusicherung, Mitbestimmung, nicht plan- und kontrollierbaren Einflüssen auf das Untersuchungsfeld durch wirtschaftliche oder technische Bedingungen nur eingeschränkt anwendbar. Auch das in Kapitel 6 entworfene Instrument zum Führungs-Controlling basiert auf den Erkenntnissen dieses „organischen Forschungsprojekts", und es soll durch seine „organischen" Entstehungsbedingungen im Umfeld einer realen Organisation im Idealfall ohne große weitere Übersetzungsnotwendigkeiten in Unternehmen anwendbar sein.

Das abschließende Kapitel 7 beschäftigt sich mit einer Kritik des eigenen Vorgehens und mit einem Ausblick auf weitere Ansatzpunkte und Erkenntnisnotwendigkeiten zukünftiger Forschungsvorhaben.

1.2 Merkmale der aktuellen Arbeitswelt und ihre Folgen

1.2.1 Steigender Druck im „System Arbeit"

Wir können gegenwärtig – nicht nur in Deutschland, sondern in einem großen Teil der westlichen Industrienationen - einen signifikanten Anstieg psychischer Erkrankungen beobachten. Nach dem neuesten Gesundheitsbericht des wissenschaftlichen Instituts der AOK sind sie inzwischen für 10,1% aller krankheitsbedingten Fehltage verantwortlich (Rheinische Post vom 16.03.2013). Die DAK nennt für den Bereich NRW einen Anteil von 14,1% (Rheinische Post vom 30.04.2013), und bei längsschnittlicher Betrachtung ist ihr Anteil am gesamten mit Fehlzeiten einhergehenden Krankheitsgeschehen zwischen 1995 und 2011 um 80% angestiegen (Orthmann & Otte, 2011). Nach Kastner (2011) summierten sich im Jahr 2007 die Fehltage wegen psychischer Erkrankungen auf 47 Millionen Tage. Mit einer durchschnittlichen Dauer von 22,5 Tagen führt dieser Krankheitskomplex zu mehr als dem Doppelten an Ausfalltagen als der Durchschnitt aller anderen Diagnosegruppen. Siegrist & Siegrist (2010) nennen eine Lebenszeitprävalenz von 13 – 16% für Männer in Westeuropa und den USA und ungefähr doppelt so hohe Zahlen für Frauen. Mathern & MaFath (2008, zitiert in Siegrist & Siegrist, 2010) stellen die Prognose auf, dass depressive Störungen als Teilmenge der von den Krankenkassen als psychische Erkrankungen markierten Fälle bis zum Jahr 2020 an der Spitze der Krankenlast stehen werden.

Die Suche nach den Ursachen für diesen auffallenden Anstieg fördert sicher keine einfache Erklärung zu Tage – zu komplex sind die Determinanten der Erkrankung, und auch ein „diagnostischer Bias" kann einen Teil des Anstiegs erklären. So sind in der jüngeren Vergangenheit psychische Beschwerden und Erkrankungen in der öffentlichen Diskussion entstigmatisiert worden, und auch Ausbildung und diagnostischer Fokus der Mediziner sind jetzt eher auf deren Symptome ausgerichtet, während sich in der Vergangenheit auf der Grundlage eines stärker somatisch ausgerichteten Krankheitsbildes hinter einigen somatischen Diagnosen Depressionen u. a. psychische Erkrankungen verbargen (Rückenbeschwerden, Kopfschmerzen, Schlafstörungen, unklare Bauchbeschwerden und alle „frei flotierenden" Krankheitssymptome ohne erkennbare körperliche Ursache). Die Umstellung der abrechenbaren Leistung auf die sogenannte Fallpauschale, bei der die Honorierung der ärztlichen Leistung nach Diagnose und nicht mehr nach Aufwand erfolgt, kann natürlich ebenso dazu beigetragen haben, dass die (lukrative) Diagnose *Depression* nun eher in Betracht gezogen wird als die zahlreichen eher somatischen Störungen, mit denen sie sich die Symptome teilt (siehe auch Schneider, 2010).

Bewusst naiv gefragt: warum leiden die Deutschen psychisch so viel mehr als in vergangenen Jahrzehnten, wo doch die sogenannten „objektiven Lebensbedingungen" so gut sind wie nie zuvor? Trotz Finanz- und Euro-Krise stehen wir als Nation und Volkswirtschaft recht stabil da, unsere Lebenserwartung war noch nie so hoch wie heute, die medizinischen Behandlungsmöglichkeiten entwickeln sich durch wissenschaftliche Fortschritte enorm, unser öffentlich-soziales Netzwerk, unser Kündigungsschutz und unsere ökologische Situation ist im globalen Vergleich auf hohem Niveau, ebenso die Arbeitssicherheit und physische Gefährdungsfreiheit der meisten unserer Arbeitsprozesse. Sind wir einfach nur „eine Nation von Panikmachern", wie der Statistiker Walter Krämer (2013) provokant formuliert, das gemäß dem Webner-Fechner-Gesetz zur *just noticable difference* deshalb auf triviale Verschlechterungen oder Bedrohungen unserer Lebensumstände so emotional reagiert, weil es uns gerade so wenig schlecht geht, das schon kleine Ausschläge die kritische Wahrnehmungsschwelle für Unterschiede überschreiten?

Diese Argumentation ist sicher ausgesprochen diskussionsanregend, aber auch stark vereinfachend. Sicher ist es richtig, dass wir auf vielen für unser subjektives Wohlbefinden relevanten Dimensionen erhebliche Fortschritte in den vergangenen Jahrzehnten gemacht haben. Doch gleichzeitig sind neue Herausforderungen aufgetaucht, mit deren Umgang wir noch nicht vertraut sind, gegenüber denen wir noch keine hinreichende subjektiv wahrgenommene Selbstwirksamkeit haben entwickeln können, teils weil sie so neu sind, teils weil sie so komplex sind, dass einfache Bewältigungsmittel nicht erkennbar sind und vielleicht auch gar nicht existieren.

Diese Einflüsse oder Prozesse, denen Nefiodow (2006) hohe entropische, das heißt die Ordnung eines Systems auflösende Energie zuspricht (siehe auch Kastner, 2012a), sind, stichwortartig aufgeführt:

- Globalisierung der Wirtschaftsprozesse und in deren Gefolge Kostendruck mit den Reaktionen Downsizing von Unternehmen, (Teil)Unternehmensverlagerungen, Personalabbau und Leistungsverdichtung durch Zusammenlegung von Positionen
- Demographischer Wandel, d. h. Überalterung der Gesellschaft mit der Folge längerer Lebensarbeitszeit und Mangel an gut ausgebildeten Nachwuchskräften
- Lockerung traditioneller sozialer Familienverbände und Freundschaftsstrukturen

Stark vereinfachend können wir den Komplex „Globalisierung" und ihre Folgen im Sinne des transaktionalen Stresskonzepts von Lazarus (Lazarus, 1995; Faltermeier, 2005; Renneberg, Erken & Kaluza, 2009) als komplexe Fülle externer Ereignisse sehen, die über die Bewertungsprozesse des primary und secondary appraisals als aktuelle Bedrohung wahrgenommen werden können, zu deren Bewältigung bei vielen Menschen noch keine hinreichend erprobten problem- oder emotionszentrierten Copingstrategien verfügbar sind. Beim später in dieser Arbeit noch ganz zentralen Thema *Stress* und *Strain* bewegen wir uns also auch im großen Themenkomplex *Arbeit und Gesundheit*.

Der o. g. Komplex „Demographischer Wandel" führt uns auf noch direkterem Wege ebenfalls zum Themenkomplex *Arbeit und Gesundheit*: Wie schaffen wir es, unsere Arbeitsfähigkeit bis ins Alter von 67 bis 70 Jahren zu erhalten („Workability" sensu Ilmarinen & Tempel, 2002, zitiert in Ulich & Wülser, 2009; Tempel & Ilmarinen, 2013)?

Der Komplex „Lockerung sozialer Strukturen" weist auf einen in vielen Theorien zum Themenkomplex Arbeit und Gesundheit wichtigen Anforderungspuffer (Kastner, 2010) hin: die soziale Unterstützung, durch die Anforderungen der (Arbeits)Situation gemildert werden können.

Es wird also deutlich, das auch unsere „schöne neue Welt" trotz weitgehend verbesserter Lebens- und Arbeitsbedingungen immer noch hinreichende Herausforderungen an unser Wohlbefinden und unsere Gesundheit stellt. Anders als früher stehen heute jedoch die psychosozialen Stressoren und Anforderungen im Vordergrund – die physischen Anforderungen der meisten Tätigkeiten sind durch technische Innovation und Automatisierung zumindest in ihren Spitzenausprägungen in den westlichen Nationen kein ernstes Thema mehr. Bezüglich dieses Wandels der auf uns einwirkenden Stressoren besteht heute in der Wissenschaft weitgehend Einigkeit (Leka & Cox, 2010; Houdmont & Leka, 2010, van den Berg, Elders, de Zwart & Budorf, 2008; Siegrist, Dittmann, Rittner & Weber, 1981; Fischer, 2012; Wieland, 2001) – nicht mehr die physische Gefährdung und die hohen körperlichen Anforderungen dominieren unseren Arbeitsalltag, sondern Zeitdruck, Leistungsverdichtung, Angst um den Arbeitsplatz und dauernde Herausforderungen durch neue Technologien und Prozesse. Diese Bedingungen bieten den Nährboden für psychische Erkrankungen.

Das Thema Gesundheit ist also nach wie vor so hoch aktuell, dass Nefiodow (2006) die Themen Biotechnologie und ganzheitliche Gesundheit zum wesentlichen Inhalt und Innovationstreiber des 6. Kondratieff Zyklus erklärt – einer langen Welle der Konjunktur, die besonders durch massive Investitionen in den Gesundheitsbereich getragen wird, die das Ziel haben, die hohen Kosten der sozialen Entropie einzudämmen (Ulich & Wülser, 2009, S. 10 f.).

1.2.2 Globalisierung

In Wikipedia finden wir eine Definition von Globalisierung als „*...Vorgang der zunehmenden weltweiten Verflechtung in allen Bereichen (Wirtschaft, Politik, Kultur, Umwelt, Kommunikation etc.). (...) Als wesentliche Ursachen der Globalisierung gelten der technische Fortschritt (...), insbesondere in den Kommunikations- und Transporttechnologien, sowie die politischen*

Entscheidungen zur Liberalisierung des Welthandels." (http://de.wikipedia.org /wiki/ Globalisierung vom 30.03.2013).

Der inzwischen weltweite Fluss von Waren, Kapital und Informationen und der Wegfall von Zollschranken und Handelsbeschränkungen hat in Deutschland in der 1980er Jahren mit einer zunehmenden Verlagerung von lohnkostenintensiven Produktionsprozessen in überwiegend osteuropäische, später auch ostasiatische „Niedriglohnländer" begonnen. Während die hierdurch wegfallenden inländischen Arbeitsplätze zunächst durch anspruchsvolle kompetenzintensive Arbeitsplätze z. B. in der Forschung & Entwicklung oder auch dem Marketing kompensiert wurden, geriet dieses „Alleinstellungsmerkmal Kompetenz und Qualifikation", das die westlichen Industrienationen bis dahin für sich reklamiert hatten, ab den 1990er Jahren zunehmend unter Druck (Jürgens & Krzywdzinski, 2008). Zwar nimmt der Anteil der wissensbasierten Tätigkeiten an der gesamten deutschen Tätigkeitsstruktur nach wie vor auf Kosten der produktionsnahen Tätigkeiten zu – so gehen Badura & Walter (2010; zitiert in Tempel & Ilmarinen, 2013, S. 20) davon aus, dass sich erstere von 16,3% in 1996 auf 23,2% in 2030 erhöhen, während die produktionsnahen Tätigkeiten im selben Zeitraum von 26,4% auf 17,2% reduziert werden. Gleichzeitig beobachten wir aber ein rasantes Tempo, mit dem die bevölkerungsreichsten Nationen China und Indien in den Bereichen Technologie und Wissenschaft aufholen. Dies ist auch nicht überraschend, wenn wir bedenken, dass bei hinreichend normal verteilter Intelligenz ca. 210 Millionen Chinesen als hoch begabt i. S. eines IQ > 115 gelten müssen, was einem Populationsanteil von 65% der US amerikanischen Bevölkerung entspricht, wollte man dort die gleiche „Intelligenz" in absoluten Zahlen erwarten. Das Modell der 1980er Jahre der „denkenden und lenkenden heimischen Zentrale" und der „ausführenden Werkbank im Niedriglohnland" funktioniert nicht mehr (Jürgens & Krzywdzinski, 2008).

Dadurch, dass die Welt sich für die Unternehmen geöffnet hat und ihre personellen, materiellen und intellektuellen Potenziale zur Verfügung stellt, verändert sich die Arbeitsrealität in Deutschland drastisch. Nichts scheint mehr verlässlich und sicher – vom „Einmal Krupp, immer Krupp" – und das möglichst über mehrere Generationen hinweg – haben wir uns zwar schon länger verabschiedet. Die in den 1950er Jahren sich abzeichnende Kohlenabsatzkrise und das anschließende massive Zechensterben und dessen erfolgreiche Kompensation in Form des wirtschaftlichen Strukturwandels im Ruhrgebiet hat ebenfalls an den Grundüberzeugungen der Region und der Betroffenen gerührt (Landesverband Rheinland, 2011). Gleichwohl erschienen diese Vorgänge doch verstehbar und auch berechenbar – und wie wir am Ergebnis sehen auch bewältigbar.

Die Folgen der Globalisierung erscheinen den Betroffenen jedoch weniger steuerbar, da die Komplexität des wirtschaftlichen Systems ein ungleich höheres ist als zu Zeiten des primär inländischen Wirtschaftens:

- Nationale Standards erodieren zunehmend zugunsten europäischer, wodurch nationale Akteure an Überblick und Einfluss verlieren (Berthoin Antal, Dierkes & Oppen, 2008)
- Das ebenfalls durch globale Verfügbarkeit von Know-how möglich gewordene Outsourcing transaktionaler Business-Prozesse führt zur Bildung zahlreicher Schnittstellen, deren Management gerade auch durch Zeit-, Sprach- und Kulturunterschiede zunehmend schwierig wird oder misslingt
- Die z. T. noch enormen Lohnkostenunterschiede führen zu einer Konkurrenz, denen der betroffene Mitarbeiter auch durch höchstes Engagement oder auch den Verzicht auf Lohnbestandteile zum Erhalt seines Arbeitsplatzes nicht begegnen kann
- Lange Zeit bewährte sozialpartnerschaftliche Kooperationsmodelle, wie sie durch den „Rheinischen Kapitalismus" oder auch die „Diversifizierte Qualitätsproduktion – DQP" (Streeck & Sorge, 1988, zitiert in Jürgens & Krzywdzinski, 2008) präsentiert werden und denen eine konstruktiv-synegoistische (Kastner, 1999) Suche nach dem gegenseitigen Nutzen zugrunde liegt, sehen sich dem unmittelbaren Vergleich mit eher neoliberal-angelsächsisch geführten Unternehmen ausgesetzt, deren shareholder-value in Quarterly Reports von Analysten gnadenlos seziert wird. Nachhaltige Unternehmensführung, die auch Aspekte des Gemeinwohls einbezieht, ist hier keine „patriarchalische Selbstverständlichkeit" eines Inhabers mehr, sondern soll mit dem Konzept der Corporate Social Responsibility (CSR) sichergestellt werden, die aber als freiwillige Selbstverpflichtung wenig Durchschlagskraft besitzt (Berthoin Antal et al., 2008)
- Der auf den Unternehmen lastende Druck, die enormen Möglichkeiten der Globalisierung zum eigenen Wohl zu nutzen, führt zu Akquisitionen anderer Unternehmen im internationalen Umfeld, zu Unternehmenszusammenschlüssen oder auch dazu, selbst übernommen zu werden. Die danach notwendige Integration der Unternehmen führt wiederum zu schwer steuerbarer Komplexität (Welche Regeln gelten denn nun? Welche Rollen spielen die formellen und informellen Führer der eigenen Organisation im neuen Umfeld, wer setzt sich durch? Wer verliert seine Arbeit, wenn die Abteilungen verschmolzen und Synergien erkennbar werden?). Auch wenn es auf der Ebene der Aufbauorganisation und der Prozesse nach einiger Zeit „rund läuft", sind es häufig unternehmenskulturelle Unterschiede, die zur Abwanderung kritischer Talente oder gar zum Scheitern der Fusion führen. So zitiert das Handelsblatt Johannes Gerds, Partner bei Deloitte und zuständig für die Integration fusionierter Unternehmen: *„Die Erfolgsaussichten bei Fusionen und Übernahmen sind schlechter als die Überlebenschancen beim russischen Roulette"* (http://www.wiwo.de/unternehmen/zusammenschluesse-wie-sich-das-scheitern-von-fusionen-verhindern-laesst/v_detail_tab_print/5552772.html). Die Risikoanalyse vor der Integration erfolge zu unsystematisch und lückenhaft, wodurch ein Drittel aller Fusionen nach dem Typ „Poker" erfolgen, was häufig im spektakulären Scheitern des Zusammenschlusses endet, wie die Beispiele Daimler – Chrysler, BMW – Rover oder auch die Übernahme von Reebok durch Adidas demonstrieren. Eine allerdings schwer nachweisbare Vermutung ist, dass Risiken bei der Analyse aus narzisstischer Motivation ausgeblendet oder baga-

tellisiert werden, um den beteiligten Unternehmenslenkern den Spaß an „der Hochzeit im Himmel" (Jürgen Schrempp, Ex-CEO von Daimler-Benz über den Zusammenschluss von Daimler und Chrysler) und den Einzug in die „Hall of Fame" des Unternehmens nicht zu verbauen.

Es ist nicht die Absicht des Autors, eine einseitig negative Darstellung der wirtschaftlichen Globalisierung zu zeichnen. In dieser steckt enormes Innovations- und Wissenspotential – Wissen wird nicht nur durch neue Technologien rascher und breiter, somit auch „demokratischer" verbreitet, auch Talente werden global verfügbar: Forschungsaufträge an ausländischen Exzellenz-Universitäten, das Anwerben und Einstellen hochbegabter Mitarbeiter aus globalen „Kompetenz-Zentren", globale Teams von Leistungsträgern, die ein Vielfaches an Wissen und Erfahrung einbringen können, als rein national besetzte Teams ohne hinreichende Diversität an Ausbildung und Arbeitsweise leisten könnten. Dies bedeutet auch ein deutlich erweitertes Spektrum an Arbeits- und Karrieremöglichkeiten für Hochbegabte, und durch Freizügigkeit z. B. innerhalb der EU theoretisch auch für „normal Begabte" – so sehen wir gerade jetzt im Zuge der Eurokrise Zuwanderung aus den krisengeschädigten südeuropäischen Ländern, die wir in unserem Land dringend brauchen, um den drohenden Fachkräftemangel zu mildern. Hier sind es nicht nur Ärzte und junge, gut ausgebildete Ingenieure, sondern auch Facharbeiter wie Elektrotechniker und Mechatroniker, die eine Arbeit in Deutschland aufnehmen.

Aus der Sicht des Unternehmens ist es notwendig, die Möglichkeiten der Globalisierung zu nutzen und selber zum hoffentlich erfolgreichen Spieler auf dem „globalen Schachbrett" zu werden – die Entwicklung wird sich nicht zurückdrehen lassen, also muss sie genutzt werden.

Deutlich ist aber auch, dass die Globalisierung den modernen arbeitenden Menschen vor große Herausforderungen stellt:

- Sein Arbeitsplatz ist grundsätzlich unsicherer geworden, wobei die Gefährdung unvermittelt und ohne lange Vorwarnzeit auftauchen kann (plötzliche Übernahme des Unternehmens durch einen Konkurrenten, Abbau der Stelle wegen Outsourcings der administrativen Funktion usw.)
- Stellenanforderungen ändern sich rascher und drastischer, als dies in der Vergangenheit noch der Fall war (primär durch die zunehmende Nutzung neuer Technologien, eine der Globalisierung erst möglich machenden und beschleunigenden Vorbedingungen). Hierdurch entsteht der Druck zu permanentem Lernen , das bei vielen Betroffenen nicht primär als Chance zur Weiterentwicklung und zum Kompetenzaufbau gesehen wird, also mit die Herausforderungen bejahender *Hoffnung auf Erfolg* angegangen wird, da die *Furcht vor Misserfolg* im Falle des den Anschluss Verlierens die motivational treibende Kraft ist (Heckhausen, 1980; Rheinberg & Vollmeyer, 2012).
- Outsourcing der eigenen Tätigkeit kann den Statuswechsel vom (mehr oder weniger behüteten) Angestellten zum selbstständigen Freelancer bedeuten, dessen Arbeit

durch Dezentralität (Arbeit für mehrere Kunden an verschiedenen Standorten und von zu Hause), Flexibilität und – im Falle der Nutzung des Home-Office – Entgrenzung durch Wegfall der räumlich und zeitlich klar definierten Grenzen zwischen Arbeit und Privatleben gekennzeichnet ist (Kastner, 2010a, S. 97f). Gleichzeitig steigt der Druck durch die zunehmende Eigenverantwortlichkeit für den Erhalt der eigenen Arbeitsfähigkeit bzw. „employability" durch fortwährendes Lernen und Anpassung an sich rasch ändernde Strukturen (Gerlmaier & Kastner, 2000). Doch auch das Arbeitsumfeld für die Kernbelegschaften wird durch die steigende Komplexität von Prozessen, Organisationsformen und Technologie schwieriger zu bewältigen. So konnte z. B. Gerlmaier (2005) zeigen, dass ein hoher Anteil von Projektmitarbeitern innerhalb der IT unter deutlichen Symptomen chronischer Erschöpfung und Sättigung leidet
- Durch rasche Veränderungen der Organisation, der Richtlinien und Prozesse wird das Umfeld intransparenter und komplizierter, ein klassisches Regulationshindernis im Sinne der Handlungsregulationstheorie (Hacker, 1998; Oesterreich, 1998; Semmer, Zapf & Dunckel, 1999)
- Soziale Schnittstellen im globalen Umfeld werden komplexer und komplizierter durch sprachbedingte Verständigungsprobleme, kulturbedingte Verständigungsprobleme, erhöhte Flexibilitätserfordernisse an die Arbeitszeit durch Kommunikation über Zeitzonen hinweg
- Geschäftsmodelle und damit einhergehende Unternehmensphilosophien können sich drastisch ändern, z. B. beim Wechsel vom deutschen inhabergeführten mittelständischen Unternehmen zum Teil eines börsennotierten amerikanischen Konzerns. Auch dies kann zu Irritationen und Intransparenz bezüglich der nun gewünschten Vorgehensweise, „Unternehmens-Denke" und somit zur Verunsicherung führen

Globalisierung unserer Wirtschaft ist zunächst einmal eine wertfrei zu sehende Realität. Sie ermöglicht Chancen sowohl für sich international aufstellende Unternehmen als auch für Mitarbeiter, die auf der Grundlage einer gründlichen Ausbildung, zu der sicher auch Fremdsprachenkenntnisse und interkulturelle Intelligenz gehören, die Chancen sich verändernder Strukturen nutzen wollen (Motivation) und können (Fähigkeit).

Doch nicht jeder verfügt über die Voraussetzungen, in einem solchen Umfeld erfolgreich zu sein. In diesem Fall wird Globalisierung im Sinne des Lazarus'schen Stressmodells (s. o. und Kap 2.4.1) zu einer Bedrohung, welche die subjektiv eingeschätzten Bewältigungsmöglichkeiten übersteigt – und somit erhält sie Krankheitsrelevanz.

1.2.3 Demografischer Wandel

Seit einigen Jahren beherrscht das Thema „Demografischer Wandel" die Agenden von Konferenzen zum Gebiet Personalmanagement/Human Resources Management.

Der demografische Wandel ist dadurch gekennzeichnet, dass in vielen westlichen Industrienationen die Sterberate größer ist als die Geburtenrate, was zu einem Minus-Saldo in der Bevölkerungsentwicklung führt: unsere westlichen Gesellschaften schrumpfen.

So beschrieb der Spiegel in seinem Artikel „Land ohne Lachen“ bereits in seiner Ausgabe 2 in 2004 das „Schrumpfen und Ergrauen“ der bundesrepublikanischen Bevölkerung, deren Geburtenrate unter 190 Ländern auf Platz 185 landete (Kaufmann, 2005, S. 9).

Die Jahrbücher des Statistischen Bundesamts gehen für Deutschland von einer massiven Änderung der Altersstruktur bis zum Jahr 2050 aus: zum einen wird von einem Rückgang der Gesamtbevölkerung um 12 Millionen ausgegangen (in einer Berechnung mit mittleren Risikoannahmen, Busch & Flüter-Hoffmann, 2009), zum anderen soll die Gruppe der 0 – 20jährigen im Jahr 2010 nur noch 16,1% betragen gegenüber 30,9% im Jahr 1950, und die Gruppe der über 60jährigen wird auf 36,7% ansteigen gegenüber 14,6% in 1950 (Kaufmann, 2005, S. 41).

Im Wesentlichen ist diese Veränderung durch zwei Einflussfaktoren bedingt:

- Erhöhte Lebenserwartung: Durch medizinische Fortschritte, vermehrtes Wissen über Gesundheitsrisiken und gesunde Lebensführung, aber auch durch den weitgehenden Wegfall körperlich extrem fordernder und auch risikoreicher Tätigkeiten durch Automatisierung ist unsere Lebenserwartung im 20. Jahrhundert um ca. 30 Jahre gestiegen (Busch & Flüter-Hoffmann, 2009).

- Rückgang der Geburtenrate: Zeigte die Fertilität der bis 35jährigen Frauen im Jahr 1964 noch einen Höchststand mit durchschnittlich 2,54 Kindern pro Frau, so ist sie mit einem aktuellen Wert von 1,39 im langjährigen Mittel auf einem niedrigen Stand. Zwar liegt die Kohortenfertilität – das ist die durchschnittliche Kinderzahl pro gebärfähiger Frau zwischen 15 und 49 Jahren – im Jahr 2010 bei 1,6, es ist jedoch nicht davon auszugehen, dass sich der o. g. Wert von 1,39 in den Lebensjahren 36 – 49 noch sonderlich nach oben entwickelt. Verstärkt wird der Effekt der Schrumpfung unserer Gesellschaft dadurch, dass die Anzahl der geburtsfähigen Mütter gegenüber früher zurückgeht – so lag deren Zahl in 2010 mit 18,4 Mio. bereits 1,3 Mio. unter der Zahl von 1997. Das heißt: weniger Frauen insgesamt bekommen durchschnittlich weniger Kinder – ein sich rechnerisch verstärkender Effekt (Pötzsch, 2012).

Durch die gestiegene Lebenserwartung und das Schrumpfen der nachwachsenden Jahrgänge gerät unser auf dem Solidaritätsprinzip basierendes Rentensystem in finanzielle Schieflage: immer weniger aktiv Erwerbstätige müssen immer mehr Rentner mit ihren Beiträgen finanzieren. Aus diesem Grund ist das reguläre Rentenalter in Deutschland bereits auf das Alter 67 heraufgesetzt worden, und eine weitere Verschiebung des Renteneintritts in Richtung 69 oder gar 70 Jahre wird von einzelnen Politikern in Interviews immer wieder erwähnt, wenn auch sogleich wegen der Unpopularität dieser Äußerungen von den Parteispitzen postwendend dementiert. Aktuelle Zahlen des Bundesarbeitsministeriums belegen die zunehmend höhere Zahl von Menschen in der Altersklasse 55 – 64 Jahre, die noch erwerbstätig sind: lag deren Anteil in 2000 noch bei 37,4%, erreichte er in 2011 bereits 59,9% (Rheinische Post vom 10.04.2013).

Welche Herausforderungen bringt der demografische Wandel nun für die Volkswirtschaft, die einzelnen Betriebe und die arbeitstätigen Individuen?

Die Finanzierungsprobleme unseres Rentensystems als volkswirtschaftliche Herausforderung sind offensichtlich. Ebenso bedenklich ist der zunehmende Mangel an gut ausgebildeten, leistungsfähigen und –bereiten Nachwuchskräften, die unseren Verbleib an der wirtschaftlichen Spitze, unseren Vorsprung oder zumindest unsere Gleichwertigkeit in Forschung & Entwicklung und Technologie gegenüber anderen Ländern sicherstellen können. Dies umso mehr, als Deutschland im internationalen Vergleich mit 21,2% im Jahr 2006 sowieso eine eher niedrige Absolventenquote des tertiären Bildungssektors A aufweist. (Der tertiäre Bildungssektor A umfasst Hochschul- und Fachhochschulabschlüsse) (Müller, 2009). Der Geburtenbericht 2012 des Statistischen Bundesamtes weist auf ein Phänomen hin, dass dieses Risiko des wachsenden Mangels an Begabten verstärkt: je höher der Bildungsabschluss der Mütter, desto geringer die Geburtenrate (25% der Frauen mit hoher Bildung sind kinderlos). Tatsächlich werden Mütter mit 2 und mehr Kindern häufig dem niedrigen Bildungsstand zugeordnet – hier bleiben nur 15% der Frauen kinderlos.

Um diesen sich abzeichnenden Mangel an gut ausgebildeten Fachkräften auszugleichen, bedarf es nach den Worten des Chefs der Bundesagentur für Arbeit, Frank-Jürgen Weise, einer Netto-Zuwanderung von 200.000 Arbeitskräften pro Jahr (Rheinische Post vom 30.03.2013). Die Euro-Finanzkrise mit der hohen Arbeitslosigkeit in den südeuropäischen, aber auch osteuropäischen Ländern wie Polen, Rumänien und Bulgarien, führt gegenwärtig zu einem Zuzug von meist gut ausgebildeten Arbeitskräften, die überwiegend im verarbeitenden Gewerbe, aber auch in Handel, Gastronomie und dem Gesundheitswesen tätig werden. Auf die Nachhaltigkeit dieser vorübergehenden Entlastung können wir uns jedoch nicht verlassen – nach einer finanziellen Entspannung der Situation in den Heimatländern müssen wir mit einem Rückzug zumindest eines Teils dieser neuen Mitbürger rechnen. Dies umso mehr, wenn uns deren Integration in die deutsche Gesellschaft und deren „heimisch werden" hier nicht gelingen sollte. So sehen wir auch heute schon eine hohe Fluktuation – das heißt in diesem Falle den Rückzug in ihr Ursprungsland – bei Polen und Türken, zunehmend aber auch Italienern (Schönwälder, 2008). Und wir müssen uns als Gesellschaft und politisch Handelnde endlich um die strukturelle Integration kümmern, ohne die der Effekt der unterschiedlichen Bildungschancen – 41% der 25–35-Jährigen mit Migrationshintergrund verfügen über keinen beruflichen Bildungsabschluss gegenüber 15% der Deutschen ohne Migrationshintergrund – nicht beherrschbar wird. In den 50er bis 70er Jahren des 20. Jahrhunderts gab es auch ohne Berufsabschluss noch hinreichende Möglichkeiten, eine Arbeit zu finden.

Durch Outsourcing, Automatisierung, „Werkbänke" in Niedriglohnländern etc. sind die Chancen heute aber ungleich schlechter geworden.

Franz-Xaver Kaufmann überschreibt ein Kapitel seines Buchs „Schrumpfende Gesellschaft" (2005) mit der Frage: „Gefährdet der Bevölkerungsrückgang die Wirtschaftsentwicklung?" (S. 63). Hierin leitet er ab, dass Bevölkerungsrückgang per se keinen Verlust an Lebensstandard und Prosperität einer Gesellschaft mit sich bringt, wenn die beiden anderen Säulen des Wachstums, nämlich technischer Fortschritt und Kapitalbildung sich positiv entwickeln. Hier zitiert er die Humankapitaltheorie von Theodore W. Schultz (1979, zitiert in Kaufmann, 2005), nach der *„versteht man unter Humankapital mit Friedrich List die Gesamtheit der in einer Volkswirtschaft eingesetzten Kompetenzen der Arbeitskräfte (...)"* (S. 75). Das Humankapital einer Volkswirtschaft hängt zum einen von der Zahl der Erwerbstätigen ab, zum anderen aber von deren Qualifikation, Motivation und Gesundheit. Diese sind Voraussetzung für Innovation und technischen Fortschritt, die durch die Herstellung eines Mehrwertes den Effekt des durch Bevölkerungsrückgang bedingten Nachfragerückgangs kompensieren könne. Unter diesem Aspekt stellt Kaufmann die Frage nach dem Wert der Zuwanderung für Deutschland, da der Bildungsgrad der Migranten für den langfristigen Nutzen relevant sei, momentan aber nicht das benötigte Niveau aufweist.

Aus der Perspektive der einzelnen Betriebe macht sich der demografische Wandel schon heute durch einen Mangel an Fachkräften bestimmter Ausbildungs- und Studiengänge bemerkbar. So beklagt der Verband Deutscher Ingenieure (VDI) schon seit Jahren, dass in Deutschland wegen eines Mangels an Bewerbern Tausende von Ingenieurpositionen unbesetzt blieben, wodurch der deutschen Wirtschaft ein Milliarden schwerer Schaden durch ausbleibende Innovationen und Investitionen, nicht erfüllbare Aufträge etc. entstehe (Manager Magazin online, 31.03.2013; http://www.manager-magazin.de/politik/ artikel/ 0,2828,829256,00.html).

Gerade junge Frauen sollen in groß angelegten Werbekampagnen, „Girls' Days" in Unternehmen und Technikunterricht nur für Mädchen in den weiterführenden Schulen für die *MINT-Studiengänge* Mathematik, Informatik, Naturwissenschaft und Technologie interessiert werden – mit nur eingeschränktem Erfolg, wie der Spiegel in seiner Ausgabe 39 vom 21.09.2013 berichtet.

Überhaupt kommt den Frauen in der Bekämpfung der Folgen des demografischen Wandels eine wichtige Rolle zu. So bemängelt Allmendinger (2013) die fortwährende Diskussion des Fachkräftemangels und der Notwendigkeit, durch Zuzug den Bedarf an gut ausgebildeten Kräften zu decken, während in Deutschland gegenwärtig 5,6 Mio. Frauen nicht erwerbstätig sind, obwohl viele von ihnen arbeiten wollen und unter günstigeren Bedingungen auch arbeiten würden. Zu diesen Bedingungen zählt flächendeckende Kinderbetreuung genauso wie durch die Arbeitgeber zu realisierende unterstützende Maßnahmen wie Betriebskindergärten, die Akzeptanz „unterbrochener" Lebensläufe mit Aus-Zeiten zur Kinderbetreuung oder

Pflege von Angehörigen, Langzeit-Arbeitszeitkonten, mit denen man sich bedarfsgerecht verschiedenen Lebenssituationen vom Arbeitsvolumen her anpassen kann.

Diese Hinweise verdienen besondere Beachtung, da sie nicht nur helfen würden, z. T. gut ausgebildete Frauen – wie das in skandinavischen Ländern oder auch Frankreich bereits erfolgreich praktiziert wird – auch während der Erziehungsphasen im Beruf zu halten. Sie wären auch geeignet, unser wenig „geburtenfreundliches Umfeld" zu verbessern, indem die Entscheidung für „Kind und Karriere" möglich ist, wo heute häufig nur die Alternative „Kind oder Karriere" heißt.

Flexiblere Arbeitszeiten, gerade auch im gesamten Karriereverlauf gesehen, nicht nur im Sinne kurzfristiger Anpassungen an vorübergehenden Bedarf, sowie flexiblere Übergangsmöglichkeiten in die Rente scheinen ein Weg zu sein, der auch älteren Mitarbeitern den Weg in die Richtung „Alter 70" verschobene Rente ermöglichen kann. So fordern Hartlapp & Schmidt (2008) die bewusste Gestaltung von „Übergangsarbeitsmärkten" in kritischen Phasen des individuellen Lebenslaufes: der Übergang von Bildung in feste Beschäftigung, der Übergang von Arbeit in Erziehungszeit und zurück, der Übergang von angestellter zu selbstständiger Tätigkeit (z. B. durch Outsourcing!) sowie der Übergang vom Erwerbsleben in die Rente: *„Das Erwerbsleben ist also vielfach nicht mehr durch lineare, sondern durch diskontinuierliche oder gar chaotische Erwerbsverläufe gekennzeichnet"* (S.135). Die Autoren nennen sozialpolitische Maßnahmen, durch die das Risiko der Arbeitslosigkeit gerade in den kritischen Übergangsphasen abgefedert werden können, z. B.:

- Überproportional steigende Renten bei Tätigkeit jenseits des regulären Rentenalters
- Abkoppelung der Erziehungs- und Pflegeleistungen von der Familie durch verstärkten Ausbau von Kitas und Altersheimen
- Abstimmung der Alterseinkommensabsicherung mit den Risiken der Diskontinuität durch Extra-Rentenbeiträge in gut bezahlten Karrierephasen
- Kombinierbarkeit von Erwerbsunfähigkeitsrenten mit Erwerbseinkommen ermöglichen (wie es in Schweden bereits bis zu drei Jahren möglich ist) (S. 147-153).

1.2.4 Lockerung sozialer Netzwerke

„Ein Volk von Singles" lautet die Überschrift eines Artikels vom 11.07.2012 in der Stuttgarter Zeitung, der sich auf den Mikrozensus 2011 des Statistischen Bundesamts bezieht. Hiernach ist Deutschlands Single-Quote von 20% innerhalb Europas auf dem 2. Platz, nur überholt von Schweden mit 24%. Der europäische Mittelwert lag 2012 bei 13%, wobei gerade die süd- und osteuropäischen Staaten teils deutlich niedrigere Werte aufweisen. Ein besonders hoher Single-Anteil von ca. 30% herrscht in den Stadtmetropolen vor, während die Durchschnittswerte für nicht-städtische Regionen deutlich geringer ausfallen (mit einem Minimum von 17,35 für Baden-Württemberg) (http://www.badische-zeitung.de/deutschland-1/immer-mehr-singles-jeder-fuenfte-deutsche-lebt-allein--61604319.html).

Eine andere Erhebung, die 2012 im Auftrag der comdirect-Bank durchgeführt wurde, nennt Single-Anteile von bis zu 50% in Städten wie Berlin und Hamburg (http://www.comdirect.de/staedtereport).

Die zu beobachtende steigende Verbreitung und Nutzung von Internet-basierten Partnerbörsen (z. B. „Elitepartner - Für Akademiker & Singles mit Niveau") gibt Hinweise darauf, dass das Single-Dasein häufig nicht langfristig gewünscht wird, es also wenigstens zum Teil aus der Not statt der Überzeugung und bewussten Entscheidung heraus entstanden ist. Als Ursache dieser Entwicklung kann man sicher auch die zunehmende Hinterfragung traditionell-hergebrachter Familienbilder und Lebensrollen mit dem in den späten 1960er Jahren aufkommenden Wertewandel sehen. Hier erfolgte eine Ablösung von „Pflicht- und Akzeptanzwerten" durch „Selbstverwirklichungswerte".

„Mit Bezug auf die Familie erscheint der Gegensatz vor allem in der Spannung zwischen einer Orientierung an der hergebrachten Form der durch Ehe begründeten Familie und alternativen Lebensformen mit und ohne Kinder. Je ‚alternativer' die persönlichen Orientierungen, desto häufiger leben die Befragten in kinderlosen Lebensformen" (Kaufmann, 2005, S. 133).

Es ist gut denkbar, dass dieses entsprechend den persönlichen Orientierungen alleine leben teuer erkauft wird. So wissen wir zum einen, dass in einer festen Beziehung oder Ehe leben mit einer höheren Lebenserwartung einhergeht (Kastner, 2010; Fischer, 2012), wobei dieser statistische Befund natürlich keinerlei Hinweis auf Kausalität beinhaltet. Der oben zitierte Artikel aus der Stuttgarter Zeitung jedenfalls stellt die Behauptung auf, allein sein sei offenbar riskant. So leben 30% der Singles in prekären Verhältnissen, und sie sind überdurchschnittlich häufig Hartz-IV-Empfänger.

Warr (1987, 2007) nennt *Contact with others* als sechsten der insgesamt 12 *job features* seines *Vitaminmodells*, das die Determinanten von Wohlbefinden und Glück und deren Wirkungen beschreibt. Überhaupt wird die Wirkung sozialer Unterstützung – und für diese ist die Familie oder feste Partnerschaft eine wichtige, gleichwohl nicht die einzig denkbare Form – seit vielen Jahren intensiv untersucht.

So wird *Social Support* bzw. *Soziale Unterstützung* im *Demand/Control-(Support)-Modell* von Karasek & Theorell (1990) als Moderatorvariable zwischen den Anforderungen der Arbeitssituation und deren emotionalen und physiologischen Auswirkungen konzipiert. Bei Kastner (2012) wird soziale Unterstützung als Puffer definiert, der die Wirkung der Anforderungen abmildert und hilft, das Gleichgewicht zwischen Anforderungen und Ressourcen aufrecht zu erhalten.

Viele empirische Befunde attestieren der sozialen Unterstützung einen positiven Zusammenhang mit Gesundheit und Wohlbefinden, wobei dieser Zusammenhang teils als eigenständiger varianzanalytischer Haupteffekt erscheint, teils als Interaktionseffekt, was auf die moderierende Wirkung der sozialen Unterstützung hinweist (Nestmann, 2007; Klauer, 2009; de Lange, Taris, Kompier & Houtman, 2003), also auf einen Puffereffekt, wie ihn auch Kastner beschreibt.

Eine genauere Darstellung der Rolle des Konzepts *Soziale Unterstützung* erfolgt in Kapitel 2.3.2.3.

Soziale Kontakte alleine sollten nicht einseitig als „Quelle des Wohlbefindens" idealisiert werden. In der Tat können sie gerade auch Quelle der Beanspruchung sein (siehe z. B. Browner, 1987, zur Rolle der sozialen Abhängigkeit von Kollegen als Hauptursache für erlebte Beanspruchung bei Psychiatrie-Pflegern). Fokussieren wir jedoch mit dem Begriff der Sozialen Unterstützung auf die positiv verlaufenden Formen der sozialen Kontakte – eben die unterstützenden – wird deren Bedeutung zweifelsfrei deutlich.

Angesichts der aktuellen Tendenz in Deutschland zum alleine leben können wir davon ausgehen, dass wir in der Auseinandersetzung mit einem härter werdenden Arbeitsumfeld zumindest auf der Dimension der sozialen Unterstützung als Widerstandsquelle geschwächt sind – eine sich öffnende Schere.

1.3 „Schöne neue (Arbeits)Welt": Die Herausforderungen in der Zusammenfassung

Fassen wir die momentanen Entwicklungen und Tendenzen in unserem Arbeitsumfeld zusammen, können wir stark vereinfacht und plakativ formulieren:

Die Herausforderung ist,
mehr Arbeit (Leistungsverdichtung)
unter härteren (Einschnitte in Lohngefüge zur Aufrechterhaltung der internationalen Konkurrenzfähigkeit)
und bedrohlicheren Bedingungen (Arbeitsplatzverlust, betriebsinterne und externe = internationale Konkurrenz)
und hoher Volatilität der Arbeitsanforderungen (neue Technologien und Prozesse, neue Organisationsformen)
und sich daraus ergebender Notwendigkeit zum permanenten Lernen
bis in höheres Alter (Verschiebung des Renteneintritts, Fachkräftemangen erschwert Nachbesetzung)

mit zumindest teilweise geringem sozialen Rückhalt (soziale Vereinzelung, interne Konkurrenz statt Unterstützung) zu leisten.

Es erscheint wenig überraschend, dass Unternehmen angesichts dieser zum Teil widersprüchlichen Anforderungen („mehr mit weniger“ etc.) zunehmend erkennen, dass sie präventiv und vorausschauend handeln müssen, wenn sie ihr Humankapital nicht „verbrennen“ wollen oder durch zu unattraktive Arbeitsbedingungen im „War for Talents“ die rar werdenden Begabten an ihre attraktiveren Konkurrenten verlieren wollen.

Diese demografischen Veränderungen und ihre unternehmensinternen Auswirkungen werden häufig erst durch eine Simulation der Altersstrukturentwicklung über die nächsten Jahrzehnte deutlich, die besonders durch den bevorstehenden Renteneintritt der Wissensträger aus der „Babyboom-Generation“ erschreckt – ein Brain-Drain, der durch Verknappung auf dem Bewerbermarkt nicht leicht durch Neueinstellungen kompensiert werden kann.

Die Wirkung dieser Erkenntnis ist an der großen Popularität der Themenkomplexe „Demografischer Wandel“ und „Gesundheitsmanagement“ als (Firmen)Philosophie, Technologie oder Technik – je nach Tiefe und Ernsthaftigkeit der Verankerung des Themas im Unternehmen – zu erkennen. Nimmt man die Anzahl der durch die Suchmaschine Google aufgefundenen Verweise auf Stichworte als Indikator für die Größe eines Angebot & Nachfrage-Marktes, zeigt sich die aktuelle Bedeutung dieses Themenkreises deutlich:

- Health Management 1.450.000.000 Einträge
- Demographic Change 37.900.000 Einträge
- Burn-out 409.000.000 Einträge
- War for Talents 46.700.000 Einträge
  (Abfrage vom 01.04.2013)

Dagegen bringt es der nach der aktuellen Papstwahl sicherlich populäre Suchbegriff “Papst” auf “nur” 32.000.000 Einträge, „Formula 1“ immerhin mit 498.000.000 in den Bereich von Burn-out, der in der HR-Welt noch vor 10 Jahren hoch bedeutsame „Wertewandel“ schafft gerade mal noch 312.000 Einträge, und das wahrscheinlich meist eingegebene Suchwort “Sex” schafft 2.940.000.000 – das bedeutet, dass „Health Management“ auf 50% der Einträge von “Sex” kommt – und das ist sicher beachtlich!

Die Ziele, Strukturen und Werkzeuge von Programmen zum Gesundheitsmanagement werden in Kap. 2.5 ausführlich dargestellt.

2 Theoretischer Teil

2.1 Überblick und Begriffsklärungen

2.1.1 Struktur des theoretischen Teils

Das Hauptthema der hier vorliegenden Arbeit ist der Zusammenhang zwischen (Bedingungen der) Arbeit, Führung und Gesundheit in einem breiten, über das „Nicht-Vorhandensein von Krankheit" hinausgehenden Verständnis.

Die Arbeit nähert sich diesem Themenkomplex in ihrem theoretischen Teil zunächst über eine Darstellung von Führungstheorien und –modellen im Allgemeinen in Kap. 2.2, um dann in Kap. 2.3 komplexe Modelle darzustellen, die den Zusammenhang zwischen Arbeit und Gesundheit in Theorie und Empirie thematisieren. Kapitel 2.3 und 2.4 stellen auch einzelne überwiegend persönlichkeitspsychologisch definierte Konstrukte dar, für die ein direkter oder auch moderierender Zusammenhang zur Gesundheit postuliert wird (Typ A-Verhalten, Neurotizismus bzw. negative Affektivität/Pessimismus, Widerstandsfähigkeit/Hardiness und Selbstwirksamkeit).

Aus jedem der in Kap. 2.3 dargestellten Modelle und Konstrukte werden Hinweise abgeleitet auf die für den Erhalt von Gesundheit und Wohlbefinden wünschenswerten Bedingungen der Arbeit und der Führung – sie kommen gewissermaßen „in unseren Einkaufskorb", während wir an den Theorieregalen entlanggehen. Hierbei ist es nicht erstaunlich, dass einzelne solcher Soll-Gestaltungselemente in mehreren oder gar allen Modellen auftauchen. Hier deckt sich auch der „common sense" – also die nicht auf Fach- und Theoriewissen basierende Meinung über solche Zusammenhänge - offenbar in vielen Bereichen mit den theoretischen Ableitungen aus und den empirischen Ergebnissen zu den Modellen.

In Kap. 2.6 betrachten wir den Gesamtinhalt unseres „Einkaufskorbs". Zahlreiche Gestaltungselemente für „gesunde Arbeit und Führung" sind dort mehrfach vorhanden, was als Hinweis auf deren Bedeutung oder auch Offensichtlichkeit im common-sense-Sinne gedeutet werden kann. Die inhaltlichen Extrakte der hier eingehenden Theorien werden im sogenannten *Acht-Faktoren-Modell gesunder Führung* aggregiert, das auch die Grundlage für den empirischen Teil dieser Arbeit darstellt.

Diese Arbeit sieht einen besonderen Einfluss der Führung auf Gesundheit und Wohlbefinden, Arbeitszufriedenheit, Engagement und - über diese Outcomes vermittelt - letztendlich auch die Produktivität und den Erfolg des Unternehmens. Empirische Belege zu den (meist in Querschnittstudien korrelativ erhobenen) Zusammenhängen werden später noch ausführlich dargestellt. Offener als diese Befundlage ist aber die Frage nach den „Transmissionsriemen" der Führung bzw. der psychosozialen Arbeitsbedingungen auf Gesundheit und Wohlbefinden – über welche Prozesse wirkt Führung auf diese als abhängige Variablen konzipierten Größen? Dieser Frage widmet sich die Arbeit in Kap. 2.4, in dem das Phänomen Stress und Grundbegriffe und Befunde der Psychoneuroimmunologie beleuchtet werden.

Kap. 2.5 schlägt die Brücke zwischen theoretischen Modellen und Erkenntnissen und deren pragmatischer Umsetzung in der betrieblichen Praxis in Gestalt eines Betrieblichen Gesundheitsmanagements (BGM). Die ideale Gestaltung eines solchen Managementsystems wird auf der Grundlage der Prinzipien der systemverträglichen Organisationsentwicklung nach Kastner (1998, 2010a, 2012) beschrieben, und das im empirischen Teil der Arbeit beschriebene BGM, zu dem auch die in dieser Arbeit beschriebene Datenerhebung als ein Modul gehört, wird skizziert.

Kap. 2.7 beschreibt die wissenschaftstheoretischen Rahmenbedingungen der im empirischen Teil beschriebenen Datenerhebungen, und hier werden auch die Hypothesen der Untersuchung formuliert.

2.1.2 Begriffsklärungen

2.1.2.1 Gesundheit

Ein zentraler Begriff dieser Arbeit ist der Begriff *Gesundheit*. Bei der großen Bedeutung, die Gesundheit für jeden Einzelnen hat und bei der Vielzahl der in heutigen Medien dargebotenen Informationen über gesunde Lebensweise, Gesundheitsrisiken, Gesunderhaltung durch Sport, bewusste Ernährung und Nahrungsmittelergänzungen, Naturheilmittel etc. ist es keine Überraschung, dass Gesundheit

„...heute ein öffentliches Thema (ist), über das sich nicht nur Experten und Politiker öffentlich auseinandersetzen, sondern das auch viele Menschen in ihrem Alltag beschäftigt, über das sie ständig Informationen und Meinungen austauschen. (...) Das Thema Gesundheit betrifft alle! Über Gesundheit kann jeder und jede mitreden, weil alle irgendwelche Erfahrungen damit gemacht haben..." (Faltermeier. 2005, S. 9). Gesundheit ist ein Modebegriff geworden (Greiner, 1998).

In einem solch breit diskutierten Thema ist es umso wichtiger, den Gegenstand der Untersuchung klar zu definieren, zumal die Verfügbarkeit unüberschaubar vielfältiger Informationen zum Thema die Entstehung zahlreicher subjektiver Theorien über Bedingungsfaktoren und Erscheinungsformen von Gesundheit fördert – sich also ein Laienkonzept (Ulich & Wülser,

2009) oder ein Laienbegriff (Faltermaier, 2005) herausgebildet hat, der zumindest kritisch zu hinterfragen ist.

Zwar basiert der Laienbegriff von Gesundheit z. T. immer noch auf dem biomedizinischen Krankheitsmodell des 19. Jahrhunderts, in dem Gesundheit als nicht krank sein oder Fehlen von Krankheit im Sinne von Störung der physiologischen Funktionen oder „Abweichung von der Norm" der „Maschine Mensch" verstanden wird, auch wenn die heutige Vorstellung dem Individuum eine weniger passive Rolle beim Entstehen von Gesundheit und Krankheit zugestanden wird, als dies im ursprünglichen Modell der Fall war (Bengel & Jerusalem, 2009). So ist das in den 1950er Jahren entstandene *Risikofaktorenmodell*, das die Häufung riskanter life-style-Elemente wie Rauchen, ungünstige Ernährung, übermäßiger Alkoholkonsum etc. mit der Entstehung von Krankheiten in Zusammenhang bringt, auch heute noch populär und in der Öffentlichkeit auch wenig hinterfragt (Bengel, Strittmatter & Willmann, 2001).

Bereits 1946 bewirkte die WHO mit ihrer sehr weitreichenden und komplexen Definition von Gesundheit ein Transzendieren des mechanistischen Bildes des biomedizinischen Gesundheitsverständnisses:

„Gesundheit ist ein Zustand vollkommenen körperlichen, psychischen und sozialen Wohlbefindens und nicht allein das Fehlen von Krankheit oder Gebrechen" (Ulich & Wülser, 2009, S. 31).

Diese radikale Definition, die im Begriff des „vollkommenen (...) Wohlbefindens" recht absolutistisch daherkommt, hat sicherlich viel dazu beigetragen, Gesundheit und nicht Krankheit in den Vordergrund zu rücken und die bisherige Begrenzung auf die körperliche Dimension zu überwinden. Gleichwohl impliziert die geforderte „Vollkommenheit" des Zustands, dass dieser wohl nie erreichbar ist, nicht-Gesundheit also zum Normalzustand wird. Eine weitere Kritik bezieht sich auf die Tatsache, dass Gesundheit eher statisch als Zustand definiert wird und weniger als Ergebnis eines permanenten Anpassungsprozesses bzw. als ein dynamisches Gleichgewicht zwischen Individuum und Umwelt (Udris, 1992, zitiert in Greiner, 1998). Obwohl inzwischen deutlich erweiterte, differenzierte und dynamischere Gesundheitsbegriffe existieren, wird Gesundheit im *Pschyrembel Klinisches Wörterbuch* der Ausgabe 1990 „im weiteren Sinne" immer noch auf der Basis der WHO-Definition beschrieben (Zink, 1990).

In den 1970er Jahren formulierte der Sozialmediziner Engel (1979, zitiert in Bengel et al., 2001; Greiner, 1998; Faltermaier, 2005) ein *biopsychosoziales Modell*, das psychischen und sozialen Faktoren einen Einfluss auf das Gesundheits-/Krankheitsgeschehen einräumt und sich insbesondere auch mit gesundheitsprotektiven Ressourcen beschäftigt. Mit diesem deutlich breiteren wissenschaftlichen Focus stellt das biopsychosoziale Modell auch den Weg zu den interdisziplinär arbeitenden Gesundheitswissenschaften dar, in denen Medizin, Psychologie, Soziologie und auch Ergonomie kooperieren (Bengel et al., 2001).

Genau diese gesunderhaltenden Ressourcen sind es, denen Aaron Antonovsky in seinem Konzept der *Salutogenese* eine entscheidende Stellung einräumt (Antonovsky, 1997). Antonovsky dreht die häufig gestellte Frage „Was macht uns eigentlich krank?“ (Risikofaktorenmodell! s. o.) um, indem er fragt: „Wie kommt es, dass viele Menschen trotz deutlich vorhandener externer Stressoren gesund bleiben?“ *„Dies ist das Geheimnis, das die salutogenetische Orientierung zu enträtseln versucht.“* (Antonovsky, 1997, S. 16).

Antonovskys Modell wird in Kap. 2.3 noch ausführlich dargestellt. An dieser Stelle sollen nur einige seiner Elemente genannt werden, die in moderne Konzeptionen von Gesundheit eingegangen sind:

- Gesundheit ist ein Kontinuum, keine dichotome ja/nein-Kategorie
- Stressoren im Sinne externer Handlungs- und Regulationserfordernisse gehören unvermeidbar zum Leben. Die Konfrontation mit ihnen führt zu einer Störung des Gleichgewichts des Organismus, das dieser durch eine energieverbrauchende Handlung wieder herzustellen versucht (Bengel et al., 2001, S. 33).
- Durch die erfolgreiche Auseinandersetzung mit ihnen bilden sich Widerstandsressourcen aus, die helfen, diese Anforderungen erfolgreich zu bewältigen.

Faltermaier & Kühnlein (2000, zitiert in Faltermaier, 2005) entwickeln einen positiven Gesundheitsbegriff – in Abgrenzung zum negativen im Sinne der „Abwesenheit von Krankheit“ – indem sie auf eine Neudefinition verzichten und stattdessen zentrale Kategorien aufzeigen, die zur Systematisierung ihres Gesundheitskonzepts notwendig sind. In diesem Konzept werden bedeutende Elemente gegenwärtiger Gesundheitsmodelle vereint, z. B. der Einbezug der psychischen und sozialen Dimension, das Konzept des Kontinuums sensu Antonovsky etc.:

	Körperlich	Psychisch	Sozial
Befinden	Wohlbefinden Stärke	Wohlbefinden Stärke	Wohlbefinden
Aktions-potential	Handlungsfähigkeit Leistungsfähigkeit	Handlungsfähigkeit Leistungsfähigkeit	Handlungsfähigkeit Arbeitsfähigkeit Leistungsfähigkeit
Fehlen bzw. geringes Maß an Störungen	Beschwerden Schmerzen Probleme Krankheit	Probleme Krankheit	Einschränkung in Rollenerfüllung Soziale Abweichung

Abb. 1: Inhaltliche Bestimmungen von Gesundheit nach Faltermaier (2005, S. 150)

Das Modell konzipiert Gesundheit zunächst mehrdimensional, indem es zwischen der physischen, psychischen und sozialen Ebene unterscheidet. Der Zustand auf jeder dieser Ebenen kann bezüglich des Befindens, des Aktionspotentials und des (Nicht)Vorhandenseins von Störungen quantitativ (zumindest auf Ordinalskalenniveau) beschrieben werden – dies impliziert die Definition von *Gesundheit als Kontinuum*.

Die Zustandsbeschreibungen auf den drei Dimensionen in Abb. 1 stellen eine positive inhaltliche Definition von Gesundheit dar.

Weiteres Element des Konzepts ist die Sichtweise von *Gesundheit als Prozess*, die zum einen kurzfristigen natürlichen Schwankungen unterliegt, zum anderen aber im Sinne der Salutogenese auch als interindividuell variierende habituelle Gesundheit gesehen werden kann.

Das Modell konzipiert Gesundheit und Krankheit nicht als einander ausschließende Gegensätze, sondern *„...das Kontinuum bewegt sich somit zwischen den Polen von maximaler bis minimaler Gesundheit. (...) Gesundheit wird hier als umfassendes Konstrukt und als allgemeiner Zustand des Organismus bzw. der Person verstanden, der auf einem multidimensionalen (körperlich-psycho-sozialen) Kontinuum variiert und Krankheit/Krankheiten als spezifische Phänomene einschließt"* (S. 152 f.).

2.1.2.2 Abgrenzung der Konzepte Arbeitszufriedenheit und Engagement auf der Grundlage des Konzepts zum Well-being

Studien zur Wirkung von Arbeit auf den arbeitenden Menschen verwenden ein immer wiederkehrendes Set von abhängigen Variablen, um postulierte Wirkzusammenhänge in Quer- oder Längsschnittuntersuchungen im Feld, aber auch in Laborsettings zu erkunden.

Zu diesen Variablen gehören sowohl spezifische wie z. B. erlebte Beanspruchung, Monotonie oder Sättigung oder die in einer ganz bestimmten Aufgabe erreichte Mengenleistung oder Fehlerzahl, aber auch allgemeinere Größen wie allgemeine Arbeitszufriedenheit, die Retentions-Neigung, d. h. den Wunsch, dem Unternehmen noch weiter anzugehören, das Engagement i. S. des „über das geforderte Maß an Arbeitseinsatz oder –ergebnis hinausgehen wollens" oder das körperliche Wohlbefinden sowie – als objektive Messgröße – der Krankenstand der Abteilung etc.

Im Kontext dieser Arbeit, die ebenfalls auf einige dieser „klassischen" Variablen im empirischen Teil zurückgreifen wird, ist es wichtig, die Begriffe Arbeitszufriedenheit und Engagement gegeneinander abzugrenzen, da diese häufig nicht sauber getrennt werden, obwohl sie motivationspsychologisch durchaus unterschiedlicher Qualität sind und wahrscheinlich auch zumindest teilweise unterschiedliche Determinanten und weitergehende Wirkungen haben:

es ist leicht denkbar, zufrieden mit dem Arbeitsplatz und dem Arbeitgeber zu sein, ohne dass dies gleichzeitig mit hohem Engagement i. S. aktiv-leistungsmotivierten Verhaltens einhergehen muss. So benennt ja das Konzept der *resignativen Arbeitszufriedenheit* (Bruggemann, Groskurth & Ulich, 1975) gerade einen Zustand des Nicht-Engagements als Ergebnis der Senkung des (auch leistungsthematischen) Anspruchsniveaus bei Soll-Istwert-Diskrepanzen zwischen Bedürfnissen und Erwartungen auf der Person- und Merkmalen der Arbeit auf der Situation-Seite. Auch ist es denkbar, mit dem Arbeitsplatz zufrieden zu sein, weil er das richtige Maß an Herausforderung und Möglichkeit zur Entwicklung der eigenen Fertigkeiten gibt, jedoch unzufrieden mit dem Arbeitgeber – ich nutze die Lernmöglichkeiten des Arbeitsplatzes, um meinen erweiterten Kenntnisstand dann bei einem anderen Arbeitgeber in den Bewerbungsprozess einzubringen. Hieraus wird ersichtlich, dass schon innerhalb eines eigentlich homogen erscheinenden Konzepts „Arbeitszufriedenheit" Mehrdimensionalität vorliegen kann. Dies wird natürlich bei unterschiedlichen Konzepten noch ausgeprägter.

Zur Trennung der Begriffe Arbeitszufriedenheit und Engagement werden diese in das *Well-being-Konzept* von Peter Warr (1987, 1999, 2007) und Warr & Inceoglu (2012) eingeordnet.

Warr ordnet den affektiven Zustand des Wohlbefindens (*Well-being*) in das umfassendere Konzept der mentalen Gesundheit (*mental health*) ein, zu der neben dem *Wohlbefinden* auch die Komponenten Kompetenz, Bestreben (*aspiration*), Autonomie und integriertes Funktionieren (*integrated functioning*) gehören (Warr, 2007, S. 57).

Zustände hohen oder geringen subjektiven Wohlbefindens werden auf den beiden orthogonalen Achsen *Pleasure* und *Arousal* lokalisiert und inhaltlich beschreibbar.

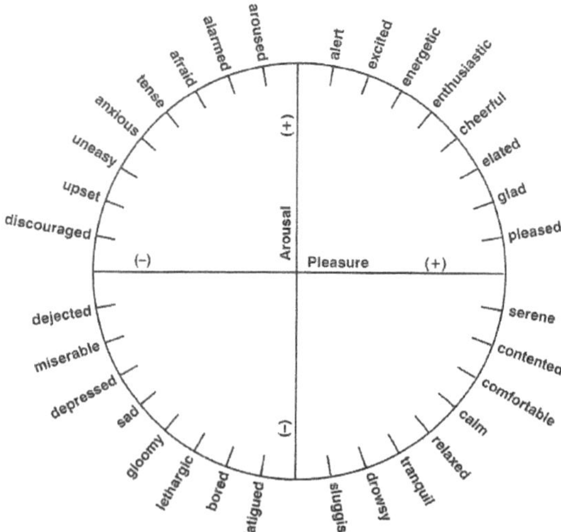

Abb. 2: Die zwei Dimensionen subjektiven Wohlbefindens nach Warr (2007, S. 21)

„We may describe a person's subjective well-being in terms of its location relative to those two dimensions (representing the content of feelings) and its distance from the midpoint of the figure (such that a more distant location indicates a greater intensity" (Warr, 2007, S. 20).

Der Autor erweitert dieses Modell, indem er zusätzlich zur Dimension *Pleasure* mit den Polen *feeling good vs. feeling bad* zwei diagonal verlaufende Dimensionen in das Koordinatensystem einfügt, von denen eine die Pole *enthusiasm vs. depression* verbindet, die andere die Pole *anxiety vs. comfort.* In diesem System sind also alle 4 Quadranten des zweidimensionalen Systems mit einem Begriff beschrieben.

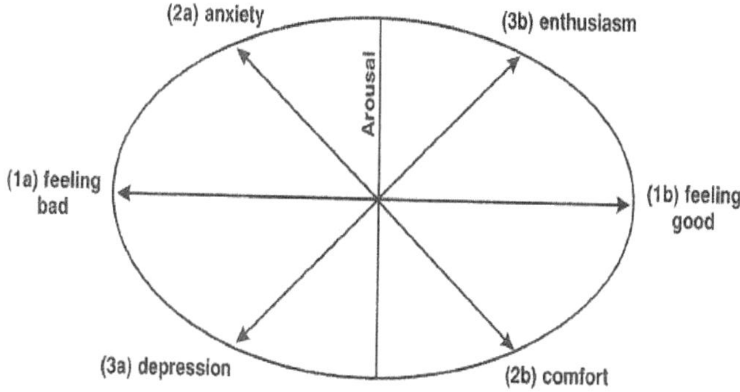

Abb. 3: Drei Messachsen des subjektiven Wohlbefindens nach Warr (2007, S. 22)

In dem Konzept von Warr wird *Arbeitszufriedenheit* lediglich durch die horizontale Achse *Pleasure* beschrieben. Durch diese definitorische Beschränkung des Konzepts Arbeitszufriedenheit auf einen emotionalen Zustand, der zunächst einmal motivational neutral ist – von dem aus also keine zielgerichtete Aktivität zur Befriedigung eines Bedürfnisses ausgeht – ist eine klare Abgrenzung zum Konzept *Engagement* möglich. Engagement stellt nach Warr & Inceoglu (2012) eine weitere Form des Wohlbefindens dar, die aber anders als Arbeitszufriedenheit nicht ohne positive Ausprägung auf der Dimension *arousal* denkbar ist. *„Job engagement also has positive valence, but it differs in being more strongly activated (...) engagement connotes activation, whereas satisfaction connotes satiation"* (S. 2). So betont auch Kahn die starke motivationale Komponente des Engagements, nämlich *„...the harnessing of an employee's full self in terms of physical, cognitive and emotional energies to work role performances* (Kahn, 1990 zitiert in Rich, Lepine & Crawford, 2010).

Diese inhaltliche Trennung der Konzepte Arbeitszufriedenheit und (arbeitsbezogenes) Engagement finden wir auch in den Arbeiten der niederländischen Forschergruppe um Bakker und Schaufeli (Schaufeli, Salanova, Gonzále-Romá & Bakker, 2002; Bakker, Albrecht & Leiter,

2011), die das Engagement der Mitarbeiter und deren Verbindung mit der Arbeit als kritische Erfolgsvoraussetzung für Unternehmen im 21. Jahrhundert sehen. *„Contemporary organizations need employees who are psychologically connected to their work; who are willing and able to invest themselves fully in their roles; who are proactive and committed to high quality performance standards“* (Bakker, Albrecht & Leiter, 2011, S. 5).

Die Autoren definieren arbeitsbezogenes Engagement als *„...a positive, fulfilling, work-related state of mind that is characterized by vigor, dedication and absorption“* (Schaufeli et al., 2002, S. 74).

Das Konzept des Engagements wird seit den 1990er Jahren thematisiert und erforscht. Ein Grund für seine Popularität ist – neben der zunehmenden Bedeutung hoch engagierter Mitarbeiter als unternehmerischem Erfolgsfaktor in Zeiten zunehmenden Konkurrenzdrucks – sicher auch die aktuell hohe Bedeutung der sogenannten *positiven Psychologie.* Als deren Grundelemente nennen Seligman & Csikszentmihaly (2000):

- Die Überwindung der einseitigen Fokussierung auf die Behandlung von Krankheiten, also das Verharren im bereits weiter oben beschriebenen *Krankheitsmodell*
- Die „Entdeckung“ der Prävention unter dem Aspekt: Wie können wir die Entstehung von Krankheiten vermeiden?
- Die Beschäftigung mit der Nutzung und dem Ausbau menschlicher Stärken und Eigenschaften, die vor Erkrankung schützen können, wie Optimismus, interpersonelle Fertigkeiten, Selbstwirksamkeit etc.

In der Perspektive der positiven Psychologie ist Engagement auch als Gegenpol zum Burnout zu sehen, dessen Merkmale quasi als Antipoden zu den Engagement-Elementen *vigor, dedication, absorption* beschrieben werden als

- Emotionale Erschöpfung
- Depersonalisation (negative, zynische Einstellung gegenüber den Rezipienten der eigenen Arbeit)
- Fehlende Leistungsfähigkeit

(Schaufeli et a., 2002; Gerlmaier, 2011; Adli, 2012).

Die dreidimensionale Struktur der Konzepte Engagement und Burnout konnte von Schaufeli et al. (2002) auch faktorenanalytisch bestätigt werden, und Halbesleben (2010) konnte in einer Meta-Analyse die hohe negative Korrelation zwischen den Burn-out-Dimensionen Erschöpfung und Zynismus und den Engagement-Dimensionen Energie *(vigor)* und Einsatz/Hingabe *(dedication)* nachweisen, deren Qualität als Antipoden hierdurch bekräftigt wird.

In der Tat geht Burnout-Fällen ja stets eine längere Phase höchsten Engagements voraus, das aber wegen Ausbleibens von Erfolg, wegen Nicht-Erreichbarkeit hoch bewerteter Ziele über eine Phase der Desillusionierung und des Zynismus zur totalen emotionalen, mentalen und psychischen Erschöpfung führt (Erschöpfungsdepression) (Adli, 2012; von dem Knesebeck, 2010; Pfaff, 2010; Park, 2012). *„Seen from this perspective, burnout is rephrased as an erosion of engagement with the job"* (Schaufeli et al., 2002, S. 71).

Wir können also festhalten, dass eine bewusste Trennung und auch unabhängige Messung der Konzepte Arbeitszufriedenheit und arbeitsbezogenes Engagement sich aus theoretischen Erwägungen aufzwingt. Während Engagement eindeutig Elemente (leistungs)motivierten Verhaltens aufweist und mit den Definitionsbestandteilen Hingabe und Absorption sogar dem von Csikszentmihaly (1997) beschriebenen Flow-Zustand nahekommt, können wir Arbeitszufriedenheit eher als Ergebnis eines Bewertungsvorganges sehen, in dem subjektive Anforderungen an die Arbeitssituation mit deren Erfüllung verglichen werden. Nach Locke (1976, zitiert in Gebert & Rosenstiel, 1981, S. 65) gilt:

AZ = f (Soll-Ist-Differenz) x Bedeutsamkeit

Als solches Bewertungsergebnis ist Arbeitszufriedenheit als affektiver Zustand eine resultierende Größe, die zunächst einmal keine Merkmale motivierten zielgerichteten Verhaltens aufweist.

Selbstverständlich kann (hohe oder geringe) Arbeitszufriedenheit motiviertes Verhalten auslösen, wie es im dynamischen Arbeitszufriedenheitskonzept von Bruggemann et al. (1975) ja differenziert beschrieben wird: je nach Ergebnis des Soll-Ist-Vergleichs kann das Anspruchsniveau angepasst oder stabilisiert werden, wodurch die Arbeitszufriedenheit unterschiedliches Verhalten motivierende Formen annehmen kann (z. B. kann „progressive AZ" bei Erhöhung des Anspruchsniveaus dazu führen, dass ich schwierigere Aufgaben anstrebe oder mich um eine anspruchsvollere Position bewerbe. „Konstruktive Arbeitsunzufriedenheit" kann meinen Fokus auf externe Jobalternativen ausrichten).

2.2 Führung

2.2.1 Zur Definition der Führung und ihrer Bedeutung im Kontext *Gesundheit*

An dieser Stelle soll kein weiterer Überblicksartikel zum Thema *Führung* entstehen. Das würde nicht nur den Rahmen dieser Arbeit sprengen, die sich ja primär mit der Schnittmenge der Themen Führung und Gesundheit beschäftigt, es wäre auch ohne Neuigkeitswert, da mit dem Grundlagenwerk von Neuberger (2002) und dem komprimierten Artikel von Wegge & von Rosenstiel (2007) ganz hervorragende Arbeiten vorliegen, die wiederum die ältere Überblicksdarstellung von Vroom (1976) aktualisieren.

Wenn wir Gesundheit im Sinne des weiter oben beschriebenen biopsychosozialen Modells oder – auf Faltermaiers Definition aufbauend - als mehrdimensionales Kontinuum und nicht nur als Abwesenheit von Krankheit betrachten, das auch Wohlbefinden (Well-being im Sinne Warr's), Zufriedenheit und Engagement umfasst, wird die Gesundheitsrelevanz von Führung deutlich.

Tatsächlich ist die Bedeutung des Themas Führung in der wissenschaftlichen Literatur, besonders aber auch im „anwendungsorientierten Technologiewissen" („Der 1-Minuten-Manager", „So führen Sie erfolgreich", „Die Erfolgsgeheimnisse der großen Führer" etc.) unübersehbar, was Neuberger (2002) zum ironischen Zitieren von Bonmots veranlasst, *„(...) dass es mehr Bücher als Wissen über Führung gäbe, dass der Heizwert von Büchern ihren Erkenntniswert übersteige, dass über nichts so viel dogmatischer Unsinn geschrieben worden sei als über Führung..."* (S. 2).

Vroom (1976) sagt hierzu: *„There are few problems of interest to behavioral scientists with as much apparent relevance to the problems of society as the study of leadership. The effective functioning of social systems from the local PTY to the United States of America is assumed to be dependent on the quality of their leadership"* (S. 1527).

Tatsächlich ertönt bei allen Arten von Problemen der Ruf nach dem Austausch der Führungskraft – seien es Probleme in einer Abteilung („Hat der Abteilungsleiter die Leute denn nicht im Griff?") oder eine schwierige Saison für ein Fußballteam – der „Trainerwechsel" scheint der Königsweg zu sein. Zumindest ist dies ein Indiz dafür, welche überragende Wirkung Führung und ihren Akteuren im common sense zugesprochen wird, was bis zum Personenkult reicht, wie wir ihn auch in den *Great Man Theorien* und auch im Konzept des *charismatischen Führers* wiederfinden.

Tatsächlich ist die Führungsposition ja durch ein formales Machtgefälle zwischen Führer und Geführten verbunden. Die Führungskraft verfügt über besseren Zugriff auf relevante Ressourcen: Nähe zur Firmenleitung als „Machtzentrum", Entscheidung über die Allokation materieller Mittel wie Budgets, Prämien und andere Sachleistungen, Einfluss auf die Karriere durch Beurteilungen und die Zuweisung prestigeträchtiger Aufgaben als „Bewährungsbühne" etc. Führung kann durch diese Macht-Asymmetrie und die daraus resultierende Abhängigkeit des Geführten als bedrohlich erlebt werden, sie kann also zum psychosozialen Stressor werden, im positiven Falle aber auch das Gegenteil bewirken, indem die Führungskraft ihren Einfluss nutzt, um günstige Arbeitsbedingungen zu schaffen und die Mitarbeiter bei der Aufgabenerfüllung zu unterstützen. So überrascht es nicht, dass Führung und Gesundheit große inhaltliche Zusammenhänge aufweisen, die im Verlauf dieser Arbeit noch herausgearbeitet werden. So zitieren Theorell, Bernin et al. (2010) mehrere eigene Studien, u. a. die WOLF-Studie (Nyberg, Theorell et al., 2009; WOLF = *Work, Lipids, Fibrinogen*), die sowohl im Quer- als auch im Längsschnitt deutliche Zusammenhänge zwischen Führung als unabhängiger und Herzinfarkt-Inzidenz, Koronarer Herzkrankheit und Fehlzeiten als abhängigen Variablen nachweisen. Ganz in diesem Sinne widmet sich auch der *Fehlzeitenreport 2011* (Badura, Ducki et al., 2011) ausschließlich dem Thema *Führung und Gesundheit.*

Wie wird Führung definiert?

Das Gabler Wirtschaftslexikon betont in seiner Definition die o. g. Asymmetrie:

„(Führung ist) durch Interaktion vermittelte Ausrichtung des Handelns von Individuen und Gruppen auf die Verwirklichung vorgegebener Ziele; beinhaltet asymmetrische soziale Beziehungen der Über- und Unterordnung"
(http://wirtschaftslexikon.gabler.de/Definition/fuehrung.html)

Neuberger (2002) legt eine handlungstheoretische Definition von Führung vor:

„Akteur A führt in Bezug auf Akteur B in der Situation C die Handlung X aus und bewirkt Y" (S. 31).

Hierbei kann mit B auch ein Kollektiv, z.B. die Mitarbeiter einer Abteilung, gemeint sein, und die Wirkung Y muss nicht zwangsläufig in der direkten Interaktion zwischen A (der Führungskraft) und B (den Mitarbeitern) erfolgen, sondern sie kann auch indirekt durch die Installation sogenannter Führungssubstitute (z. B. Arbeitszeitregeln, Beurteilungssysteme etc.) entstehen.

Hier zeichnet sich bereits die Unterscheidung von *personaler* und *indirekter* Führung ab, die auch Wegge & von Rosenstiel auf der Grundlage ihrer Definition herausarbeiten:

„Führung ist ein Sammelbegriff für alle Interaktionsprozesse, in denen eine absichtliche soziale Einflussnahme von Personen auf andere Personen zur Erfüllung gemeinsamer Aufgaben im Kontext einer strukturierten Arbeitssituation zu Grunde liegt" (S. 476).

Diese Interaktionsprozesse können sich auf drei Ebenen abspielen:

- Auf der Ebene der *Unternehmensführung*, in erster Linie in Form von Entscheidungen und Handlungen, die das Erreichen wesentlicher Unternehmensziele unterstützen sollen
- Im Bereich des *Personalmanagements*, das die für die Unternehmensziele notwendigen humanen Ressourcen steuert
- Auf der Ebene des unmittelbaren Kontakts zwischen Führern und Geführten, wo sie als *personale Führung* in Erscheinung treten
  (S. 476)

In dieser Arbeit wird Führung ganzheitlich, also auf allen drei Ebenen ablaufend verstanden. Wenn wir also später fragen, wie „gesunde Führung" aussehen soll, fragen wir sowohl nach dem „gesunden“ personalen Führungsverhalten der Führungskraft im direkten Kontakt mit den Mitarbeitern – also wie sie informiert, trainiert und coacht, korrigiert, kritisiert etc. - als auch nach der indirekten Einflussnahme der Führungskraft auf die Arbeitssituation, z. B. durch die Art der Aufgabengestaltung oder die Einrichtung von Kontrollsystemen. Wir beleuchten auch die (meist indirekt erfolgende) Führung durch das Management der Organisation, die in der Gestaltung von Regeln und Systemen als Führungssubstituten wesentlichen Einfluss auf die Organisationskultur und das „Betriebsklima“ hat.

Im System der *systemverträglichen Organisationsentwicklung* von Kastner (1998, 2010, 2012) untersuchen wir den Einfluss von Führung also auf der Ebene der Person (direkte personale Führungsinteraktion), der Situation (Gestaltung der Arbeitsinhalte und der Arbeitsumgebung) und der Organisation (intentionale, aber auch unbewusst-inzidentelle Gestaltung der Organisationskultur und des Betriebsklimas, Gestaltung von Regelungs- und Sanktionssystemen, Einführung von Programmen im Rahmen des Personalmanagements etc.).

Dieser bewusste Einbezug der Parameter *Situation* und *Organisation* berücksichtigt gerade auch die erwiesene Wirkung von Führungssubstituten auf das Verhalten der Organisationsmitglieder (Neuberger, 2002; Wegge & von Rosenstiel, 2007), die ja in Form von organisationalen Regeln und Richtlinien den persönlichen Einfluss der Führungskraft einschränken, aber bei Kompatibilität mit diesem den personalen Führungsverhalten/-stil auch verstärken können. So konnten Wilson, DeJoy et al. (2004) in einer Querschnittuntersuchung mit N = 1.130 Mitarbeitern einer Einzelhandelskette den starken Einfluss von formulierten Werten, Überzeugungen und Policies auf subjektive und auch objektive Variablen des Wohlbefindens pfadanalytisch darstellen, wobei dieser nicht direkt erfolgt, sondern über Mediatorvariablen wie Organisationsklima und Job Design vermittelt wird. Solche Befunde weisen auf die Möglichkeiten und Grenzen des personalen Einflusses der Führungskraft in der Organisation hin. Mit zunehmender Standardisierung und Automatisierung von Prozessen – integraler Bestandteil aller Produktionssysteme und Lean Management-Konzepte - nimmt auch deren Varianz ab, wodurch relativ genormte und somit „starke“ Situationen entstehen, in denen der Einfluss der Persönlichkeit des Führenden – relativ gesehen – abnimmt. Hierauf weist auch Zündorf (1987) hin, wenn er den Rollenwandel des betrieblichen Meisters in Richtung eines eher bürokratischen Sachwalters beschreibt.

So entspricht es auch der Alltagserfahrung des Autors dieser Arbeit, dass personale und organisationale Führung in einem Austauschverhältnis stehen: je „schwächer“ bzw. unsicherer die beteiligte Führungskraft, desto stärker wird ein „klares Regelsystem“, Hilfe beim Lösen von Führungsproblemen durch Anwendung des Arbeitsrechts etc. gefordert, wohingegen „starke“ Führungskräfte Probleme häufig mit eigenen (personalen Führungs-) Mitteln lösen und ein starkes Regelsystem vielleicht sogar als einschränkend wahrnehmen. Diese Alltagswahrnehmung wird in der Persönlichkeitspsychologie im Konzept des Interaktionismus bestätigt, der die alte Frage nach der Verursachung von Verhalten – Persönlichkeitseigenschaften oder situative Bedingungen? – mit einem „sowohl als auch“ beantwortet (Amelang & Bartussek, 2001).

2.2.2 Theorien zur Führung

Die in Kapitel 2.2.2 gemachten Ausführungen basieren im Wesentlichen auf den bereits oben zitierten Werken von Vroom (1976), Neuberger (2002) und Wegge & von Rosenstiel (2007). Sie werden im Text als Zitatquellen nicht weiter explizit aufgeführt. Hiervon abweichende Textquellen werden dagegen benannt.

2.2.2.1 Eigenschaftsmodelle: Führung als Ergebnis von Persönlichkeitsdispositionen des Führers

Eigenschaftstheorien zur Führung entsprechen vielleicht am stärksten dem „naiven“ nichtwissenschaftlichen Verständnis von Führung, indem sie Erfolg oder Misserfolg in der Rolle als Führungskraft einseitig auf die Person des Führers attribuieren („Great-Man-Theorie“). Aus dieser Perspektive heraus wird auch der Ruf nach dem „starken Mann“ verständlich, der die Probleme lösen soll, oder auch der Ruf nach dem Trainerwechsel. Hier werden also die komplexen Zusammenhänge im P/S/O-System auf eine einzige Variable reduziert.

So stellt Weibler (1997) die kritische Frage, ob Unternehmenssteuerung durch „charismatische Führungspersönlichkeiten“ in den heutigen komplexen Organisationen überhaupt realistisch ist, und seine Antwort fällt negativ aus, da die notwendigen Bedingungen für dieses Führungskonzept wie zentralistische Struktur und Steuerbarkeit, gleichförmige Ausrichtung des Denkens und Handeln top-down etc. kaum gegeben sind. Zudem ist Charisma ein höchst selten auftretendes, stark subjektives Phänomen, das erfolgsabhängig ist: bleibt der Erfolg aus, können dieselben zuvor als charismatisch wahrgenommenen Verhaltensweisen des Führers als „leer“ oder unangemessen wahrgenommen werden. Durch diese Zufälligkeit und Subjektivität wird Charisma auch nicht zum bewusst einsetzbaren Führungsmittel – einzelne Elemente des Verhaltens, die zur „charismatischen Ausstrahlung“ beitragen können - wie mit Begeisterung über Ziele sprechen und positive Visionen der Zukunft entwickeln – können natürlich bewusst als kommunikative Mittel eingesetzt werden, immer aber mit dem Risiko, dass die Führungskraft nicht authentisch und ihr Verhalten „aufgesetzt“ wirkt.

Aber gerade wegen dieser scheinbaren Komplexitätsreduktion, die den personalen Modellen der Führung innewohnt, ist die Vorstellung verführerisch, eine Eigenschaft wie „Führungsfähigkeit“ zu identifizieren und messbar zu machen.

Wie Vroom (1976) beschreibt, ist es der Empirie nicht gelungen, eine solche einzelne Eigenschaft zu identifizieren. Arbeitet man mit dem häufig gewählten empirischen Ansatz, Führer und Nicht-Führer bezüglich solcher Eigenschaften zu untersuchen, auf denen sie sich unterscheiden, tauchen einige Dimensionen wiederholt auf:

- Intelligenz
- Leistungsmotivdisposition
- Machtmotivdisposition
- Neurotizismus (bei Führungskräften geringer ausgeprägt)
- Internale Kontrollüberzeugung (Rotter, 1966 zitiert in Heckhausen, 1980)
  (Wegge & von Rosenstiel, 2007, S. 481)

Gebert & von Rosenstiel (1981) nennen darüber hinaus Selbstvertrauen, Dominanz und soziale Sensibilität.

Darüber hinaus wird auch den "Big Five" (Extraversion, Verträglichkeit, Gewissenhaftigkeit, Emotionale Stabilität = Gegenpol zu Neurotizismus, Offenheit) als grundlegenden Beschreibungsdimensionen interindividueller Differenzen ein Zusammenhang mit dem Kriterium Führungserfolg zugeschrieben, hier besonders der Dimension *Extraversion*.

Allerdings ist die empirische Grundlage dafür, diese Eigenschaften mit zu Führung qualifizierenden gleichzusetzen, eher schwach. So fallen einige methodische Mängel der Eigenschaftstheorien ins Auge:

- Eigenschaften der Führenden erklären nur durchschnittlich 10% der Varianz des Kriteriums *Führungserfolg*
- Im Vergleich der Führenden mit Nicht-Führenden wird zum einen übersehen, dass sich unter letzterer Gruppe ja auch zukünftige Führungskräfte befinden, die also schon über entsprechende Eigenschaften verfügen müssten, die eigentlich als typisch für die erste Gruppe angesehen werden. Zum anderen ist die Binnenvarianz – also die Streuung der Eigenschaftsausprägungen innerhalb der beiden Gruppen – erheblich und nicht immer kleiner als die Zwischenvarianz (Neuberger, a.a.O., S. 234)
- „Man findet die Ostereier, die man vorher versteckt hat" (a.a.O., S. 396): die mögliche Anzahl der Eigenschaften, die ich als führungsrelevant untersuche, ist potentiell unendlich. Wenn diese nicht streng theoriegeleitet ausgewählt werden, muss man stets davon ausgehen, dass Wichtiges nicht, Unwichtiges aber doch erfasst wurde
- Die Kausalrichtung ist nicht eindeutig: führt hohe Leistungsmotivation z. B. zur Führungsposition, oder führen die höheren Anforderungen einer Führungsposition zu einem stärker leistungsmotivierten Verhalten? Hier ist zumindest von einer reziproken Wirkung auszugehen, auch wenn Wegge & von Rosenstiel auf inzwischen vorliegende Längsschnittuntersuchungen hinweisen, nach denen die umgekehrte Kausalität eher ausgeschlossen werden muss

- Ist die Tatsache, dass Führungskräfte sich gegenüber Nicht-Führungskräften auf einigen Dispositionen unterscheiden, ein Beleg für deren Natur als „Führungsfähigkeit" oder eher für das Vorliegen impliziter Persönlichkeitstheorien der Entscheider in der Organisation? („Führungskräfte müssen extravertiert sein, also befördere ich den Mitarbeiter, der diese Eigenschaft aufweist"). Hierdurch schafft die Organisation eine klassische sich selbst erfüllende Prophezeiung (Gebert & von Rosenstiel, 1981)
- Eigenschaftstheorien der Führung reduzieren ihre Aussagekraft und somit Anwendbarkeit durch das Ausblenden relevanter Situations- und Organisationsmerkmale. So können Eigenschaften in der einen Führungssituation relevante Erfolgsvoraussetzungen sein, in der anderen aber eher hinderlich. So kann z. B. *Kompetitivität* in einer hoch individualistischen und leistungsorientierten Organisation unabdingbare Voraussetzung sein, sich als (Nachwuchs)Führungskraft zu empfehlen. In einer eher kollektivistischen und auf Konsens ausgerichteten Organisation kann dieselbe Eigenschaft zum „Karrierekiller" werden
- Auch die Eigenschaften/Dispositionen der Geführten interagieren mit Eigenschaften der Führer. So zitieren Wegge & von Rosenstiel Arbeiten von Wegge (2004), in denen dieser nachwies, dass die *Ängstlichkeit* der Versuchspersonen mit *dem Führungsstil des Versuchsleiters* und der *Art der Aufgabe* bezüglich des Leistungsergebnisses interagiert, also eine Dreifach-Interaktion vorliegt. Ebenso weisen die Autoren auf einige niederländische Studien hin, die zeigen, dass eher „schwache" Menschen mehr personale Führung von ihrem Vorgesetzten wünschen und besonders positiv auf charismatische Führungspersönlichkeiten reagieren (a.a.O., S. 483)

Trotz der wissenschaftlichen Mängel der Eigenschaftstheorien gibt es keinen Grund, diese völlig „ad acta" zu legen. Sieht man in Persönlichkeitsdimensionen nicht die wichtigste oder gar einzige Determinante von Führungserfolg oder von „guter Führung", sondern gesteht ihr die Rolle <u>einer</u> wichtigen Determinante in einem komplexen Wirkgefüge zu, das gerade auch Aspekte der Situation und Organisation berücksichtigt, spielen Dispositionen durchaus eine wichtige Rolle.

Im Zusammenhang dieser Arbeit zum Themenkomplex *Arbeit, Führung und Gesundheit* sollten wir Eigenschaften als das verstehen, was sie qua definitionem sind:

„Eigenschaften (...) werden aufgefasst als breite und zeitlich stabile Dispositionen zu bestimmten Verhaltensweisen, die konsistent in verschiedenen Situationen auftreten" (Amelang & Zielinski, 2002).

Im Bereich der personalen Führung, also in der direkten Interaktion zwischen Führungskraft und Mitarbeiter, erscheinen und wirken Eigenschaften des Führers über sein gezeigtes <u>Verhalten</u>. Die Disposition zu diesem Verhalten bedeutet nun, dass dieses a) häufig und b) über eine relativ breite Klasse von Situationen hinweg gezeigt wird. Dass die Geführten auf dieses Verhalten bewertend reagieren und z. B. mehr oder weniger zufrieden mit ihrer Führungskraft sind, ist eher einleuchtend, als dass sie emotional bewertend auf dessen „latentes Trait" reagieren.

Die „extravertierte" Führungskraft zeigt also häufig und in unterschiedlichen Situationen extravertiertes Verhalten, indem sie auf die Mitarbeiter aktiv zugeht, offen das Gespräch sucht, sich gerne in „Bühnensituationen" begibt etc. Die eher „verträgliche" Führungskraft (*Agreeableness* als eine der Big-Five-Dimensionen) wird mehr Wert auf eine harmonische Zusammenarbeit legen und Konflikte offen ansprechen und zu lösen versuchen sowie das freundlich-einfühlsame Gespräch mit dem Mitarbeiter führen.

Die Bedeutung dieser Schnittstelle *Verhalten* leitet auch über zu den Erkenntnissen der *Führungsstilforschung*.

2.2.2.2 Führungsverhalten, Führungsstile und situative Führungstheorien

Die Forschung zu verschiedenen Führungsverhaltensweisen und -stilen und deren Wirkung auf das Leistungsergebnis und die Zufriedenheit der Mitarbeiter begann in den späten 1940er Jahren in der Ohio State University und der University of Michigan.

Die Michigan-Gruppe um Likert, Katz und Kahn untersuchte in den 1950er Jahren, durch welche Elemente des Führungsverhaltens sich leistungsstarke Arbeitsgruppen von weniger starken unterscheiden. Zunächst dienten Interviews mit Vorgesetzten und Mitarbeitern als Erhebungsinstrument, später setzten die Forscher auch zunehmend die von der Ohio-Gruppe entwickelten Fragebögen ein (s. u.). Die Unterschiede zwischen den verschiedenen Leistungsgruppen lagen in folgenden Bereichen:

- Die Führungskräfte der leistungsstarken Gruppen zeigten ein Verhalten, das sich stärker auf den Mitarbeiter als auf die Produktivität richtete (*employee-centered vs. production-centered)*, z. B. indem sie die Mitarbeiter unterstützen und ihnen das Gefühl der persönlichen Wichtigkeit und Wertigkeit vermitteln
- Sie praktizieren mehr allgemeine und gruppenorientierte als enge und persönliche Supervision und Entscheidungsprozesse
- Sie setzen hohe Leistungsziele
  (Vroom, 1976, S. 1532)

Die Michigan-Gruppe konzipierte Führungsstil zunächst eindimensional mit den Polen Mitarbeiter-Orientierung und Leistungsorientierung. Der individuelle Stil lag hier auf einer definierten Stelle des Kontinuums zwischen diesen Polen.

Einen etwas anderen, nämlich zweidimensionalen Ansatz wählte die Ohio-Gruppe um Harpin, Winer und Fleishman. In den Ohio-Studien wurde die Grundlage für den *Leadership Behavior Description Questionnaire (LBDQ)* gelegt, der von Fittkau-Garthe & Fittkau (1971) als *Fragebogen zur Vorgesetzten-Verhaltens-Beschreibung (FVVB)* überarbeitet und ins Deutsche übertragen wurde.

Die Entwicklung des Fragebogens erfolgte zunächst über eine inhaltliche Reduktion von Variablen, die auf der Schilderung von Episoden zum Führungsverhalten basierten. 150 Fragebogen-Items gruppierten sich zu neun unterscheidbaren Dimensionen des Führungsverhaltens. Dieser Item-Pool wurde anschließend faktorenanalytisch auf 48 Items in der amerikanischen und 32 Items in der deutschen Version reduziert (Neuberger, a.a.O., S. 397. Zur methodischen Kritik der Faktorenanalyse s. S. 398 ff.).

Der LBDQ wies nach der Faktorenanalyse eine zwei-faktorielle Struktur auf, die von den Autoren Hemphill & Coons (1957, zitiert in Vroom, 1976) *Consideration* und *Initiating Structure* genannt wurden.

„Consideration includes supervisory behavior 'indicative of friendship, mutual trust, respect, and warmth' while Initiating Structure includes behavior in which „the supervisor organizes and defines group activities and his relation to the group" (Harpin & Winer, 1957, zitiert in Vroom, 1976, S. 1530).

Der FVVB weist die vier Dimensionen auf:

- Freundliche Zuwendung
- Mitreißende Aktivität
- Mitbestimmung, Beteiligung
- Kontrolle vs. Laissez-faire

Neuberger und auch Vroom weisen auf die teils große Heterogenität der Items hin, die auf diesen faktorenanalytisch entstandenen Dimensionen laden, und er weist auf die „Blindheit" der Methode für inhaltliche Zusammenhänge bzw. Unterschiede hin:

„Wer isst, wird regelmäßig auch atmen – was nicht bedeutet, das Atmen und Essen das Gleiche sind, obwohl sie mit der übergeordneten Dimension Leben zusammenhängen. Für solche Differenzierungen ist die Faktorenanalyse blind, sie konstatiert nur das Zusammen-Vorkommen, ohne das Zustandekommen aufhellen zu können" (a.a.O., S. 405).

Dieser methodischen Kritik steht der „Charme" der Reduktion der Komplexität auf zwei auch in naiven Theorien auffindbare Dimensionen, nämlich der Leistungs-/Aufgabenorientierung und der Mitarbeiterorientierung gegenüber. Mit diesen Dimensionen sind die vereinfachenden Stereotype des „Sklaventreibers" (hohe Aufgaben-, geringe Mitarbeiterorientierung) und des fürsorglichen Vorgesetzten (hohe Mitarbeiterorientierung) beschreibbar.

Die empirische Befundlage weist einige stabile und replizierte Tendenzen auf:

- Die Dimensionen sind interkorreliert, also entgegen den theoretischen Annahmen nicht orthogonal
- Die Objektivität des Instruments wird durch z. T. deutlich unterschiedliche Einschätzungen des Verhaltens ein- und derselben Führungskraft in Frage gestellt. Dies kann jedoch ein Hinweis darauf sein, dass sich Führungskräfte gegenüber ihren Mitarbeitern unterschiedlich verhalten bzw. dass die Mitarbeiter sich in der Wahrnehmung und Beschreibung dieses Verhaltens unterscheiden. Dieser Aspekt des differenzierten und an die Person des Geführten angepassten Verhaltens wird in Kapitel 2.2.2.3 näher beschrieben.
- *Consideration* korreliert in einer Metaanalyse mit 20 Studien positiv mit Arbeitszufriedenheit (mittleres r = .34) und schwächer mit Leistungsindikatoren (mittleres r=.19) (Wegge & von Rosenstiel, 2007)
- Schmidt (1996) fand signifikante Zusammenhänge zwischen den Dimensionen des FVVB und den objektiven Maßen Absentismus und Fluktuation. Die höchsten Korrelationen zeigten sich hier für die Unterdimension *Ermöglichung von Mitbestimmung* (r = -.21 mit Summe der Fehltage und -.30 mit Fluktuation)
- Die Korrelationen zwischen *Initiiating Structure* und der Arbeitsleistung sind mit Werten um .20 ebenfalls signifikant, wenn auch nicht hoch ausgeprägt (4% gemeinsame Varianz)

Wegge & von Rosenstiel weisen darauf hin, dass diese eher geringen Korrelationen auf den ersten Blick enttäuschen mögen, man aber bedenken sollte, dass sie gemessen an der hohen Komplexität der Zusammenhänge und der Multikausalität von abhängigen Größen wie Arbeitszufriedenheit, Fehlzeiten, Leistungsergebnissen etc. durchaus ermutigend sind und ein klarer Hinweis auf die Bedeutung dieser Führungsstile.

Um dieser Komplexität besser zu entsprechen, wurde das zweidimensionale System der Aufgaben- und Mitarbeiterorientierung um weitere situative bzw. Kontextfaktoren ergänzt, was zu der Anschauung führte, dass es nicht mehr den einen richtigen oder zu empfehlenden Führungsstil gibt, sondern die Merkmale der Situation ausschlaggebend sind, welcher Stil wohl zum angestrebten Ergebnis führt.

Als Beispiel für eine solche *situative Führungstheorie* wird hier das Modell von Hersey & Blanchard (1977, zitiert in Neuberger, 2002) beschrieben.

Die Autoren gehen zunächst vom zweidimensionalen Führungsmodell der Ohio-Schule aus. Als situative Variable führen sie den *Reifegrad der Mitarbeiter* ein, von dessen Ausprägung es abhängen soll, welcher Stil zu den besten Ergebnissen führen sollte.

Der Reifegrad wird differenziert in die arbeitsbezogene (Erfahrung, Fachwissen usw.) und die psychologische Reife (Verantwortungsbereitschaft, Leistungsmotivation usw.) (a.a.O., S. 519).

Durch Teilung der beiden (theoretisch) orthogonalen Dimensionen am Mittelpunkt erhält man die Quadranten

- Hohe Aufgaben- und niedrige Beziehungsorientierung (Stil 1 – „telling“)
- Hohe Aufgaben- und hohe Beziehungsorientierung (Stil 2 – „selling“)
- Niedrige Aufgaben- und hohe Beziehungsorientierung (Stil 3 – „participating“)
- Niedrige Aufgaben- und niedrige Beziehungsorientierung (Stil 4 – „delegating“)

Der empfohlene Stil variiert mit dem Reifegrad des Mitarbeiters bzw. der Mitarbeitergruppe.

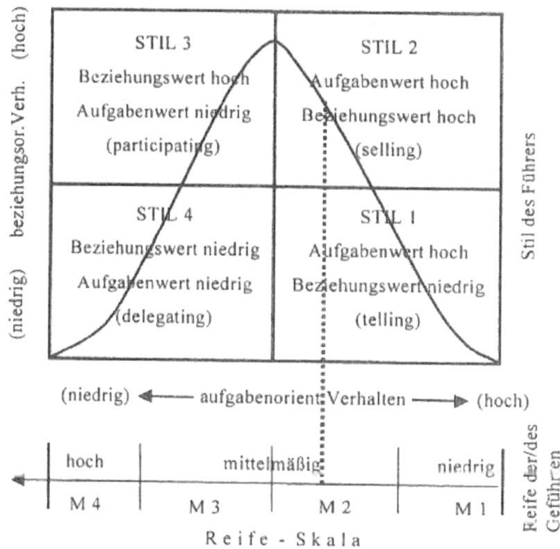

Abb. 4: Situative Führungstheorie von Hersey & Blanchard (aus Neuberger, 2002, S. 519)

Das von den Autoren entwickelte Messinstrument LEAD beschreibt konkrete Führungssituationen und gibt Handlungsoptionen zur Auswahl an, die je einen der vier Stile repräsentieren. Die Führungsleistung des Probanden errechnet sich aus den Werten *Adaptability* (Anpassungsfähigkeit des Stils bzw. die „Breite der Klaviatur“, die beherrscht wird) und *Effectiveness* (errechnet über die Anzahl der richtig gelösten = richtig diagnostizierten Führungssituationen).

Neuberger kritisiert die situativen Führungstheorien, von denen hier mit dem System von Hersey & Blanchard nur eine exemplarisch dargestellt wurde, primär aus einer ideologischen, weniger einer wissenschaftlich-methodischen Sichtweise. Zwar weist er darauf hin, wie vage und schwer falsifizierbar z. B. Hersey & Blanchard die situative Variable *Reifegrad der Geführten* definieren und operationalisieren. Seine Hauptkritik richtet sich aber gegen die jederzeitige Exculpierungsmöglichkeit der Führungskraft selbst, die ja immer mit einem Verweis auf die schwierigen Bedingungen der Situation ihre eigene Ohnmacht und eingeschränkte Handlungsfähigkeit rechtfertigen könne. Auch sieht er in den situativen Theorien die

„...Kapitulation der Persönlichkeit vor der Macht der Verhältnisse (...) Wer situativ führt, ist ein Jenachdemer. Kein spiritus rector, sondern ein quasi automatischer spiritloser Reaktor. Keiner, der kontrafaktisch (....) handelt, sondern ein Passender, einer der fit ist und für den die Verheißung des survival of the fit(test) gilt" (S. 530).

In der Tat ist das System ein vielleicht allzu plausibles und leicht verkäufliches, das Gewinn bringend in zahlreichen Management-Trainings eingesetzt wird. Doch hiervon einmal unabhängig betrachtet ist ihm positiv zuzuschreiben, die Situation explizit als Variable in den bewussten und reflektierten Entscheidungsprozess der Führungskraft eingebracht zu haben, welches Verhalten denn in der gegebenen Situation wirklich angezeigt ist. Hiermit transzendiert sie die wesentlich eingeschränktere Empfehlung für den einzig richtigen Führungsstil, sie berücksichtigt und respektiert die Komplexität der situativen Handlungsrahmen einer Führungskraft, und sie versucht pragmatische Verhaltensweisen aufzuzeigen. Sie hilft der Führungskraft, ihr Verhalten den unterschiedlichen Mitarbeitern, deren Motivation und Erfahrungsgrad anzupassen, und – positiv umgesetzt – kann sie so dazu beitragen, dass Führungssünden wie die Überforderung der Mitarbeiter oder auch das „gefühlte Gängeln" durch Micro-Management und Überdeterminierung der Mitarbeiter zu verhindern.

2.2.2.3 Die Theorie der Führungsdyaden nach Graen

In den 1970er Jahren veröffentlichte George B. Graen von der University of Cincinatti eine Führungstheorie, die den Prozess der Führung untersucht und weniger als die bisher dargestellten Eigenschafts- oder verhaltensorientierten Theorien nach dem (wünschenswerten) Inhalt von Führung fragt.

Im Mittelpunkt seiner Theorie steht die dyadische Interaktion zwischen zwei Personen. Diese Interaktion wird als reziprok definiert, jede Handlung des Partners 1 beeinflusst die Handlung des Partners 2, dessen Reaktion wiederum die folgende Handlung des Partner 1 beein flusst, etc. Die grundlegende Analyseeinheit, bestehend aus einer Handlung und der darauffolgenden Handlung des Dyadepartners, nennen Graen & Scandura (1987a und b) und Graen

(1976) *Doppel-Interaktion*. Der Rückgriff auf diese Einheit soll es ermöglichen, die Arbeit von Teams in hoch komplexen Organisationen zu verstehen, die mit unstrukturierten Aufgaben konfrontiert sind, die nicht durch Rückgriff auf bekannte und bewährte Lösungsrezepte bewältigbar sind – eine Situation, die in unserem globalisierten und veränderungsdynamischen Umfeld durchaus verbreitete Realität ist.

Graen sieht Dyaden als Grundbausteine komplexer Organisationen, die wiederum durch Verkettung und Vernetzung interdependenter Interaktionen geprägt werden. Auch *Führung* wird als dyadischer Austausch verstehbar, wobei die Führungskraft die Aufgabe übernimmt, die *Rolle* zu verdeutlichen, die sie dem Mitarbeiter im Team zuweist. Dieses interpersonale Beeinflussung, die im positiven Falle zum *role taking* – also zur Rollenübernahme – durch den (neuen) Mitarbeiter führt, folgt gemäß Graen einem Prozess, den Katz & Kahn (1966, zitiert in Graen, 1976) folgendermaßen beschrieben haben:

Die Führungskraft kommuniziert ihre Erwartungen bezüglich der Rolle des Mitarbeiters (*Role Expectation*). Dieser interpretiert die Erwartungen bezüglich seiner Rolle (*Received Role*), zeigt ein entsprechendes Verhalten (*Role Behavior*), das von der Führungskraft wahrgenommen und bewertet wird, inwiefern es den ursprünglich geäußerten Rollenerwartungen entspricht (*Monitored behavior*). Sollte eine deutliche Diskrepanz zwischen der Erwartung der Führungskraft und ihrer Wahrnehmung des Rollenverhaltens des Mitarbeiters bestehen, wird die Führungskraft wahrscheinlich einen weiteren Kommunikations-/Verhaltenszyklus anstoßen. Innerhalb dieses Zyklus können Diskrepanzen an vier Stellen auftreten, die zu einem erneuten Zyklus führen können (siehe Abb. 5).

Gelungene Korrekturen beim Vorliegen von Diskrepanzen führen zu einer Angleichung von erwartetem und gezeigtem Rollenverhalten, wodurch sich dieses verfestigt und über die Phase des *Role Making* in die Phase *Role Routinization* übergeht (Graen & Scandura, 1987, Graen & Uhl-Bien, 1995).

Der Rollenbildungsprozess gerade bei neuen Mitgliedern der Organisation unterliegt Kräften, die drei verschiedenen Anforderungen entstammen: organisatorischen Anforderungen, die sich z. B. aus dem Arbeitsvertrag und der Aufgabenbeschreibung ergeben, sozialen Anforderungen der Vorgesetzten und der Peer-Gruppe, also der Mitglieder der Organisation, die ein berechtigtes Interesse am Verhalten des Neumitglieds haben, sowie persönlichen Anforderungen und Gegebenheiten, die sich aus der Persönlichkeit und den bisherigen Erfahrungen des Mitglieds ergeben (z. B. auch dessen Offenheit vs. Reaktanz zum Akzeptieren der neuen Rolle). Diese Komplexität der Einflüsse im Rollenbildungsprozess weist deutlich auf die Notwendigkeit für gründliche Einarbeitungsprogramme, Trainings und die enge Betreuung durch den Vorgesetzten in der Einstiegsphase neuer Mitarbeiter hin (Graen, 1976).

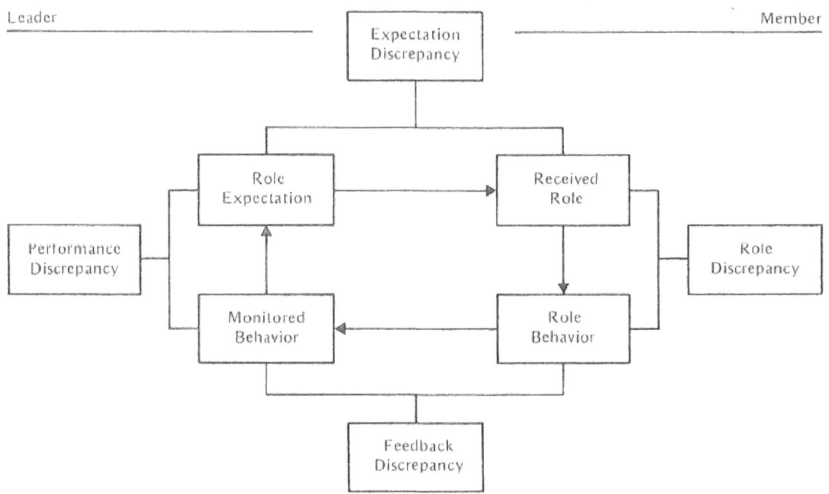

Abb. 5: Modell der Rollenübernahme mit einem Führer und einem Geführten (aus Graen 1987, S. 1206)

Da Führung nach Graen in Dyaden erfolgt, und da diese Dyaden hoch spezifisch und als solche voneinander deutlich unterschiedlich sein können, ist nicht von einem konstanten und über alle Mitarbeiter gleichen Führungsstil auszugehen. Nach Graen neigen Führungskräfte dazu, innerhalb ihrer Gruppe von Mitarbeitern einen „inneren Kreis“ *(in-group),* mit dem sie ein gutes Austauschverhältnis haben, von einem „äußeren Kreis“ *(out-group)* zu trennen. Diese unterschiedlichen Qualitäten von Führer – Mitarbeiter – Verhältnis beschreibt und misst Graen im *Leader-Member-Exchange Index (LMX-Index)*. Die in diesem Wert gemessene Qualität der Beziehung hängt von dem gegenseitigen Wert der Dyadenpartner für ihre eigene Zielerreichung ab.

In diesem Punkt rekurriert Graen explizit auf die Instrumentalitätstheorie von Vroom (1964), die zur Gruppe der aus den sozialen Lerntheorien entwickelten *Erwartung x Wert-Theorien* der Motivationspsychologie gehört (Heckhausen, 1980; Schmalt & Meyer, 1976; Rheinberg & Vollmeyer, 2012). Nach dieser hängt die Wahrscheinlichkeit für eine bestimmte Handlung davon ab, mit welcher Wahrscheinlichkeit sie in einer gegebenen Situation zu einem Ergebnis führt (Handlungs-Ergebnis-Erwartung), das wiederum positiv bewertete Folgen mit sich bringt (Ergebnis-Folge-Erwartung). Die Stärke der Motivation zur Handlung wird beeinflusst durch die Situation-Ergebnis-Erwartung, das heißt die Höhe der Wahrscheinlichkeit, dass die Situation auch ohne die Handlung zum gewünschten Ergebnis führt. Die Valenz der Folgen richtet sich primär nach der individuellen Motivdisposition der handelnden Person. Zu beachten ist, dass eine Handlung nicht nur ein Ergebnis mit spezifischen Folgen bedingt, sondern eventuell ein ganzes Bündel solcher Folgen, die durchaus unterschiedliche Valenz (positive und negative!) aufweisen kann.

Ein Beispiel für einen leistungs- und anschlussthematischen Konflikt aus dem Schulalltag:

Wenn ich heute lerne (Handlung), habe ich eine gute Chance, die Klassenarbeit morgen zu bestehen (Handlungs-Ergebnis-Erwartung), was mich stolz machen wird (positive leistungsthematische Ergebnis-Folge-Erwartung). Gleichzeitig hat diese Handlung aber auch das Ergebnis (Handlung-Ergebnis-Erwartung 2), dass ich mit der Mitschülerin, die mir schon so lange gefällt, nicht ausgehen kann und sie sich wahrscheinlich einen anderen Freizeitpartner sucht, was mich eifersüchtig machen wird (negative anschlussthematische Ergebnis-Folge-Erwartung).

Ob und mit welcher Intensität die Handlung ausgeführt wird, hängt von der Summe der rechnerisch verknüpften E x W –Faktoren ab.

Die Wertigkeit einer Führer-Mitarbeiter-Dyade hängt nach Graen davon ab, wie weit die Beziehung in Form eines Austauschverhältnisses beide Partner positiv bewertete Ergebnisse erreichen lässt, die im leistungsthematischen Arbeitsalltag im Allgemeinen mit positiver Leistung, Ansehen, Karriere, Einkommen, anspruchsvollen Tätigkeiten etc. zusammenhängen wird. In diesem Konzept ist Führung also eine stark ökonomisch geprägte Austauschbeziehung, die häufig in einem Austausch direkter, materieller Mittel beginnt, die später aber auch ein höheres Niveau sozialer Transaktionen erreichen kann, die durch Loyalität und gegenseitiges Vertrauen gekennzeichnet ist (Graen & Zalesny, 1987). Als solche ähneln sie den *idiosynkratischen Krediten* von Hollander, mit denen dieser das durch vorbildliche Konformität und „Linientreue“ verdiente von der Norm abweichen dürfen bezeichnet (Neuberger, 2002, S. 659).

Graen & Scandura (1987a) nennen dieses Austauschverhältnis zwischen Führungskraft und Mitarbeiter *Dyadic Career Reality (DCR)*.

Graen überprüfte sein DCR-Modell in seinem eigenen Unternehmen. Hier zeigten sich bei neu eingestellten Mitarbeitern rasch unterschiedlich intensive dyadische Beziehungen zum Vorgesetzten, je nachdem, ob die Mitarbeiter als langfristige Bereicherung oder als weniger geeignet angesehen wurden. Im Sinne der „self-fulfilling-prophecy" vernachlässigten die Führungskräfte die als weniger hilfreich und wichtig eingeschätzten Mitarbeiter, was natürlich diese ins Hintertreffen geraten ließ. Es zeigt sich also, dass Vorgesetzte keinen einheitlichen Führungsstil haben, sondern dieser stark über die verschiedenen dyadischen DCRs variiert. Die Ressourcenströme, d. h. die Verfügbarkeit von Ressourcen für die Mitarbeiter auf der untersten Ebene, waren am höchsten in den Konstellationen hochwertiger höherer (d. h. in der Hierarchie über der aktuellen Ebene angesiedelte Dyaden, z. B. die Dyade der Führungskraft zu ihrer eigenen Führungskraft) und hochwertiger unterer DCRs, und am niedrigsten, wenn beide DCRs geringwertiger waren.

Graen & Scandura (1987b) zeigten, dass Fluktuation von Mitgliedern der Einheit weniger gut durch die mittlere Qualität der DCRs (oder durch Maße wie job satisfaction usw.) erklärt werden konnte, als durch die relative DCR des einzelnen Mitarbeiters (hierbei wird die mittlere DCR von der dyadischen DCR subtrahiert). Dieser Wert repräsentiert somit das persönliche Verhältnis des Mitarbeiters zu seinem Vorgesetzten im Vergleich zur Qualität der dyadischen Mitarbeiter-Vorgesetzten-Verhältnisse seiner Kollegen.

Die durch Trainings initiierte Sicherstellung hochwertiger DCRs führte

- zu höherer Produktivität
- einem höheren Motivierungspotential der Aufgabe durch die Gewährung von Autonomie, Delegation anspruchsvoller Tätigkeiten etc.
- höherer Arbeitszufriedenheit

In längsschnittlicher Betrachtung zeigte sich in derselben Studie, dass für einen Karriereerfolg entweder hohe Fähigkeiten oder ein hoher DCR-Wert vorliegen müssen. Diesen Befund konnten auch Scandura, Graen & Novak (1986) bestätigen, zumindest unter Verwendung der Variable *Mitarbeiterleistung aus Sicht des Mitarbeiters* und deren Einfluss auf die Beteiligung an Entscheidungsprozessen. Es zeigte sich ein kompensatorischer Effekt, d. h. ein hoher LMX-Wert kann die Leistung kompensieren und umgekehrt. Aus Sicht der Vorgesetzten liegt allerdings kein kompensatorischer Effekt vor, hiernach müssen beide Voraussetzungen erfüllt sein, um den Mitarbeiter in Entscheidungen einzubeziehen.

Wegge & von Rosenstiel (2007) zitieren eine Meta-Analyse von Gerstner & Day aus dem Jahr 1997, in die 79 Evaluationsstudien einflossen, die sich mit dem Zusammenhang zwischen LMX-Index, Arbeitszufriedenheit, Bindung des Mitarbeiters ans Unternehmen sowie objektiven Leistungsdaten befassten. Hier zeigten sich deutliche Zusammenhänge für die Arbeitszufriedenheit (mittleres $r = .50$) und die Bindung an die Organisation (mittleres $r = .42$). Objektive Leistungsindikatoren korrelierten jedoch nur gering mit dem LMX-Wert ($r = .10$).

In einer aktuellen Studie mit zwei Messzeitpunkten konnten Schermuly, Meyer & Dämmer (2013) zeigen, dass ein hoher LMX-Wert – also eine positive Beschreibung des Führungskraft-Mitarbeiter-Verhältnisses durch den Mitarbeiter – mit innovativem Arbeitsverhalten einhergeht, diese Beziehung aber stark durch die Mediatorvariable *psychological empowerment* vermittelt wird. Dieses wurde über Items operationalisiert, die inhaltlich stark mit Entscheidungsautonomie, Kontrolle und Bedeutsamkeit der Aufgabe überlappt sind, also Elemente des später noch zu beschreibenden Konstrukts *Motivationspotential der Arbeit* nach Hackman & Oldham (1980) aufweist. Das heißt: Führungskräfte gewähren Mitarbeitern, zu denen sie ein gutes Verhältnis haben, mehr Kontrolle und Entscheidungsspielraum, was wiederum mit Innovation einhergeht.
Der große Verdienst Graen's liegt sicher darin, dass er den Blick auf die Variabilität und Personenabhängigkeit des Verhaltens von Führungskräften gerichtet hat und damit die von Neuberger kritisierte „dreifache Mittelwertsbildung" der Führungsforschung überwindet:

Mitarbeiter sollen das über Situationen gemittelte Verhalten ihrer Vorgesetzten einschätzen, die Items werden zu Skalenmittelwerten zusammengefasst, und die Aussagen aller Mitarbeiter werden wiederum in einem einzigen Skalenwert aggregiert. Doch ist Führungsverhalten solch ein Durchschnittsverhalten?

Es entspricht der betrieblichen Alltagserfahrung des Autors, dass Führungskräfte „Lieblinge“ und „Gegner“ haben, und die Graen'schen Überlegungen zu den *Dyadic Career Realities (DCR)* und dem gegenseitigen Nutzen und Austausch in den jeweiligen Beziehungen ist ebenso eine betriebliche Alltagserfahrung, gerade auch vieler Mitarbeiter, die sich häufig über ungerechte Behandlung im Vergleich zu Kollegen beklagen.

Durch die Subjektivität und die Komplexität der jeweiligen dyadischen Settings wird es schwierig, aus Graen's Theorien eindeutige Hinweise auf das inhaltlich richtige Führungsverhalten abzuleiten. Da der LMX-Index aber positiv mit Variablen des erweiterten Gesundheitsbegriffes, wie Arbeitszufriedenheit und Bindung zum Unternehmen zusammenhängt, erscheint es sinnvoll, mit möglichst vielen Mitarbeitern ein gegenseitig nützliches, positives Austauschverhältnis anzustreben – hier ist individuelle Führung gefragt, da die motivationalen und kapazitativen Voraussetzungen für eine solche Beziehung zwischen den Mitarbeitern variieren.

2.2.2.4 Das Konzept der transaktionalen und transformationalen Führung

Die Unterscheidung transaktionale versus transformationale Führung geht auf Arbeiten des amerikanischen Politikwissenschaftlers und Historikers James M. Burns aus den 1970er Jahren zurück. Burns beschreibt transaktionale Führung als einen auf den kurzfristigen Austausch positiv bewerteter Güter ausgerichteten Prozess, in dem beide Partner sich der eigenen und fremden Machtressourcen und ihrer gegenseitigen Abhängigkeit bewusst sind, in der aber über den einzelnen Tauschakt keinem überdauernden Zweck gedient wird – das Agieren zweier rationaler homines oeconomici (Neuberger, 2002, S. 197).

Dagegen beschreibt er transformationale Führung

„wenn eine oder mehrere Personen sich so miteinander verbinden, dass Führer und Gefolgsleute einander zu höheren Niveaus von Motivation und Moralität emporheben. Ihre Zwecke (...) werden fusioniert. Machtgrundlagen werden vernetzt, nicht als Gegengewichte, sondern zur gegenseitigen Unterstützung für den gemeinsamen Zweck“ (Burns, zitiert a.a.O., S. 196).

Bernhard M. Bass führte dieses Führungskonzept in den 1980er Jahren in die Organisationspsychologie ein, wo es als inhaltlich orientierte Theorie intensiv untersucht wurde und nach wie vor sehr populär ist. So erwähnen Bass & Aviolo in ihrem Einleitungskapitel zum 1990 erschienen Sammelwerk *Improving Organizational Effectiveness through Transformational Leadership*, dass die Theorie nicht die in den Sozialwissenschaften üblichen Jahrzehnte benötigte, um über eine Phase spät einsetzender Evaluation dann irgendwann zur Anwendung zu kommen. Das Konzept der transformationalen Führung hingegen sei schon nach fünf Jahren in 25 Dissertationen und zahlreichen US-amerikanischen Forschungsprojekten überprüft worden, und multinationale Konzerne wie z. B. Fiat hätten Zehntausende ihrer Führungskräfte in dieser Führungslehre (Führungstechnologie?) schulen lassen.

Der Autor der vorliegenden Arbeit vermutet zwei Ursachen für diese große Nachfrage und Popularität der Theorie.

Eine der Ursachen ist wohl das ihr innewohnende Optimierungsversprechen, das auch in Bass' Buchtitel *Improving Organizational Effectiveness...* zum Ausdruck kommt. Hier liegt offenbar eine Theorie vor, die dem amerikanischen Pragmatismus entgegenkommt, indem sie unmittelbaren wirtschaftlichen Nutzen verspricht.

Ein weiterer Grund erschließt sich, wenn man die folgende Beschreibung der transformationalen Führung liest:

„Transformational leadership is seen, when leaders:

- *stimulate interest among colleagues and followers to view their work from new perspectives,*
- *generate awareness of the mission or vision of the team and organization,*
- *develop colleagues and followers to higher levels of ability and potential, and*
- *motivate colleagues and followers to look beyond their own interests toward those that will benefit the group."*

  (Bass & Aviolo, 1990, S. 2)

Dieses "Glücksversprechen" beschreibt eine klassische „syn-egoistische" (Kastner, 1999) win-win-Situation: die Führungskräfte arbeiten mit hoch eigenmotivierten Mitarbeitern, die ihre Eigeninteressen zugunsten der gemeinsamen Interessen überwinden und entsprechend wenig Fremdsteuerung benötigen. Die Mitarbeiter wiederum erkennen den „höheren Zweck" ihres Tuns, erleben damit Sinnhaftigkeit ihrer Tätigkeit, und sie entwickeln ihre Fähigkeiten und ihr Potential weiter.

Diese positive Vision der transformationalen Führung soll hier keineswegs ironisiert werden, die Vorstellung einer konfliktfreien Fusion der verschiedenen Interessen (Unternehmer bzw. Aktionäre – Unternehmensleitung – Middle Management und Supervisoren – Mitarbeiter) hat tatsächlich hohe Leuchtkraft! Und in der Tat kann hierin auch eine Lösung der schwierigen Herausforderung liegen, wie ich als Führungskraft das Commitment und das Engagement erhalte, wenn das Schiff durch schweres Wasser pflügt (und der eine oder andere Matrose über Bord geht): die Vision des erfolgreicheren, schlankeren und wendigeren Unternehmens am Ende des Sturms wird ja in der Tat bemüht, um den Sinn harter Umstrukturierungsmaßnahmen zu beschwören.

Gleichwohl ist es aber auch nachvollziehbar, wenn Neuberger (2002) die Theorie in die Nähe von Glaubensbekenntnissen rückt, da der Mitarbeiter nicht für den „schnöden Mammon", sondern die höherwertige Idee arbeitet (die auch zu seiner werden soll, auch wenn der Nutzen für ihn geringer ausfällt oder sogar der Idee geopfert werden muss – z. B. beim Personalabbau zur langfristigen Rentabilitätssicherung und Stabilisierung des *shareholder value*).

Doch sicher birgt die Theorie der transformationalen Führung sehr viel sinnvolle Inhalte und Hinweise für den Kontext dieser Arbeit über den Zusammenhang von Führung und Gesundheit/Wohlbefinden. An späterer Stelle werden deshalb die für eine positive Gestaltung der Arbeitsbedingungen und der Führung verwertbaren Aspekte deutlich herausgearbeitet, wobei die – ebenfalls recht amerikanische – „heroische Terminologie" in bescheidenere und der unemotionaleren deutschen Kultur angepasst wird: einem Maschinenbediener z. B. den Hintergrund seiner Arbeit und deren Einordnung in das Gesamtgeschehen und die Prozesskette des Unternehmens zu verdeutlichen, stiftet sicherlich Sinnhaftigkeit und Verständnis, auch wenn ich darauf verzichte, diese Einordnung die „Mission" seiner Tätigkeit zu nennen. Und auf solche grundlegenden Führungserfordernisse weist uns das Konzept der transformationalen Führung hin.

<u>Die Grundelemente</u>

Bass & Aviolo (1990) bringen den Kerngedanken der *transformationalen Führung* auf den Punkt, indem sie auf die Wichtigkeit einer *Vision* für die Realisierung anspruchsvoller Projekte hinweisen und sagen:

„The director was describing one aspect of transformational leadership: the new leadership that must accompany good management but goes beyond the importance of leaders simply getting the work done with their followers and maintaining quality relationships with them." (S. 1)

In diesem Zitat findet sich zum einen die in der Managementliteratur häufig erwähnte Abgrenzung von *Management* zu *Leadership*, zum anderen die Transzendierung der zweifaktoriellen Führungstheorien mit Aufgabenorientierung (*...getting the work done*) und Mitarbeiterorientierung (*maintaining quality relationships*).

Transformationale Führung weist Verhaltensmerkmale des Führenden auf, die sich auf vier Faktoren (den „vier I's") beschreiben lassen (Bass & Aviolo, 1990, 1994; Barbuto & Burbach, 2006; Neuberger, 2002; Wegge & von Rosenstiel, 2007):

1. *Idealized Influence:* Hiermit beschreiben die Autoren die Vorbildfunktion des Vorgesetzten, der eigene Interessen zugunsten der Gruppeninteressen zurückstellt, gemäß hohen ethischen Standards handelt, berechenbar und nicht willkürlich reagiert und seine Macht für persönlichen Nutzen nur einsetzt, wenn dies unvermeidbar ist. Dieses Führungsverhalten bedingt, dass die Geführten ihren Vorgesetzten bewundern, respektieren und ihm vertrauen. Der *idealized influence* ist vergleichbar mit den Merkmalen *charismatischer Führung* (s. o.).

2. *Inspirational motivation:* Transformationale Führer motivieren und inspirieren ihre Mitarbeiter, indem sie herausfordernde, attraktive Zielzustände formulieren und mit Begeisterung von dem Sinn und Zweck dieser Vision sprechen. Hierdurch erreichen sie Enthusiasmus, hohe Motivation und Teamgeist.

3. *Intellectual Stimulation:* Durch kritisches Hinterfragen eingefahrener Wege und die bewusste Neubetrachtung von Problemen werden die Geführten zu „out-of-the-box-Denken" angeregt. Neue Ideen werden stimuliert, und diese können und sollen auch von den Ideen der Führungsperson abweichen. Fehler werden nicht öffentlich kritisiert.

4. *Individualized consideration:* Transformationale Führung betrachtet jeden Mitarbeiter als Individuum mit jeweils eigener Motivation, Interessen, Stärken und Schwächen. Die Führungskraft agiert als Coach und Mentor, der die Mitarbeiter fortwährend weiter entwickelt und deren Potential somit auf höhere Stufen befördert. Hierbei passt sich der Führende den jeweiligen individuellen Möglichkeiten und Bedürfnissen an, indem er z. B. mehr oder weniger Freiraum vs. Steuerung bei der Aufgabenbewältigung gewährt. Sein Kommunikationsverhalten ist individuell und direkt, *Management by walking around* und Zwei-Weg-Kommunikation zeichnen sein Verhalten aus.

Die Autoren beschreiben transformationale Führung als erstrebenswerte und „höchste Stufe" möglicher Führungsverhaltensweisen oder –stile. Gleichwohl erkennen sie die zumindest situationsspezifische Sinnhaftigkeit auch anderer Führungsverhaltensweisen an, die sie – in aufsteigender Qualität – folgendermaßen beschreiben:

Laissez-faire (LF): „The LF style is the avoidance or absence of leadership and is, by definition, the most inactive – as well as the most ineffective according to almost all research on the style." (Bass & Aviolo, 1994, S. 4).

Management-by-exception passiv oder aktiv (MBE-P oder MBE-A): Auch dieser Stil wird als wenig effektiv eingestuft, wenngleich er in bestimmten Situationen durchaus angebracht sein kann. Während sich Führung im passiven MBE-Stil darauf beschränkt, auf eher zufällig auftauchende Fehler, Probleme oder Abweichungen vom Sollwert mit Korrekturmaßnahmen zu reagieren, setzt die aktive MBE-Variante ein bewusstes Kontrollieren und Monitoring der

Soll-Ist-Differenzen voraus, was eine gezieltere und raschere Intervention der Führungskraft bei Abweichungen ermöglicht.

Contingent reward (CR): Hiermit benennen die Autoren den bewussten „Austausch" von Belohnungen gegen positives Leistungsverhalten im Sinne instrumenteller Lerntheorien. Während diese (belohnende oder bestrafende) Reaktion in den MBE-Stilen nur bei Abweichungen und im Falle von MBE-P eher zufällig auftritt, besteht im CR-Stil ein klares und den Mitarbeitern deutliches System von Zielen, Erwartungen und deren Sanktionierung. Bass & Aviolo schreiben Führung nach diesem Prinzip eine hinreichende Effektivität zu, wenn diese auch hinter der Effektivität der „vier I's" liegt.

Transactional Leadership besteht aus den Unterdimensionen CR, MBE-A und MBE-P.

Bass & Aviolo gehen davon aus, dass effektive Führungskräfte ein möglichst breites Spektrum von Verhaltensweisen und –stilen beherrschen, also über eine „breite Klaviatur" verfügen sollten. Innerhalb dieses *Full Range Leadership Modells* ist ein optimales Führungsverhalten ein solches, das hohe Anteile der qualitativ hochwertigen Stile (I's, CR und – mit Einschränkungen – MBE-A) aufweist, geringere Anteile MBE-P und möglichst kein Laissez-faire. Diese Intensität/Quantität des individuell gezeigten Verhaltens bildet die 3. Dimension des Führungsmodells, das die verschiedenen Unterstile weiterhin auf den Dimensionen Effektivität (effektiv – uneffektiv) und Aktivität (aktiv – passiv) abbildet. Abb. 6 zeigt das Idealprofil einer Führungskraft.

Die Autoren haben das *Full Range Leadership Training* entwickelt und in großen internationalen Unternehmen ausgerollt (s. o.).

Die Prinzipien der transformationalen Führung sind von einigen Autoren auch in spezielle organisatorische Settings übersetzt worden. So zeigt Bass (1990a), wie die Prinzipien der I's in den verschiedenen Phasen organisatorischer Entscheidungsprozesse hilfreich eingesetzt werden können, z. B. indem die Führungskraft während der Problemerkennungs- und Problemdiagnosephase dafür sorgt, dass alle Parteien zum Problem gehört werden *(Individual consideration)*, das Problem redefiniert und in dem Team gewohntere Begriffe übersetzt wird *(Intellectual stimulation)*, die Lösbarkeit des Problems optimistisch formuliert und der erwünschte Endstatus attraktiv beschrieben wird *(Inspirational motivation)*, und die Führungskraft drückt ihre persönliche Motivation aus, dieses alle betreffende Problem zu lösen, was ein Gefühl der Zusammengehörigkeit und des „an-einem-Strang-Ziehens" fördert *(Idealized influence)*.

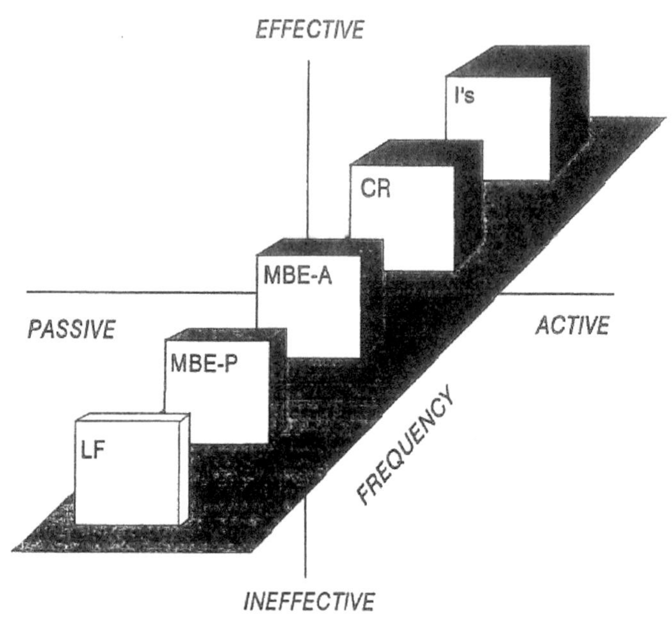

Abb. 6: Idealprofil einer Führungskraft nach Bass & Aviolo (1994, S. 5)

Kuhnert (1990) gelingt bei der Anwendung der transformationalen Führung auf das Managementprinzip der Delegation von Verantwortung ein interessanter Brückenschlag zwischen den Stufen der ontogenetischen Moralentwicklung und dem Delegationsstil: während der „transaktionale Operator" bei der Delegation überwiegend seine Eigeninteressen verfolgt und z. B. nur die wenig „Ruhm und Ehre" bringenden unangenehmen Aufgaben delegiert, stellt der „Teamplayer" seine Beliebtheit bei den Anderen als handlungsweisend in den Vordergrund. Das Teamklima ist primärer Treiber seines Verhaltens, was dazu führen kann, dass unpopuläre aber notwendige Entscheidungen nicht getroffen werden. Der „transformationale selbst-definierende Führer" hingegen orientiert sich bei der Delegation von Verantwortung überwiegend an langfristigen und übergeordneten Werten und ethischen Prinzipien. Die langfristige Entwicklung seiner Mitarbeiter hat hohen Wert, und durch sein uneigennütziges Verhalten schafft er es, die Mitarbeiter zu bewegen, nicht nur ihre eigenen Interessen sondern die übergeordneten Ziele im Rahmen ihrer delegierten Verantwortung zu verfolgen.

Yammarino (1990) widmet sich der Frage, wie transformationale Führung indirekt erfolgen kann und über welche Elemente sie übertragen wird, wenn die typischen Elemente direkter Kommunikation wie persönliches Gespräch und unmittelbares Feedback nicht gewährleistet sind. Er gibt gerade für den Transmitter *Kommunikation* konkrete Beispiele für die verschiedene Führungsstile repräsentierenden Kommunikationselemente Tonfall und Inhalt von Reden, Rundbriefen etc., und er leitet die Bedeutung der indirekten Führungskanäle *Unternehmenskultur* und *Empowerment* im Sinne echter und glaubwürdiger Verantwortungsdelegation ab.

Atwater & Bass (1990) beschreiben die Führer-Mitarbeiter-Interaktion als eine von zahlreichen Variablen, die über die Effektivität von Teamarbeit entscheidet, neben solchen Einflussgrößen wie Organisationskultur, Klarheit der Mission, Belohnungssysteme, Aufgabencharakteristika etc. Bezüglich effektiven Team-Führungsverhaltens weisen sie besonders auf die *Individualized consideration* und die Notwendigkeit hin, alle Teammitglieder persönlich anzusprechen und ihnen das Gefühl zu vermitteln, „dazu zu gehören". Auch sollten Konflikte erkannt und sehr bewusst angegangen werden, und positive Sanktionen für persönliche bzw. Teamleistung sollte nach einem klar erkennbaren, für alle erkennbaren System verteilt werden.

Das Messinstrument MLQ und Befunde zur Evaluation des Modells

Bass & Aviolo (1990) entwickelten den *Multifactor Leadership Questionnaire (MLQ)*, der in der Folgezeit in verschiedenen Versionen weiterentwickelt und von Felfe (2006) in der Version MLQ Form 5 x Short (Bass, 1995, zitiert a.a.O.) ins Deutsche übertragen wurde. Das Instrument erfasst alle oben beschriebenen Dimensionen transformationaler – also die „4 I's" – sowie transaktionaler Führung (CR, MBE-A, MBE-P) und Laissez-faire.

Judge, Woolf, Hurst & Livingston (2006) weisen auf einige oft replizierte Mängel des Instrumentes hin:

- Handelt es sich bei den Dimensionen um eigenständige, voneinander abgrenzbare Dimensionen? So weisen die transformationalen Dimensionen mit Koeffizienten zwischen .70 und .90 hohe Interkorrelationen auf, weshalb einige Forscher sie zu einer einzigen Dimension zusammenfassen.
- Auch die Interkorrelationen zwischen den transformationalen und den transaktionalen Dimensionen sind hoch signifikant. So fanden Judge & Piccolo (2004, zitiert in Judge et al., 2006) in einer Metaanalyse eine durchschnittliche korrigierte Korrelation von r = .80.

Auch Felfe (2006) weist auf einige Zweifel an der Konstruktvalidität des Modells hin, die auf dieser eingeschränkten statistischen Abgrenzbarkeit der Dimensionen und die Schwierigkeit, die Dimensionen in Faktorenanalysen zu replizieren, basieren.
Auf solche Befunde reagierend, haben Bass und Mitarbeiter alternative Faktorenmodelle vorgeschlagen und überprüft, unter anderem auch die Trennung der CR-Dimension in einen *expliziten Kontrakt* und einen *impliziten Kontrakt*. Diese Unterscheidung soll die hohen Kor-

relationen zwischen der transformationalen Führung und CR erklären, indem ein Teil von CR transformationalen Charakter erhält: im *impliziten Kontrakt* gehe ich auf der Grundlage von reifem Vertrauen davon aus, für meine Leistung entsprechend belohnt zu werden. Im transaktionalen *expliziten Kontrakt* liegen dagegen explizite Vereinbarungen im Sinne eines verabredeten Austauschverhältnisses vor (Felfe, 2006, S. 64).

Felfe hat die deutsche Version des MLQ Form 5 x Short an 3.500 Teilnehmern an Mitarbeiterbefragungen in verschiedenen Branchen validiert. Die Resultate der oblique rotierten Faktorenanalyse und der CFA (Confirmatoric Factor Analysis) unterstützen das theoretische Modell weitgehend, allerdings mit der Ausnahme, dass CR keinen eigenständigen Faktor bildete und die entsprechenden Items hoch auf Faktoren luden, die verschiedene Aspekte transformationaler Führung repräsentieren. Die transformationalen Skalen waren hoch positiv interkorreliert (r = .66 bis .82) und erwartungsgemäß negativ mit MBE-P (r = -.43) und Laissez-faire (r = -.55).

Zur Überprüfung der Kriteriumsvalidität erhoben die Autoren auch Werte zu den Skalen *Extra effort* (Bereitschaft, sich besonders anzustrengen), *Efficiency* (eine Gruppe effektiv führen können) und *Satisfaction with leader* (gestaltet die Zusammenarbeit so, dass ich wirklich zufrieden bin), *Commitment* (Stolz, der Organisation anzugehören), *OCB* (Organizational Citizenship Behavior), *Gereiztheit, Absentismus* (selbst berichtete Fehltage) und *Job satisfaction*. Erwartungsgemäß gehen die transformationalen Dimensionen, aber auch CR und – allerdings schwächer ausgeprägt - MBE-A mit höheren Werten bei *Extra Effort*, *Efficiency* und *Satisfaction with the Leader* einher (r = .21 bis .80). MBE-p und Laissez-faire weisen nur zu Gereiztheit signifikante positive Korrelationen auf, ansonsten sind die Zusammenhänge zu den anderen (positiven) Kriterien negativ ausgeprägt. Auch in einer schrittweisen hierarchischen Regressionsanalyse zeigten die transformationalen Skalen einen signifikanten Anstieg der erklärten Varianz R^2.

Die Untersuchung von Felfe bestätigt die Grundannahmen des Modells weitgehend, wenn auch drei Punkte genauerer Betrachtung bedürfen:

- Die Rolle von *Contingent Reward* ist unklar. In der im MLQ vorgenommenen Operationalsierung gelingt es nicht, diese transaktionale Dimension als eigenständige und nicht mit den transformationalen Elementen konfundierte Dimension zu bestätigen. Hier muss sowohl das Konzept noch einmal überprüft werden, als auch die Operationalisierung. Eventuell ist hier ein Rekurs auf die Unterscheidung *Expliziter Kontrakt* versus *Impliziter Kontrakt* indiziert (s. o.)
- Die hohen Interkorrelationen der transformationalen Skalen werfen die Frage auf, ob diese eigenständige Elemente und sinnvoll abgrenzbare Beschreibungseinheiten für dieses Führungsverhalten darstellen, oder ob transformationale Führung eher eindimensional konzipiert und operationalisiert werden muss
- Die meisten Untersuchungen zur Validität des Modells verwenden Querschnittuntersuchungen mit subjektiven Daten. Dieser Ansatz ist anfällig für Messartefakte, die auf

der *Common-Method-Variance* basieren (siehe auch Crampton & Wagner, 1994). Auf dieses Problem, das auf eine potentielle Überschätzung der korrelativen Zusammenhänge zwischen Variablen hinweist, die durch dieselbe Quelle – hier: Selbstaussagen befragter Mitarbeiter – erhoben wurden, wird später noch näher eingegangen. So ist es zum Beispiel denkbar, dass in den hoch korrelierten Aussagen ein Halo-Effekt auftritt, also eine stark ausgeprägte Verhaltensweise eines Vorgesetzten die Antworten auch auf anderen Skalen beeinflusst, oder eine persönliche Disposition wie z. B. Optimismus/Pessimismus bzw. positive vs. negative Affektivität das generelle Response-Muster auf allen Skalen in gleicher Richtung beeinflusst (Eschenbeck, 2009; Hoyer & Herzberg, 2009; Warr, 1987).

Wegge & von Rosenstiel (2007) zitieren eine Studie von Geyer & Steyrer (1998), die neben den üblichen subjektiven Kriterien auch objektive Erfolgsindikatoren erhoben haben, nämlich den Grad der Ausschöpfung des jeweiligen Kunden-Markt-Potentials in 116 Geschäftsstellen österreichischer Sparkassen. Hier zeigten sich signifikante Korrelationen zu den transformationalen Skalen, aber auch zu den transaktionalen Dimensionen sowie – erwartungsgemäß – negative Zusammenhänge zu MBE und Laissez-faire.

Judge & Piccolo (2004, zitiert in Judge et al., 2006) führten eine Meta-Analyse durch, die zu ähnlichen Ergebnissen wie die Untersuchung von Felfe führte:

- Hoch signifikante positive Korrelationen zwischen subjektiven Kriterien und den transformationalen Führungsskalen, aber auch der transaktionalen Skala CR
- Geringere, aber dennoch signifikante Korrelationen zwischen den transformationalen Skalen sowie CR und objektiven externen Kriterien wie Führungsleistung des Vorgesetzten und Gruppen-/Organisationsleistung. Hier zeigten sich sogar etwas stärkere Korrelationen zu den Kriterien Arbeitszufriedenheit, Motivation und Führungsleistung des Vorgesetzten für die transaktionale Führungsdimension CR. Dieser Überlegenheitseffekt wurde jedoch nivelliert, wenn die Analyse nach Güte des jeweiligen Versuchsdesigns kontrolliert wurde.
- Im Vergleich verschiedener Versuchsdesigns zeigten sich die stärksten korrelativen Zusammenhänge zwischen Führung und den Kriterien bei Querschnittuntersuchungen ($r = .50$) und derselben Datenquelle (common method, s. o.) mit $r = .55$, verglichen mit Längsschnittuntersuchungen ($r = .27$) und multiplen Datenquellen ($r = -28$). (a.a.O, S. 207)

Eine andere Perspektive, nämlich die Suche nach Antezedenten statt Konsequenzen transformationaler Führung wählten Barbuto & Burbach (2006) mit der Untersuchung der *emotionalen Intelligenz* als deren Korrelat bzw. Antezedent. Emotionale Intelligenz umfasst fünf Faktoren: a) Empathie b) Stimmungsregulation als Fähigkeit, negative Ausbrüche und Stimmungen zu kontrollieren c) interpersonelle Fertigkeiten, z. B. zum Aufbau von Beziehungen und Netzwerken d) internale Motivation, hier definiert als Motivation für die Arbeit selbst, unabhängig von deren externen Belohnung e) Selbst-Bewusstheit i. S. des Verständnisses für eigene Stimmungen und Motivation. Die Autoren berichten geringe Zusammenhänge zwischen Selbst- und Fremdratings transformationaler Führung, aber deutlich signifikante Zusammenhänge zwischen den Selbsteinschätzungen auf transformationaler Führung und den verschiedenen Aspekten der emotionalen Intelligenz. Als stärksten Antezedenten der transformationalen Führung identifizierten sie die Empathie, also die Fähigkeit, sich in andere Menschen und deren Gedanken, Gefühle und Beweggründe hineinzuversetzen.

Bewertung des Konzepts der transformationalen Führung im Kontext dieser Arbeit

Das Konzept der transformationalen und transaktionalen Führung weist Elemente der „Great Man Theorien" auf, indem es der Führungsperson und deren Verhalten und Ausstrahlung starke Wirkung auf Motivation, Weiterentwicklung der Mitarbeiter und letztendlich den Erfolg des Unternehmens einräumt. Ebenso knüpft es an die Konzepte zum Führungsverhalten und den Führungsstilen als überwiegenden und persontypisch gezeigten Verhaltensweisen an. In der Facette der transaktionalen Führung als Austauschverhältnis zwischen Mitarbeitern und Vorgesetzten finden wir Graen's Führungsdyaden wieder. Insofern ist das Modell eine konsequente Weiterentwicklung der bisherigen Theorien zum Thema Führung, das zudem durch die Betonung der Weiterentwicklung der Mitarbeiter hin zu wachsender Selbstständigkeit und der Bedeutung abstrakt-übergeordneter Ziele statt „klein-klein" vorgegebener „Tagesetappen" auf die gestiegenen Anforderungen durch die hohe Komplexität unserer vernetzten, globalisierten Wirtschaft reagiert: Führung als motivierende Kommunikation der langfristigen Ziele, die durch selbst motivierte Mitarbeiter angestrebt werden. Es gibt ihn also immer noch, den „Great man", aber er führt Mitarbeiter, die „empowered" sind, und er führt als Vorbild und nach ethischen Prinzipien, was die Gefahr des Missbrauchs seiner Ausstrahlung und seines Charismas einschränkt.

Gleichwohl muss bedacht werden, dass transformationale Führung zunächst einmal recht wertfrei daherkommt:

„Research on transformational leadership has overwhelmingly been based on the assumption that transformational leadership is universally positive. There is no reason to believe that all change is good, nor is there any reason to believe that persuasive leadership is always directed toward positive ends. (...) For every Churchill, there is a Hitler." (Judge et al., 2006, S. 211).

Psychologische Führungstheorien können keine Führungstheorien "guter" oder "böser" Führung sein, da die Beurteilung des "Guten" keine psychologische Aufgabe ist, sondern eine des ethischen Wertesystems. Nach Kastner (1999, S. 34) besteht Sozialkompetenz nicht nur aus sozialer Intelligenz, sondern auch sozialer Verantwortlichkeit. Während die soziale Intelligenz z. B. als erlerntes geschicktes Verhalten zur Mehrung des eigenen Vorteils auf Kosten des Vorteils des Anderen bewusst eingesetzt werden kann (Beispiel: Heiratsschwindler), ergibt sich die Bewertung der sozialen Verantwortlichkeit aus dem Grad, in dem dieses Verhalten systemverträglich ist, also z. B. meine Partikularinteressen auch für das übergeordnete System hilfreich und unterstützend, zumindest aber nicht schädlich sind.

Diese eher moral-ethische oder philosophische Frage soll hier nicht behandelt werden. Die Theorie der transformationalen Führung gibt viele Hinweise auf Verhaltenselemente von Führung, die relevant sind für die Themen Gesundheit und Wohlbefinden i. S. von Arbeitsmotivation, Engagement, Zufriedenheit und Freiheit von arbeitsrelevantem negativem Beanspruchungserleben. Die für den deutschen Sprach-und Kulturkreis teilweise recht „schwülstigen" Begriffe wie Vision, Mission, Inspiration usw. haben ohne Zweifel auch für unseren Kulturkreis hohe Bedeutung, wenn man sie herunterbricht auf den realistischen Führungsalltag gerade auch des mittleren Managements. Wie bereits weiter oben erwähnt, wird dann aus der *Mission* des Jobs halt dessen Bedeutung im Gesamtgetriebe der Organisation, und so wird aus der Unteraufgabe, Schrott und Ausschuss an der Maschine zu vermeiden, ein wertvoller Beitrag zum Image des Unternehmens und seiner Produkte beim Konsumenten.

2.3 Theorien über den Zusammenhang von Arbeit, Gesundheit und Wohlbefinden (Well-being)

Theorien über Determinanten von Gesundheit und Wohlbefinden (bzw. dem angelsächsischen *Well-being*) unterscheiden sich unter anderem in ihrem Fokus auf den Einflussfaktor *Arbeit*. Während Antonovskys Konzept der Salutogenese Entstehung und Erhaltung der Gesundheit sehr generell erklärt, ohne die Arbeit und ihre Bedingungen in den Mittelpunkt zu rücken, beschäftigt sich das *Job Characteristics Modell* von Hackman & Oldham gerade mit den Bedingungen, die Arbeit erfüllen muss, um zu Zufriedenheit, Arbeitsmotivation und Folgegrößen wie geringem Krankenstand zu führen. Worauf auch immer der Fokus dieser Theorien gerichtet ist, geben sie wichtige Hinweise auf wünschenswerte Gestaltungsprinzipien für Arbeit und ihr Umfeld. Diese sollen nachfolgend herausgearbeitet werden.

2.3.1 Das Konzept der Salutogenese nach Antonovsky

2.3.1.1 Die Grundelemente des Konzepts

Im Vorwort zur 1997 erschienenen deutschen Übersetzung seines Buchs zur Salutogenese beschreibt Antonovsky einen Befund aus eigener Empirie, der für seine Arbeit als Medizinsoziologe eine entscheidende Kehrtwende einleitete. Dieser Befund betraf die Tatsache, dass 29% von ihm befragter Frauen, die einen KZ-Aufenthalt überlebt hatten, anschließend in ihre neue Heimat Israel umsiedelten und dort in kurzer Zeit drei Kriege gegen die Nachbarländer erfahren mussten, bei guter emotionaler Gesundheit waren. Dieser Gruppe stand zwar eine nicht traumatisierte Kontrollgruppe gegenüber, innerhalb der 51% emotional gesund waren – ein auf .001-Niveau signifikanter Unterschied und Beleg für die Stressor-Hypothese zur Verursachung emotionaler Traumata. Der Autor sagt hierzu: *„Konzentrieren Sie sich nicht auf die Tatsache, dass 51 eine weitaus größere Zahl ist als 29, sondern bedenken Sie, was es bedeutet, das 29% einer Gruppe von Überlebenden des Konzentrationslagers eine gute psychische Gesundheit zuerkannt wurde"* (S. 15).

Hiermit beschreibt Antonovsky den Kern seiner Theorie zur Salutogenese, nämlich die Frage, wie es möglich ist, trotz erheblicher Stressbelastungen gesund zu bleiben: er stellt also die Frage nach der *Saluto*genese, nicht – wie üblich – nach der *Patho*genese.

Stress und Stressoren

So bestreitet Antonovsky zunächst, dass Stress grundsätzlich schädlich für den Organismus ist. Zweifelsohne *mobilisiere* er diesen zu Gegenreaktionen, durch die der Zustand der Homöostase wiederhergestellt werden soll (S. 26 f.). Bewältigbarer Stress besitze sogar salutogenetisches Potential, da die positive Rückkoppelung nach der erfolgreichen Bewältigung zum einen das Handlungsrepertoire im Falle zukünftiger Konfrontation mit demselben Stressor erhöht, zum anderen das Selbstbewusstsein gestärkt wirkt durch das Erleben von Selbstwirksamkeit (Seligman & Csikszentmihaly, 2000). Stress ist in diesem Modell normal und unvermeidbar, und er ergibt sich schon zwangsläufig aus der Tatsache, dass jeder Organismus einer immanenten Entropie ausgesetzt ist, d. h. einer Tendenz steigender Auflösung von Struktur und Ordnung. Aufgabe des Organismus ist es, durch *negative Entropie* oder *Negentropie* diese Ordnung wieder herzustellen (Antonovsky, 1997; Faltermaier, 2005).

Antonovsky definiert Stressoren als *„eine von innen oder außen kommende Anforderung an den Organismus, die sein Gleichgewicht stört und die zur Wiederherstellung des Gleichgewichtes eine nicht-automatische und nicht unmittelbar verfügbare, energieverbrauchende Handlung erfordert"* (Antonovsky, 1979 zitiert in Bengel, Strittmatter & Willmann, 2001, S. 32 f.). Er unterscheidet drei Arten von Stressoren:

- Chronische Stressoren i. S. überdauernder Lebenssituationen, Bedingungen oder Charakteristika
- Wichtige Lebensereignisse, wie sie z. B. auch von Holmes & Rahe (1967) als *Critical Life Events* beschrieben werden
- Tägliche Widrigkeiten als *Daily Hassels* i. S. von Lazarus (Lazarus & Folkman, 1984; de Longis et al., 1988)

Kohärenzgefühl

Im *Kohärenzgefühl* sieht Antonovsky eine Hauptdeterminante für die Position, die ein Individuum auf dem Gesundheits-Krankheits-Kontinuum einnimmt und in welche Richtung sie sich auf dieser Dimension bewegt. Das Kohärenzgefühl ist eine Art *Weltanschauung*, eine *„Art, die Welt (...) als vorhersehbar und verstehbar wahrzunehmen, über ‚Form und Struktur', über ‚Gesetzmäßigkeit'"* (Antonovsky, 1997, S. 34).

Das Kohärenzgefühl besteht aus den drei Komponenten *Verstehbarkeit, Handhabbarkeit, Bedeutsamkeit.*

Die *Verstehbarkeit „...bezieht sich auf das Ausmaß, in welchem man interne und externe Stimuli als kognitiv sinnhaft wahrnimmt, als geordnete, konsistente, strukturierte und klare Informationen und nicht als Rauschen – chaotisch, ungeordnet, willkürlich, zufällig und unerklärlich"* (a.a.O., S. 34).

Das Merkmal der *Handhabbarkeit* bezieht sich auf die Einschätzung, über geeignete Ressourcen zu verfügen, um eine Anforderung bewältigen zu können, während es sich bei der *Bedeutsamkeit* um die motivationale Komponente des Kohärenzgefühls handelt: wie wichtig sind mir die Dinge, mit denen ich mich auseinandersetze, macht es Sinn, die Anstrengung zu investieren?

Diese Komponenten des Kohärenzgefühls (bzw. im englischsprachigen Bereich *Sense of coherence* = SOC) fasst Antonovsky (a.a.O., S. 36) in folgender Definition zusammen:

„Das SOC (Kohärenzgefühl) ist eine globale Orientierung, die ausdrückt, in welchem Ausmaß man ein durchdringendes, andauerndes und dennoch dynamisches Gefühl des Vertrauens hat, dass

1. *die Stimuli, die sich im Verlauf des Lebens aus der inneren und äußeren Umgebung ergeben, strukturiert, vorhersehbar und erklärbar sind;*
2. *einem die Ressourcen zur Verfügung stehen, um den Anforderungen, die diese Stimuli stellen, zu begegnen;*
3. *diese Anforderungen Herausforderungen sind, die Anstrengung und Engagement lohnen.*

Der SOC wird – ähnlich den Persönlichkeitsdispositionen/Traits - als relativ zeitstabil und situationsübergreifend gesehen. Er wird in der Auseinandersetzung mit den Stressoren herausgebildet, und gemäß transaktionistischer Konzepte bestimmt er mit darüber, welche Lebenssituationen und Herausforderungen zukünftig aufgesucht werden (also *Transaktion* als Veränderung der Person x Situation-Interaktion über die Zeit, siehe auch das Transaktions-Konzept bei Lazarus, 1995). Hierbei werden überwiegend Erfahrungen aufgesucht, die die bereits ausgebildete Grundhaltung bestätigen, die also im Lebensverlauf zunehmend stabilisiert wird.

Neben seinem Charakter als relativ stabile Struktur kann der SOC jedoch über verschiedene Situationen hinweg spezifische Ausprägungen seiner Teilelemente aufweisen. So sind Situationen denkbar, in denen Verstehbarkeit und Handhabbarkeit hoch, Bedeutsamkeit aber niedrig ausgeprägt sind. Antonovsky prognostiziert in einem solchen Fall, dass die Beschäftigung mit der Angelegenheit, die ich gut „im Griff" habe und perfekt verstehe, wegen fehlender Bedeutsamkeit eingestellt wird, wodurch sich im Laufe der Zeit durch ausbleibendes Training auch Verstehbarkeit und Handhabbarkeit zurück entwickeln werden. Auf der anderen Seite kann eine hoch bedeutsame Angelegenheit, die ich weder gut verstehe noch handhaben kann, dazu führen, dass ich „mich hinein knie" und versuche, Verständnis aufzubauen und die Sache zu beherrschen.

Insgesamt zeigt das Konzept des Kohärenzgefühls einige Parallelen zum Konzept der *Selbstwirksamkeit (Self efficacy)* von Bandura, das später noch ausführlicher besprochen wird (Bandura, 1976; Csikszentmihaly, 1997; Schwarzer & Scholz, 2002; Hohmann & Schwarzer, 2009).

<u>Generalisierte Widerstandsressourcen</u>

Unter *generalisierten Widerstandsressourcen (General Resistance Resources – GRR)* fasst Antonovsky alle Faktoren zusammen, *„die eine erfolgreiche Spannungsbewältigung erleichtern und dadurch den Einfluss auf den Erhalt oder die Verbesserung von Gesundheit haben"* (Bengel et al., 2001, S. 34). Hierzu zählt er sowohl Faktoren der Person wie Intelligenz, Wissen, gute Coping-Fähigkeiten als auch solche der Situation und des sozialen sowie kulturellen Umfelds, wie Vorhandensein sozialer Unterstützung, finanzielle Möglichkeiten, die Einbindung in ein kulturell stabiles Umfeld etc. (Faltermaier, 2005). (Die Bedeutung, die Antonovsky auch den finanziellen und materiellen Ressourcen zur Erhaltung der Gesundheit beimisst, findet auch bei Siegrist (http://www.studgen.uni-mainz.de/manuskripte/ siegrist.pdf) Bestätigung, der empirisch häufig replizierte Befunde darstellt, nach denen die Wahrscheinlichkeit einer Herzkreislauf-Erkrankung oder einer Depression mit steigendem Bildungs- und Einkommensgrad ab- und die Lebenserwartung zunimmt. Offen bleibt bei diesen Querschnittanalysen im Allgemeinen die Frage, was die Mediatorvariable für diesen Zusammenhang ist: gesünderes Verhalten? „Gesündere" Lebens- und Arbeitsbedingungen? Bessere medizinische Versorgung?).

Die GRRs sind nach Antonovsky die Voraussetzung für das Kohärenzgefühl und die subjektive Überzeugung, die Stressoren bewältigen und die Spannungszustände, die sie erzeugen, reduzieren zu können. Je breiter und stabiler die persönliche Ausstattung mit generalisierten Widerstandsressourcen ist, desto eher und häufiger stellt sich Kohärenzgefühl ein. Das Fehlen von Widerstandsressourcen – vom Autor *generalisiertes Widerstandsdefizit* (*Generalized resistance deficit – GRD*) genannt – kann hierbei zum eigenständigen Stressor werden. Somit stellen GRR und GRD Pole eines mehrdimensionalen Kontinuums dar:

„Hinsichtlich aller Aspekte – Reichtum, Ich-Stärke, kulturelle Stabilität und so weiter – kann eine Person auf einem Kontinuum platziert werden. Je höher man sich auf dem Kontinuum befindet, desto wahrscheinlicher wird man solche Lebenserfahrungen machen, die einem starken SOC förderlich sind; je weiter unten man sich befindet, desto höher ist die Wahrscheinlichkeit, dass die Lebenserfahrungen, die man macht, einem schwachen SOC dienen" (a.a.O., S. 44).

Spannung, Bewertung, Coping

Ähnlich wie Lazarus (Lazarus & Folkman, 1984; Lazarus, 1995) unterscheidet Antonovsky einen ersten und einen zweiten Bewertungsprozess (*Appraisal*) bei der Konfrontation mit einem Stimulus. In einem Akt der ersten Bewertung (*primäre Bewertung I*) wird dieser Stimulus als Stressor oder Nicht-Stressor eingestuft. Hier grenzt sich Antonovsky von dem Lazarus'schen *primary appraisal* ab, indem er den Bewertungsprozess auf „Stressor vs. Nicht-Stressor" beschränkt und erst in einem zweiten Prozess (*primäre Bewertung II*) die Unterscheidung in für das eigene Wohlbefinden bedrohlich, günstig oder irrelevant vornimmt. Lazarus hingegen konzipiert einen einstufigen *primary appraisal Prozess* mit den Outcomes 1) irrelevant, 2) benig-positiv und 3) stressig (*stressful*) (Lazarus & Folkman, 1984, S. 32). Während Lazarus also die Stimuli des Typus 2 (benig-positiv) aus dem Stressgeschehen ausklammert, schließt Antonovsky sie explizit mit ein, da sie die *primäre Bewertung I* ja als „Stressor" passiert haben.

Während bei Lazarus Überlegungen zur Verfügbarkeit und dem Einsatz verschiedener instrumenteller und mental-emotionaler Coping-Strategien (Kaluza & Renneberg, 2009; Harris, 1995) zur erfolgreichen Auseinandersetzung mit dem Stressor den *secondary appraisal Prozess* bestimmen, führt Antonovsky den *primären Bewertungsprozess III* ein, der sich mit der Emotionsregulierung und der instrumentellen Auseinandersetzung mit dem Stressor befasst. In diesem Prozess sieht Antonovsky zumindest die Vorbereitung des folgenden Coping-Prozesses, wenn nicht sogar die erste Phase des Copings (a.a.O., S. 130).

Antonovsky postuliert einen starken Einfluss des Kohärenzgefühls auf Ablauf und Inhalt der verschiedenen Stufen des primären Bewertungsprozesses. Wenn – wie oben beschrieben – starke GRRs Voraussetzung für ein starkes SOC sind – muss man davon ausgehen, dass solche Personen *„eher als eine mit einem schwachen SOC einen Stressor als glücklicher, weniger konfliktreich oder weniger gefährlich bewerten"* (a.a.O., S. 128 f.).

Auch die nächsten Stufen der Primärbewertung hängen vom SOC der Person ab, die sich im Falle starker SOC-Ausprägung mit dem Stressor bewusster auseinandersetzt, ihn eher instrumentell zu verstehen versucht statt – durch mangelnde Verstehbarkeit (als einer der drei SOC-Komponenten) einer z. B. komplex-ambivalenten Situation – sich einseitig auf emotionale Abwehrmechanismen zu beschränken.

Hierdurch wird das Kohärenzgefühl für Antonovsky zu einer Art „Dirigent" für den Einsatz eines adäquaten, dem Stressor angepassten Coping-Stils: *„die Person mit einem starken SOC wählt die bestimmte Coping-Strategie aus, die am geeignetsten scheint, mit dem Stressor umzugehen, dem sie sich gegenübersieht"* (a.a.O., S. 130).

Hierbei spielt das SOC eine wichtige Rolle in der Vermittlung zwischen der Verfügbarkeit von GRRs und dem konkreten Einsatz einer speziellen, geeigneten Copingstrategie.

Die Wirkung von Stressoren und dem nachfolgenden Coping auf die individuelle Gesundheit sieht Antonovsky über drei intervenierende Größen vermittelt:

- Die durch Stressoren entstehenden Spannungen haben unmittelbaren Einfluss auf physiologische Prozesse des ZNS, des vegetativen Nervensystems und besonders auch des Immunsystems (Psychoneuroimmunologie!), auf die in Kapitel 2.4 noch näher eingegangen wird. Im Rahmen der Theorie der Salutogenese muss man davon ausgehen, dass Personen mit ausgeprägtem Kohärenzgefühl, basierend auf soliden generalisierten Widerstandsressourcen, seltener in diese langfristig potentiell schädlichen Spannungszustände geraten (Günstige Primärbewertung I – III)
- Die Mobilisierung der für die Bewältigung des Stressors nötigen Ressourcen und Coping-Stile dient ebenfalls der raschen Reduktion dieses Spannungszustands und seiner physiologischen Folgen, und auch hier sollten Personen mit starkem SOC und soliden GRRs weniger gefährdet und erfolgreicher sein
- Personen mit ausgeprägtem SOC, das ja in den GRRs viele Voraussetzungen findet, die mit Handlungswissen, Kenntnissen von Zusammenhängen sowie Verfügbarkeit kognitiver und auch materieller Ressourcen zu tun haben, zeigen gesündere Lebensweise, beschäftigen sich mit Prävention, arbeiten unter günstigeren Bedingungen etc.

Mit anderen Worten: Personen mit stark ausgeprägten Kohärenzgefühl leben in günstigeren Bedingungen, verhalten sich bewusst gesünder, geraten seltener in ernste, schädigende Stress-Situationen und können diese Situationen, so sie denn auftreten, schneller und wirksamer bewältigen.

Die Abb. 7 zeigt die wichtigsten Elemente und Wirkfaktoren des Modells im Überblick:

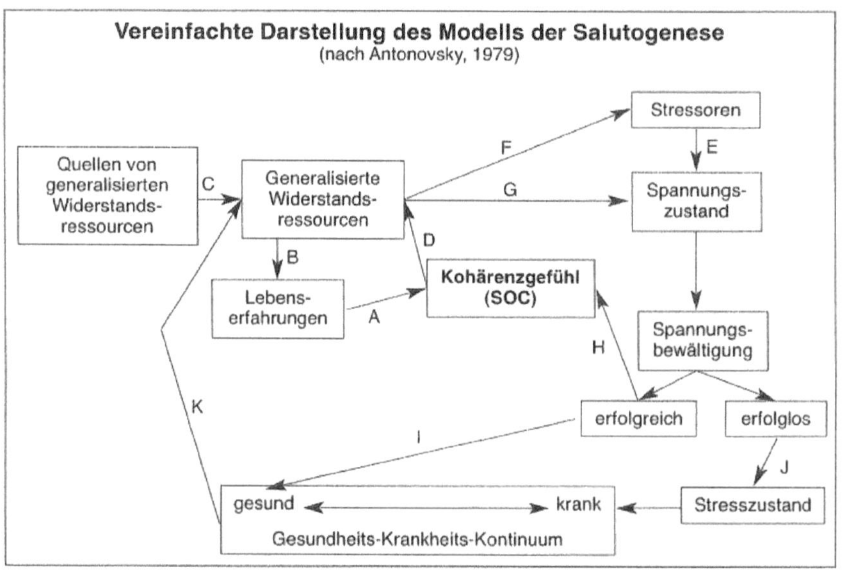

Abb. 7: Das Modell der Salutogenese (aus Bengel, 2001, S. 36)

2.3.1.2 Empirische Befundlage zum Konzept der Salutogenese

Bengel et al. (2001) erarbeiteten eine gründliche Recherche zum damaligen Stand der Evaluationsforschung zum Konzept, auf der die nachfolgenden Aussagen überwiegend beruhen, ohne dass diese Quelle jedes Mal neu angeführt wird.

Das Messinstrument

Antonovsky entwickelte einen Fragebogen auf der Basis von Interviews mit 51 israelischen Probanden, auf die zwei Merkmale zutrafen: 1) sie hatten ein schweres Trauma erfahren (Verlust eines Angehörigen, Behinderung, Aufenthalt im Konzentrationslager o. ä.), und 2) sie wurden von Außenstehenden als erstaunlich gut funktionierend eingestuft (Antonovsky, 1997, S. 72). Die Probanden dieser Pilotstudie wurden aufgrund ihrer qualitativ ausgewerteten Interviewaussagen von vier Wissenschaftlern auf einer zehnstufigen SOC-Skala eingestuft, und für diese Ausprägungsgrade typische Aussagen und Merkmale wurden herausgearbeitet und sie bildeten die Grundlage für den 1983 veröffentlichten SOC-Fragebogen *Orientation to Life Questionnaire* mit 29 Items, die unter Anwendung der Facettentheorie zusammengestellt wurden.

Das Instrument zeigt sehr gute interne Konsistenz mit Cronbachs Alpha-Werten zwischen .83 und .93, aber faktorenanalytisch konnten die drei Skalen *Verstehbarkeit, Handhabbarkein* und *Bedeutsamkeit* nicht ausreichend voneinander abgegrenzt werden, so dass man beim SOC eher von einem eindimensionalen Konstrukt ausgeht. Antonovsky (a.a.O., S. 88) sagt hierzu, dass diese Komponenten für ihn empirisch untrennbar miteinander verbunden sind, auch wenn sie theoretisch Unterschiedliches darstellen. Dem kann entgegengehalten werden, dass eine hohe Interkorrelation für Verstehbarkeit und Handhabbarkeit durchaus logisch nachvollziehbar ist – was ich verstehe, kann ich auch eher handhaben als etwas, das mir „verschlüsselt" bleibt. Eine hohe Interkorrelation dieser „kognitiven Durchdringungs-Facetten" mit Bedeutsamkeit ist jedoch keineswegs zwingend.

In mehreren Querschnittuntersuchungen zeigte die Skala die erwarteten positiven Korrelationen zu Merkmalen der subjektiv eingeschätzten Gesundheit sowie negative zum subjektiven Krankheitserleben.

Empirische Befundlage

Bengel (2001) äußert sich recht kritisch zur Empirie rund um das Konzept der Salutogenese. Zwischen 1979 und 1999 seien lediglich rund 200 Studien zum Thema veröffentlicht worden, die meisten davon in Israel und Skandinavien, und ein hoher Anteil von der Forschungsgruppe um Antonovsky selbst. In den USA habe das Modell bei den „wissenschaftlichen Meinungsmachern" wenig Widerhall – zumindest in der Empirie – gefunden, obwohl der Neologismus *Salutogenese* inzwischen ein vielzitiertes Modewort geworden und in viele Aussagen zum Gesundheitssystem eingeflossen sei.

Hier ein kurzer Überblick der wichtigsten empirischen Zusammenhänge aus Studien, die Bengel ausgewertet hat:

- Allenfalls schwache, teilweise auch nicht nachweisbare korrelative Zusammenhänge zwischen dem SOC und der subjektiv eingeschätzten körperlichen Gesundheit sowie objektiven Gesundheitsmaßen (manifeste Krankheiten und Parameter wie Blutdruck usw.)
- Wenn korrelative Zusammenhänge zwischen SOC und Gesundheitsmaßen gefunden wurden, zeigen pfadanalytische Detailuntersuchungen häufig, dass diese nicht direkt, sondern über intervenierende Variablen vermittelt sind.
- SOC und psychische Gesundheit sowie allgemeines Wohlbefinden zeigen deutlich stärkere Zusammenhänge. Hohe Korrelationen mit *Ängstlichkeit/Depressivität* und *psychosomatischen Beschwerden* (Schlafstörungen, Kopfschmerzen etc.) werfen die Frage auf, ob das SOC nicht ähnliches misst wie andere bekannte Skalen zur psychischen Gesundheit.
- SOC hängt positiv mit Stressbewältigung zusammen, sowohl subjektiv – die Probanden mit hohem SOC fühlen sich subjektiv signifikant weniger gestresst – als auch objektiv, erhoben über physiologische Aktivationsparameter.

- Personen mit niedrigen SOC-Werten neigen zu eher ineffektiven Copingstrategien wie depressivem Rückzug, Resignation oder Hilflosigkeit.
- SOC zeigt hohe positive Korrelationen mit Verfügbarkeit sozialer Kontakte und ehelicher Zufriedenheit.
- Es gibt einige wenige empirische Hinweise auf erwartungsgemäße Zusammenhänge zwischen dem SOC und dem Gesundheitsverhalten (Sport, Suchtmittelkonsum etc.)

2.3.1.3 Bewertung des Konzepts der Salutogenese im Rahmen der Fragestellung dieser Arbeit

Der wesentliche Beitrag Antonovskys zur Erforschung der Determinanten der Gesundheit ist sicherlich, dass er sich nicht auf die Kritik des pathogenetischen Modells beschränkt, sondern eine erste eigenständige Theorie zur Salutogenese vorgelegt hat. Dieses Modell ist hoch komplex, so wie sein Gegenstand ja auch nicht auf einige wenige Variablen reduziert werden kann.

Die GRRs z. B. sind mehrdimensional konzipiert, potentiell abzählbar-unendlich und entsprechend schwierig eindeutig zu operationalisieren. Ebenso muss die Frage gestellt werden, ob die Differenzierung z. B. des *primary appraisal* sensu Lazarus in eine dreifach abgestufte Primärbewertung der Theorie und ihrer Empirie weiterhilft, oder ob dies nur ein „theoretischer Schnörkel“ ist, der eher die Komplexität noch erhöht statt sie zu verringern und „handhabbarer“ zu gestalten.

Weiterhin ist es wenig verständlich, warum sich Antonovsky auf die Erklärung von körperlicher Gesundheit/Krankheit beschränkt und den wichtigen und naheliegenden Aspekt der psychischen Gesundheit und des mentalen Wohlbefindens sensu Warr außer Acht lässt:

„Ein Schwachpunkt des Modells ist die Einengung auf das körperliche Befinden. Antonovskys Argumentation hierzu ist nur schwer nachzuvollziehen. Obwohl Antonovsky von Zusammenhängen zwischen Kohärenzgefühl, körperlichem Befinden und seelischem Wohlbefinden ausgeht, lehnt er es ab, diesen Aspekt in sein Modell zu integrieren. Mit der Trennung von körperlichem und seelischem Wohlbefinden wird jedoch wiederum eine Dichotomie aufgebaut, die den Bemühungen um eine ganzheitliche Wahrnehmung des Menschen zuwiderläuft“ (Bengel, 2001, S. 90).

Auch widmet sich Antonovsky nicht explizit dem Themenkomplex Arbeit als wichtiger Teilmenge menschlichen Lebensumfelds – Anspruch der Theorie ist es aber auch nicht, den Zusammenhang *Arbeit und Gesundheit* zu erklären, sondern die Entstehung von Gesundheit und Krankheit generell.

Gleichwohl sind Konsequenzen für unser Thema *Arbeit, Führung und Gesundheit* ableitbar:

- Führung – organisationale sowie personale – soll die *Verstehbarkeit* unterstützen, was die Einordnung der eigenen Arbeit in den Gesamtzusammenhang des Unternehmens betrifft, und gerade in Krisenzeiten, die unpopuläre und evtl. schmerzhafte Einschnitte in Personalstand und materielle Arbeitsbedingungen betrifft, muss Führung den Sinn der Maßnahmen und deren Notwendigkeit deutlich machen
- Führung – organisationale sowie personale – soll die *Handhabbarkeit* der Aufgaben sicherstellen, durch klare Ablauforganisation und deutliche Zuständigkeiten, gründliche Ausbildung, Unterstützung bei der Aufgabenbearbeitung (Coaching) sowie zeitgemäße, qualitativ und quantitativ ausreichende Hilfsmittel, Werkzeuge und Prozesse
- Führung – organisationale sowie personale – muss die *Bedeutsamkeit* der Tätigkeit und der eigenen Person des Mitarbeiters unterstützen, indem sie Leistung persönlich anerkennt und Belohnungssysteme sicherstellt, durch die die gewünschte Leistung auch materiell honoriert wird
- Führung – organisationale sowie personale – sollte den Aufbau *generalisierter Widerstandsressourcen* unterstützen durch gründliche Ausbildung und Training, die Vermeidung prekärer Arbeitsverhältnisse, Jobsicherheit im Rahmen der wirtschaftlichen Machbarkeit sowie Förderung sozialer Unterstützung durch die Führungskräfte und horizontal unter den Kollegen.

Zusammengefasst entnehmen wir der Theorie der Salutogenese also folgende Elemente in unseren „Einkaufskorb“:

Organisationale und personale Führung soll sicherstellen:	**...durch:**
Verstehbarkeit	- Einordnung der Tätigkeit in den Gesamtzusammenhang des Unternehmens - In Krisenzeiten: erklären der Notwendigkeit unpopulärer Maßnahmen
Handhabbarkeit	- Klare Ablauforganisation und Zuständigkeiten - Ausbildung & Coaching - Adäquate Hilfsmittel, Werkzeuge und Prozesse
Bedeutsamkeit	- persönliche Anerkennung der Leistung - Leistungsgerechte materielle Entlohnungssysteme

Organisationale und personale Führung soll sicherstellen:	**...durch:**
Generalisierte Widerstandsressourcen	- Ausbildung & Training - Vermeidung prekärer Arbeitsverhältnisse - Jobsicherheit - Soziale Unterstützung vertikal und horizontal

Tab. 1: Für Führung relevante Kernelemente des Konzepts der Salutogenese von Antonovsky

2.3.2 Das Demand/Control-Modell von Karasek & Theorell

2.3.2.1 Die Grundelemente des Modell

Das von Karasek im Jahr 1979 zuerst veröffentlichte und im 1990 zusammen mit Theorell herausgebrachten Buch *Healthy Work – Stress, Productivity, and the Reconstruction of Working Life* ausführlich beschriebene Demand/Control-Modell ist eine der populärsten und am intensivsten untersuchten Theorien über den Zusammenhang von Arbeit und Gesundheit.
Die Autoren sehen in der Organisation der Arbeit, wie wir sie heute in den westlichen Industrienationen vornehmen, die Hauptursache sowohl für zunehmenden Stress als auch abnehmende Produktivität im Sinne von Mängeln in der Qualität und der Kreativität der Lösungen:

„Yet most of the solutions currently advanced to reduce stress – relaxation therapies, for example – address only the symptoms. Little is done to change the source of the problems: work organization itself. (...) We will argue that it is possible to reorganize production in a manner that can both reduce the risk of stress-related illness and increase aspects of productivity associated with creativity, skill development, and quality " (S. 1 f.).

Karasek & Theorell plädieren eindeutig für einen *verhältnisbezogenen* Diagnose- und Interventionsansatz, der bei den „objektiven" Arbeitsbedingungen ansetzt, anstatt sich auf rein *verhaltensbezogene* Maßnahmen zu beschränken. Diesen eher soziologischen Ansatz setzen sie konsequent fort, indem sie auch bei der Entwicklung des Messinstruments zur Erfassung der relevanten Modellvariablen (JCQ = *Job Content Questionnaire*) einen „stimulus approach" wählen und eine möglichst nicht bewertende, nüchterne Beschreibung statt Bewertung der Arbeitsbedingungen fordern. Diesem Ansatz stellen Sie den ihrer Meinung nach stärker fehlerbehafteten „relational approach" gegenüber, dessen Analyseeinheit die persönliche kognitive Interpretation und Bewertung der Umgebungsbedingungen ist (Karasek,

Brisson et al., 1998, S. 326 ff.). Hierin unterscheiden sie sich deutlich von anderen Forschern wie Warr (1987, 1999, 2010) und Hackman & Oldham (1980), für die gerade die subjektive Abbildung der „objektiven Realität" ausschlaggebend für weitergehende Reaktionen wie Zufriedenheit, Wohlbefinden, Engagement etc. ist. Diesem Thema widmet sich diese Arbeit an anderer Stelle noch ausführlicher.

Karasek & Theorell beschreiben und klassifizieren Arbeitstätigkeiten im Wesentlichen auf den beiden orthogonalen Dimensionen *Demands* (Belastungen/Anforderungen) und *Decision Latitude* (Entscheidungsspielraum). Die Decision Latitude-Dimension ist wiederum unterteilt in *Task Authority* (Entscheidungskompetenz/-spielraum) und *Skill Discretion* (Nutzungsgrad der Fertigkeiten). Die Autoren weisen darauf hin, dass diese beiden Unterdimensionen häufig gemeinsam auftreten: eine Arbeit, bei der eine Vielfalt von Fertigkeiten und Kenntnissen gefragt ist, geht auch meist mit Handlungs- und Entscheidungsspielraum einher. Sie verweisen selbst auf die Ähnlichkeit dieser Größe zum *Motivationspotential der Arbeit* (MPA; im Original *Motivational Potential Score* = MPS), in dem unter anderen auch die Merkmale *Skill Variety* und *Autonomy* in einem einzigen Summenwert verrechnet werden (Hackman & Oldham, 1980; Schmidt & Kleinbeck, 1999).

Als beispielhafte *Demands* führen die Autoren psychische Belastungen auf, wie

- Zeitdruck
- Hohe Arbeitsmenge
- Hohe mentale Aktivation ist zur Ausübung der Tätigkeit gefordert
- Konflikte
- Häufige Unterbrechungen und die Notwendigkeit, sich immer wieder neu „reinarbeiten" zu müssen
- Arbeitsplatzunsicherheit

Als ein konzeptionelles Problem zur Vorhersage der Wirkung von psychischen Belastungen oder Anforderungen auf das Individuum weisen die Autoren auf das Yerkes-Dodson-Gesetz der umgekehrten U-Form hin, nach der einige Anforderungen bei mittlerer Ausprägung zu optimalen Ausprägungen der abhängigen Größen führen. Zu wenige Anforderungen führen zu Monotonie und Langeweile, zu viele zu hoher Beanspruchung und Überforderung.

Karasek & Theorell stellen die Grundzüge ihres Modells in einem 4-Felder-Schema dar (sh. Abb. 8).

In diesem System finden sich im Quadranten *<u>Low-strain</u>* Tätigkeiten mit geringen psychischen Belastungen, aber hohem Entscheidungsspielraum und hoher Nutzung der Fertigkeiten und Kenntnisse. Abb. 9 weiter unten entnehmen wir den Naturwissenschaftler als beispielhaft für diese Jobkategorie: hohes Wissen erforderlich (skill discretion), weitgehende Freiheitsgrade in der Ausübung seiner Tätigkeit (task authority) und eher geringe Belastung durch Zeitdruck, Arbeitsmenge und Unterbrechungen. (Hier sei darauf hingewiesen, dass die Daten Untersuchungen entstammen, die vor mehr als 40 Jahren erhoben wurden – der in einen engen Zeit- und Budgetplan eingebundene Forscher in der Entwicklungsabteilung eines Pharmaunternehmens, das wegen globalen Konkurrenzdrucks gerade über ein Outsourcing seiner Forschungsaktivitäten nach Indien nachdenkt, findet diese „idyllischen" Arbeitsbedingungen des „freien Forschers" sicher nicht mehr vor! Auf diesen Wandel der Arbeitsbedingungen weisen auch Karasek & Theorell in ihrem 1990 erschienenen Buch schon hin [S. 309]).

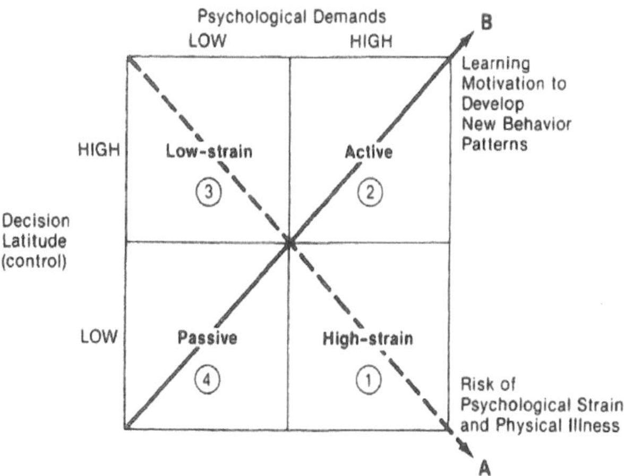

Abb. 8: Das Demand/Control-Modell von Karasek & Theorell (aus Karasek & Theorell, 1990, S. 32)

Der Low-strain Quadrant stellt auch den einen Pol der Achse dar, die das Risiko für psychologische Beanspruchung und körperliche Erkrankung abbildet.

Den Gegenpol bilden Tätigkeiten der Kategorie High-strain jobs, die ein komplementäres Bedingungsmuster aufweisen: hohe psychologische Belastungen bei gleichzeitig geringem Entscheidungsspielraum. Beispielhaft zeigt Abb. 8 den Fließbandarbeiter aus der Automobil- oder Elektrogerätefertigung, dessen Arbeit vom Band getaktet wird, das unter Aspekten der Stückzahloptimierung wahrscheinlich in Grenzbereiche der quantitativen Belastbarkeit geht und der weder über den Zeitpunkt noch die Art der Tätigkeitsausübung entscheiden kann. Nach Karasek & Theorell gehen diese Tätigkeiten mit den größten Erkrankungsrisiken einher, nicht nur im blue-collar-Bereich, sondern auch in eher administrativen Bürotätigkeiten: „*The same might be true of the white-collar telephone service representative, who operates under bureaucratic rules that rigidly limit the responses that may be given to an irate customer. When a higher output quota is imposed, the responses go beyond arousal to psychological strain and in the long term, we claim, to stress-related illness such as heart disease*" (a.a.O., S. 33 f.).

Eine zweite Achse im Koordinatensystem beschreibt die Lernmotivation zur Entwicklung neuer Verhaltensmuster. Sie beginnt mit ihrer niedrigen Ausprägung im Quadranten mit den Passive jobs, die durch geringe Belastungen/Anforderungen bei gleichzeitig geringem Entscheidungsspielraum gekennzeichnet sind. Beispielhaft werden Tätigkeiten genannt, in denen grundsätzlich vorhandene Fähigkeiten z. B. durch exakte und „idiotensichere" Vorschriften zur Ausführung nicht abgefragt werden und im Laufe der Zeit verkümmern. Abb. 8 nennt hier beispielhaft Pförtner oder Nachtwächter.

Den Gegenpol zu dieser Skala der Lernmotivation bilden die Active jobs: hohe psychologische Anforderungen gehen mit hohem Entscheidungsspielraum einher. Hier nennen Karasek & Theorell Tätigkeiten, die den Ausübenden intensiv involvieren und in denen häufig *Flow-Erleben* auftritt, das nach Csikszentmihaly (1997) hohe Herausforderungen bei gleichzeitig starker Nutzung (vorhandener!) Fertigkeiten und Fähigkeiten voraussetzt (S. 31). Die dauernde Aufforderung in diesen Tätigkeiten, die eigenen Skills zu nutzen und weiterzuentwickeln, ist ihr Kernmerkmal. Beispiele sind Ingenieure, Ärzte, Hochschullehrer und Manager. Tätigkeiten der Kategorie *Active jobs* setzen sicher nicht weniger Wissen und kognitive Fähigkeiten voraus als z. B. die des Naturwissenschaftlers in der Kategorie *low strain*. Ihre starke öffentliche Exposition, auch die mit ihrer Tätigkeit einhergehende Verantwortung bei Fehlentscheidungen in höheren Managementpositionen oder – noch offensichtlicher – bei einem Chirurgen – erhöht den Druck und die Notwendigkeit zur dauernden Weiterentwicklung der Kenntnisse.

Auf der Grundlage der Daten von in den 1960er und 70er Jahren erstellten *U.S. Quality of Employment Surveys* ordneten Karasek & Theorell Positionen in ihr zweidimensionales System ein (siehe Abb. 9):

2.3.2.2 Die Erweiterung des Modells um soziale Unterstützung

Karasek & Theorell weisen auf die große Bedeutung der sozialen Verhältnisse zwischen Mitarbeitern und Vorgesetzten sowie innerhalb des Kollegenkreises hin, die spätestens mit den Hawthorne-Experimenten bei General Electric in den 1920er Jahren offensichtlich wurden. Sie verweisen auf inzwischen sichere Erkenntnisse der Wirkung dieser Sozialbeziehungen auf Arbeitszufriedenheit und Beanspruchungsreduktion sowie die Arbeitsgruppenproduktivität, weshalb sie *soziale Unterstützung* als dritte Dimension in ihr erweitertes Modell einführen (s. Abb. 10).

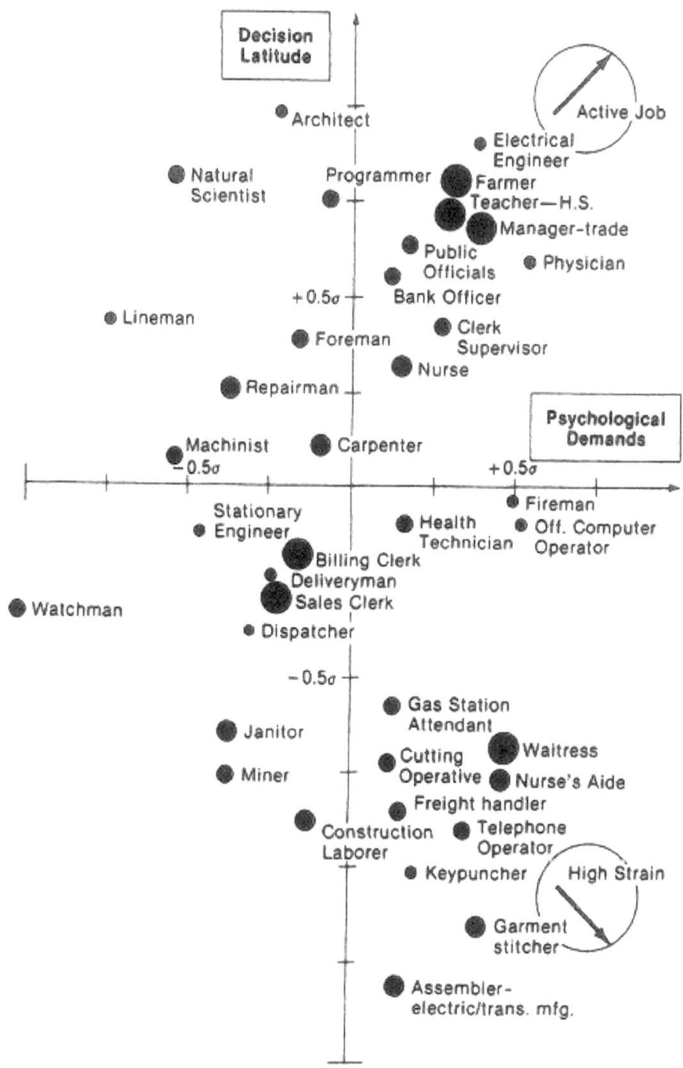

Abb. 9: Typische Positionen verschiedener Berufe in der Demand/Control-Matrix (aus Karasek & Theorell, 1998, S. 43)

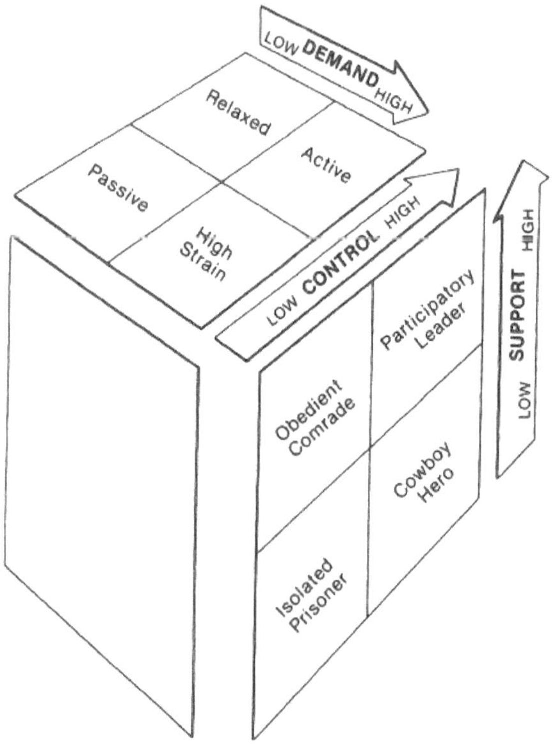

Abb. 10: Das um Social Support erweiterte Demand/Control-Modell (aus Karasek & Theorell, S. 70

Die Autoren unterscheiden vier verschiedene mögliche Wirkungsweisen der sozialen Unterstützung (a.a.O., S. 69 f.):

- Soziale Unterstützung kann die Wirkung von arbeitsbedingten Stressoren auf das Individuum mildernd abpuffern
- Soziale Kontakte beeinflussen bei allen höheren Tierarten – auch beim Menschen – grundlegende physiologische Prozesse, die mit dem Erhalt langfristiger Gesundheit einhergehen, und sie unterstützen den Erwerb neuer Fertigkeiten und Kenntnisse
- Soziale Unterstützung fördert die Bildung aktiver und effektiver Copingstrategien
- Soziale Unterstützung fördert durch die Verdeutlichung des eigenen Beitrags zur Erreichung kollektiver Ziele das stabile Gefühl für die eigene Identität (in diesem Punkt verweisen die Autoren auf die bisher fehlende Evidenz und das Spekulative dieses Postulats)

Als empirischen Beleg für die Bedeutung sozialer Unterstützung in ihrem Demand/Control-Modell zitieren die Autoren wiederum Daten aus dem *Quality of Employment Survey*, an dem in den 1970er Jahren 2.679 männliche und weibliche US-Amerikaner teilnahmen. Hier zeigte sich ein deutlicher Haupteffekt für diese Dimension bezüglich der Ausbildung depressiver Symptome über alle Ausprägungen der Dimension *Decision Latitude* hinweg, teilweise bis zum Faktor 2 gehend.

Bei der Zuordnung von Berufen zu den vier Quadranten, die durch jeweils hohe und niedrige Ausprägung der Dimensionen *Soziale Unterstützung* und *Kontrolle (decision latitude)* gebildet werden, finden sich in dem Quadrant *Participatory Leader* aus Abb. 10 nicht ausschließlich, aber überwiegend Führungstätigkeiten. Dies wird über die hohe Koinzidenz von anspruchsvollen Tätigkeiten mit Entscheidungseinfluss (Elemente von Führung) und sozialer Interaktion und Unterstützung erklärt – diese Tätigkeiten werden also als solche erlebt, die soziale Unterstützung sowohl geben als auch erhalten. (Diese Annahme muss zumindest für höchste Hierarchielevel in Frage gestellt werden, die alleine dadurch keine echte soziale Unterstützung im Arbeitsumfeld erhalten, da sie zunehmend von Ja-Sagern und „Hofschranzen" umgeben werden [Kastner, 1999]).
Typische Vertreter dieses Quadranten sind die Berufe Wissenschaftler, Lehrer, Therapeut, Manager, aber auch Barbiere.

Im entgegengesetzten Quadrant mit niedriger Ausprägung auf beiden Dimensionen allokieren Karasek & Theorell z. B. Maschinenbediener und Fließbandarbeiter, Lagerarbeiter und Tankwarte. Alle diese Zuordnungen basieren auf dem bereits o. g. *Quality of Employment Survey.*

Karasek, Brisson et al. (1998) entwickelten mit dem *Job Content Questionnaire (JCQ)* ein Instrument zur Erfassung der relevanten Variablen ihres Modells, von dem sie in diesem Zusammenhang noch einmal betonen, dass es eher „soziologisch-Stimulus-orientiert" als „psychologisch-relational" angelegt sei.

2.3.2.3 Einschub: Soziale Unterstützung als Kernvariable des Wohlbefindens /Well-beings

Wegen der großen Bedeutung der *sozialen Unterstützung* als wesentlicher Variable im Kontext Gesundheit/Krankheit und allgemeinem Wohlbefinden soll diese hier etwas breiter dargestellt werden, also über den Rahmen des Demand/Control-Modells hinausgehend.

In Kastners Work/Life-Balance Konzept (WLB) (Kastner, 2010b) ist soziale Unterstützung ein Anforderungspuffer, durch den hohe Arbeitsbelastungen, denen keine ausreichenden Ressourcen zur Bewältigung gegenüberstehen, in ihrem negativen Effekt gemildert oder sogar nivelliert werden können.

„Zwischen Ressourcen und Puffern besteht ein entscheidender Unterschied. Ressourcen dienen zur Verstärkung erwünschter Aktivitäten und Energien in der Hoffnung auf einen Return on Investment (...). Puffer hingegen sind Phänomene, die unerwünschte Aktivitäten oder Energien bzw. Belastungen/Anforderungen mildern sollen und meist keinen Return on Investment bringen, sondern, im Gegenteil, durch ihre Pflege Geld kosten" (S. 298).

Im Sinne dieser Unterscheidung sind Kompetenzen und Kenntnisse Ressourcen, da ihr Erwerb dazu beitragen kann, Vorteile für die eigene Person zu mehren – durch ein höheres Einkommen, Karrieremöglichkeiten oder ähnliches. Im Sinne der o. g. Definition kann soziale Unterstützung deshalb als Puffer gesehen werden, da ihre Überstrapazierung zur Bewältigung belastender Situationen auch in ihrem „Verbrauch" resultieren kann, wenn die Unterstützer nämlich der dauernden Hilfestellung müde werden und sich zurückziehen. Ein sozia-les Netzwerk hingegen, das ein Potential für konkret erfolgende soziale Unterstützung im Notfall darstellt, kann sehr wohl eine Ressource darstellen, indem es wichtige Kontakte, mentale Anregungen etc. bereitstellt. (Für die Unterscheidung von sozialen Ressourcen und sozialer Unterstützung siehe auch Faltermaier, 2005, S. 103 f.).

Die Forschungsarbeiten zur sozialen Unterstützung (social support; nachfolgend mit SU abgekürzt) gehen im Wesentlichen auf die Arbeiten des Social Research Institute der University of Michigan zurück. Hier sind vor allem die Arbeiten von House, House & Wells, LaRocco und French zu nennen, über die Pfaff (1981) einen komprimierten Überblick gibt, auf den sich die folgenden Ausführungen vorwiegend stützen.

Zur Wirkung sozialer Unterstützung gibt es zwei unterschiedliche Auffassungen. Die *Direkteffektthese* postuliert einen unmittelbaren Einfluss sozialer Beziehungen (von denen die soziale Unterstützung die positive Ausprägung darstellt) auf Wohlbefinden/Gesundheit versus Krankheit. Das *Arbeitsstress-Support-Konzept* vermutet dagegen eine moderierende Wirkung sozialer Unterstützung auf den Einfluss von Belastungen und Stress auf Wohlbefinden/Gesundheit und Krankheit. Mathematisch ausgedrückt vermutet erstgenannter Ansatz varianzanalytische Haupteffekte von Stress und sozialer Unterstützung (additives Modell), letzter einen Interaktionseffekt dieser Variablen auf die abhängige Größe (interaktives Modell). Im interaktiven Modell wirkt sich also fehlende Unterstützung nicht per se negativ aus, aber sie kann positiv wirken, indem sie die Wirkung von Stressoren mildert.

Ebenso sind verschiedene psychologische Wirkmechanismen der SU denkbar, und wahrscheinlich spielen in dem komplexen Entstehungsgefüge von Gesundheit/Krankheit und allgemeinem Wohlbefinden auch jeweils mehrere dieser Einflüsse eine Rolle:

- SU durch das Leben in einer Partnerschaft/sozialen Einbettung geht i. A. mit höherer Lebenszufriedenheit und Gesundheit einher (Kastner, 2012b). Dies liegt u. a. auch darin begründet, dass Alleinlebende eher zu riskantem Lebensstil neigen als partnerschaftlich Gebundene (Effekt der sozialen Verhaltenskontrolle und –normierung, siehe auch Nestmann, 2007)

- Positiv erlebte SU wirkt mildernd auf endokrine und physiologische Stressreaktionsparameter („Pufferwirkung" i. S. des Arbeitsstress-Support-Effekts, Nestmann, a.a.O.)
- SU im akuten Beanspruchungsfall – z. B. in Form kommunikativen Austauschs über den Stressor – kann eine befreiende, kathartische Wirkung haben („Geteiltes Leid ist halbes Leid". Siehe auch *evaluative Unterstützung* weiter unten)
- *Instrumentelle Un*terstützung (s. u.) in Form konkreten Rates zur Bewältigung des Problems erhöht die Fähigkeit, mit dem Stressor erfolgreich umzugehen: sie stärkt somit die *Selbstwirksamkeit* (*self efficacy*) (Bandura, 1976; Schwarzer & Scholz, 2002; Hohmann & Schwarzer, 2009; Csikszentmihaly, 1997)

House (1981, in Faltermaier, 2005) unterscheidet vier verschiedene Formen sozialer Unterstützung:

- Emotionale Unterstützung, im Wesentlichen über Zuwendung und Gespräche beim Vorliegen von Problemen
- Instrumentelle Unterstützung, durch das zur Verfügung stellen von „Rat & Tat" zur Hilfe bei der Problemlösung
- Informationelle Unterstützung, sowie
- Evaluative Unterstützung, durch die eine Person in der Bewertung und Einschätzung einer Situation und ihrer eigenen Rolle Hilfe erhält.

Quellen sozialer Unterstützung, die in der Empirie zum Thema häufig getrennt erfasst werden, können Vorgesetzte, Kollegen, die eigenen Mitarbeiter (also dem Unterstützten Unterstellte) und auch Freunde und Familie als Instanzen außerhalb der Arbeit sein.

Von besonderem Forschungsinteresse war stets die Rolle der SU bei der Entstehung von Krankheiten, die mit Stress einhergehen und über die physiologischen Stressreaktionsabläufe begünstigt werden können: die *koronare Herzkrankheit (KHK)* mit ihren unterschiedlichen Ausprägungen *Angina pectoris* und *Herzinfarkt*. Da diese manifesten Erkrankungen jedoch eher selten auftreten, die Datenmenge also ausgesprochen groß sein muss, um signifikante Inzidenzratendifferenzen in Vergleichsgruppen zu erhalten, erhoben die meisten Studien Parameter, die als Risikofaktoren für KHK gelten. Hierzu gehören physiologische Parameter wie Blutdruck und Cholesterinwert, aber auch verhaltensbezogene wie Rauchen oder Essverhalten/Übergewicht sowie psychologische wie habituelle Ängstlichkeit (Angst als *Trait*), depressive Verstimmung und auch Arbeitsunzufriedenheit. Pfaff weist auf einige methodische Mängel dieses Ansatzes hin. So ist die Rolle des Cholesterinwertes bei der KHK-Ätiologie noch nicht widerspruchsfrei geklärt, Angst und Depression als vorübergehender Zustand (*state*) versus Persönlichkeitsdisposition (*trait*) werden nicht eindeutig unterschieden, Arbeitsunzufriedenheit als Risikofaktor für KHK ist ebenfalls ein indirekter und somit vom eigentlichen Untersuchungsgegenstand KHK entfernter Indikator. Im Rahmen unserer hier behandelten Fragestellung, nämlich dem Zusammenhang von Arbeitsbedingungen/psychosozialen Faktoren und allgemeinem Wohlbefinden ist zumindest der letzte Kritikpunkt vernachlässigbar: Arbeits(un)zufriedenheit ist eindeutig Teil des allgemeinen Wohlbefindens.

House & Wells (1978, zitiert in Pfaff, 1981) fanden in einer Querschnittuntersuchung an N = 1.800 Probanden und Erhebung von Belastungen, Krankheitssymptomen und verschiedenen Formen der SU keine Pufferwirkung sozialer Unterstützung auf die Angina Pectoris Inzidenz, sehr wohl aber auf die Entstehung von Magengeschwüren und neurotischen Störungen.

Eine israelische Langzeitstudie mit N = 10.000 Teilnehmern (Medalie et al., 1973, zitiert a.a.O.) erbrachte signifikant höhere 5-Jahres-Inzidenzraten für Herzinfarkt und Angina Pectoris beim Vorliegen von Problemen mit dem Vorgesetzten. Allerdings erklärten familiäre Probleme den größten Varianzanteil des Krankheitsgeschehens, so wie die Zuneigung des Ehepartners sich eindeutig als wirksamer Puffer erwies.

In der von French, Caplan u. a. durchgeführten Goddard-Studie in den 1970er Jahren (a.a.O.) zeigte sich kein direkter, aber ein Moderatoreffekt der SU auf die Beziehung zwischen Belastungen auf der einen und Blutdruck sowie Anzahl gerauchter Zigaretten auf der anderen Seite.

Caplan, Cobb, French, Van Harrison & Pinneau (1975, zitiert a.a.O.) bezogen Elemente des Person-Environment-Fit (P-E-Fit) in ihre Studie ein, indem sie das erlebte Stress-Level in Beziehung setzten zur individuell gewünschten Stressintensität. Trotz der konsequenten Berücksichtigung dieser subjektiven Perspektive fanden sie weder direkte noch Moderatoreffekte auf die KHK-Risikofaktoren Blutdruck, Cholesterin- und Kortisolwert.

Caplan, Cobb & French (1975, zitiert a.a.O.) fanden einen erwartungswidersprechenden Effekt der SU auf das Bestreben, mit dem Rauchen aufzuhören: hier schien das soziale eingebettet sein das Rauchverhalten eher zu stabilisieren. Die Autoren erklären das über gruppendynamische Effekte. Es ist anzunehmen, dass dieser Befund auch das Rauchen betreffende „Zeitgeist-Elemente" aufweist – in den 1970er Jahren war Rauchen noch deutlich stärker verbreitet und sozial wesentlich akzeptierter als heute.
Johnson & Hall (1988) untersuchten an einer Gruppe von über 20.000 zufällig ausgewählten schwedischen Arbeitskräften die Zusammenhänge zwischen den Hauptvariablen des Demand/Control-Modells und der KHK-Prävalenzrate. Es zeigten sich signifikante Haupteffekte für jede der drei Größen Demands, Control und Support, mit der niedrigsten Prävalenzrate von 2,88 für die Gruppe *low demand – high control – high support* gegenüber einer maximalen Rate von 11,03 in der Gruppe *high demand - high control – low support*. Der Theorie entsprechend wäre der höchste Wert in der Gruppe *high demand – low control – low support* zu erwarten, er erreicht jedoch mit 9,25 nur den zweithöchsten Wert. Die Autoren erklären dies damit, dass hohe Kontrolle in dieser Gruppe von Tätigkeiten auch mit sehr hoher Verantwortung und einem entsprechend hohen Leistungsdruck einhergeht. Insgesamt zeigt sich hier

aber die Bestätigung für SU als Faktor, der über die Arbeitsbedingungen hinaus zur Varianzaufklärung signifikant beitragen kann.

Insgesamt fanden die Forscher der Michigan-Gruppe keine eindeutigen und überzeugenden Belege für direkte oder Moderatoreinflüsse der SU auf die KHK-Entstehung. Die Befundlage sieht jedoch besser aus, wenn psychische Variablen als abhängige Größen betrachtet werden.

So zeigte sich in einer Untersuchung von Caplan (1971, zitiert a.a.O.) ein direkter Einfluss positiver sozialer Beziehungen am Arbeitsplatz auf die Arbeitszufriedenheit, jedoch keine Moderatorwirkung.

Pinnear (1979, zitiert a.a.O.) konnte zeigen, dass SU direkt auf negative Stressreaktionen wie Angst und Depression wirkt, und zwar in allen ihren Unterformen (Arbeit, Familie, Freunde usw.), die Arbeitszufriedenheit aber primär mit der betrieblichen SU variiert. Auch hier zeigte sich jedoch kein Puffereffekt.

Einen solchen Puffereffekt konnte LaRocco (1980, zitiert a.a.O.) für SU durch Kollegen für die Beziehung zwischen arbeitsbezogenen Stressoren und der psychischen Gesundheit (Depression/Ängstlichkeit) aufweisen.

Pearlin & Lieberman (1979, zitiert a.a.O.) zeigten, dass *depersonalisierende Arbeitsbedingungen*, beschrieben als unfreundliche, unfaire und unpersönliche Behandlung ohne adäquate Leistungsanerkennung, eine starke Wirkung auf die psychische Befindlichkeit haben kann, die sogar noch bedeutender ist als der Einfluss des „anerkannten Stressfaktors" Arbeitsdruck und Überlastung.

Browner (1987) untersuchte an einer Gruppe von 26 Psychiatrie-Mitarbeitern unter Einsatz der Methoden teilnehmende Beobachtung und semistrukturierte Interviews die Wirkung unter anderem von SU auf den *Cornell Medical Index*, der 195 Fragen zu physischen und psychischen Zuständen und Befindlichkeiten umfasst, sowie die Arbeitszufriedenheit. Als stärkste Quelle negativen Stresserlebens erwies sich die mangelnde Einflussmöglichkeit auf die Art der Aufgabenerfüllung (*Control* im Sinne des Demand/Control-Modells!), und sowohl Arbeitszufriedenheit als auch der Cornell Medical Index zeigten signifikant positivere Werte in der Arbeitsgruppe, die über ein breites Repertoire von sozialer Unterstützung verfügte, von Coaching durch den Vorgesetzten über Peer-Coaching bis hin zum Einbezug eines externen Supervisors.

Van Dijkhuizen (1981) erhob in einer niederländischen Studie 16 Stressoren, die faktorenanalytisch zu drei Faktoren reduziert wurden: Ambiguität (die hoch mit *geringer Unterstützung durch den Vorgesetzten* korrelierte), Arbeitsbelastung (*work load*) und schlechte Beziehungen zu anderen. Ambiguität und Arbeitsbelastung korrelierten sowohl mit physiologischen (z. B. Blutdruck, Migräne) als auch psychologischen (Arbeitszufriedenheit) und Verhaltensparametern (Absentismus), wobei sich für Arbeitsbelastung eine umgekehrt U-förmige Beziehung zeigte: positive Folgen bei mittlerer Belastung, eher negative bei sehr geringer oder hoher Belastung. Die Qualität der sozialen Beziehungen zeigte ebenfalls erwartungsgemäße Beziehungen zu den abhängigen Variablen (außer für Blutdruck und Absentismus).

Brouwer, Reneman et al. (2010) führten über zehn Monate eine Längsschnittstudie mit 926 blue collars durch, die zwischen 6 und 12 Wochen krankheitsbedingte Abwesenheiten aufwiesen. Sie erhoben die Arbeitseinstellung (*work involvement*), soziale Unterstützung und Selbstwirksamkeit (*self efficacy*). Als abhängige Variable diente die Abwesenheitszeit (*Return to Work Time*). Es zeigte sich, dass Arbeitseinstellung und SU mit signifikant kürzeren Abwesenheitszeiten einhergingen, was besonders für die Gruppe der Muskel- und Skeletterkrankungen galt. Im Krankheitsbereich der *mental disorders* zeigte sich hingegen ein gegenteiliger Zusammenhang: hier gingen hohe Involvierung und SU eher mit längeren Abwesenheitszeiten einher. Die Art der Krankheit scheint also eine moderierende Wirkung auf das Verhältnis von Einstellung und SU auf die Abwesenheitszeit zu haben.

Rhoades & Eisenberger (2002) erweiterten die eher individuelle Perspektive der SU, indem sie in einer Metaanalyse von 73 Studien die Antezedenten der wahrgenommenen Unterstützung durch die Organisation (*Perceived Organizational Support – POS*) untersuchten. Gemäß der Theorie zur organisationalen Unterstützung (*Organizational Support Theory* – Eisenberger, Huntington, Hutchison & Sowa, 1986, zitiert a.a.O.) personifizieren Mitarbeiter Organisationen, indem sie diese mit dem Verhalten ihrer „offiziellen Agenten" (Vorstand, Management etc.) gleichsetzen. Die Autoren gehen davon aus, dass POS besonders dann entsteht, wenn das supportive Verhalten a) von Repräsentanten der Organisation und nicht von einzelnen Personen, die ansonsten eher unverbunden mit der Organisation sind, erfolgt und diese die bewusste Überzeugung und Intention der Organisation ausdrücken, und b) dieses Unterstützungsverhalten aus eigenem Antrieb erfolgt und nicht aufgrund eines organisations-externen Zwangs, wie z. B. einem Gesetz, dem man folgen muss, ob man will oder nicht. Als Folgen von POS werden Commitment, Leistung, Involvement, Stressbeanspruchung, Arbeitszufriedenheit, Absentismus u. a. Variablen genannt.

Als Ergebnis der Metaanalyse nennen die Autoren drei wesentliche Antezedenten von POS:

- Faire Behandlung (Gehört werden, Partizipationsmöglichkeiten, mit Würde & Respekt behandelt werden)
- Unterstützung durch den Vorgesetzten
- Belohnungen und angenehme Arbeitsbedingungen

Dabei erwies sich die *Unterstützung durch den Vorgesetzten* dem dritten Faktor in einer Pfadanalyse als überlegen.

Nestmann (2007) und Klauer (2009) weisen in ihren Überblicksartikeln darauf hin, dass SU auch negative Effekte haben kann, nämlich dann, wenn sie „aufgezwungen" wird bzw. als

Zeichen von eigener Schwäche interpretiert werden kann, sei es durch Andere oder auch die unterstützte Person selbst. Hier ist insbesondere an Personen zu denken, die stark kontrollambitioniert sind und deren Fähigkeit, mit Problemen aus eigener Kraft fertig zu werden, besonders selbstwertwirksam ist (z. B. Personen mit Typ-A Verhalten, siehe Kap. 2.4.5). Dies weist auf die Notwendigkeit hin, SU sensibel und individuell zu leisten und nicht aufzuzwingen.

Zusammenfassend kann gesagt werden, dass SU eine nachgewiesene Rolle für das allgemeine Wohlbefinden (im Sinne unseres umfassenden Gesundheitsbegriffs) einnimmt. Die Forschung der Vergangenheit zeigt aber auch, dass das Konzept komplexer ist, als - zumindest populärwissenschaftlich – bisher angenommen wurde. So zeigen sich Moderatorwirkungen des Krankheitsbildes selbst, Unklarheit bezüglich des Effektes – direkter oder Puffereffekt? – unterschiedliche Zusammenhänge zu physiologisch-medizinischen und psychologischen Parametern, methodische Probleme der Überstrahlung durch Dispositionen wie z. B. Optimismus/Pessimismus bzw. positive/negative Affektivität, die eventuell zu einer Überbewertung von Korrelationen führen, die lediglich auf diese intervenierenden Variablen zurückgehen (der „Optimist" neigt zu positiver Einschätzung sowohl seiner Arbeitsbedingungen als auch seiner Arbeitszufriedenheit, der Pessimist zu eher negativer – dies führt zwangsläufig zu hohen Korrelationen zwischen UVn und AVn!).

Von besonderer Bedeutung ist bei diesem Konzept die psychologische Perspektive der Forschung, das heißt dass die subjektive Repräsentation und das Erleben der SU erhoben werden muss, die eher soziologische Perspektive der Erfassung scheinbar objektiver situativer Variablen kann hier allenfalls ergänzen, nicht aber die „subjektive Wahrheit" ersetzen.

2.3.2.4 Empirische Befundlage zum Demand/Control-Modell

Karasek & Theorell (1990) selbst nutzten für erste Überprüfungen ihres Modells zunächst bereits vorliegende Daten einer schwedischen Erhebung, dem *Swedish Level of Living Survey*. Der Vorteil dieses Datenpools mit mehreren tausend Teilnehmern ist seine Größe – da das wissenschaftlich interessierende Ereignis, nämlich die koronare Herzkrankheit mit ihren Unterformen Herzinfarkt und Angina pectoris im Altersbereich der arbeitenden Bevölkerung ein recht seltenes Ereignis ist, bedarf es entsprechend großer Stichproben, um aussagekräftige statistische Zusammenhänge aufzudecken. Ein Nachteil dieser Erhebungen ist jedoch, dass wenig zielgerichtete und modellkonforme Fragen zu den Arbeitsbedingungen erhoben wurden und die Autoren ex post facto die wenigen Informationen auf ihr Modell anwenden mussten. So diente die Frage „Ist Ihr Job hektisch" zur Diagnose der Dimension „Demands", und die Frage nach der Monotonie der Tätigkeit wurde als Indikator für fehlende *skill discretion* als einer der zwei Unterdimensionen von *Control* genutzt. Vorliegende amerikanische Erhebungen beschränkten sich ganz auf Krankheitssymptome und –diagnosen, ohne auf

Merkmale der Arbeit einzugehen. Hier halfen sich die Autoren, indem sie sich auf die Funktionsbezeichnung beschränkten und dieser die Demand/Control-Ausprägungen zuordneten, die sich aus den *U.S. Quality of Employment Surveys* ergeben hatten (a.a.O., S. 121 ff.). Die methodische Schwäche dieses Vorgehens ist natürlich die Tatsache, dass hier von gleichen Arbeitsbedingungen über alle Tätigkeiten desselben Titels ausgegangen wird, unabhängig von der Branche, der geschäftlichen Situation, in der sich Unternehmen oder Abteilung befinden, der Unternehmenskultur und anderer wesentlicher Einflüsse. In diesem Ansatz, der weitgehend auf individuell-subjektive Datenquellen verzichtet, bestätigt sich erneut die soziologische Denktradition des Modells.

Tatsächlich jedoch gelingt es Karasek & Theorell, einige ihr Modell stützende Befunde zu präsentieren. Als Validitätskriterium verwendeten sie u. a. den prozentualen Anteil von Probanden, die pro Kombination unterschiedlicher Demand- und Control-Ausprägungen über KHK-Symptome berichteten (mindestens zwei der Symptome Brustschmerzen, Atemschwierigkeiten, Hypertonie oder Herzinsuffizienz, siehe Abb. 11).

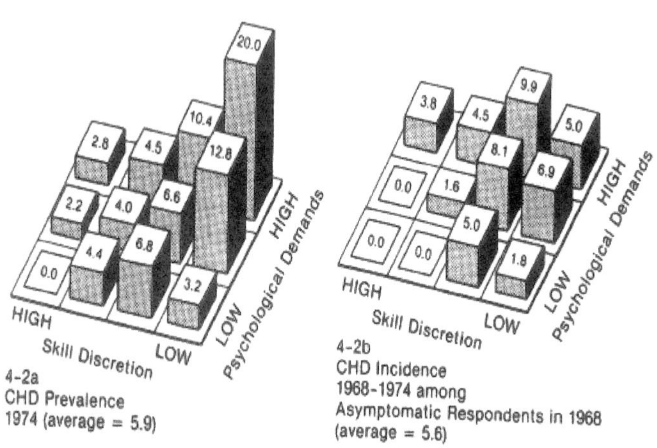

Abb. 11: Prozentsätze von KHK-Prävalenz in zwei schwedischen Studien über verschiedene Demand/Control-Konstellationen (aus Karasek & Theorell, 1990, S. 124)

Diese Ergebnisse zeigen eine erstaunliche Modellkonformität der Auftretenswahrscheinlichkeiten für KHK-Symptome. Auch in einer Längsschnittstudie, die zwischen 1968 und 1974 erhobene Daten auswertete, zeigte sich bei Parallelisierung anderer Risikofaktoren wie Rauchen, Alter, Ausbildung und anderer kardiovaskularer Symptome ein 5,8-fach erhöhtes Sterberisiko für die job strain-Gruppe (hohe Anforderungen, geringe Kontrolle) (Theorell, 1981).

Bei der Re-Analyse der U.S. amerikanischen Daten der *U.S. HES* und *U.S. Hayes Surveys* mit insgesamt über 4.800 Fällen diente die *standardisierte odds ratio* des Myocardinfarkts als Kriterium, also ein Vergleich der Auftretenswahrscheinlichkeit dieses Ereignisses über verschiedene Merkmalsausprägungen der Arbeitsbedingungen, bei dem die Wahrscheinlichkeit für eine Gruppe mit 1,0 standardisiert wird. Ein odds ratio Wert von 2,0 würde bedeuten, dass in dieser Gruppe die Wahrscheinlichkeit eines Myocard-Infarkts doppelt so hoch ist wie in der Vergleichsgruppe. In den beiden erwähnten Stichproben zeigten sich – nach Kontrolle von biografischen Faktoren wie Alter und Ausbildung sowie gesundheitsbezogener wie Cholesterinwert und Rauchverhalten, odds ratios von bis zu -2,87 für *Decision Latitude* und bis zu +3,78 für *Demands*. Das heißt, dass die Wahrscheinlichkeit für einen Infarkt mit zunehmender Decision Latitude abnimmt, aber positiv kovariiert mit den Anforderungen der Tätigkeit (Demands).

Cox & Griffiths (2010) gestehen dem Modell in ihrer kritischen Betrachtung zu, dass es gerade in großen Stichproben wie den o. g. signifikante Varianzanteile stressrelatierter Probleme und Unzufriedenheit mit den Arbeitsbedingungen erklären kann, weisen aber darauf hin, dass einige seiner Kernaussagen wie der postulierte Interaktionseffekt von *Anforderungen* und *Kontrolle* (die *Strain-Hypothese*) nach wie vor der Bestätigung bedürfen. Auch weisen sie auf Befunde hin, die zeigen, dass seine Vorhersagekraft durch den Einbezug psychologischer Variablen wie z. B. problem- oder emotions-fokussiertes Coping gesteigert werden kann.

Dieser Hinweis ergab sich u. a. aus einer Studie von Kjaerheim, Haldorsen & Andersen (1997), die den Zusammenhang zwischen Arbeitsstress, Coping-Ressourcen und starkem Alkoholkonsum an einer Stichprobe von mehr als 3.000 norwegischen Gastronomiemitarbeitern untersuchten. Hier zeigte sich ein interessanter Effekt bei den beiden Subskalen der Dimension *Control/Decision Latitude*: *Task Authority*, also die Möglichkeit, über die Art der Aufgabenausführung und deren Zeitpunkt selbst zu entscheiden, ging mit höherem Alkoholkonsum einher, *Skill discretion*, also die Nutzung und der Einsatz der eigenen Fertigkeiten, dagegen mit geringerem Alkoholkonsum. Die Vorhersage des Alkoholkonsums war durch das Modell nicht leistbar, sehr wohl aber über die Fähigkeit, nach der Arbeit abzuschalten, die als Coping-Ressource eine wichtige Mediatorvariable zwischen Stress und Trinkverhalten darstellen könnte, was noch einmal auf die Notwendigkeit hinweist, die rein soziologische Fokussierung auf die „objektiven Gegebenheiten“ zu überwinden.

Marmot, Theorell & Siegrist (2002) berichten Befunde aus der längsschnittlich angelegten *Whitehall II-Studie*, die den Zusammenhang zwischen Arbeitsbedingungen, sozioökonomischem Status und der Entstehung von KHK untersuchte, die einen Einfluss von *Kontrolle* auf die KHK-Prävalenz verdeutlichen (odds ratios von ca. 1,5 bei statistischer Kontrolle anderer KHK-Risikofaktoren, Geschlecht und sozioökonomischem Status). Dagegen wurden keine signifikanten Zusammenhänge zur Dimension *Demands* oder der sozialen Unterstützung gefunden.

Zur Überprüfung der Modellannahmen liegen einige Meta-Analysen vor.

Spector (1986) bezog 88 Untersuchungen mit insgesamt 101 Stichproben in seine Analyse ein, in denen die Wirkung von *Kontrolle* auf abhängige Variablen wie Leistung, Arbeitszufriedenheit, Absentismus, Fluktuation, Motivation, körperliche sowie emotionale Befindlichkeiten untersucht wurde. *Kontrolle* wurde in die Kategorien *Autonomie* (im Sinne eigener Entscheidungsmöglichkeiten) und *Partizipation* (im Sinne der Mitwirkung in gemeinsamen Entscheidungsprozessen) aufgeteilt. Es zeigten sich für beide Formen der Kontrolle die erwarteten Korrelationen mit den abhängigen Größen, wobei die Zusammenhänge für die Gruppe der Studien zur Wirkung der Partizipation noch etwas deutlicher waren. Der Autor warnt allerdings davor, Kontrolle als „Allheilmittel" zu sehen, da sie ja nach Karasek & Theorell gerade bei Tätigkeiten mit hohen Anforderungen, und nach Hackman & Oldham (1975, 1980) Autonomie gerade für Personen mit hohem Bedürfnis nach Selbstentfaltung (*growth need strength)* positive Auswirkungen haben soll.

De Lange et al. (2003) unterzogen ausschließlich längsschnittlich angelegte Studien von hoher methodischer Qualität einer Metaanalyse. Sie definierten einen nachgewiesenen statistischen Interaktionseffekt der Komponenten *Demands, Control, Social Support* als Unterstützung der *Strain-Hypothese* (negative Konsequenzen bei Jobs mit hohen Anforderungen und geringer Kontrolle) und somit Unterstützung des Modells insgesamt, das diese Hypothese als Kern aufweist. Bei den letztendlich 19 ausgewählten Untersuchungen zeigte sich folgendes Bild:

- Überwiegend Haupteffekte, aber auch einige Interaktionseffekte auf die subjektiven Größen Wohlbefinden und Gesundheit
- Cardiovaskuläre Maße: keine Modell-unterstützenden Befunde, z. T. sogar erwartungswidersprechende Ergebnisse
- Depression und Angststörung: kaum Evidenz für das Modell, nur eine signifikante Interaktion von Demands und Support

Insgesamt unterstützten nur 8 von 19 Studien die Strain-Hypothese, aber es fanden sich deutliche Haupteffekte für alle drei Modellkomponenten sowie einige additive Effekte.

Stansfeld & Candy (2006) unterzogen 11 Studien, die einige hohe methodische Anforderungen erfüllen mussten, einer Metaanalyse. Eine dieser Anforderungen war, dass die subjektive Beschreibung der Aufgabencharakteristika nicht durch kurz zuvor erlebten emotionalen Stress kontaminiert war, eine weitere, dass eine oder mehrere ICD-Klassifikationen mentaler Störungen erhoben wurden (neurotische Störungen, depressive Störungen incl. Zwangs- und Angststörungen, und Suizid). Es zeigten sich signifikante odds ratios im Bereich von 1,20 bis 1,84 für die unabhängigen Variablen *Decision authority, Decision latitude, Psychological demands, Job strain, social support, Effort-reward imbalance, Job insecurity*. Die stärksten Zusammenhänge zeigten sich für *job strain* (1,82) und *Effort-reward imbalance* (1,84).

Effort-reward imbalance steht in der Studie von Stansfeld & Candy für das Konzept der *Gratifikationskrise* von Siegrist (1996, 2010; Siegrist & Siegrist, 2010; Siegrist, Wege, Pülhofer &

Wahrendorf, 2009), das in Kap. 2.3.3 noch ausführlich beschrieben wird. Da einige der nachfolgend genannten Studien aber die Modelle von Karasek & Theorell und Siegrist unmittelbar in ihrer Erklärungskraft vergleichen, soll der Kerngedanke dieses Modells schon jetzt genannt werden.

Grundlage des Modells der Gratifikationskrise ist die Aussage, dass das subjektiv erlebte Ungleichgewicht zwischen *eigenem Einsatz* (Effort) und *Ertrag/Gegenleistung* (Reward) negative psychische und physische Auswirkungen hat, die sich sowohl in subjektiven Erlebenszuständen wie Arbeitsunzufriedenheit etc. ausdrücken als auch verhaltensbezogene Konsequenzen haben (Fluktuation, Absentismus) und letztendlich auch zu ernsten Erkrankungen führen können (z. B. KHK). Der eigene Einsatz kann sowohl external gefordert werden durch hohe Arbeitslast, qualitativ anspruchsvolle Zielsetzungen u. ä., oder auch internal in Form von *Overcommitment/Selbstverausgabung* entstehen. Auf der Seite des Ertrags sind sowohl materielle als auch immaterielle Belohnungen zu sehen, und auch die *Arbeitsplatzsicherheit* ist ein wesentliches Element auf der „Einkommensseite" der Bilanz.

Stansfeld, Bosma, Hemingway & Marmot (1998) zitieren die bereits o. g. *Whitehall II Studie*, an der über 10.000 Probanden in den Jahren 1985 – 1993 begleitet wurden. Unabhängige Variablen waren die Arbeitsbedingungen gemäß Demand/Control-Modell, die erlebte Gratifikationskrise i. S. eines effort-reward-Ungleichgewichts, soziale Unterstützung, Gesundheitsverhalten und –parameter, negative Affektivität und Feindseligkeit. Nach regressionsstatistischer Kontrolle von Variablen wie Alter und Gesundheitsverhalten erwies sich die Gratifikationskrise als signifikanter Prädiktor für physische Beschwerden. Bezüglich allgemeiner mentaler Gesundheit und des sozialen Funktionierens (*social functioning*) zeigte sich ebenfalls ein signifikanter Effekt für die Gratifikationskrise für beide Geschlechter, während die *Demands* nur bei Frauen, die *Decision latitude* nur bei Männern signifikante odds ratios aufwiesen.

Peter, Siegrist et al. (2002) zitieren Befunde aus der SHEEP-Studie (Stockholm Heart Epidemiology Programme), in der Probanden mit überstandenem Herzinfarkt (N = 951) mit einer Gruppe Gesunder (N = 1147) verglichen wurden. Hierbei wurde die Erklärungskraft beider Modelle auf die odds ratios der Variablen Gesundheitsverhalten, Strain (Demands/Decision Latitude), Effort-reward imbalance sowohl einzeln als auch kombiniert überprüft. Unter der job strain-Bedingung zeigten sich signifikante Ergebnisse – d. h. erhöhte Herzinfarktwahrscheinlichkeit – für die männliche Gruppe. Bezüglich der Elemente des Gratifikationskrise-Modells wies die Herzinfarktgruppe signifikant höhere Werte der extrinsischen Verausgabung bei Männern aus, während sich die Gruppen auf der intrinsischen Komponente (Selbstausbeutung/Overcommitment) nur bei den Frauen unterschieden. Die Kombination beider Modelle erhöhte die Vorhersagekraft noch einmal, so dass Personen mit job strain <u>und</u> effort-reward imbalance odds ratios von 2,02 (Männer) bzw. 2,19 (Frauen) aufwiesen.

Phipps, Malley & Ashcroft (2012) wählten einen etwas anderen Ansatz der Evaluation, indem sie keine Krankheitsdaten, sondern das Arbeitssicherheits-Klima als abhängige Größe erhoben. Sie berufen sich hier auf empirische Belege für den Zusammenhang des Sicherheitsklimas mit dem allgemeinen „psychologischen Klima“, das wiederum stark durch die subjektiv wahrgenommenen Arbeitsbedingungen bestimmt wird, die sie auf Grundlage des Demand/Control-Modells sowie des Modells der Gratifikationskrise erhoben. In multiplen Regressionsanalysen fanden sie Unterstützung für beide Modelle, wobei die Variablen des Demand/Control-Modells einen leicht höheren Erklärungswert brachten. Besonders die „Active learning-Hypothese“ fand Unterstützung: die Verbesserung der Arbeitssicherheit scheint in Arbeitsumfeldern mit hohen Anforderungen, gleichzeitig aber hohen Entscheidungsfreiheitsgraden besonders gut zu funktionieren.

Noblet, Rodwell & McWilliams (2006) weisen auf Überlappungen des Demand/Control-Modells mit dem *Conservation of Resources-Modell“ (COR-Modell)* von Dollard, Dormann, Boyd, Winefield & Winefield (2003; a.a.O.) hin, das davon ausgeht, dass das Individuum bei Auseinandersetzung mit hohen zu bewältigenden Anforderungen dann negativ reagiert, wenn es seine Ressourcen bedroht sieht oder über keine ausreichenden aufgabenbezogenen Bewältigungsressourcen verfügt. Durch diesen Einbezug internaler Ressourcen geht das COR-Modell über das Modell von Karasek & Theorell hinaus. Die Autoren erhoben ihre Daten im interessanten Umfeld einer australischen öffentlichen Einrichtung, die durch die Einführung von Teil-Privatisierung und entsprechender Management-Techniken wie z. B. Outsourcing, die sonst eher im Bereich der Privatwirtschaft verbreitet sind, einen massiven Kulturwandel durchlebte. Als unabhängige Variablen dienten Anforderungen, Kontrolle, soziale Unterstützung, Coping und organisationsspezifische Stressoren. Als abhängige Größen wurden die psychische Gesundheit, Arbeitszufriedenheit und Commitment zur Organisation erhoben. Faktorenanalytisch ergaben sich zu den organisationsspezifischen Stressoren 3 Faktoren: nicht anerkennendes Management, hohe Arbeitslast und bedrängendes Umfeld (z. B. dauernde Kontakte mit schwierigen Kunden). Multiple Regressionsanalysen ergaben hoch signifikante Haupteffekte für die UVn Kontrolle und soziale Unterstützung, und schwächere Effekte für die UV Anforderungen. Auch zeigte sich ein signifikant positiver Zusammenhang von problem-fokussiertem Coping auf das allgemeine Wohlbefinden, aber ein signifikant negative Beziehung für das emotions-fokussierte Coping.

Einige Studien bezogen in ihre Analysen zusätzliche Variablen und Einflussgrößen ein.

So erhoben Meier, Semmer, Elfering & Jacobshagen (2008) die Persönlichkeitskonstrukte *locus of control* (*l.o.c.*, Rotter, zitiert a.a.O.) und *Selbstwirksamkeit/self efficacy* (Bandura, 1976) als Personvariablen, um die Wirkung der Kontrolle im Demand/Control-Modell differenzierter einschätzen zu können. So gingen die Autoren davon aus, dass positiv verfügbare Kontrolle über die Arbeit besonders von solchen Personen positiv bewertet wird, die internen l.o.c. im Sinne hoher internaler Kontrollüberzeugung und hohe Selbstwirksamkeit i. S. hoher Überzeugung, Probleme selbst lösen zu können, aufweisen. Die Ergebnisse bestätigen, dass zumindest l.o.c. als Persönlichkeitsvariable die puffernde Wirkung von Kontrolle auf die Anforderungen des Jobs moderiert. Tatsächlich wirkt Kontrolle besonders dann beanspruchungsreduzierend, wenn die Person internale Kontrollüberzeugung aufweist. Dieser Befund weist einmal mehr auf die Notwendigkeit hin, neben der Erfassung der „objektiven Arbeitsbedingungen“ auch deren subjektive Repräsentation und Bewertung zu berücksichtigen, die in passageren (States) oder überdauernden (Traits) Merkmalen der Person begründet sein können, also eine psychologische Perspektive als Ergänzung der soziologischen Sichtweise nahelegen.

So untersuchten Grebner, Elfering et al. (2004) die Wirkung situationaler Stressereignisse auf das situative sowie allgemeine Wohlbefinden an einer Gruppe von 80 Berufsschülern im ersten Berufsjahr nach Ausbildungsende, wobei sie die Stressereignisse auf den Merkmalen Kontrollierbarkeit, Valenz und sozialer vs. nicht-sozialer Stressor einschätzen ließen. Des Weiteren erhoben sie mehrere Person-Variablen incl. Neurotizismus und situative Variablen wie den gewählten Coping-Stil, dessen Konformität und überdauernde Merkmale der Arbeitssituation wie das Vorliegen chronischer Stressoren und Kontrolle über die Arbeit (*job control*). Als ein Ergebnis stellten sie fest, dass 75% der Varianz des Ereignis-bezogenen Wohlbefindens durch Elemente der Situation selbst erklärt wurden, und nur 25% durch Merkmale der Person. In als kontrollierbar eingeschätzten Situationen hängt das Ereignis-bezogene Wohlbefinden stärker von aktivem, problembezogenem Coping ab als von emotional-palliativem Coping. Es zeigte sich keine signifikante Interaktion zwischen chronischem Arbeitsstress und job control auf das ereignis-bezogene Wohlbefinden. Zwischen chronischem Arbeitsstress auf der einen und allgemeinem sowie momentanem, ereignis-bezogenen Wohlbefinden auf der anderen Seite bestehen ebenfalls signifikante Zusammenhänge. Neurotizismus korrelierte negativ mit dem ereignis-bezogenen Wohlbefinden, auch wenn dieser Effekt gegen die subjektiv erlebte Valenz des Ereignisses kontrolliert wird. Insgesamt zeigt sich also ein heterogenes Bild, was den Einfluss situationaler und eher stabiler Größen auf das Wohlbefinden betrifft. Der gewählte Ansatz, mit der Analyse auf die Mikro-Ebene der konkreten Situation zu gehen, ist aber sicher hilfreich, den Mechanismus zu verstehen, über den arbeitsbezogene Ereignisse auf das Individuum wirken.

Eriksson, Jansson, Haglund & Axelsson (2008) berichten von einer Fallstudie einer inhabergeführten schwedischen Firma mit 60 Mitarbeitern, in denen sie über die Methoden Interviews, Dokumentenanalyse, teilnehmende Beobachtung und Auswertung von Meetings den Effekt der Organisations- und Führungskultur untersuchten. Diese Firma repräsentiert nach Aussage der Autoren in hervorragender Weise eine Organisationskultur, die durch empowerment der Mitarbeiter (*Control* und *Decision latitude/authority* im Sinne des Demand/Control-Modells) und einen ausgeprägt transformationalen Führungsstil des Inhabers geprägt ist. Die Effekte dieser Kultur auf die Mitarbeiter waren deutlich: hohe Bereitschaft zu Weiterentwicklung und persönlichem Wachstum, hohes commitment zur Organisation und ihren Zielen, sehr positive Bewertung der intensiven Kommunikation im gesamten Unternehmen. Allerdings zeigte sich auch, dass Mitarbeiter, die – aus welchen Gründen auch immer – nicht bereit oder fähig waren, diesem dauernden Transformationsprozess zu folgen, im Laufe der Zeit resignierten und das Unternehmen verließen. Bei der Neurekrutierung achtete man bei den Bewerbern gezielt auf deren Passung zur ausgeprägten Unternehmenskultur. Dieses Beispiel ist eine gelungene Demonstration der Möglichkeiten, die in der bewussten und zielgerichteten Gestaltung der Unternehmens- und Führungskultur liegen. Einschränkend muss jedoch bemerkt werden, dass zum einen die überschaubare Größe der Organisation mit der Möglichkeit zu face-to-face-Kontakten über alle Hierarchien und Abteilungen hinweg eine stark unterstützende Bedingung für die erfolgreiche Implementierung war, zum anderen auch die Tatsache, dass der Inhaber selbst „Treiber" dieser Entwicklung und positives Rollenmodell für die Organisation war.

Westerlund, Nyberg et al. (2010) untersuchten ebenfalls den Einfluss der Führung neben den Elementen des Demand/Control-Modells auf Stresserleben und allgemeines Gesundheitsempfinden von über 12.000 Mitarbeitern aus der deutschen, schwedischen und finnischen Forstindustrie. Führung wurde über 7 Items zur *Attentive Managerial Leadership* erfasst, die u. a. danach fragten, ob die Führungskraft sich um das Wohlbefinden der Mitarbeiter kümmert, die Atmosphäre in der Abteilung es begünstigt, mal neue und innovative Dinge auszuprobieren, ob die Führungskraft der Leistung der Mitarbeiter hinreichend Wertschätzung entgegenbringt etc. Es zeigte sich zwar ein hoher korrelativer Zusammenhang zwischen der Führung und den Arbeitsbedingungen gemäß Demand/Control-Modell (mit positiven Korrelationen zur Control- und social support-Dimension und – leicht - negativer zu den Demands), aber es war auch ein hiervon unabhängiger Einfluss des Führungsverhaltens auf das Wohlbefinden der Mitarbeiter erkennbar. Die Autoren legen deshalb den zukünftigen Einbezug des Führungsverhaltens in Studien zu arbeitsbezogenen Bedingungen der Gesundheit nahe, was sicherlich trotz der methodischen Mängel der Arbeit (nur jeweils 1 Item zur Erfassung der drei abhängigen Variablen, rein korrelative Auswertungen, Querschnittdesign) stark zu unterstützen ist.

Nyberg, Holmberg & Bernin (2011) untersuchten den Einfluss destruktiven Führungsverhaltens und der Arbeitsbedingungen des Demand/Control-Modells auf das psychologische Wohlbefinden von 554 Mitarbeitern der Hotellerie aus drei europäischen Ländern. Diese Branche weist einige Merkmale und typische Arbeitsbedingungen auf, die sie zum besonders interessanten und von der Organisationspsychologie bisher leider noch vernachlässigten Untersuchungsfeld macht (siehe auch Dost, 2008). Die international vergleichbare Organisationsstruktur der Hotels legt auch einen internationalen Vergleich nahe, da hier die kulturell unterschiedlichen Führungsstile stärkeren Einfluss haben werden als die ja weniger vorhandenen organisationalen Unterschiede. Die Perspektive dieser Studie war weniger die Evaluation des Demand/Control-Modells als die Untersuchung der Wirkung destruktiver Führung. Die sogenannte ISO-Strain-Bedingung (hohe Anforderungen, niedrige Kontrolle und geringe soziale Unterstützung) wurde hier in erster Linie erhoben, um den Effekt der Führung um den Effekt der Arbeitsbedingungen zu bereinigen. Es zeigten sich zunächst signifikante Mittelwertunterschiede des Führungsverhaltens zwischen den Ländern (Polen, Schweden, Italien), aber auch zwischen den Berufsgruppen innerhalb der Hotels (white vs. blue collar) und den Hoteltypen (Kette vs. Einzelhotel). Es zeigten sich signifikante odds ratios für negative Ausprägungen der mentalen Gesundheit, der Vitalität und des Stresserlebens in Abhängigkeit von destruktivem Führungsverhalten, besonders stark ausgeprägt für *self-centered leadership* (nicht-partizipativ, Einzelgänger, asoziales Verhalten; odds ratios 2.02 – 2.25), gefolgt von *autocratic leadership* (diktatorisch, elitär, autokratisch) und *malevolent leadership* (feindselig, unehrlich, irritierbar). Nach regressionsanalytischer Eliminierung des ISO-strain-Einflusses wurden drei von zuvor neun signifikanten Zusammenhängen nicht signifikant. Auch hier erwies sich also das Führungsverhalten als wesentliche Einflussgröße, die nicht nur über die Gestaltung der Arbeitsbedingungen auf den Dimensionen des Demand/Control-Modells als Mediatoren zurückgeführt werden kann.

Pangert & Schüpbach (2011) beschäftigten sich weniger mit der Frage, wie Führung auf das Wohlbefinden und die Gesundheit wirkt, sondern wie es um die Führungskräfte und deren Stresserleben selbst bestellt ist. Hierzu befragten sie 221 Führungskräfte der unteren und mittleren Führungsebene aus drei Unternehmen nach deren Einschätzung ihrer Arbeitssituation bezüglich der a) Ressourcen Handlungs- und Entscheidungsspielraum und sozialer Unterstützung durch den Vorgesetzten, Kollegen und Mitarbeiter, und b) der Stressoren arbeitsorganisatorische Probleme, Unsicherheit, Arbeitsunterbrechungen, Zeitdruck, emotionale und kognitive Widersprüche sowie soziale Stressoren. Im Mittelwertvergleich der beiden Führungsebenen zeigte sich auf allen Dimensionen eine positivere Situation für die mittlere gegenüber der unteren Ebene. Korrelativ ergaben sich deutliche und erwartungsgemäße Zusammenhänge zwischen den Ressourcen und Stressoren auf der einen und Irritation und emotionaler Erschöpfung auf der anderen Seite. Bei regressionsanalytischer Berücksichtigung der Interaktion der Stressoren mit dem Handlungsspielraum in der Wirkung auf die abhängigen Variablen zeigte sich jedoch keinerlei Pufferwirkung des Handlungsspielraums, wie nach dem Demand/Control-Modell zu vermuten wäre.

2.3.2.5 Bewertung des Demand/Control-Modells im Rahmen der Fragestellung dieser Arbeit

Das Modell von Karasek & Theorell gehört zu den meist zitierten und untersuchten Theorien über Zusammenhänge von Arbeit und Gesundheit. Angesichts der umfassenden Empirie lassen sich die wichtigsten Kritikpunkte am Modell folgendermaßen zusammenfassen:

- Sowohl die Anforderungen als auch die Kontrolle über die Arbeit (incl. Nutzung der Fertigkeiten – *skill utilization*) haben einen gesicherten Haupteffekt auf Gesundheit und allgemeines Wohlbefinden
- Der postulierte Puffereffekt der Kontrolle über die Arbeit auf die Beziehung zwischen den Anforderungen und den abhängigen Größen konnte häufig nicht nachgewiesen werden
- Die stark soziologische Ausrichtung auf die „objektiven Arbeitsbedingungen" muss ergänzt werden um deren subjektive Abbildung und Bewertung durch den Mitarbeiter

- Diese subjektive Abbildung und Bewertung wird durch individuelle Zustände, Eigenschaften und Einstellungen moderiert. Als solche kommen in Frage: Selbstwirksamkeit, locus of control, Typ-A Verhalten (siehe Kap. 2.4.5), Fähigkeiten/Fertigkeiten zur Bewältigung der Aufgabe u. a. Größen, die für einen Person-Environment-Fit (*P-E-Fit*) in der spezifischen Situation relevant sind
- Herausfordernde, aber bewältigbare Aufgaben und die Gewährung von Freiheitsgraden bezüglich ihrer Bearbeitung stellen als "aktive Jobs" eine gute Möglichkeit für persönliches Wachstum und Weiterentwicklung dar
- Der Methoden-Bias reziproker Effekte – ich schätze meine Arbeitsbedingungen negativ ein, weil ich depressiv oder emotional erschöpft bin – muss durch konsequentere Verwendung längsschnittlicher Versuchsdesigns angegangen werden
- Statt sehr allgemeiner Operationalisierungen der abhängigen Variablen sollten stärker arbeitsspezifische Variablen erhoben werden

Zweifelsohne bringt die Theorie einige sehr wertvolle Anregungen für das in dieser Arbeit behandelte „Idealmodell" gesundheitsorientierter Führung, die wir nachfolgend in unseren „Einkaufswagen" aufnehmen:

Organisationale und personale Führung soll sicherstellen:	**...durch:**
Adäquate Anforderungen durch die Tätigkeit (*Demands)*	- Anspruchsvoll und herausfordernd... - ...aber bewältigbar gestaltete Arbeitsaufgaben (Yerkes-Dodson-Regel beachten) - Berücksichtigung individueller Leistungsvoraussetzungen und ipsativer Normen bei der Zielabsprache
Mitarbeiter-eigene Kontrolle über die Arbeitsausführung (*Decision latitude*) und Nutzung der Fertigkeiten (*Skill Utilization*)	- Entscheidungsfreiheit über das „wann" und das „wie" der Aufgabenausführung gewähren - Partizipation = in Entscheidungen einbeziehen - Anregende Gestaltung der Tätigkeit, die einen möglichst breiten Bereich von Fertigkeiten und Kenntnissen fordert

Organisationale und personale Führung soll sicherstellen:	**...durch**
Soziale Unterstützung (*social support)*	- Unterstützung durch den Vorgesetzten bei Problemen mit der Arbeitsausführung („Coaching-Rolle der Führungskraft“) - Berücksichtigung der persönlichen Situation des Mitarbeiters im Krisenfall - Förderung lateralen Austauschs und der Kommunikation zwischen Kollegen - Monitoring und Unterstützung bei der Bewältigung von Konflikten (besonders bei Gruppenarbeit mit gegenseitigen Abhängigkeitsverhältnissen)

Tab. 2: Für Führung relevante Kernelemente des Demand/Control-Modells von Karasek & Theorell

2.3.3 Das Modell der *beruflichen Gratifikationskrisen* (*Effort-reward imbalance – ERI*) nach Siegrist

2.3.3.1 Die Grundelemente des Modells

Die Grundelemente des Konzepts der *Gratifikationskrise* wurden bereits im vorausgegangenen Kapitel kurz vorgestellt, ebenso einige empirische Belege für dessen Erklärungs- und Vorhersagekraft für das Auftreten koronarer Herzkrankheit. In der Tat basiert das theoretische Modell auf der gründlichen Auswertung und Beurteilung von Längsschnittuntersuchungen mit großen Samples wie der Whitehall II-Studie (Stansfeld et al., 1998), in die 17.000 Angestellte der öffentlichen Verwaltung über 10 Jahre hinweg einbezogen waren, der schwedischen SHEEP-Studie (Stockholm Heart Epidemiology Study) mit 2.000 Teilnehmern, sowie finnischen und japanischen Langzeitstudien, die in einigen Befunden auffallend übereinstimmten.

Diese Gemeinsamkeiten betreffen zunächst die Tatsache, dass die Herzinfarkt- und KHK-Prävalenz mit steigender Hierarchieebene abnimmt (Siegrist, 1996; Peter et al., 2002;

Siegrist & Siegrist, 2010; Siegrist, Internetdokument ohne Jahresangabe), was landläufigen Anschauungen über die „Manager-Krankheit“ Herzinfarkt widerspricht. So zeigte Whitehall einen deutlichen Schichtgradienten der Langzeitsterblichkeit über den Beobachtungszeitraum hinweg von 5% für Manager und 15% für Hilfskräfte (Pfaff, 2010). Der sozioökonomische Status scheint also eine Rolle bei der Krankheitsgenese zu spielen, und dieser Effekt bleibt auch dann bestehen, wenn er gegen andere Risikoverhaltensweisen statistisch abgesichert wird:

„There is now a widely validated body of knowledge on risk factors for coronary heart disease that relates to the development of atherosclerosis (...) The major risk factors are high level of blood pressure and plasma total cholesterol, and smoking. Although smoking, in particular, show a strong social gradient, these risk factors account for no more than a third of the social gradient in cardiovascular disease“ (Marmot, Theorell & Siegrist, 2002, S. 51).

In seinem 1996 detailliert beschriebenen Modell der beruflichen Gratifikationskrisen geht Siegrist auf das komplexe Geschehen bei der Entstehung von Krankheit ein, indem er psychologische, physiologische und soziologische Dimensionen gleichzeitig berücksichtigt und miteinander verknüpft. Zunächst beschreibt er den Wandel der Arbeit während der „Neoindustrialisierung“ in den vergangenen Jahrzehnten, der bestimmt war durch Optimierung, Rationalisierung, Globalisierung und Verlagerung von Arbeit in Niedriglohnländer. Konsequenz dieser Entwicklungen ist eine höhere Arbeitsplatzunsicherheit und eine Zunahme prekärer Arbeitsverhältnisse, die durch eine ungünstige Balance (*imbalance*) zwischen Einsatz (*effort*) und Ertrag/Belohnung (*reward*) gekennzeichnet sind. Diese „unausgewogene“ Situation ist in weniger anspruchsvollen Tätigkeiten, die überwiegend durch weniger gut ausgebildete Arbeitskräfte ausgeübt werden, stärker anzutreffen

Dieses erlebte Gleichgewicht bzw. Ungleichgewicht zwischen „Input“ und „Outcomes“ beeinflusst das Selbsterleben als Teil der fundamentalen Selbstregulation des Individuums: motivational und emotional relevante Größen wie das Selbstwertgefühl (*self esteem*), die erlebte Selbstwirksamkeit (*self efficacy,* siehe Bandura, 1976 und Kap. 2.3.4.1.3) und die Selbsteinbindung in relevante soziale Bezüge werden vom Zustand dieses Gleichgewichts maßgeblich beeinflusst. Fortwährend erlebte Zustände der Imbalance können zu überdauernden Krisen werden, die Siegrist *Gratifikationskrisen* nennt.

Die Wirkung dieser aversiven zeitüberdauernden Zustände soll auf physiologischem Wege auf die für die Krankheitsentstehung relevanten Parameter erfolgen. Hier nennt Siegrist die bekannten Stress-Innervationspfade und endokrinen Reaktionsmuster, die in Kap. 2.4 noch näher beschrieben werden.

Siegrist weist auch auf weitere Beziehungen zwischen sozioökonomischem Status und der Lebenserwartung hin, die er unter dem Begriff der *gesellschaftlichen Einflüsse* zusammenfasst. So liegt die Lebenserwartung der einfachen Arbeiter und Angestellten in Finnland um 6,9 Jahre unter der Lebenserwartung leitender Angestellter, qualifizierter Akademiker und

Selbstständiger (Siegrist, Internetdokument). Auch in der wohlhabenden Schweiz, die über ein hervorragendes Gesundheitssystem verfügt, liegt der Unterschied noch bei durchschnittlich 4,4 Jahren. Neben der o. g. Gratifikationskrise als aus der Arbeitssituation sich ergebendem psychosozialem Risikofaktor nennt der Autor zwei weitere Wirkmechanismen:

- Ein Fundament für die spätere Entwicklung von Krankheiten wird bereits in der Schwangerschaft und frühen Kindheit gelegt. Hier gibt es eindeutige Belege für die Schädigung des kindlichen Organismus durch Alkohol- und Nikotinkonsum der Mutter während der Schwangerschaft, aber auch durch zu fette und nährstoffarme Fehlernährung während der Kindheit, die in unteren sozioökonomischen Schichten weiter verbreitet ist als in höher gebildeten Schichten. Auch weisen Kinder aus weniger gebildeten Schichten eine höhere Unfallrate auf, und die häufig prekären Lebensverhältnisse besonders alleinerziehender Mütter erschweren eine innige, vertrauensbildende und Selbstwert-stärkende Bindung zwischen Mutter und Kind.
- Die nachweisbar ungünstigeren Lebensweisen in unteren Schichten (Alkohol, Rauchen, Ernährung) stabilisieren oder verstärken Risiken, deren Grundlage bereits in Schwangerschaft und Kindheit gelegt wurden.

Siegrist beschränkt sich nicht auf das Aufzeigen dieser sozioökonomischen Ursachen für Unterschiede in der Lebenserwartung und Erkrankungswahrscheinlichkeit, er nennt auch konkrete Ansatzpunkte für eine politisch zu steuernde Prävention, auf die in dieser Arbeit aber nicht weiter eingegangen werden soll.

Das Modell der beruflichen Gratifikationskrise selbst unterscheidet auf der Seite des Einsatzes (*effort*) zwischen intrinsischen und extrinsischen Verausgabungen.

Intrinsische Verausgabungen sind primär aus der Person selbst erfolgende Anstrengungen, die z. B. aus hohem internen Kontrollbestreben als überdauerndem Merkmal der Person (Trait) aufgebracht werden. In dem 1996 vorgelegten Messinstrument nennt Siegrist sechs Dimensionen, die *intrinsische Verausgabung* ausmachen und sich zu den beiden Unterfaktoren *Verausgabungsbereitschaft* und *Berufliche Distanzierungsunfähigkeit* gruppieren:

- Bedürfnis nach Anerkennung und Angst vor Kritik
- Wettbewerbshaltung
- Verausgabungsbereitschaft
- Genauigkeit und Perfektionismus
- Hetze, Zeitdruck und Irritierbarkeit
- Berufliche Distanzierungsunfähigkeit

Extrinsische Verausgabung ist durch die Aufgabe oder die Organisation „von außen" induzierte Verausgabung. Ihre Quellen unterscheiden sich in:

- Tätigkeit
- Arbeitszeiten
- Akkord

- Schichtarbeit
- Lärmexposition

Die *Gratifikationen und Gratifikationskrisen* werden über Nutzung von drei Datenquellen gemessen:

- Betriebsdaten, hier: Lohngruppenstruktur und Einordnung der Position in diese
- Qualifikation und Beruf, Werdegang; Statusinkonsistenz i. S. unfreiwilliger Abwärtsmobilität
- Arbeitsplatzunsicherheit; Anerkennung durch Kollegen und Vorgesetzte

Faktorenanalytisch ergaben sich drei Primärfaktoren beruflicher Gratifikationskrisen:

- Berufliche Instabilität (z. B. durch Versetzung mit Statusverlust, Downgrading, Angst vor Arbeitsplatzverlust)
- Monetäre Gratifikationen
- Blockierte Aufstiegschancen

Siegrist et al. legten 2009 ein auf nur 16 Items reduziertes Messinstrument vor, das an einer Stichprobe von 10.698 berufstätigen Probanden in seiner Struktur mit drei Faktoren und seiner Kriteriumsvalidität bestätigt werden konnte. Die einzelnen Faktoren *Effort, Reward* und *Overcommitment* wiesen mit Cronbach Alpha-Werten von 0,4 bis 0,79 befriedigende interne Konsistenz auf. In einer konfirmatorischen Faktorenanalyse bestätigte sich eine Struktur mit drei Ebenen, mit effort reward imbalance als Primärkonstrukt, effort, reward und overcommitment als Sekundärfaktoren, wobei *reward* auf der 3. Ebene noch einmal unterteilt war in *esteem*, *job security* und *job promotion*. Tatsächlich zeigen die teilweise recht niedrigen Interkorrelationen zwischen den Items eines Faktors die Komplexität des Konstrukts, was auch auf einer theoretisch-inhaltlichen Ebene einleuchtet: so kann mein Job trotz hoher Anerkennung durch Kollegen und Vorgesetzte (*esteem*) durch umfangreiche Abbaumaßnahmen unsicher sein (*job security*), und aus demselben Grund können Beförderungs- und Entwicklungsmöglichkeiten eingeschränkt sein (*job promotion*). Ebenso können *effort* i. S. extern generierten Leistungsdrucks und eher durch interne und individuelle Faktoren bedingtes *overcommitment* – also Verausgabungsneigung – unabhängig voneinander auftreten. Die Kriteriumsvalidität des Instruments wurde überprüft, indem die Probanden nach ihrem subjektiv empfundenen Gesundheitszustand gefragt wurden und diese Angaben in Beziehung gesetzt wurden zu den Komponenten des Modells. Hierbei zeigte sich, dass Probanden, deren ERI-Einstufungen im oberen Quartil der Verteilung lagen – die also hohe Werte in effort und overcommitment, niedrige Werte in reward und hohe Werte im effort/reward-Verhältnis aufwiesen - bis zu mehr als dreimal so häufig einen schlechten Gesundheitszustand berichteten.

Es fällt auf, dass Siegrists Modell theoretisch breiter verankert ist als das Demand/Control-Modell von Karasek & Theorell oder auch Antonovskys Konzept der Salutogenese. Mit den Konzepten der Selbstregulation, der Selbstwirksamkeit (*self* efficacy, Bandura), dem Kontrollbestreben (*locus of control*, Rotter), dem Bedürfnis nach Anerkennung und der Furcht vor Kritik (Leistungsmotiv oder *need for achievement*, McClelland, Atkinson, Heckhausen) und auch dem Gefühl, gehetzt zu sein und unter dauerndem Zeitdruck zu stehen (*Typ-A Verhalten*, Friedman & Rosenman) macht es zahlreiche Anleihen bei anerkannten und überprüften Theorien der Motivations- und Persönlichkeitspsychologie. Auch der Grundgedanke der subjektiv erlebten Ungerechtigkeit und deren Auswirkungen findet sich in den sozialpsychologischen Konzepten der Austauschtheorien wie der Equitytheorie (Homan, in Heckhausen, 1989) wieder (s. auch Ulich & Wülser, 2009, zur Kritik des Konzepts der Gratifikationskrise). Mit dieser soliden und gut recherchierten Verankerung stellt die Theorie eine ausgesprochen starke und in ihrer empirischen Überprüfung keineswegs überraschend gut abschneidende Erklärung und Vorhersage für Erkrankungen und allgemeines Wohlbefinden im Beruf dar.

Auch die physiologischen mit Stress und Beanspruchung einhergehenden Abläufe und der Rekurs auf das Stress-Modell von Lazarus (1984, 1995; Lazarus & Folkman, 1984) stellen eine belastbare und gut validierte Grundlage des Konzepts der beruflichen Gratifikationskrise dar. Dass die Arbeitstätigkeit selbst einen so bedeutenden Stellenwert im Leben einnimmt, dass sie zum zentralen Stressor mit weitreichenden Folgen für die Gesundheit und das Wohlergehen werden kann, begründen Marmot, Theorell & Siegrist (2002) wie folgt:

„There are at least four important reasons for the centrality of work and occupation in advanced industrialised societies. First, having a job is normally a prerequisite for a regular income. Level of income determines a wide range of life chances. Second, training for a job and achievement of occupational status are the most important goals of primary and secondary socialization. (...) Third, occupation defines a most important criterion of social stratification in advanced societies. Amount of esteem and social approval in interpersonal life largely depend on the type of job, professional training, and level of occupational achievement.(...) Finally, occupational settings produce the most pervasive and continuous demands during one's lifetime, and they absorb the largest amount of active time in adult life" (S. 51 f.).

Auf diesen zentralen Wert der Arbeit, der weit über den rein materiellen Zweck des Gelderwerbs zur Überlebenssicherung hinausgeht, indem er weitgehende Konsequenzen für das Selbstwertgefühl und die soziale Stellung und Anerkennung im "Stammesverbund" hat, weisen auch Semmer & Udris (2007) und Warr (1987) hin. Somit ist es auch nicht verwunderlich, dass ein empirischer Zusammenhang zwischen (Fehl)Entwicklungen im beruflichen Bereich – z. B. in Form lange anhaltender Gratifikationskrisen – und dem Auftreten von Depressionen und anderen psychischen Erkrankungen zu beobachten ist. So werteten Siegrist & Siegrist (2010) meist längsschnittlich angelegte Studien aus, die neben psychischen Belastungen in der Arbeit – hier basierend auf den Konzepten des Demand/Control-Modells und dem der Gratifikationskrise – als abhängige Variablen entsprechende Diagnosen der ICD-10 und DSM-IV Klassifikationssysteme erfassten sowie Werte der *Allgemeinen Depressionsskala (ADS)* und Daten des *General Health Questionnaire (GHQ)*. Die wesentlichen Befunde dieser Studien waren:

- Arbeitslosigkeit, aber schon drohende Arbeitslosigkeit gehen mit höherer Depressions-Prävalenz einher
- Dasselbe gilt für längere Zeit bestehende prekäre Beschäftigungsverhältnisse und (erzwungene) Teilzeittätigkeit
- Sowohl Belastungen im Sinne des Demand/Control-Modell (*High strain* und *Iso strain jobs*) als auch Gratifikationskrisen gehen mit einer höheren Auftretenswahrscheinlichkeit für depressive Erkrankungsformen einher. Dies gilt insbesondere für Männer.
- Bei Frauen hat soziale Unterstützung einen stärker schützenden Einfluss auf die Entstehung von Depressionen als bei Männern.
- Ein direkter Vergleich der beiden Modelle Demand/Control und Gratifikationskrise zeigt moderate Unterstützung für ersteres, und noch stärkere Unterstützung für letzteres.

2.3.3.2 Empirische Befundlage zum Konzept der beruflichen Gratifikationskrise

Da mehrere Studien die Aussagekraft der beiden Modelle von Karasek & Theorell und Siegrist miteinander verglichen haben, wurden einige Validierungsstudien zum Konzept der Gratifikationskrise schon in Kap. 2.3.2.4 beschrieben und sollen hier nicht noch einmal dargestellt werden (Marmot et al., 2002; Peter, Siegrist et al., 2002; Phipps et al., 2012; Stansfeld & Candy, 2006; Stansfeld et al., 1998).

In einer frühen Untersuchung von Siegrist, Dittmann, Rittner & Weber (1981) – also noch vor Formulierung des Modells der Gratifikationskrise - untersuchten die Autoren diskriminanzanalytisch, durch welche Faktoren eine Gruppe von 380 Männern nach überstandenem Herzinfarkt von einer bezüglich Alter und Berufsgruppen parallelisierten Kontrollgruppe unterschieden werden konnten. Zusätzlich zu den *psychosozialen Risikosituationen* wie quantitativer Überforderung, Verantwortung, Ärger mit dem Vorgesetzten etc. erhoben sie überdauernde *Risikodispositionen* (hier: Typ-A Verhalten), *chronische Schwierigkeiten* (fehlende soziale Unterstützung und privat-familiäre Belastungen) und *subakute Beanspruchungen* in Form lebensverändernder Ereignisse. Als Hauptunterschiede zwischen den Gruppen zeigten sich

- Keine soziale Unterstützung beim Vorliegen familiärer Probleme
- Mehr lebensverändernde Ereignisse
- Und mehr berufliche Belastungen

in der Herzinfarktgruppe.

Besonders stark beruflich belastet waren mittlere Führungskräfte und Mitarbeiter von Verkaufsabteilungen, deren Status eng mit dem erwirtschafteten Umsatz zusammenhing. Des Weiteren zeigten die Führungskräfte höhere Werte in Typ-A Verhalten, hier erhoben über starke Kontrollambitionen, was die Autoren so interpretieren, dass sich Personen mit hoher

Kontrollambition eher in Situationen mit hohen Anforderungen begeben und sie dazu tendieren, diese Anforderungen zu unter- bzw. ihre eigenen Bewältigungsmöglichkeiten zu überschätzen – ein früher Entwurf des Konzepts der *Verausgabungsneigung (overcommitment)* des späteren Modells.

In der *Marburger Prospektiven Industriearbeiterstudie* (Siegrist, 1996) wurden zum Startzeitpunkt im Jahr 1983 Facharbeiter, Angelernte und Meister (N=416) über fünf Jahre zu mehreren Messzeitpunkten untersucht. Die Daten wurden mit unterschiedlichen Methoden erhoben – strukturierte Interviews, psychometrische Fragebögen, Beobachtungsdaten sowie biomedizinische Verfahren wie EKG, Messung des Blutdrucks und Körpergewichts und anamnestische Interviews kamen zum Einsatz. Alle Probanden waren Mitarbeiter dreier Betriebe desselben Industriekonzerns, die in einer strukturschwachen Region Hessens angesiedelt waren, die wenige Alternativen zu diesem Arbeitsplatz bot, im Lohnvergleich BRD eher geringe Löhne und ein konjunkturell bedingt hohes Arbeitslosigkeitsrisiko aufwiesen – die typischen Determinanten von Gratifikationskrisen. Auf der Seite der unabhängigen Variablen wurden u. a. Rationalisierungsdruck, Zunahme der Arbeitsbelastung, Arbeitsplatzunsicherheit, Schichtarbeit sowie Alter, Körpergewicht und Rauchen als Kovariate erhoben. Ohne hier auf Einzelbefunde eingehen zu können, fasst Siegrist die Ergebnisse in folgendem Resumee zusammen:

„Zusammenfassend können wir sagen, dass das Modell beruflicher Gratifikationskrisen nicht nur bei der Erklärung wichtiger somatischer und verhaltensgebundener Risikofaktoren, sondern auch bei der statistischen Vorhersage der im Beobachtungszeitraum aufgetretenen Erstmanifestationen klinisch-kardiovaskulärer Ereignisse erfolgreich war. Diese Aussage trifft in erster Linie auf die tödlichen und nicht-tödlichen Herzinfarktereignisse zu, im weiteren jedoch auch auf die um zerebrovaskuläre Ereignisse erweiterte Gruppe sowie auf eine um subklinische KHK-Manifestationen ergänzte Herzinfarktgruppe“ (S. 225).

Insbesondere weist der Autor darauf hin, dass neben dem – häufig tödlich verlaufenden – Kriterium *Herzinfarkt* – auch typische subklinische Symptome wie linksventrikuläre Hypertrophie und rekurrierende Schlafapnoe-Zustände regressionsstatistisch signifikant mit Gratifikationskrisen zusammenhingen.

Dellve, Skagert & Vilhelsson (2007) setzten an einer Stichprobe von 3.275 Mitarbeitern einer schwedischen Verwaltung deren Langzeit-Anwesenheit (definiert als maximal sieben krankheitsbedingte Abwesenheitstage pro Jahr) in Relation zum Führungsverhalten der jeweiligen Vorgesetzten, das bezüglich *Leadership Skills* (Delegation von Aufgaben, Gespür für das Arbeitsklima, Konfliktmanagement-Fähigkeit) und *Rewards & Recognition* (Anerkennung der Leistung durch den Vorgesetzten, die Kollegen und Kunden) bewertet wurde. Es zeigte sich ein deutlicher varianzanalytischer Zusammenhang zwischen Anwesenheit der Mitarbeiter auf der einen und der Führungskompetenz – hier insbesondere *Rewards & Recognition* auf der anderen Seite, was die Autoren als deutlichen Beleg für Siegrists Konzept der Gratifikationskrise interpretieren.

Cox & Griffiths (2010) bilanzieren die Vorhersage- und Erklärungskraft des Demand/Control-Modells und des Konzepts der beruflichen Gratifikationskrise, die ja in zahlreichen Untersuchungen miteinander verglichen wurden, zu Gunsten des Siegrist-Modells:

„When compared to Karasek's model, the ERI model appears to be slightly but significantly better. However, the best prediction of health related outcomes comes from combining the two models" (S. 44).

Die Autoren attribuieren die Überlegenheit der Modellkombination mit der Tatsache, dass Karasek eher die extern-situationalen Faktoren der Arbeitsstressgenerierung betrachtet, Siegrist sich hingegen den person-internen Prozessen zuwendet.

Auch Wülser & Ulich (2009) bestätigen in kritischer Betrachtung der verschiedenen Evaluationsstudien die hohe empirische Relevanz des Modells, und sie betonen, dass angesichts der momentan zu beobachtenden Zunahme prekärer und unsicherer Arbeitsverhältnisse deren negativen Konsequenzen für die Selbstregulation und das Selbstwertgefühl der Betroffenen noch stärker beachtet werden muss. Das Modell scheint also „zum richtigen Zeitpunkt" die psychologische Perspektive der soziologischen hinzugefügt zu haben.

2.3.3.3 Bewertung des Modells der beruflichen Gratifikationskrise im Rahmen der Fragestellung dieser Arbeit

Die Rolle der *Gratifikation* und der erlebten Austauschgerechtigkeit im Arbeitsprozess beim Zustandekommen von allgemeinem Wohlbefinden, Arbeitszufriedenheit und besonders auch der Entstehung von körperlichen und psychischen Krankheiten ist durch die Empirie hinreichend belegt. Ebenso ist die Rolle der Vorgesetzten, also deren personalen Führungsverhaltens und auch der Organisation als „Produzent" der Systeme organisationaler Führung, die über Gratifikation und Arbeitsplatzsicherheit mit Ausschlag geben, unübersehbar.

Also gehören die folgenden Elemente des Modells der Gratifikationskrise in unseren „Einkaufskorb":

Organisationale und personale Führung soll sicherstellen:	**...durch:**
Ein ausbalanciertes Verhältnis aus Einsatz (*effort*) und Ertrag (*reward)*	- Bewusste Gestaltung bewältigbarer Arbeitsanforderungen und Arbeitsumfänge - ...unter Berücksichtigung individueller Möglichkeiten (nicht: „one size fits all") - Arbeitszeitsysteme und physikalische Belastungen nach ergonomischen Erkenntnissen gestalten - Gestaltung transparenter und nachvollziehbarer Entlohnungssysteme - Wertschätzendes und unterstützendes Vorgesetztenverhalten - Berücksichtigung der individuellen Situation des Mitarbeiters und seiner Einzigartigkeit
Einen verantwortungsvollen Umgang mit Selbstverausgabungsneigung (*overcommitment*)	- Coaching „gefährdeter" Mitarbeiter durch den Vorgesetzten - ... und die Personalabteilung - ... gerade in den ersten Karrierejahren, die unter besonderem Profilierungsdruck stehen
Arbeitsplatzsicherheit im Rahmen der wirtschaftlich vertretbaren Möglichkeiten	- Behandlung der Kündigung als „ultima ratio" - Transparente Kommunikation der Notwendigkeiten im Falle nicht verhinderbaren Job-Abbaus - Angebot von Unterstützung wie Outplacement-Beratung im Falle nicht verhinderbarer Kündigungen

Tab. 3: Für Führung relevante Kernelemente des Modells der Gratifikationskrisen von Siegrist

2.3.4 Das Vitamin-Modell des allgemeinen Wohlbefindens

2.3.4.1 Die Grundelemente des Modells

Wohlbefinden und mentale Gesundheit

Die grundlegenden Elemente von Peter Warr's Vitamin-Modell des allgemeinen Wohlbefindens sind bereits in Kap. 2.1.2.2 kurz dargestellt worden. Tatsächlich ist Warr's Ansatz der umfassendste der hier beschriebenen Modelle des Zusammenhangs von Arbeit und Gesundheit, indem er sowohl die Elemente der Situation als auch zeitüberdauernde Merkmale der Person (Traits) sowie deren Interaktion (Person x Situation) als Antezedenten des Wohlbefindens berücksichtigt. Hierbei bezieht er sich auf Erkenntnisse der Persönlichkeits- und Differentiellen Psychologie ebenso wie der Motivations-, Sozial- und Organisationspsychologie. In Abgrenzung zu Karasek & Theorell bezieht er auch bewusst die subjektive Repräsentation der situationalen Umgebungsbedingungen als Antezedenten der Verhaltens und Erlebens mit ein (1987, S. 17 f.), geht also in mehreren Aspekten über das soziologisch dominierte Demand/Control-Modell hinaus.

Darüber hinaus unterscheidet Warr explizit zwischen *allgemeinem Wohlbefinden bzw. Glück* (*context-free well-being/happiness*), *Domänen-spezifischem* (*domain-spezific*, z. B. Arbeitszufriedenheit) und *Facetten-spezifischem Wohlbefinden* (*facet-specific happiness*, z. B. die Zufriedenheit mit dem Vorgesetzten als Einzelfacette der übergeordneten Arbeitszufriedenheit) (Warr, 2007, s. 102). Nehmen wir z. B. die Arbeit und die familiäre Lebenssituation als zwei unterschiedliche Domänen an, ist es sehr gut denkbar, dass das Domänen-spezifische Wohlbefinden durchaus unterschiedlich ausgeprägt ist, auch wenn sogenannte *spill-over Effekte* der Arbeitssituation auf die Lebenssituation außerhalb der Arbeit empirisch nachgewiesen sind (Warr, 1987; Grebner, Semmer & Elfering, 2005). So sind signifikante Interkorrelationen zwischen den verschiedenen Ebenen des Wohlbefindens nicht nur empirisch nachgewiesen, sondern auch theoretisch erklärbar und verständlich. So zitiert Warr (1999) Studien, die Korrelationen um .31 zwischen der *context-free* und der *job-specific happiness* berichten sowie den inhaltlich interessanten Befund, dass sich diese Korrelation für die Gruppe der Frauen zwischen 1974 und 1989 von .16 in den o. g. Bereich entwickelt hat, was auf die zunehmende gesellschaftliche Bedeutung der Arbeit für Frauen erklärt werden kann.

Die hohe Bedeutung des auf die Arbeit bezogenen Wohlbefindens für das allgemeine Wohlbefinden erklärt sich aus der zentralen Bedeutung, die Arbeit in unseren westlichen Industrienationen zukommt. Semmer & Udris (2007) nennen in Anlehnung an Warr (1989) fünf grundlegende psychosoziale Funktionen der Erwerbsarbeit:

- Aktivität und Kompetenz: durch die Herausforderungen der Arbeitsaufgabe erwerben wir Qualifikation und das subjektive Bewusstsein für unsere Leistungsfähigkeit

- Zeitstrukturierung: Arbeit steuert nicht nur unsere circadiane Rhythmik, sondern auch den Jahresablauf (Urlaub, Feiertage) und unseren Lebenslauf (Ausbildung, Rente)
- Kooperation und Kontakt bei der Arbeit bilden einen wesentlichen Teil unserer sozialen Welt
- Soziale Anerkennung: die persönliche Position und Anerkennung in der Gesellschaft wird wesentlich durch unsere berufliche Position und deren Image geprägt
- Persönliche Identität und Selbstwertgefühl hängen in hohem Maße von den Kenntnissen und Fähigkeiten/Fertigkeiten ab, die wir bei der Arbeit unter Beweis stellen (Semmer & Udris, 2007, S. 159)

Folgerichtig beschäftigt sich Warr's 1987 erschienenes Buch *Work, Unemployment and Mental Health* auch gerade mit den Folgen der Arbeitslosigkeit, durch die ein (meist unfreiwilliges und erzwungenes) Ausbleiben dieser positiven Erfahrungen erfolgt (siehe auch Schüpbach & Krause, 2009).

Allgemeines bzw. *affektives Wohlbefinden* ist eines von fünf Elementen der *mentalen Gesundheit* (*mental health*), die nicht dichotom mit den Polen „gesund – krank", sondern als Kontinuum konzipiert ist. Nach Warr ist mentale Gesundheit nicht in einer einfachen Definition hinreichend beschreibbar, da ihre Elemente zum einen von verschiedenen wissenschaftlichen Disziplinen und Forschungsrichtungen unterschiedlich behandelt werden, zum anderen, weil ihre Definition auch stark kulturabhängig ist. An Stelle einer Definition beschreibt er die grundlegenden Inhalte mentaler Gesundheit aus „westlicher Perspektive", also mit Fokus auf unseren Kulturkreis (so wie auch Faltermaier auf eine Definition der „Gesundheit" verzichtet und durch die grundlegenden Inhalte des Konstrukts ersetzt, siehe auch Kap. 2.1.2.1):

Elemente mentaler Gesundheit:

1. Affektives Wohlbefinden ist durch die orthogonalen Dimensionen *pleasure* und *arousal* beschreibbar (siehe Abb. 2, S. 23).

   Während dem *arousal* als allgemeiner Aktivationsdimension keine unabhängig-eigenständige Erlebensqualität eingeräumt wird, werden vier wesentliche Erscheinungsformen von Wohlbefinden durch die Pole zweier diagonal verlaufender Achsen beschrieben (siehe Abb. 3, S. 24). Die eine läuft vom linken unteren Quadranten (*unpleasant – low arousal*), beschrieben als *Depression/depressive Stimmung*, nach rechts oben (*pleasant – high arousal*) zum Pol *Enthusiasmus*. Die von links oben nach rechts unten verlaufende Dimension verbindet die Pole *Angst/ängstliche Stimmung* mit *Bequemlichkeit/Entspannung*.
   Obwohl die Dimensionen *pleasure* und *arousal* theoretisch orthogonal gedacht werden müssen, zeigen sich zwischen den drei Achsen des Wohlbefindens hohe Interkor-

relationen, was auf die hohe Ladung der Achsen auf der grundlegenden Erfahrung der Angenehmheit (*pleasure*) zurückgeführt wird. Warr weist darauf hin, dass die überwiegenden Wohlbefindenszustände, die eine Person im Arbeitskontext erlebt, u. a. auch vom hierarchischen Niveau der Position abhängen. So finden sich Zustände der Depression/depressiven Stimmung eher in unteren Hierarchiestufen, Zustände der Ängstlichkeit/Angst dagegen eher in höheren Niveaus. Dies wird darauf zurückgeführt, dass höher angesiedelte Tätigkeiten durch höhere Anforderungen durchweg mit höherer Aktivation (*arousal*) einhergehen, was heißt, dass spezielle Merkmale der Tätigkeit unmittelbaren Einfluss auf das arbeitsbezogene Wohlbefinden haben.

Um die Beschreibungsdimensionen des Wohlbefindens zu komplettieren, führt Warr als dritte Größe das Selbstwertgefühl (*self-validation*) ein, für die er Interkorrelationen mit den anderen Beschreibungsdimensionen postuliert, auch wenn Zustände denkbar sind, in denen positive Erlebenszustände im pleasure/arousal-System mit negativen Erlebnissen bezüglich der Selbstbewertung einhergehen. Verschiedene Zustände des Wohlbefindens können nun durch verschiedene Positionen auf den Achsen pleasure, arousal und self-validation beschrieben werden.

2. Kompetenz ist ein weiteres wichtiges Element der mentalen Gesundheit. Warr beschreibt Kompetenz in Anlehnung an Bradborn (1969) und Jahoda (1958; beide zitiert in Warr, 1997, S. 29) als die Fähigkeit, in verschiedenen Bereichen erfolgreich zu sein und seine Umgebung meistern zu können (*environmental mastery*), wobei sich diese Fähigkeit im Lösen von Problemen, im erfolgreichen Aufbau sozialer Beziehungen, im Aufrechterhalten eines bezahlten Arbeitsverhältnisses u. ä. zeigen kann. Insgesamt ist das Konzept der Kompetenz stark überlappt mit Banduras Konzept der verhaltensbezogenen Selbstregulation als Teil der Selbstwirksamkeit (*self-efficacy*, Bandura, 1976). Geringe Kompetenz muss nicht zwangsläufig mit geringer mentaler Gesundheit einhergehen – dies trifft nur dann zu, wenn der Kompetenzmangel das Wohlbefinden negativ beeinträchtigt, z. B. weil als wichtig erachtete und angestrebte Ziele nicht erreichbar sind. Inkompetenz in Bereichen, die der Person relativ unwichtig sind, wird keine negative Auswirkung haben.

3. Aspiration als motivationale Kraft, die zielorientiertes und ehrgeiziges Verhalten treibt, wird als drittes Element mentaler Gesundheit genannt. Die aktive, aufmerksame Auseinandersetzung mit der Umgebung und den sich bietenden Herausforderungen sind Teil mental gesunden Verhaltens. Hier bezieht sich Warr auf motivationale Konzepte, nach denen – zumindest in westlichen Nationen mit ausgeprägter „protestantischer Arbeitsmoral“ (Max Weber, 1921, in Käsler, 2010) – das Anstreben positiver Leistungsergebnisse an sich positiv bewertet wird. Zudem führt das Erreichen herausfordernder Ziele, wenn es durch kompetentes Agieren zum Erfolg führt, zu positiven Gefühlszuständen aus dem oberen rechten Quadranten des Wohlbefindens – auch hier dient das Wohlbefinden – wie bei der Kompetenz – wieder als Mediatorvariable in der Wirkung auf mentale Gesundheit.

4. <u>Autonomie</u> als Fähigkeit zur eigenständigen Meinungs-, Willens- und Entscheidungsfindung ist ein weiteres Element der mentalen Gesundheit, wohingegen mentale Krankheit mit einer Regression bzw. einem Stopp in der weiteren Entwicklung von Autonomie einhergeht. So betonen ja auch Seligman im Konzept der *gelernten Hilflosigkeit* und Seligman & Csikszentmihaly (2000) in ihren Ausführungen die Bedeutsamkeit der Selbstbestimmung (*self-determination*) deren Bedeutung als Teil „gesunden und reifen" Erlebens und Verhaltens. Warr weist aber auch darauf hin, dass der Zusammenhang zwischen Autonomie und mentaler Gesundheit der umgekehrt U-förmigen Yerkes-Dodson-Regel zu folgen scheint: ein mittleres Maß an Unabhängigkeit scheint erstrebenswert zu sein, während ein zu geringes Maß zu völliger Abhängigkeit von Anderen führt, und ein Übermaß zu *counterdependence* im Sinne eines zwanghaften seine Unabhängigkeit beweisen müssen – letztendlich eine andere Art von Abhängigkeit, da auch hier eine reine Reaktion und Ausrichtung auf die Anderen vorliegt.

5. Das <u>integrierte Funktionieren</u> (*integrated functioning*) bezieht sich als strukturelle Komponente auf die harmonische Integration verschiedener Teilfunktionen der Person als Ganzes.

   „The importance of this component arises from the fact that people who are psychological healthy exhibit several forms of balance, harmony, and inner relatedness. Indeed, the original meaning of 'health' was 'wholeness', with 'to heal' meaning 'making whole'. (...) integrated functioning includes viewing oneself and one's experiences as a coherent pattern of processes and states, which come together to yield a sense of identity and individuality (e. g. Erikson 1950)" (Warr, 1987, S. 33).

   Von einer eher psychoanalytischen Perspektive könnte integriertes Funktionieren auch als harmonische Balance zwischen den Instanzen Ich, Es und Über-Ich gesehen werden, oder – einfacher und weniger spekulativ – mit Freuds Antwort auf die Frage, was denn das Glück ausmache: „Lieben und arbeiten können" als Ausdruck für den harmonischen Ausgleich und das gleichzeitige Miteinander unterschiedlicher Lebensaspekte.

   Integriertes Funktionieren kann auch längsschnittlich gesehen werden, nämlich als Konstanz in der Bewältigung unterschiedlichster Herausforderungen im Laufe des Lebens und das Erleben einer Logik und Berechenbarkeit in diesen Herausforderungen, was das Konzept auch näher an die Konzepte der *Verstehbarkeit* und *Handhabbarkeit* von Antonovsky heranrückt (siehe auch Kap. 2.3.1).

   Die Überlappung des integrierten Funktionierens und der mentalen Gesundheit wird dann deutlich, wenn man schwere Psychosen wie z. B. die Schizophrenie als schwere Störung dieser Funktionsintegration versteht – hier fallen verschiedene psychische Teilfunktionen wie Wahrnehmung, Kognition, Affekt und Verhalten scheinbar regellos auseinander. Die im Volksmund fälschlich „Persönlichkeitsspaltung“ genannte Schizophrenie ist ja gerade nicht die „Spaltung“ der Person in mehrere und unberechenbar wechselnde Personen i. S. von Dr. Jekill und Mr. Hyde – von denen jede einzelne ja mit scheinbar integrierten Teilfunktionen auftritt und entsprechend glaubwürdig als Gesamtperson erscheint – sondern der Zerfall der harmonischen Synchronisation der psychischen Teilfunktionen (Comer, 2008; Schmidt, 1984; Lütz, 2011).

Situationale Antezedenten von Wohlbefinden und mentaler Gesundheit – die „Vitamin-Metapher“

Warr (1989, 1999) nennt neun verschiedene Merkmale der Situation bzw. des Umfelds, die als unabhängige Variablen auf das Wohlbefinden der Person Einfluss haben. In seiner 2007er Veröffentlichung ergänzte er sein Modell um drei weitere Umgebungselemente, so dass wir aktuell zwölf relevante Größen benennen können. Um zu verdeutlichen, dass deren Zusammenhang zum Wohlbefinden keinesfalls linear ist, benutzt er die „Vitamin-Analogie“.

So wie ein Vitaminmangel zu körperlichen Beschwerden oder Krankheiten führen kann, wird auch das Wohlbefinden durch die „Unterdosierung“ bestimmter Umgebungsmerkmale gestört. Vitamine entfalten ihre protektive Wirkung bei mittlerer Dosierung, die in der Verpackungsbeilage i. A. als die „empfohlene Tagesdosis“ beschrieben ist. Eine „Überdosierung“ hat – je nach Art des Vitamins – entweder keinen Zusatznutzen, oder aber sogar schädliche Nebenwirkungen. Dies hängt u. a. davon ab, ob das Vitamin vom Körper gespeichert wird (z. B. Vitamine A und D) oder bei Überdosierung einfach ausgeschieden wird (z. B. Vitamine C und E). Nach Warr verläuft die Kurve, die den Zusammenhang zwischen der Ausprägung einer Umgebungsvariablen und der des Wohlbefindens beschreibt, im oberen Bereich entweder asymptotisch („Vitamin C“ – kein Zusatznutzen bei höherer Dosierung, aber auch kein Schaden) oder abfallend („Vitamin A“ – negativer Effekt der Überdosierung). Terminologisch unterscheidet er die beiden Effekte als *constant effect – CE* (Asymptote) und *additional decremental – AD* (abfallend), wobei er in den Abkürzungen die jeweils oben beispielhaft genannten Vitamine noch einmal nennt. Abbildung 12 zeigt diese Zusammenhänge grafisch.

Die zwölf wesentlichen situativen Merkmale, die mit Wohlbefinden kovariieren, werden nachfolgend aufgeführt. In den Klammern sind die englischen Termini sowie der vermutete Zusammenhang zwischen den beiden Variablen aufgeführt (CE oder AD):

1. Möglichkeit zur Steuerung /Kontrolle (*Opportunity for control - AD*)
2. Möglichkeit zur Nutzung der Fertigkeiten (*Opportunity for skill use – AD*)
3. Extern generierte Ziele (*Externally generated goals – AD*)
4. Abwechslung (*Variety – AD*)
5. Klarheit des Umfeldes (*Environmental Clarity – AD*)
6. Verfügbarkeit von Geld (*Availability of money – CE*)

7. Physische Sicherheit (*Physical Security – CE*)
8. Möglichkeit zu zwischenmenschlichem Kontakt (*Opportunity for interpersonal contact – AD*)
9. Wertgeschätzte soziale Position (*Valued social position – CE*)
10. Unterstützende Führung (*Supportive Supervision – CE)*
11. Karriereaussichten (*Career Outlook – CE*)
12. Fairness & Gerechtigkeit (*Equity – CE*)

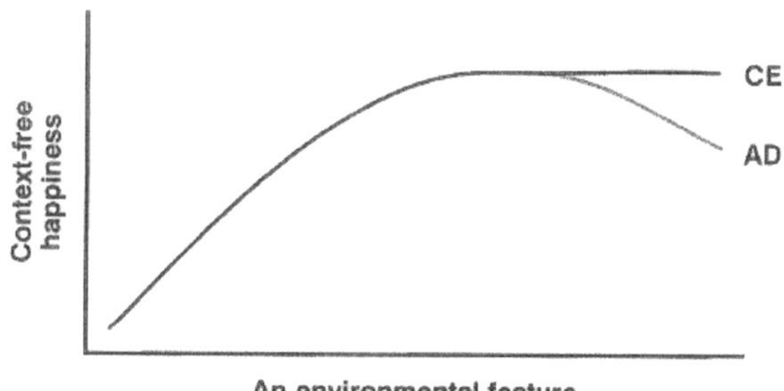

Abb. 12: Die Vitamin-Analogie des Zusammenhangs zwischen einer Umgebungsvariablen und dem Wohlbefinden (aus Warr, 2007, S. 96)

Wir sehen also, dass Warr für sechs der zwölf Bedingungen einen konstanten, asymptotischen Zusammenhang zum Wohlbefinden vermutet, sechs aber sehr wohl negative Auswirkungen bei Überdosierung haben können.

Ad 1) Möglichkeit zur Steuerung/Kontrolle

Warr (1989) nennt die Möglichkeit zur Kontrolle und eigenen Steuerung des Verhaltens bewusst an erster Stelle, da diese quasi als „Meta-Element" auch auf die anderen Elemente wirken kann, ihr also neben einer direkten auch eine indirekte Wirkung zugesprochen wird. (So kann ich, wenn ich zwischen meinen Aufgaben und der Art, wie ich diese ausübe, entscheiden kann, u. a. auch über die dabei genutzten Arbeitsschutzmittel entscheiden – Element 1 verstärkt Element 7). Neben der eher allgemeinen Bemerkung, für Bandura sei Selbstbestimmung gar „das Wesen der Menschlichkeit" (Warr, 2007, S. 84), bezieht der Autor sich auf Studien, die den Zusammenhang nachgewiesen haben zwischen Arbeitszufriedenheit und Job-spezifischem Wohlbefinden sowie den Freiheitsgraden, über Art, Zeitpunkt und Ausführung der Tätigkeit selbst zu bestimmen.

Warr unterscheidet zwei verschiedene Aspekte der Kontrolle: die Möglichkeit, über mein Handeln selbst zu entscheiden und die Möglichkeit, die Konsequenzen meines Tuns vorherzusehen. Ist letzteres nicht gegeben, liegt Unkontrollierbarkeit vor: der Handelnde hat keinen sicheren Einfluss auf seine Handlungsfolgen. Dieser Aspekt der Kontrolle wird nicht unter diesem Umgebungselement behandelt, sondern im Element *Klarheit des Umfeldes*.

Warr (1989) unterstellt negative Wirkungen einer „Überdosierung" mit diesem Element der Kontrolle:

„(Decrements) are expected to on the grounds that an 'opportunity ' is liable to become an 'unavoidable requirement' at very high levels; behavior becomes 'coerced' rather than being 'encouraged' or 'facilitated' (S. 14)

Gerade im Bereich hoch anspruchsvoller und schwieriger Tätigkeiten und Entscheidungsprozesse können maximale Kontrollmöglichkeiten zu starker Überbeanspruchung führen – das Gelingen und Misslingen hängt ausschließlich vom Handelnden ab, was zu hohem Verantwortungsdruck führt, und weder nach „innen" noch nach „außen" sind alternative Misserfolgsattribuierungen möglich, die selbstbildschonend wären.

Ad 2) Möglichkeit zur Nutzung der Fertigkeiten

Unter diesem Element fasst der Autor sowohl die Nutzung bereits vorhandener als auch den Erwerb neuer Fähigkeiten und Fertigkeiten durch die Anforderungen der Arbeit zusammen. Wenig anspruchsvolle Tätigkeiten dagegen können zum „verkümmern" vorhandener Fertigkeiten durch fehlende Nutzung führen, und auch der Aufbau neuer Fertigkeiten und Kenntnisse wird verhindert. Es bestehen Zusammenhänge zwischen diesem Umfeld-Element und dem der Kontrolle: eine solide Ausstattung mit Kenntnissen und Fertigkeiten führt auch zu mehr Kontrollmöglichkeiten.

Auch hier führt eine Überdosierung wieder zu negativen Folgen für das Wohlbefinden: permanente Anforderungen auf hohem Niveau machen aus einer „gesunden Herausforderung" eine belastende Überforderung, da notwendige Entspannungsphasen ausbleiben.

Ad 3) Extern generierte Ziele

Ziele können durch Mangelzustände und die Notwendigkeit, diese zu beheben generiert werden, aber auch durch Rollen in formalen und informellen Institutionen. Sie können freiwillig gewählt oder durch die Rolle aufgezwungen sein. Ziele führen zur Erstellung von Handlungsplänen und strukturieren die Verhaltensmuster in Richtung der Zielerreichung. Spätestens seit den Experimenten zur Zielsetzungstheorie von Locke (1968, in Schmalt & Meyer, 1976) wissen wir, dass spezifische, anspruchsvolle, aber erreichbare Ziele eine stark motivierende und Verhalten steuernde Wirkung haben. Eine Umgebung hingegen, die keinerlei Anforderungen an das Individuum stellt, fordert zu keiner Aktivität oder Leistung heraus – was natürlich nicht die Möglichkeit ausschließt, dass die Person eigene Ziele generiert.

Eine Überdosierung in Form von zu schwierigen Zielen kann wiederum leistungsbezogene Versagensängste und somit Stressreaktionen generieren, und zu zahlreiche Ziele können auch zu chaotischer Fehlausrichtung des Verhaltens bei Inkompatibilität von und Konflikten zwischen den Zielen führen.

Ad 4) Abwechslung

Repetitive Tätigkeiten mit geringer Abwechslung führen zum Erleben von Monotonie, zu physiologischer Deaktivation und in deren Folge auch zu Fehlern bei der Ausführung. Abwechslung (*task variety* im Job Characteristics Modell von Hackman & Oldham, siehe Kap. 2.3.5) dagegen unterbricht die Uniformität der Tätigkeit und der Umgebung und hilft somit, die Aufmerksamkeit aufrecht zu erhalten und einseitige Belastungen durch „Lastwechsel" zu vermeiden.

Nach Warr hat geringe Abwechslung negative Auswirkungen auf die mentale Gesundheit, ebenso aber auch deren Überdosierung, die eine permanente Neuausrichtung der Aufmerksamkeit und ein sich Umstellen auf neue Anforderungen erforderlich macht und so zu Überforderung führt.

Ad 5) Klarheit des Umfeldes

Es sind drei verschiedene Aspekte, welche die Klarheit des Umfeldes bestimmen:

- Verfügbarkeit von Feedback über die Konsequenzen des eigenen Handelns
- Die Vorhersehbarkeit der Reaktionen anderer Menschen und Systeme im Umfeld
- Die Klarheit der Rollenerwartungen und –notwendigkeiten

Ein solchermaßen klares und verständliches Umfeld gibt der Person Sicherheit und Orientierung und ist hierüber mit mentaler Gesundheit assoziiert. Ein Übermaß an Klarheit des Umfeldes bedeutet aber auch das Fehlen jedes Risikos und jeder Ambiguität, was wiederum die Weiterentwicklung von Fertigkeiten und das Bedürfnis einschränkt, weitere Kontrolle über die (durch völlige Klarheit ja bereits kontrollierbare) Umwelt zu erhalten. Diese motivationale Einschränkung ist eine negative Nebenwirkung zu hoher Ausprägung dieses Elements.

Ad 6) Verfügbarkeit von Geld

Die Verfügbarkeit von Geld bedeutet zum einen, breiteren Zugang zu materiell hoch bewerteten Gütern und geringere Belastungen durch existenzielle Sorgen und Nöte zu haben, zum anderen aber geht sie mit sozialer Anerkennung und Status einher. Dieses Element hängt mit anderen Elementen eng zusammen. So kovariieren Geld und das Element 9 *Wertgeschätzte soziale Position* positiv, und die höher bezahlten Tätigkeiten sind im Allgemeinen solche, die mit höherer *physischer Sicherheit* und *Möglichkeiten zur Steuerung/Kontrolle* und zur *Nutzung der Fertigkeiten* einhergehen.

Auf die motivationale Kraft des Geldes weist Locke hin indem er deutlich macht, dass Geld die breiteste Funktionalität zur Befriedigung unterschiedlichster Motive hat – es beweist meine Leistungsfähigkeit und stärkt mein Selbstwertgefühl (Leistungsmotiv), ich erhalte Einfluss (Machtmotiv), ich werde eventuell sogar zum beliebteren Sozialpartner (Anschlussmotiv).

Warr weist auf empirische Befunde hin, dass niedriges Einkommen tatsächlich mit höherer allgemeiner Ängstlichkeit und anderen Indikatoren eingeschränkter mentaler Gesundheit einhergeht. Der Zusammenhang zwischen Geld und mentaler Gesundheit scheint aber im unteren Bereich des Einkommens stärker zu sein, im mittleren Bereich wird die Kurve weniger steil und nähert sich einer Asymptote.

Eine andere Perspektive auf den Zusammenhang zwischen Einkommen und mentaler Gesundheit stellt nicht die absolute Höhe des Einkommens in den Mittelpunkt, sondern die erlebte Gerechtigkeit im Vergleich des eigenen Input-Outcome-Verhältnisses zu anderen Vergleichsmaßstäben, basierend auf der Equity-Theorie von Adams (1965, in Gebert & Rosenstiel, 1981). Hier nennt Warr Befunde, die einen signifikant positiven korrelativen Zusammenhang zwischen der Zufriedenheit mit dem eigenen Einkommensniveau und der allgemeinen Zufriedenheit aufweisen (Clark & Oswald, 1996, in Warr, 2007, S. 118).

Ad 7) Physische Sicherheit

Warr weist auf zahlreiche Befunde hin, die deutliche Zusammenhänge zwischen den physikalischen Umgebungsbedingungen wie Hitze, Lärm, Beleuchtung, Materialoberflächen, Ausstattung der Sozialräume etc. auf der einen und verschiedenen Maßen des Wohlbefindens auf der anderen Seite aufzeigen. Trotz der Bedeutung dieses Elements ist die physische Sicherheit als typischer „Job-extrinsischer“ Faktor häufig aus der Betrachtung der Determinanten subjektiven Wohlbefindens ausgeklammert worden, wie Taber, Beehr & Walsh (1985, zitiert in Warr, 2007, S. 120) zu recht bemängeln. Wie auch beim Element Geld ist eine Überdosierung hier nicht möglich.

Ad 8) Möglichkeit zu zwischenmenschlichem Kontakt

Wie schon in Kapitel 2.3.2.3 zum Thema *Soziale Unterstützung* ausführlich beschrieben, weisen auch Quantität und Qualität der Kontakte zu anderen Menschen Zusammenhänge zur mentalen Gesundheit und zum subjektiven Wohlbefinden auf. Warr nennt vier Wirkungsweisen sozialer Kontakte:

- Sie befriedigen anschlussthematische Bedürfnisse und reduzieren das von den meisten Menschen als unangenehm erlebte Einsamkeitsgefühl
- Sie bieten Unterstützung (siehe die o. g. Ausführungen in dieser Arbeit)

- Sie dienen sozialen Vergleichsprozessen und helfen somit, die eigene Person einzuordnen
- Sie sind z. T. unabdingbare Voraussetzung zur Erreichung wichtiger Ziele, die alleine nicht geschafft werden können (z. B. Kletter-Seilschaften, Projektteams)

Gleichwohl kann auch sozialer Kontakt überdosiert erfolgen und entsprechende negative Konsequenzen haben. So kann zu große Dichte (viele Personen auf engem Raum) durch Einschränkung des persönlichen Bereichs oder zu hohe Lärmentstehung zu Stressreaktionen führen („Crowding-Effekt"). Und auch eigentlich unterstützende Kontakte, die klassische soziale Unterstützung im o. g. Sinne darstellen, können als Einschränkung des eigenen freien Agierens und selbstständigen Entscheidens erlebt werden und Reaktanz auslösen.

Ad 9) Wertgeschätzte soziale Position

Das Image einer bestimmten Position oder Rolle in den Augen der Öffentlichkeit korreliert mit verschiedenen Maßen der mentalen Gesundheit (z. B. mit der Job-bezogenen emotionalen Erschöpfung, Xie & Johns, 1995, zitiert in Warr, a.a.O.). Hier liegt natürlich eine potentielle Konfundierung von Elementen vor: Rollen mit hohem Prestige gehen häufig auch mit anspruchsvolleren Tätigkeiten (Elemente 1,2, und 4) und höherem Einkommen (Element 6) einher. Gleichwohl wissen wir auch aus den Befunden zum Job Characteristics Modell von Hackman & Oldham, dass die vom Mitarbeiter subjektiv erlebte *Bedeutsamkeit der Aufgabe* (*task significance*) als Bestandteil des Gesamt-Motivationspotentials der Arbeit (MPA; siehe Hackman & Oldham, 1975, 1980; Schmidt & Kleinbeck, 1999; Dost, 1986) signifikant mit Arbeitszufriedenheit und anderen Indikatoren mentaler Gesundheit und Wohlbefindens einhergeht.

Die Wertschätzung der sozialen Position kann aus allgemeinen gesellschaftlichen Werturteilen über dessen Bedeutung und Rang gespeist werden, aber auch aus der Bedeutung der Position im Wertschöpfungsprozess der Organisation, wie wir es z. B. bei hierarchisch eigentlich nicht hoch aufgehängten Positionen kennen, wenn deren Inhaber „Alleininhaber" von Wissen und spezifischen Techniken sind, die für die Qualität des Produktes unverzichtbar sind (z. B. der Meister, der bestimmte Maschinen als einziger reparieren kann).

Auch bei diesem Element ist keine Überdosierung möglich.

Ad 10) Unterstützende Führung

Die Rolle der Führungskraft im Zusammenhang mit Arbeitszufriedenheit, Engagement und anderen Aspekten der mentalen Gesundheit und des allgemeinen Wohlbefindens ist in Kap. 2.2 ausführlich dargestellt worden und soll hier nicht noch einmal ausgeführt werden. Warr unterstellt auch für dieses Element keine Gefahr der Überdosierung, was zumindest im Lichte von Modellen wie dem der situativen Führung nach Hersey & Blanchard in Frage gestellt werden muss: kann *unterstützende Führung* für den gut ausgebildeten A-Typen, der sich momentan im Arbeitsbereich seiner höchsten Kompetenz und Eigenständigkeit befindet, auch als drangsalierend und „over-protecting" erlebt werden?

Ad 11) Karriereaussichten

Warr geht in seiner Definition über den üblichen rein vertikal ausgerichteten Karrierebegriff hinaus, indem er Arnold (1997, zitiert a.a.O.) zitiert, nach dem Karriere *„the sequence of employment-related positions, roles, activities and experiences encountered by a person"* ist, also bewusst horizontale Entwicklungen in andere Funktionen und Wissens-/Fähigkeitengebiete einbezieht.

Während die Erreichbarkeit alternativer Positionen – egal, ob es sich um horizontale, vertikale oder diagonale Entwicklungen handelt – positiv mit Zufriedenheit und Wohlbefinden einhergeht, gilt für einen zweiten Aspekt der Karriereaussichten ein negativer Zusammenhang: das ist die mit bestimmten Karrierepositionen erhöhte Gefahr, den Job zu verlieren (geringere Arbeitsplatzsicherheit). Warr zitiert Befunde, die Korrelationen von -.19 zwischen Arbeitsplatzunsicherheit und allgemeinem Wohlbefinden und -.32 mit Arbeitszufriedenheit vorweisen.

Ad 12) Fairness & Gerechtigkeit

Dieses Element tauchte bereits im Zusammenhang mit dem Konzept der *transformationalen Führung* sowie dem Element 6 (erlebte Einkommensgerechtigkeit) auf.
Warr nennt zwei unterschiedliche Bezüge, in denen dieses Element der Gerechtigkeit erlebt und beschrieben/gemessen werden kann:

- Im eigenen Arbeitsverhältnis als Fairness der Organisation gegenüber dem Arbeitnehmer
- Im Außenverhältnis der Organisation innerhalb der Gesellschaft (*Corporate Social Responsibility – CSR*, siehe auch Berthoin Antal et al., 2008)

Erstere Art der Gerechtigkeit wird noch einmal in distributive und prozedurale Gerechtigkeit unterteilt, wobei distributive Gerechtigkeit die Verteilung von Ressourcen auf die Mitglieder der Organisation betrifft, und prozedurale Gerechtigkeit die Prozesse, auf der diese Ressourcen-Allokationen beruhen. Colquitt, Conlon, Wesson, Porter & Ng (2001, zitiert in Warr, a.a.O.) berichten Korrelationen von .46 und .51 zwischen der erlebten Gerechtigkeit in der Organisation und allgemeiner Arbeitszufriedenheit. Andere Befunde weisen signifikant negative Korrelationen zu Depression und emotionaler Erschöpfung auf.

Die zweite Form der Fairness/Gerechtigkeit als Mitglied der Gesellschaft kann direkt auf das Element 9 *Wertgeschätzte soziale Position* wirken, da das Verhalten der Organisation im sozialen und wohltätigen Bereich, im Umweltschutz, sein Ruf als fairer und attraktiver Arbeitgeber etc. die Zugehörigkeit zu ihr zum "Ehrenzeichen" oder auch zum Makel werden lassen kann.

Personale Antezedenten von mentaler Gesundheit und Wohlbefinden

In einer 2010 erschienenen Schrift *What about the Workers?* der britischen *Society for Occupational Health Psychology* fragt Warr nach den Gründen für die seines Erachtens augenfällige Vernachlässigung der Person und die einseitige Konzentration auf situative Bedingungen für mentale Gesundheit:

„The academic emphasis on environmental features reflects a wider societal outlook in recent decades. Commentators often object to any hint that a person in difficulty is being "blamed", preferring instead to consider person a "victim" of circumstances. " (S. 8)

Diese "don't blame the victim"-Attitüde in Verbindung mit dem etwas „sperrigen" Forschungsgegenstand der Gedanken und Gefühle führe dazu, dass die Forschungsbemühungen deutlich auf die Arbeitsbedingungen fokussiert sind. Warr verweist auf die Ansätze der kognitiven Verhaltenstherapie (z. B. Meichenbaum, 1979) und auch der *Positiven Psychologie* (z. B. Seligman & Csikszentmihaly, 2000), die kognitive Prozesse der Selbstbewertung, der Einschätzung der eigenen Fähigkeiten zur Bewältigung extern gesetzter Anforderungen etc. und deren Auswirkungen auf die mentale Gesundheit thematisieren. In diesen internen kognitiven Prozessen sieht Warr auch den „Transmitter" zwischen überdauernden und situationsübergreifenden Eigenschaften der Person auf der einen und der allgemeinen sowie auf die Arbeit bezogenen spezifischen mentalen Gesundheit auf der anderen Seite. In diesem Punkt bezieht er sich auf die Forschungen zum *Person/Environment-Fit*, also zur Güte der „Passung" zwischen Elementen der Person und der Umgebungsbedingungen, die je nach Intensität und Qualität (Unter- vs. Überdeckung der Bedürfnisse der Person durch situationale Gegebenheiten) zu Stresserleben führen kann (Edwards, Caplan & van Harrisson, 1998).

Mit Arbeitszufriedenheit und Engagement korrelierte Persönlichkeitseigenschaften, zu denen empirische Befunde vorliegen, sind neben der Selbstwirksamkeit (Bandura, 1976; Schwarzer & Scholz, 2002; Hohmann & Schwarzer, 2009) im Wesentlichen vier der „Big Five" der Differentiellen Psychologie (Costa & McCrae, 1985, zitiert in Amelang & Zielinski, 2002):

- Emotionale Stabilität (auch: Positive/negative Affektivität; Neurotizismus)
- Offenheit (Openness)
- Verträglichkeit (Agreeableness)
- Bewusstheit/Gewissenhaftigkeit (Conscientiousness)

So stellte Zimmermann (2008) auf der Grundlage einer Meta-Analyse ein pfadanalytisches Modell zur Vorhersage von Arbeitszufriedenheit und Fluktuation auf der Grundlage von Persönlichkeitseigenschaften und zeitstabilen affektiven Zuständen auf (*Trait Affect* in Abgrenzung zum *State Affect*, der einen augenblicklichen affektiven Zustand bezeichnet. Siehe auch das Konzept der *positiven/negativen Affektivität* [Eschenbeck, 200]). Hier zeigte sich ein – erwartungswidersprechend – positiver Zusammenhang zwischen Bewusstheit/Gewissenhaftigkeit sowie emotionaler Stabilität und der Kündigungsabsicht. Der Autor erklärt dies durch den Hinweis, dass „bewusste" und „stabile" Mitarbeiter wahrscheinlich solche sind, die gute Chancen auf dem Arbeitsmarkt und durch ihre emotionale Stabilität auch keine Angst haben, neue Herausforderungen anzunehmen. Beide Eigenschaften sowie Verträglichkeit zeigen positive Zusammenhänge zur tatsächlichen Fluktuation. Auch die abhängigen Größen Arbeitszufriedenheit und Arbeitsleistung zeigten deutliche Zusammenhänge zu den Persönlichkeitseigenschaften und zur emotionalen Stabilität mit Pfadkoeffizienten von p = .25 für Extraversion, .26 für Bewusstheit/Gewissenhaftigkeit und .29 für emotionale Stabilität, die allesamt stärker ausfielen als der Zusammenhang mit der Aufgabenkomplexität.

Warr & Inceoglu (2012) und Inceoglu & Warr (2012) bezogen das Leistungsmotiv als zeit- und situationsübergreifende Motivdisposition – also als Personenmerkmal - in eine Untersuchung zum *Person-Job-Fit* mit ein. Hier bestätigte sich die Hypothese, dass eine schlechte Passung zwischen Bedürfnissen der Person und deren Befriedigungsmöglichkeiten in der Arbeitssituation mit geringerer Arbeitszufriedenheit einhergeht, eine solche Diskrepanz aber mit höherem Engagement einhergeht. Die Autoren interpretieren dies als Hinweis auf die motivationale Kraft, die durch moderate Diskrepanzen zwischen Wunsch und Wirklichkeit entsteht und die darauf ausgerichtet ist, das Person-Job-Verhältnis wieder ausgewogen zu gestalten. Unter diesem Aspekt könne es sinnvoll sein, einen leichten Miss-fit und dessen negative Wirkung auf die Arbeitszufriedenheit bewusst in Kauf zu nehmen.

In seinem 2007 erschienenen Werk *Work, Happiness and Unhappiness* zitiert Warr zahlreiche Befunde zu den Beziehungen zwischen Traits und mentaler Gesundheit/Wohlbefinden, die sich wie folgt auf den Punkt bringen lassen:

- Neurotizismus bzw. emotionale Labilität kovariiert deutlich negativ mit allgemeiner sowie kontextspezifischer Zufriedenheit und Wohlbefinden
- Extraversion zeigt deutlich positive Zusammenhänge
- Verträglichkeit und Gewissenhaftigkeit weisen solide positive Zusammenhänge auf
- Offenheit kovariiert schwach positiv mit den o. g Zufriedenheitsskalen

Hierbei muss beachtet werden, dass diese Zusammenhänge zwar häufig und stabil repliziert werden, ihre Stärke aber auch davon abhängt, ob zusammengesetzte Scores oder Werte für einzelne Subskalen der „Mega-Traits" verwendet werden. Tatsächlich handelt es sich hier um komplexe Konstrukte, die aus hoch interkorrelierten Unterdimensionen bestehen, und Auswertungen auf der Ebene dieser Unterdimensionen zeigen durchweg stärkere Zusammenhänge, wenn diese also nicht in gemittelten Werten „begradigt" werden.

Neben den „Big Five" spielt auch Hardiness eine wichtige Rolle als personseitige Variable. Hardiness wird definiert als

„...a constellation of personality characteristics that function as a resistance resource in the encounter with stressful life events" (Kobasa, Maddi & Kahn, 1982; zitiert in Warr, 2007, S. 337).

Dieses Konzept weist eine inhaltliche Schnittmenge zum Kohärenzgefühl sensu Antonovsky auf, indem es die Unterelemente *commitment* für die eigenen Aktivitäten, *Kontrolle* über die eigenen Angelegenheiten und die Wahrnehmung beinhaltet, dass *Veränderungen* eher eine Herausforderung als eine Bedrohung darstellen. Im erstgenannten Element sehen wir Ähnlichkeiten zur *Bedeutsamkeit*, in den beiden anderen zur *Handhabbarkeit*.

Hardiness zeigt signifikant negative Zusammenhänge zu Stresserleben, Depression, Neurotizismus und negativen Gefühlen (Einzelwerte siehe Warr, 2007, S. 337 f.).

Ein schon mehrfach erwähntes Konstrukt, das im Zusammenhang mit mentaler Gesundheit und Wohlbefinden häufig vorkommt, ist die <u>Selbstwirksamkeit/self efficacy</u> (Bandura, 1976; Schwarzer & Scholz, 2002; Hohmann & Schwarzer, 2009). Dieses zentrale Konstrukt ist auch wichtiger Bestandteil der sogenannten *Positiven Psychologie*, die sich auf Voraussetzungen eines „gesunden" Beherrschens der Lebensherausforderungen konzentriert und eben nicht auf Erklärung und Behandlung von Krankheiten beschränkt – denn da „liegt das Kind schon im Brunnen".

Nach Bandura vermitteln kognitive Mechanismen zwischen Stimuli der Situation und emotionalen, motivationalen und behavioralen Reaktionen der Person. Im Gegensatz zur rein behavioristischen Tradition der Lerntheorien erfolgt Verhaltensänderung also nicht über rein periphere Stimulus – Response-Kontingenz, sondern im Sinne des symbolischen Lernens über kognitive Prozesse. Die Selbstwirksamkeitserwartung bezieht sich auf *„die subjektive Gewissheit, neue oder schwierige Anforderungssituationen aufgrund eigener Kompetenz bewältigen zu können"* (Hohmann & Schwarzer, a.a.O., S. 61). Auch hier sieht man die Ähnlichkeit zur *Handhabbarkeit* sensu Antonovsky oder zum Aspekt der *Kontrolle* als Teil der Hardiness.

Es ist theoretisch naheliegend, Selbstwirksamkeitserwartung als Moderatorvariable zwischen den Anforderungen der Situation und den affektiven und verhaltensbezogenen Reaktionen auf diese Anforderungen zu positionieren. Hohe Selbstwirksamkeitserwartungen repräsentieren nach Bandura positive Handlungs-Ergebnis-Erwartungen i. S. der Motivationstheorie von Vroom (in Schmalt & Meyer, 1976): „ich werde das schon schaffen, meine Handlung führt zum gewünschten Ergebnis". Somit ist sie Teil des übergeordneten Konstrukts *Selbstvertrauen*, und im Work/Life-Balance Modell von Kastner (Kastner, 2004, 2010, 2011) eine wichtige Ressource zur Bewältigung von Anforderungen.

Im Zusammenhang mit dem Thema *Gesundheit* hat Selbstwirksamkeit zwei verschiedene Einflüsse. Zum einen wirkt sie stressmildernd, da „Herausforderungen" nicht gleich zur „Bedrohung" werden, zum anderen ist sie ein wichtiges Element in der Wirkkette, die aus theoretischen gesundheitsbezogenen Erwägungen („Ich sollte mit dem Rauchen aufhören") nachhaltig erfolgreiche Verhaltensänderung sichert (s. auch Faltermaier, 2005). Ganz ähnlich ist bei Wieland & Hammes (2008) Selbstwirksamkeit Teil des übergeordneten Konstrukts der *Gesundheitskompetenz*, und Zimber, Gregersen, Kuhnert & Nienhaus (2010) sowie Gregersen, Zimber, Kuhnert & Nienhaus (2010) trainieren sie als kognitive Überzeugung im Rahmen gesundheitspräventiver Programme für den medizinischen Pflegedienst. Brouwer et al. (2010) untersuchen ihre Wirkung auf die Länge der Abwesenheit beim Vorliegen verschiedener Krankheiten, und Halbesleben (2010) bestätigt in einer Meta-Analyse ihren positiven Zusammenhang zum Engagement. Für Csikszentmihaly (1997) ist sie ein wichtiges Unterelement der Fertigkeiten, deren Gleichgewicht mit den Herausforderungen mit darüber entscheidet, ob die Arbeit im gleichsam mühelosen *Flow-Erleben* gipfelt.

Die Selbstwirksamkeitserwartung wird über die SWE-Skala gemessen, die von Jerusalem & Schwarzer (2013, http://userpage.fu-berlin.de/~health/germscal.htm) auf den beruflichen Bereich angepasst umformuliert wurde zur Erfassung der beruflichen Selbstwirksamkeit.

Dieses Konstrukt nimmt als wesentliche menschliche Ressource und durch seine Überlappung mit zahlreichen anderen seriösen und überprüften Konzepten einen zentralen Stellenwert ein in der Beschreibung, Erklärung und Vorhersage von Gesundheit, Krankheit, Wohlbefunden und Zufriedenheit.

2.3.4.2 Die Bedeutung des "Vitaminmodells" von Warr im Rahmen dieser Arbeit

Wie bereits zu Beginn der Ausführungen zum „Vitaminmodell" erwähnt, stellt Warr das umfassendste der hier beschriebenen Modelle zu den zahlreichen Einflussvariablen im Zusammenhang mit mentaler Gesundheit und Wohlbefinden auf. Hierbei gelingt es nicht nur, andere Theorien zum Thema mit zu integrieren, sondern sein Ansatz, der situative Variablen genauso würdigt wie personale, kommt dem hoch komplexen Geschehen bei der Determination von Gesundheit und Krankheit zumindest nahe, indem er die Reduktion auf einzelne, wenn auch hoch komplexe Größen wie z. B. das Kohärenzgefühl bei Antonovsky vermeidet.

Was wollen wir in unseren Einkaufswagen packen?

Organisationale und personale Führung soll sicherstellen:	**...durch:**
Möglichkeit zur Steuerung/ Kontrolle	- Gewährung von Entscheidungsfreiräumen
Möglichkeit zur Nutzung der Fertigkeiten	- Bedürfnis- und fähigkeitsbezogenen Einsatz der Mitarbeiter
Extern generierte Ziele	- Definition klarer, mess- und erreichbarer Ziele

Organisationale und personale Führung soll sicherstellen:	**...durch:**
Abwechslung	- Bewusste, auf Abwechslung abzielende Aufgabenstrukturierung und Ermöglichung von job rotation
Klarheit des Umfeldes	- Klärung von Rollen und Verantwortlichkeiten - Feedback über Ergebnisse geben
Verfügbarkeit von Geld	- Leistungsgerechte Entlohnungssysteme und Verzicht auf prekäre Beschäftigungsverhältnisse
Physische Sicherheit	- Arbeitssicherheit als Führungsaufgabe
Möglichkeit zu zwischenmenschlichen Kontakten	- Förderung kooperativer Arbeitsstrukturen - Bewusste Bearbeitung und Schlichtung von Konflikten - Verhinderung von „Crowding-Effekten" bei der Arbeitsplatzgestaltung (Z. B. keine Großraumbüros; Schaffung von Rückzugsräumen)
Wertgeschätzte soziale Position	- Respektvollen Umgang fördern - Transparenz & Fairness gegenüber allen Mitarbeitern
Unterstützende Führung	- Auswahl von Führungskräften auch nach sozialer Kompetenz - Training unterstützender Führung - Erstellen von Führungsgrundsätzen
Karriereaussichten	- Implementierung von Programmen zur Nachfolge- und Laufbahnplanung
Fairness & Gerechtigkeit	- Transparente Regeln und Programme
Förderung der beruflichen Selbstwirksamkeit	- Unterstützung bei Aufgabenerledigung sicherstellen - Fähigkeitsbezogen-individuelle Leistungsanforderungen

Tab. 4: Für Führung relevante Kernelemente des Vitaminmodells von Warr

2.3.5 Das Job Characteristics Modell (JCM) der Arbeitsmotivation und Arbeitsgestaltung von Hackman & Oldham

2.3.5.1 Vorläufer, wissenschaftliche Wurzeln und Grundelemente des Modells

Ein Modell, das sich differenziert den Arbeitsinhalten und deren Wirkung auf Arbeitszufriedenheit, Engagement, Fluktuation und Fehlzeiten widmet, ist das *Job Characteristics Modell* von Hackman & Oldham (1975, 1980). Dieses Modell erlangte im anglo-amerikanischen Sprachraum in den 1980er Jahren eine fast paradigmatische Bedeutung, und auch in Deutschland und Großbritannien war es theoretische Vorlage für zahlreiche Arbeitsstrukturierungs- und HdA-Projekte (*Humanisierung des Arbeitslebens* – von 1974 – 1989 ein staatliches Programm zur Verbesserung der Arbeitsinhalte und zum Abbau belastender und gesundheitsgefährdender Arbeitsbedingungen - http:// de.wikipedia.org /wiki /Humanisierung_der_Arbeitswelt).

Dieses Modell ist eine motivationspsychologisch fundierte Weiterentwicklung des *Requisite Task Attribute Ansatzes* (*RTA*), mit dem Turner & Lawrence (1965, zitiert in Dost, 1986) solche Arbeitsbedingungen definierten, die Voraussetzung für hohe Arbeitszufriedenheit sind, wie Autonomie, Tätigkeitsvielfalt, Verantwortlichkeit etc. Ihre Analyse von 47 Arbeitsstellen in 11 Firmen zeigte jedoch nicht den erwarteten linearen Zusammenhang zwischen der Ausstattung der Positionen auf diesen Dimensionen und der Arbeitszufriedenheit. Erst bei Unterteilung der Stichprobe nach der soziologischen Variable *urban vs. rural background* zeigten sich positive Korrelationen für Betriebe in städtischem Umfeld, jedoch negative für solche in ländlicher Umgebung. In dem Versuch, die soziologische Moderatorvariable post-hoc in eine mehr psychologische zu übersetzen, postulierten die Autoren Unterschiede auf der Variablen *protestantische Arbeitsmoral*, die bei der Stadtbevölkerung stärker ausgeprägt sein soll. Mit dieser Arbeit hatte Turner & Lawrence zum ersten Mal interindividuelle Differenzen in die Diskussion um Arbeitsmotivation und –gestaltung eingebracht (Dost, 1986, S. 16).

Hackman & Oldham's Arbeiten stellen eine Erweiterung und „Psychologisierung" des RTA-Ansatzes dar. Sie basieren auf der Erwartung x Wert-Theorie bzw. Instrumentalitätstheorie der Motivation von Vroom (1964; in Heckhausen, 1989; Schmalt & Meyer, 1976; Rheinberg & Vollmeyer, 2012). Nach dieser Theorie hängen Auftretenswahrscheinlichkeit, Intensität und Ausdauer einer Handlung davon ab, inwieweit diese <u>Handlung</u> in einer gegebenen <u>Situation</u> zu einem gewünschten <u>Ergebnis</u> führt (Handlung-Ergebnis-Erwartung). Der Wert und daraus resultierend die motivationale Kraft dieses Handlungsergebnisses hängt von dessen <u>Instrumentalität</u> für das Eintreffen hoch bewerteter Folgen ab, die auch Ergebnis-Folge-Erwartung genannt wird. Die Wertigkeit dieser Folgen eines Handlungsergebnisses wird von der relativ zeitüberdauernden und intersituativ wirkenden Motivausstattung der Person beeinflusst. (So ist die Wahrscheinlichkeit, dass sich ein frisch, aber noch geheim verliebter

Schüler an einem sonnigen Wochenende mit dem Lernstoff für seine für Montag terminierte Mathematikklausur beschäftigt und darauf verzichtet, mit seiner Angehimmelten ins Freibad zu gehen, von dem Kräftespiel zwischen seinem Leistungs- und seinem Anschlussmotiv abhängig. Diese bestimmen die Attraktivität der beiden möglichen Folgen „eine gute Zeugnisnote bekommen" und „ein Paar werden", wobei die subjektive Einschätzung der jeweiligen Handlungs-Ergebnis- und Ergebnis-Folge-Erwartungen sicher auch vom Selbstvertrauen und dem Glauben an seine Selbstwirksamkeit in schulischen wie in libidinösen Themenkomplexen abhängt).

Abbildung 13 zeigt die Grundelemente der Erwartung x Wert-Theorie (aus Rheinberg & Vollmeyer, 2012, S. 132). Da das Job Characteristics Modell zum einen den Prozess der Motivationsgenerierung erklärt, aber auch die inhaltlichen Voraussetzungen in Form von Situationsfaktoren und personseitigen Bedürfnissen benennt, ist es sowohl den Prozess- als auch den Inhaltstheorien der Motivation zuzuordnen.

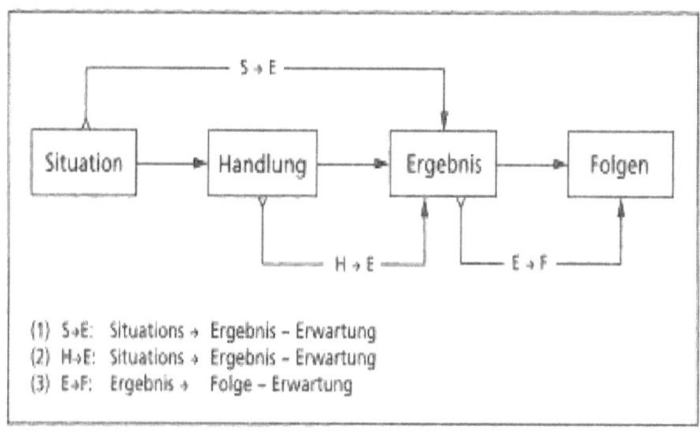

Abb. 13: Grundelemente der Erwartung x Wert-Theorien

Hackman & Lawler (1971; zitiert in Dost, a.a.O., S. 22 ff.) formulieren fünf instrumentalitätstheoretische Grundsätze über die Interaktion von Merkmalen der Arbeit und der Person beim Zustandekommen von Reaktionen wie Arbeitszufriedenheit etc.:

- Die Wahrscheinlichkeit für eine Handlung hängt davon ab, inwieweit das Individuum meint, dass diese Handlung zu hoch bewerteten Folgen intrinsischer oder extrinsischer Art führt.

  (Es existieren unterschiedlichste Definitionen zu „intrinsisch" und „extrinsisch", siehe auch Rheinberg & Vollmeyer, 2012, S. 149 f. Im Zusammenhang mit der vorliegenden Arbeit verwenden wir die Definition von Heckhausen, der von „intrinsischer Motivation" spricht, wenn Handlung und bewertete Folgen aus demselben motivationstheoretischen Themenbereich stammen. Danach ist eine leistungsthematische Handlung wie Lernen für eine Klausur dann intrinsisch motiviert, wenn die angestrebte Folge das Gefühl des Stolzes über eine erreichte Leistung ist. Lernen, um der angehimmelten Lehrerin zu gefallen [= Anschlussmotiv], ist extrinsisch motiviert).

- Der Wert einer Handlungsfolge hängt von dem Ausmaß ab, in dem diese der Befriedigung physiologischer oder psychologischer Bedürfnisse/Motive dient.

- Wenn die Arbeitsbedingungen so arrangiert sind, dass ein Individuum seine Bedürfnisse am besten befriedigen kann, indem es im Sinne der Organisationsziele effektiv arbeitet, wird es bestrebt sein, diese Ziele auch zu erreichen

- Da in heutiger Zeit Bedürfnisse niedrigerer Ordnung (z. B. physisches Wohlbefinden) meist problemlos zu befriedigen sind, üben sie keinen motivationalen Anreiz aus. Dies ist jedoch anders im Falle von Bedürfnissen höherer Ordnung wie dem Bedürfnis nach persönlichem Wachstum und Weiterentwicklung, deren Befriedigung sogar zu einer noch stärkeren Bedürfnisausprägung führen kann.

- Individuen mit positiv ausgeprägten Bedürfnissen höherer Ordnung werden Befriedigung erfahren, wenn sie das Gefühl haben, aus eigener Kraft etwas geleistet zu haben, was sie persönlich für bedeutsam und wertvoll halten. Eine solchermaßen intrinsisch motivierende Arbeit sollte Bedingungen aufweisen, die es dem Individuum ermöglichen
  a) seine Arbeit als bedeutsam zu erleben (<u>erlebte Bedeutsamkeit der Arbeit</u>)
  b) sich für seine Arbeit persönlich verantwortlich zu fühlen (<u>erlebte Verantwortlichkeit für die Arbeitsergebnisse</u>)
  c) Kenntnis seiner gegenwärtigen Arbeitsleistungen zu haben (<u>Wissen um die Ergebnisse der Arbeit</u>)

Diese von Hackman & Oldham (1980, S. 78 ff.) „kritische psychologische Zustände" (*critical psychological states*) genannten affektiven Zustände werden durch fünf „Kerndimensionen der Arbeit" (*core job characteristics*) determiniert:

- Anforderungsvielfalt (*Task variety*): *„The degree to which the job requires a variety of different activities in carrying out the work, involving the use of a number of different skills and talents of the person"*

- Aufgabengeschlossenheit (*Task identity*): *"The degree to which a job requires completion of a "whole" and identifiable piece of work, that is, doing a job from beginning to end with a visible outcome"*

- Wichtigkeit der Aufgabe (*Task significance*): *„The degree to which the job has a substantial impact on the lives of other people, whether those people are in the immediate organization or in the world at large"*

- Autonomie (*Autonomy*): *"The degree to which the job provides substantial freedom, independence, and discretion to the individual in scheduling the work and determining the procedures to be used in carrying in out"*

- Rückmeldung (*Job feedback*): *"The degree to which carrying out the work activities required by the job provides the individual with direct and clear information about the effectiveness of his or her performance"*

Die drei erstgenannten Kerndimensionen Anforderungsvielfalt, Aufgabengeschlossenheit und Wichtigkeit der Aufgabe stellen die Antezedenten des kritischen psychologischen Zustands erlebte Bedeutsamkeit der Arbeit dar, während Autonomie der erlebten Verantwortlichkeit für die Arbeitsergebnisse vorausgeht, und die Rückmeldung Voraussetzung ist für das Wissen um die Ergebnisse der Arbeit.

Mit ihrer Betonung der kritischen psychologischen Zustände als unverzichtbare intervenierende bzw. Mediatorvariable zwischen den Merkmalen der Situation und affektiven und behavioralen Reaktionen der Person i. S. von Arbeitszufriedenheit oder Fluktuation beziehen Hackman & Oldham eine deutlich psychologische Position, die sich hierin von der stark soziologischen Sichtweise des Demand/Control-Modells deutlich unterscheidet.

Die Autoren errechnen einen arithmetischen Gesamtwert für das Motivationspotential der Arbeit (MPA; im amerkanischen: *Motivating potential score – MPS*) nach der folgenden Formel:

$$\text{Motivating potential score (MPS)} = \left[\frac{\text{Skill variety} + \text{Task identity} + \text{Task significance}}{3}\right] \times \text{Autonomy} \times \text{Job feedback}$$

Abb. 14: Berechnung des Motivationspotentials der Arbeit (aus: Hackman & Oldham, 1980, S. 81)

Die Formel suggeriert also eine gegenseitige Kompensierbarkeit bei den ersten drei Kerndimensionen, die zur erlebten Bedeutsamkeit der Arbeit führen, indem sie den Mittelwert der drei Werte ermittelt. Die multiplikative Verknüpfung dieses Mittelwertes mit den Werten für Autonomie und Rückmeldung bewirkt hingegen, dass das gesamte Motivationspotential der Arbeit gleich „Null" wird, sobald einer der Faktoren den Wert „Null" annimmt.

Inhaltlich heißt dies z. B.:

- Ausprägung +/+/-: Eine hoch wichtige und anspruchsvolle und abwechslungsreiche Tätigkeit, innerhalb der ich mein Vorgehen selbst bestimmen kann, hat keine motivierende Kraft, wenn ich keinerlei Rückmeldung über die Ergebnisse erhalte: Ich „tappe im Dunkeln", und das leistungsthematisch befriedigende Erfolgserlebnis bleibt mangels Rückmeldung aus.
- Ausprägung +/-/+: Eine wichtige und abwechslungsreiche Aufgabe, über deren Ergebnisse ich stets voll im Bilde bin, wirkt nicht motivierend , wenn sie mir im Detail vorgegeben ist: ich fühle mich für das Ergebnis nicht verantwortlich, weil ich gar keine Freiheitsgrade habe, etwas „gut" oder „schlecht" auszuführen.
- Ausprägung -/+/+: Eine triviale oder unwichtige Aufgabe, deren Erledigung ich selber steuern kann und deren Ergebnisse mir transparent vorliegen, ist nicht motivierend: wegen der Unwichtigkeit der Aufgabe ist es im größeren Kontext unerheblich, ob sie gut oder schlecht erledigt wird.

Gemäß dem Modell soll das Motivationspotential der Arbeit, vermittelt über die kritischen psychologischen Zustände, Einfluss auf die Arbeitszufriedenheit, die intrinsische Arbeitsmotivation, die Zufriedenheit mit den Entfaltungsmöglichkeiten, Fehlzeiten, Fluktuation und die Arbeitsleistung haben. Die Stärke dieser Zusammenhänge wird allerdings durch das Bedürfnis nach persönlicher Entfaltung und Wachstum (*growth need strength*) moderiert.

„Some people have strong needs for personal accomplishment, for learning, and for developing themselves beyond where they are now. These people are said to have strong 'growth needs' and are predicted to develop high internal motivation when working on a complex, challenging job" (Hackman & Oldham, 1980, S. 85). Kleinbeck, Schmidt & Rutenfranz (1982) beschreiben das Bedürfnis nach Selbstentfaltung als *"das Ausmaß des relativ überdauernden Strebens von Personen, die Entwicklung der eigenen Tüchtigkeit zu fördern und sich über das Erreichen dieses Ziels oder von Teilzielen auf dem Weg dorthin zu freuen"* (S. 236 f.). In dieser Definition wird die weitgehende Überlappung mit dem Leistungsmotiv deutlich (s. auch Schmalt & Meyer, 1976).

Eine hohe Bedürfnisausprägung soll zu stark positiven Korrelationen führen, wohingegen der Zusammenhang zwischen Arbeitsbedingungen und den abhängigen Variablen für Personen mit niedriger Bedürfnisausprägung schwächer ist oder sogar negativ werden kann. Für Personen, für die persönliche Weiterentwicklung und Wachstum keine Relevanz haben, könnte ein komplexer und wichtiger Job „zu anstrengend" oder wegen der relativ höheren Misserfolgswahrscheinlichkeit sogar bedrohlich sein, wodurch Arbeitszufriedenheit negativ und Fluktuation positiv beeinflusst werden können.

Neben dieser Bedürfnisvariablen postulieren Hackman & Oldham auch für die jobspezifischen Fähigkeiten und Kenntnisse eine moderierende Wirkung. So sollen Personen, die über die für die Tätigkeit notwendigen Fähigkeiten verfügen, auf Tätigkeiten mit hohem

Motivationspotential sowohl mit hoher Motivation als auch – wegen der Arbeitserfolge – hoher Arbeitszufriedenheit reagieren. Weisen die Fähigkeiten jedoch Lücken auf, ist zwar eine hohe Motivation zu erwarten, aber auch starke Unzufriedenheit wegen des Ausbleibens befriedigender Erfolgserlebnisse.

Abb. 15 zeigt das gesamte Modell im Überblick.

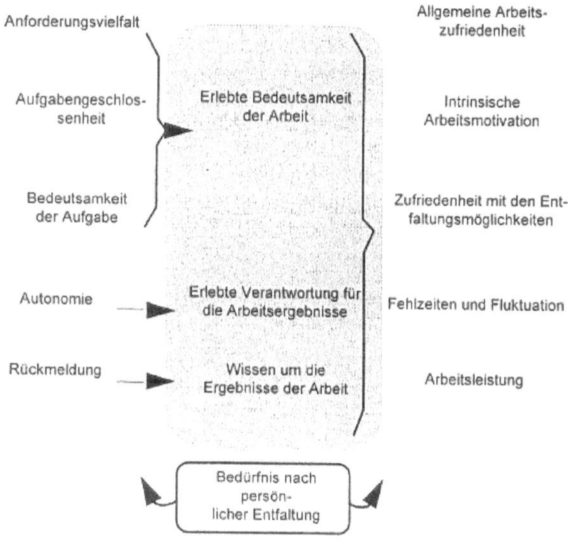

Abb. 15: Das Job Characteristics Modell (aus: Schmidt & Kleinbeck, 1999, S. 208)

2.3.5.2 Der *Job Diagnostic Survey (JDS)* als Messinstrument

Hackman & Oldham entwickelten den *Job Diagnostic Survey* als subjektives Messinstrument zur Erfassung aller relevanter Modellvariablen, der überwiegend vor und nach Arbeitsstrukturierungsprojekten eingesetzt werden sollte, um zum einen die Bereiche größten Handlungsbedarfes zu erkennen, zum anderen die Effekte der Maßnahme kontrollieren zu können (Hackman & Oldham, 1975). Neben den das Motivationspotential der Arbeit (MPA) bestimmenden *Merkmalen der Tätigkeit* und den *kritischen psychologischen Zuständen* erfasst das Instrument auch die allgemeine Arbeitszufriedenheit, die Zufriedenheit mit den Wachstumsmöglichkeiten und die internale Arbeitsmotivation als affektive Zustände. Auch die Zufriedenheit mit sogenannten Kontextfaktoren wie Arbeitsplatzsicherheit, Bezahlung, Kollegen und Führung wird erfasst, sowie zwei nicht modell-immanente Variablen *Feedback durch Andere* und *Umgang mit Anderen*.

Schmidt, Kleinbeck, Ottmann & Seidel (1985) übertrugen das Verfahren ins Deutsche.

Neben dem subjektiven Instrument JDS legten Hackman & Oldham auch ein überwiegend deckungsgleiches Instrument für die Fremdeinschätzung von Tätigkeiten vor, die *Job Rating Form* (*JRF*), die von Vorgesetzten und Experten zur Beurteilung von Arbeitsplätzen eingesetzt werden kann (Schmidt & Kleinbeck, 1999).

Die Faktorenstruktur des JDS ist in zahlreichen Untersuchungen überprüft worden, und nicht immer gelang es, die von den Autoren postulierten fünf Merkmale der Tätigkeit zu replizieren. So zeigen Schmidt & Kleinbeck (1999) in einer Überblicksdarstellung von 17 Studien, dass zwischen drei und sechs Faktoren identifiziert wurden, und dass häufig auch faktorenanalytisch „unreine" Dimensionen vorliegen, auf denen z. B. Merkmale der Anforderungsvielfalt und der Autonomie gleichermaßen hoch laden. Renn, Swiercz & Icenogle (1993) gelang es, die Fünf-Faktoren-Struktur bei höher qualifizierten, jüngeren Probanden zu replizieren, während weniger gut qualifizierte und ältere Probanden eine Drei- oder Vier-Faktoren-Struktur vorwiesen. Eine Verbesserung der Faktorenstruktur gelang den Autoren durch die Neuformulierung einiger negativ formulierter und invers gepolter Items, was ein deutlicher Hinweis auf die hohe Bedeutung der Semantik und der eindeutigen Formulierung bei der Fragebogenkonstruktion ist.

2.3.5.3 Empirische Befundlage zum JCM

Wegen seiner großen Bedeutung als „Anleitung" zur Arbeitsstrukturierung ist das Modell in zahlreichen Studien und Meta-Analysen kritisch überprüft worden. Gegenstand der Untersuchungen waren zum einen die Beziehungen zwischen den subjektiv wahrgenommenen Tätigkeitsmerkmalen und den kritischen psychologischen Zuständen, zum anderen die Wirkung dieser Variablen auf die abhängigen Größen wie Arbeitszufriedenheit, intrinsische Arbeitsmotivation, Absentismus, Fluktuation und Leistung.

So bezogen Fried & Ferris (1987) über 200 Studien in ihre Meta-Analyse ein, sowohl Querschnittuntersuchungen als auch Labor- und Feldexperimente mit Messzeitpunkten vor und nach einer Arbeitsgestaltungsmaßnahme. Es zeigte sich eine erwartungsentsprechende subjektive Repräsentation bei Manipulation der objektiven Arbeitsbedingungen, aber recht heterogene Befunde zu deren Beziehung zu den abhängigen Variablen wie Arbeitszufriedenheit und Leistung. Faktorenanalytische Untersuchungen der Dimensionalität der Arbeitsbedingungen weisen auf weniger als fünf Dimensionen hin, was an der starken inhaltlichen Überlappung der ersten drei Dimensionen Anforderungsvielfalt, Bedeutsamkeit und Autonomie liegen kann. Die Zusammenhänge zwischen den Arbeitsbedingungen und den resultierenden Größen sind für die psychologischen Variablen stärker als für die verhaltensbezogenen wie Leistung und Absentismus. Dasselbe gilt für die Wirkung der kritischen psychologischen Zustände als Mediatorvariable zwischen den Tätigkeitsmerkmalen und den Outcomes. Starke modellkonforme Beziehungen gibt es hier jedoch nur für *Rückmeldung* und *Wissen um die Ergebnisse*. Das *Bedürfnis nach Selbstentfaltung* moderiert die Beziehung zwischen MPA und Leistung (mittlere Korrelation bei niedrigem BSE r = .10 und bei starkem BSE r = .24). Auch zeigte sich, dass der Wert *MPA* – ob nun additiv oder multiplikativ verknüpft – ein aussagekräftigerer Wert ist als jede einzelne der in ihm verrechneten Arbeitsbedingungen.

Insgesamt unterstützt die Meta-Analyse von Fried & Ferris das Modell in einigen grundlegenden Aussagen. Besonders die Bestätigung, dass sich die Manipulation der objektiven Arbeitsbedingungen subjektiv widerspiegelt, ist ein deutlicher Hinweis darauf, dass die korrelativen Zusammenhänge zwischen den Variablen nicht einfach mit *common method variance* erklärt und somit als Messartefakt abgetan werden können.

Wall, Clegg & Jackson (1978) überprüften das Modell pfadanalytisch, und auch sie konnten zeigen, dass zum einen direkte Beziehungen zwischen den Kerndimensionen und den Outcomes existieren, die nicht über die kritischen psychologischen Zustände vermittelt werden, und zum anderen diese Mediatorbeziehungen umfassender sind, als das Modell postuliert: Pfade, die gemäß Modell neutral sein sollen, zeigten signifikante Pfadkoeffizienten.

Wall & Clegg (1981) führten in einem Betrieb der Süßwarenherstellung Arbeitsstrukturierungsmaßnahmen auf der Grundlage des JCM durch, und sie kontrollierten die Effekte der Manipulationen über einen Zeitraum von 33 Monaten. Als abhängige Variablen erhoben sie die Kernbedingungen der Tätigkeit sowie Arbeitsmotivation mit dem JDS, mentale Gesundheit mit dem *General Health Questionnaire* (*GHQ*), Arbeitsleistung und Retention auf der Grundlage betrieblicher Daten. Es zeigte sich eine signifikant höhere Einstufung der subjektiv wahrgenommenen Arbeitsbedingungen sowie signifikante Verbesserungen aller abhängigen Variablen, wobei sich die Arbeitszufriedenheit nicht kurzfristig, sondern erst zwischen t2 (Monat 21) und t3 (Monat 33) signifikant änderte.

Spector's (1986) Meta-Analyse der Wirkung von Autonomie und Partizipation auf psychologische und verhaltensbezogene Outcomes bestätigt die positive, das heißt Zufriedenheit, Engagement und Leistung steigernde Wirkung dieser Einzelvariable des JCM.

Schmidt (1996) untersuchte die Wirkung des wahrgenommenen Vorgesetztenverhaltens auf Arbeitszufriedenheit, Fehlzeiten und Fluktuation, und er konnte zeigen, dass besonders die Ermöglichung von Mitbestimmung einen signifikant positiven Zusammenhang zur Arbeitszufriedenheit und einen signifikant negativen zu Fehlzeiten und Fluktuation aufweist: *„Dass gerade von diesem Ausschnitt aus dem Verhaltensspektrum des Vorgesetzten die stärksten Wirkungen ausgehen, steht im Einklang mit theoretischen Überlegungen, wie sie etwa von*

Hackman & Oldham zur motivationsanregenden Gestaltung von Arbeitsaufgaben entwickelt wurden" (S. 60).

Dost (1986) führte eine laborexperimentelle Evaluation des JCM mit N = 51 Versuchspersonen durch. Dabei wurden die Arbeitsbedingungen bei einer computergestützten Textkorrektur systematisch auf den Kerndimensionen Anforderungsvielfalt, Autonomie und Rückmeldung variiert, und die Wirkungen dieser Manipulation auf die erlebte Beanspruchung, Monotonie und Sättigung (Plath & Richter, 1978; zitiert a.a.O.), Zufriedenheit mit der Aufgabe, internale Motivation und die Arbeitsleitung wurden erhoben. Die experimentelle Variation der objektiven Bedingungen wurde nicht hinreichend subjektiv abgebildet, d. h. die Versuchsbedingungen wurden von den VPn nicht als grundlegend unterschiedlich wahrgenommen, wodurch die experimentelle Überprüfung des Modells nicht erfolgreich war. Die korrelativen, regressionsstatistischen und pfadanalytischen Befunde zu den modellinternen Beziehungen zwischen den Variablen deckte sich jedoch überwiegend mit bereits oben genannten Befunden:

„Zusammenfassend kann gesagt werden, dass die Beziehungsstrukturen des ‚Job Characteristics Modells' bei Anwendung verschiedener statistischer Prüfverfahren in großen Bereichen bestätigt werden konnten, einige z. T. schon früher berichtete Beziehungen jedoch auf eine Revisionsbedürftigkeit des Modells hinweisen. So bleiben die Determinanten der erlebten Verantwortlichkeit unklar und das Wissen um die Ergebnisse zeigte sich als völlig ineffizienter Prädiktor der Reaktionsvariablen. (...) Weiterhin zeigten sich (...) direkte Zusammenhänge zwischen den Kerndimensionen und den Reaktionsvariablen. Während dies für die interne Validität des Modells von Bedeutung ist, wird die praktische Anwendbarkeit des Modells hierdurch nicht unmittelbar beeinflusst, da Maßnahmen der Arbeitsstrukturierung immer an den objektiven und subjektiv wahrgenommenen Kerndimensionen ansetzen" (S. 177).

Wilson, deJoy et al. (2004) entwickelten ein umfassendes Modell der Zusammenhänge von Merkmalen der Organisation, der Arbeitsgestaltung und anderer Einflussgrößen auf das körperliche Wohlbefinden, Gesundheitsverhalten und Fehlzeiten. Als eines von sechs Untermerkmalen der Arbeitsgestaltung erhoben sie auch die Autonomie auf der Grundlage des JCM, und sie erhoben *psychological work adjustment* im Sinne affektiver Einstellung zur Arbeit (Arbeitszufriedenheit, das Gefühl der Verbundenheit mit der Organisation, erlebte Selbstwirksamkeit und Stresserleben). Die pfadanalytische Überprüfung der Zusammenhänge an N = 1.100 Probanden bestätigte zum einen die Wirkung des Job Designs auf die nachfolgenden Größen, aber auch die unverzichtbare Rolle der affektiv-psychologischen Zustände als Vermittler zwischen Merkmalen der Organisation/Arbeitsaufgabe und den Gesundheitsvariablen.

2.3.5.4 Die Bedeutung des Job Characteristics Modells im Rahmen dieser Arbeit

Im Rahmen der in dieser Arbeit vorgestellten Theorien nimmt das JCM eine Sonderrolle ein, da es keine explizite Theorie über Determinanten der Gesundheit ist. Im Rahmen der erweiterten Definition von Gesundheit, die im Sinne des *general well-being* auch Arbeitszufriedenheit, Motivation und subjektiv erlebte Selbstwirksamkeit umfasst, ist das Modell von Hackman & Oldham jedoch hoch relevant. Es ist ein theoretisch gut fundiertes, pragmatisches Modell, das sich ideal als Grundlage für Arbeitsgestaltungsprojekte und anwendungsbezogene *action research* (Wall & Clegg, 1981) bzw. *organic research* (Argyris, 1973) anbietet. Es weist nicht die Breite des Vitaminmodells auf, setzt aber bei der Arbeitstätigkeit selbst eine „Lupe" an und wird hier wesentlich konkreter und differenzierter als Warr. Gleichwohl sind beide Modelle kompatibel und widerspruchsfrei kombinierbar, und viele Grundelemente des JCM finden sich im Vitaminmodell wieder. So ist es auch kein Zufall, dass die Forschergruppe um Peter Warr in Sheffield intensiv mit dem Modell gearbeitet und es in verschiedenen Studien evaluiert hat (z. B. Wall, Clegg & Jackson, 1978; Wall & Clegg, 1981).

In unseren Einkaufswagen packen wir:

Organisationale und personale Führung soll sicherstellen:	**...durch:**
Anforderungsvielfalt	- Bewusste Gestaltung von Einzelaufgaben - Ggf. job rotation bei eintönigen/anspruchslosen Tätigkeiten - Ggf. Bevorzugung von Mitarbeitern mit niedrigem BSE
Aufgabengeschlossenheit	- Bewusste Gestaltung von Einzelaufgaben - Verdeutlichung des relevanten Abschnitts, falls die Aufgabe Teil eines komplexeren Komplexes ist
Bedeutsamkeit der Aufgabe	- Den Sinn der Tätigkeit vermitteln
Autonomie	- Entscheidungsfreiräume bewusst gestalten - Überdeterminierung verhindern: so viele Vorgaben wie nötig, so viel Freiraum wie möglich -

Organisationale und personale Führung soll sicherstellen:	**...durch:**
Feedback über die Ergebnisse	- Persönlich über die Führungskraft sicherstellen - Feedback in die Aufgabe integrieren - Ggf. technische Rückmeldeeinrichtung integrieren - Maßstäbe und Benchmarks zur Verfügung stellen

Tab. 5: Für Führung relevante Kernelemente des Job Characteristics-Modells von Hackman & Oldham

2.3.6 Gesundheit und Wohlbefinden im Konzept der *Handlungsregulationstheorie*

2.3.6.1 Grundelemente der Handlungsregulationstheorie

Die auf den Arbeiten des Dresdener Arbeitspsychologen Winfried Hacker basierende und durch den Berliner Arbeitspsychologen Walter Volpert weiterentwickelte Handlungsregulationstheorie setzt bei der psychischen Regulation der Arbeitshandlung speziell im Rahmen von Mensch-Maschine-Systemen an (Gebert & Rosenstiel, 1981; Oesterreich, 1998), wobei die Handlungsregulation in die Komponenten Ausführungs- und Antriebsregulation differenziert wird. Die Antriebsregulation befasst sich primär mit motivationalen und volitionalen Aspekten der Handlung (siehe auch das *Rubikon-Modell der Volition* nach Heckhausen sowie das Konzept der *Volition* von Kuhl, zitiert in Rheinberg & Vollmeyer, 2012, S. 185 ff.). Mit der expliziten Behandlung des gesamten Spektrums der Ebenen, auf denen regulatorische Vorgänge stattfinden – von der psychomotorischen Ebene über die perzeptiv-begriffliche bis hin zur intellektuellen Ebene mit ihren abstrakt-heuristischen Denk- und Planungsvorgängen – führt die Theorie allgemeinpsychologische Erkenntnisse und pragmatische, gestaltungsorientierte Arbeitspsychologie zusammen.

Neben ihren eher grundlagentheoretischen Aussagen über die Steuerung bzw. Regulation des Arbeitshandelns repräsentiert die Handlungsregulationstheorie auch ein spezifisches Menschenbild, das durchaus transaktional genannt werden kann, indem der Mensch in der Arbeitsausführung einerseits aktiv-gestaltend auf seine Umwelt einwirkt, diese aber wiederum auf ihn zurück wirkt. Hierdurch wird der Mensch zum Gestalter seiner eigenen Handlungsdeterminanten, in die explizit auch das gesamtgesellschaftliche Umfeld einbezogen wird (Oesterreich, 1998). Hier geht die Forschergruppe um Hacker auch über grundlagentheoretische Aussagen hinaus, indem sie die Persönlichkeitsförderlichkeit der Arbeit normativ zur Sollvorgabe macht (Thiermann, 2002).

Die wesentliche Steuerungsinstanz stellen die *Operativen Abbild-Systeme (OAS)* dar, die das handlungsrelevante Wissen in Form von Bedingung – Handlung – Ergebnis – Beziehungen repräsentieren, das sich auf der Basis vergangener Erfahrungen aufbaut. In einem OAS sind Ziel- und Teilzielzustände repräsentiert, Kenntnisse der Kontextbedingungen und der Operationen, die notwendig und erfolgversprechend sind, um die Ziele zu erreichen (Gebert & Rosenstiel, 1981; Fischer, Internetdokument www.studierende.psychologie.uni-mainz.de/.../HSTUD_KLIN_121418190*)*. Im Sinne kybernetischer Handlungs-Ergebnis-Rückkoppelungen – vergleichbar den Test-Operate-Test-Exit-Einheiten (TOTE-Einheiten) bei Galanter & Pribram (1973, zitiert in Gebert & Rosenstiel, a.a.O.) – postuliert Hacker Vergleichs-Veränderungs-Rückkoppelungsfolgen (VVR), die sich an den OAS orientieren und auf Basis der Ergebnisrückmeldung diese weiterentwickeln. Das Arbeitshandeln wird also durch die langzeitgespeicherten OASe gesteuert, passt diese aber auch ständig an, indem gemachte Erfahrungen neue OASe ausbilden oder bestehende u. U. korrigieren.

Diese Rückkoppelung- und Lernprozesse in Form von OAS und VVR finden auf unterster Ebene im Bereich der sensumotorischen Regulation statt, auf der die Handlungsausführung und Bewegungsausführung gesteuert wird, die zum großen Teil über nicht bewusste und automatisierte Routinen stattfindet. Auf der hierarchisch übergeordneten Ebene der perzeptiv-begrifflichen Regulation werden Teiltätigkeiten und einzelne Handlungen gesteuert, während auf der 3. Ebene der intellektuellen Regulation umfassende und übergeordnete Handlungspläne erstellt und gesteuert werden (Hacker, 1998; Greiner, 1998).

Die Forschergruppen um Hacker und Volpert, die sich im Wesentlichen um die Handlungsregulationstheorie bemühten, aber auch die Schweizer Arbeitspsychologen der ETH Zürich um Eberhard Ulich und der Universität Bern um Norbert Semmer bezogen gesellschaftskritisch Stellung, indem sie auf die unzulänglichen Arbeitsbedingungen hinwiesen, die durch tayloristische Zersplitterung der Arbeitstätigkeiten entstanden sind. Was bei Volpert „Partialisierung" genannt wird – nämlich die Trennung von Entscheidung über das herzustellende Produkt, die Planung der Ausführung und die Ausführung selbst – entspricht dem Konzept des „unvollständigen Arbeitshandelns" bei Hacker (Oesterreich, 1998). Dieses tayloristische Prinzip widerspricht dem Soll-Kriterium der Persönlichkeitsförderlichkeit der Arbeitsbedingungen, das Hacker auf die 4. und somit höchste Stufe seiner Anforderungen an die Arbeit stellt (Thiermann, 2002):

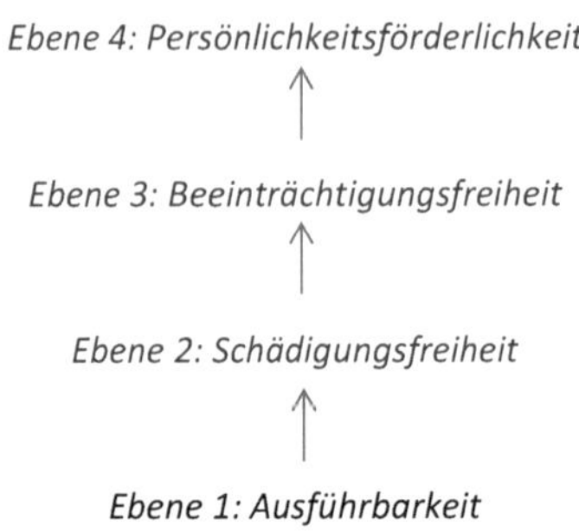

Während sich die *Ausführbarkeit* darauf bezieht, ob die Tätigkeit überhaupt technisch und mit den zur Verfügung stehenden Mitteln bewältigt werden kann, setzt die geforderte *Schädigungsfreiheit* bei den Themen Ergonomie und Arbeitssicherheit an. Tätigkeiten mit hohem Risiko einer Verletzung oder einer körperlichen Schädigung z. B. durch Lärmexposition würden dieses Kriterium verletzen. Die *Beeinträchtigungsfreiheit* stellt weniger gravierende Folgen der Arbeit in den Blickpunkt als dies auf Ebene 2 erfolgt. Hier geht es im Wesentlichen um die kurzfristigen Folgen von Fehlbeanspruchung, z. B. durch zu eintönige und reizarme Tätigkeiten, die zum Erleben (aversiver) Monotoniezustände führen können, oder aber zu psychischer Beanspruchung durch dauernde Unterbrechungen oder Zeitdruck und zum Sättigungserleben bei dauernder Wiederholung kurz getakteter Tätigkeiten. Diese kurzfristigen Folgen von Fehlbeanspruchung können zu chronischen psychosomatischen Beschwerden führen, wenn sie häufig auftreten und für die Tätigkeit bestimmend werden. Plath & Richter (1978) haben die BMS-Skala zur Erfassung dieser affektiven Zustände entwickelt, mit der Arbeitstätigkeiten z. B. durch Messungen vor und nach der Schicht bezüglich ihrer Beeinträchtigungsfreiheit gemessen werden können.

Das anspruchsvollste Kriterium der *Persönlichkeitsförderlichkeit* ist dann erfüllt, wenn die Tätigkeit vollständig ist, indem sie nicht nur durch Ausführung beherrscht wird, sondern den gesamten handlungsregulatorischen Zyklus mit den Phasen Zielbildung, Planung, Ausführung und Kontrolle und Korrektur des Ergebnisses umfasst, wobei diese Zyklen nicht nur auf der sensumotorischen und perzeptiv-begrifflichen Ebene stattfinden sollen, sondern sich auch auf die intellektuelle Regulationsebene ausdehnen müssen.

Hacker (1998, S. 73 f.) nennt sechs Elemente vollständiger Tätigkeiten:

- *ausreichende Möglichkeiten zu aktiver Betätigung – im Gegensatz zu Aktivitätsmangel*
- *Kooperationsmöglichkeiten – im Gegensatz zu Kooperationsmangel*
- *motivierende Möglichkeiten zu selbstständigen Zielsetzungen und zu Entscheidungen auf der Grundlage objektiver Tätigkeitsspielräume sowie damit zur Über-*

nahme von Verantwortung – Gegensatz zum Zielsetzungs-, Entscheidungs- und Verantwortlichkeitsmangel

- *kognitive Vorbereitungsschritte mit nichtalgorithmischen, produktiven Denkanteilen – im Gegensatz zu Denkanforderungsmangel*
- *Prüf- und Korrekturmöglichkeiten eigener Tätigkeitsergebnisse – im Gegensatz zu Mangel an Eigen- zugunsten von Fremdkontrolle*
- *Lernmöglichkeiten und lernabhängige Übertragungsmöglichkeiten von Qualifikationen auf ganze Klassen von Tätigkeiten auch außerhalb des Arbeitsauftrages – im Gegensatz zu Lern- und Disponibilitätsmangel*

Hacker geht von einem umfassenden und ganzheitlichen Gesundheitsbegriff aus, wie wir ihn auch in Kapitel 2.1.2.1 dieser Arbeit schon abgeleitet haben.

„Sofern Gesundheit hinausgehend über das vollständige körperliche, geistige und soziale Wohlbefinden – also nicht lediglich die Abwesenheit von Krankheit und Gebrechen – betrachtet wird als aktive Befähigung (Kompetenz) zum Führen eines sozial selbstständigen Lebens, so gibt es buchstäblich keinen Bereich der Allgemeinen Psychologie, der nichts beitragen könnte zur Grundlegung von Erklärungsansätzen zur Gesundheit als Prozess und zur Gesundheitsförderung als Interventionsstrategie." (Hacker, 1998, S. 57 f.).

Als wesentliche Voraussetzung von solch umfassend verstandener Gesundheit sieht Hacker die Ausübung einer persönlichkeitsförderlichen Arbeitstätigkeit, wobei die vorgeordneten Ebenen der Ausführbarkeit, Schädigungs- und Beeinträchtigungsfreiheit ebenfalls gewährleistet werden müssen, weil ihre Missachtung zu unmittelbaren physischen und psychischen Beeinträchtigungen führen können.

2.3.6.2 Messinstrumente zur Erfassung von handlungsregulatorischen Variablen

Zur Erfassung der Persönlichkeitsförderlichkeit der Tätigkeit hat die Forschergruppe um Hacker das *Tätigkeitsbewertungssystem (TBS)* entwickelt, das aus einem Instrument zur objektiven Anwendung durch Experten des Arbeitsplatzes (TBS-O) sowie einem zur subjektiven Einschätzung durch den Stelleninhaber selbst besteht (TBS-S) . Das Instrument analysiert die Tätigkeit auf fünf Unterskalen: Vollständigkeit, Kooperation und Kommunikation, Verantwortung, erforderliche kognitive Leistungen und Qualifikations- und Lernerfordernisse. Das Instrument kann insgesamt als gut geeignet zur Erfassung der Persönlichkeitsförderlichkeit gesehen werden, und es weist eine hohe interne Kriterienvalidität mit dem Verfahren *VERA – Verfahren zur Ermittlung von Regulationserfordernissen in der Arbeitstätigkeit* auf, bei einer Interkorrelation der TBS- und VERA-Gesamtwerte von r = .74 (Thiermann, 2002).

Die BMS-Skala zur Erfassung kurzfristiger Fehlbeanspruchungsfolgen wurde bereits weiter oben erwähnt.

Zwei weitere Skalen, die zumindest Teilaspekte bzw. mit der Handlungsregulation stark überlappte Aspekte erfassen, entstammen der Schweizer Arbeitspsychologie der ETH Zürich: der *Fragebogen zur „Subjektiven Arbeitsanalyse" (SAA)* und der Fragebogen *„Salutogenetische Subjektive Arbeitsanalyse (SALSA)"* (eine Beschreibung beider Verfahren lieferten Udris & Rimann, 1999).

Beiden Verfahren ist gemeinsam, dass sie die subjektive Abbildung der Arbeitswirklichkeit durch den Arbeitnehmer selbst erfassen, also auf eine „objektive Einschätzung" der Situation durch Experten verzichten. *„Mit der Fragebogenmethode werden im Sinne des Konzepts der ‚Redefinition' (...) nicht die individuumsunabhängigen Merkmale der Arbeitssituation erfasst, sondern gerade die individuell unterschiedliche Art, Aufträge und Erfüllungsbedingungen zu interpretieren bzw. zu re-definieren."* (Udris & Rimann, 1999, S. 397).

Hierdurch setzen sich die Verfahren natürlich auch der Kritik der *common method variance* aus. Auf der anderen Seite erheben sie aber Daten, die als Teil der „subjektiven Welten" der Individuen näher an den resultierenden Erlebenszuständen sind als die Betrachtung der „objektiven" Umgebung durch Externe.
Das Verfahren SAA wurde von Udris & Alioth (1980, zitiert a.a.O.) im Rahmen einer Studie zur Monotonie in der Industrie entwickelt. Es erfasst Elemente des psychologischen Entfremdungskonzepts von Blauner (1964, zitiert a.a.O.): Machtlosigkeit, Bedeutungslosigkeit, Soziale Isolation und Selbstentfremdung. Zudem wird Arbeitsbelastung als Ursache von Beanspruchung durch die Dimensionen qualitative Unterforderung, quantitative Unter- und qualitative Überforderung erhoben. Das Instrument weist auf einigen seiner Skalen nur ausreichende interne Konsistenz (Cronbachs Alpha) von < .60 auf, was über die Heterogenität der in den Evaluationsstudien analysierten Arbeitstätigkeiten sowie die „absolute" Verbalverankerung mit den Begriffen „nie" und „immer" erklärt wird, die zu stark schiefen Verteilungen führte. Ulich (1994, zitiert a.a.O.) bescheinigt dem Verfahren breite Einsetzbarkeit über unterschiedlichste Tätigkeiten hinweg und kommt zu einer insgesamt positiven Einschätzung des Verfahrens.

Das Verfahren SALSA wurde in einer Studie entwickelt, die der Frage nach den Determinanten von Gesundheit im Sinne Antonovskys nachging, also auf einem „positiven" Gesundheitsbild basiert. Erfasst werden Arbeitsmerkmale, Arbeitsbelastungen und personale, organisationale sowie soziale Ressourcen, die das Individuum befähigen, den Belastungen des Umfelds erfolgreich zu begegnen.

Das Instrument umfasst insgesamt 49 Items, die sich zu 18 Subskalen gruppieren. Beispielhaft sind hier zu nennen

- Ganzheitlichkeit der Aufgaben

- Qualifikationserfordernisse
- Qualitative/quantitative Überforderung
- Belastendes Vorgesetztenverhalten

als Beispiele für Aufgabencharakteristika.

- Aufgabenvielfalt
- Tätigkeitsspielraum
- Partizipationsmöglichkeiten

als Beispiele für organisationale Ressourcen.

- Soziale Unterstützung durch den Vorgesetzten
- Soziale Unterstützung durch Arbeitskolleginnen und –kollegen

als Beispiele für soziale Ressourcen.

Die empirische Überprüfung des Instruments ergab befriedigende bis sehr gute interne Konsinstenzkoeffizienten (Cronbachs Alpha), und zum Nachweis der Validität wird angeführt, dass das Verfahren gut zwischen objektiv stark kontrastierenden Produktionsumfeldern – einer „arbeitsorientierten" und einer „technikorientierten" Produktion – diskriminieren kann (a.a.O., S. 413 ff.).

Ebenfalls auf handlungspsychologischen Konzepten basiert das Instrument *ISTA* zur Abschätzung von Belastungsschwerpunkten, das ebenso wie der BMS in einer „subjektiven" Fragebogenversion und einer „objektiven" Rating-Version für Experten vorliegt (Semmer, Zapf & Dunckel, 1999). Es zeigt eine große Schnittmenge mit den Skalen des SALSA, erfasst aber auch dort nicht genannte Elemente, die Belastungen darstellen, wie z. B. *Unsicherheit* bezüglich der Aufgaben, Anforderungen und Ergebnisse, und auch *Arbeitsorganisatorische Probleme* (unzulängliches Material, fehlende Informationen etc.) und *Arbeitsunterbrechungen* (durch Kollegen und Kunden, Eilaufträge etc.) werden erfasst. Der Fragebogen umfasst 60 Items und die Rating-Version 54 Items, die sich zu neun Skalen gruppieren.

2.3.6.3 Die Bedeutung der Theorie der Handlungsregulation im Rahmen dieser Arbeit

Die Arbeiten Hackers und Volperts sind – bei Hacker vielleicht auch durch seine Wurzeln im realen Sozialismus der DDR begründet – vom idealistischen Bild des Menschen geprägt, der Verantwortung und Partizipation sucht und sich im fortwährenden Lernen weiterentwickeln möchte und dies auch kann, wenn die Arbeitsbedingungen entsprechend persönlichkeitsförderlich gestaltet sind. Dies ist ein positives und optimistisch stimmendes Paradigma, das sich gut als Vorlage für Arbeitsstrukturierungsprojekte, HdA-Kampagnen und dergleichen Aktivitäten eignet, die auf eine Verbesserung der Produktionsbedingungen ausgelegt sind.

Hiermit stimmt die Conclusio der Handlungsregulationstheorie bezüglich wünschenswerter Arbeitsbedingungen sicher mit der Philosophie eines Demand/Control-Modells, des Vitaminmodells oder des Job Characteristics Modells überein.

Was jedoch auffällt ist die Tatsache, dass Hacker die Voraussetzungen für Gesundheit ausschließlich allgemeinpsychologisch beschreibt und persönlichkeitspsychologische Bereiche interindividueller Differenzen außer Acht lässt. So weist z. B. Warr explizit auf die Notwendigkeit hin, diese sich auf Fähigkeiten und Motivation beziehenden Größen im Sinne des Person-Environment-Fits zu berücksichtigen, wenn Arbeit gestaltet und Individuen zugeordnet wird. Ebenso weisen Hackman & Oldham auf die moderierende Wirkung des Bedürfnisses nach Selbstentfaltung hin, und Siegrist weist auf die Gefahren hin, die durch Overcommitment als übertriebene Form der Höchst-Motivation entstehen können.

Unabhängig von dieser „Lücke" im Theoriesystem der Handlungsregulation gibt diese entscheidende Impulse und Ideen zur Sicherstellung eines Wohlbefinden, Motivation, Zufriedenheit und Gesundheit fördernden Arbeitsumfeldes.

Wir beladen also wiederum unseren Einkaufswagen mit den folgenden handlungsregulationstheoretischen Merkmalen „gesunder" Arbeit (wobei wir die *Ausführbarkeit* voraussetzen und nicht speziell aufführen):

Organisationale und personale Führung soll sicherstellen:	**...durch:**
Schädigungsfreiheit	- Ergonomische Gestaltung der Prozesse - Reduktion von Sicherheitsrisiken durch technische Maßnahmen und persönliche Schutzausrüstung -
Beeinträchtigungsfreiheit	- Verhinderung kurzer Taktzeiten - Abwechselnde Tätigkeiten schon bei der Arbeitsgestaltung vorsehen - Ggf. job rotation

Organisationale und personale Führung soll sicherstellen:	**... durch:**
Persönlichkeitsförderlichkeit :	
- Möglichkeit zu aktiver Betätigung	- Abwechselnde Tätigkeiten schon bei der Arbeitsgestaltung vorsehen
- Kooperationsmöglichkeiten	- Gruppenarbeit, wo dies möglich ist - Räumliche und zeitliche Gelegenheit zur Kommunikation bieten
- Autonomie und Entscheidungsspielraum	- Überdeterminierung vermeiden: so viel Freiraum wie möglich, so wenige Vorgaben wie nötig - Entscheidungsfreiräume bewusst gestalten
- Ganzheitlichkeit mit Einbezug kognitiver Inhalte	- Denkprozesse in Einzelaufgabe integrieren durch bewusste Aufgabengestaltung
- Prüf- und Korrekturmöglichkeiten für eigene Tätigkeit sicherstellen	- Implementierung valider Feedbacksysteme - Einführung der „Werker-Selbstkontrolle" statt „Fremdkontrolle" - Korrigierende Nacharbeit in die Tätigkeit integrieren
- Lernmöglichkeiten und Lerntransfermöglichkeiten sicherstellen	- Training on-the-job - Training off-the –job - Organisation von peer-group-learning - Lernpartnerschaften

Tab. 6: Für Führung relevante Kernelemente der Handlungsregulationstheorie

2.4 Der „Transmissionsriemen“: Auf welchen Wegen wirken Führung und Arbeit auf die Gesundheit?

In den vergangenen Kapiteln wurden Theorien über den Zusammenhang von Arbeit und Gesundheit beschrieben, jeweils auch mit empirischen Befunden zum jeweiligen Themenbereich. Abhängige Variablen waren – ganz im Sinne unseres erweiterten Begriffes von Gesundheit als *allgemeinem Wohlbefinden* - meist affektive und motivationale Zustände wie Arbeitszufriedenheit und Engagement sowie behaviorale wir Fluktuation und Absentismus. Parameter des „klassischen“ Gesundheitsbegriffs wie Bluthochdruck, Herzinfarkt- oder Depressions-Prävalenzraten oder humorale Zustände wurden seltener erhoben. Auch äußern sich die Theorien wenig zu den „Transmissionsriemen“, über die Arbeit auf die Gesundheit wirkt, es sei denn, dass die Arbeitsbedingungen in Form von ungünstigen physikalischen Umgebungs-/ergonomischen Bedingungen klar erkennbar gegen die Hacker'schen Forderungen der Schädigungslosigkeit verstoßen.

2.4.1 Das Stresskonzept von Lazarus

Im Allgemeinen erfolgt der Verweis auf *Stress* als vermittelndem Vorgang. In Kapitel 2.3.1.1 wurden die Grundelemente des Stress-Konzepts von Lazarus (1995; Lazarus & Folkman, 1985) bereits beschrieben. Dieses Modell erklärt, unter welchen Voraussetzungen ein Zustand entsteht, der umgangssprachlich mit *Stress*, im englischsprachigen Raum aber mit *Strain* als person-seitiger Reaktion auf *Stress* in der Situation bezeichnet wird. Im deutschsprachigen Raum erfolgt die Unterscheidung in Merkmale der Situation versus Reaktionen der Person durch die Begriffe *Belastung* und *Beanspruchung*: Belastung (=Stress) erfolgt außerhalb, Beanspruchung (= Strain) innerhalb der Haut (Kastner, 2012a).

Nach Lazarus entsteht *strain* dann, wenn eine situative Bedingung in einem ersten Bewertungsprozess (*primary appraisal)* als *stressig* (*stressful*) eingestuft werden, da sie mit Verletzung, Verlust, Bedrohung oder Herausforderung assoziiert ist. (Die nicht zu Beanspruchung führenden alternativen Ergebnisse der ersten Bewertung der Situation sind *irrelevant* oder *benig-positiv*). Lazarus & Folkman (a.a.O.) stellen die Bewertung der Situation als Herausforderung (*challenge*) als zu den anderen Bewertungen qualitativ unterschiedlich dar:

„The third kind of stress appraisals, challenge, has much in common with threat in that it too calls for the mobilization of coping efforts. The main difference is that challenge appraisals focus on the potential for gain or growth inherent in an encounter and they are characterized by pleasurable emotions such as eagerness, excitement, and exhilaration, whereas threat centers on the potential harms and is characterized by negative emotions such as fear, anxie-

ty and anger" (a.a.O., S. 33; zur Unterscheidung von *threat* und *challenge* siehe auch Crawford, LePine & Rich, 2010).

In der sogenannten *secondary appraisal* setzt sich das Individuum mit seinen Möglichkeiten auseinander, die Gefahr bzw. Herausforderung erfolgreich zu bewältigen. Dieser Prozess umfasst zwei Teilprozesse: einmal muss die Person Handlungsoptionen identifizieren, von denen sie glaubt, dass sie zum gewünschten Ergebnis – der Bewältigung der Situation – führen (*outcome expactancy* nach Bandura, 1977, zitiert a.a.O.), zum anderen setzt sie sich damit auseinander, ob sie selbst in der Lage ist, die (Handlungs)Option erfolgreich auszuführen (*efficacy expectation*).

Es ist offensichtlich, dass diese kognitiven Bewertungsprozesse der Situation stark durch die Lerngeschichte der Person und durch allgemeine Persönlichkeitseigenschaften wie Selbstvertrauen und emotionaler Stabilität abhängen. Sie vermitteln als Mediatoren zwischen der Situation und dem subjektiven Stresserleben, und die auf ihnen mit beruhenden Reaktionen verändern wiederum die Situation. Reagiere ich z. B. auf eine wahrgenommene Bedrohung, für deren Bewältigung ich den „Angriff für die beste Verteidigung" halte und zu dessen erfolgreicher Ausführung ich mich in der Lage fühle, mit Ärger und Aggression, hat dies Auswirkungen auf die Bedrohungssituation – mein Gegner zieht sich evtl. zurück, oder er wehrt sich massiv und erhöht das Stresserleben noch, was ich im Prozess des *reappraisal* nach meiner ersten Reaktion neu bewerte. Meine Bewältigungshandlung selbst erfolgt instrumentell, d.h. problemorientiert und auf die Neutralisierung des Stressors ausgerichtet, oder aber emotionsorientiert-palliativ in Form von Handlungen bzw. kognitiven Prozessen, durch die das emotionale arousal beherrscht werden soll. Zu diesen emotionsorientierten Coping-Strategien können sinnvolle sportive Aktivitäten („Eine Runde um den Block laufen, um sich abzureagieren!") genauso zählen wie weniger empfehlenswerte wie Medikamenteneinnahme zur Angstbekämpfung. Auch die aus der Psychoanalyse bekannten klassischen Abwehrmechanismen wie Bagatellisierung („So schlimm wird's schon nicht werden!"), Verleugnung, Verdrängung und Rationalisierung fallen unter dieser Art des Copings (Lazarus & Folkman, 1995; Faltermaier, 2005; Becker-Carus, 1981). Diese Person-Situation-Interaktion, die sich über den Zeitverlauf hin dynamisch weiterentwickelt, macht den transaktionalen Charakter des Stress-Modells von Lazarus aus.

Abbildung 16 zeigt die wesentlichen Elemente des Modells noch einmal im Überblick (http://upload.wikimedia.org/wikipedia/de/thumb/1/13/Stressmodell_von_Richard_Lazarus.png/380px-Stressmodell_von_Richard_Lazarus.png).

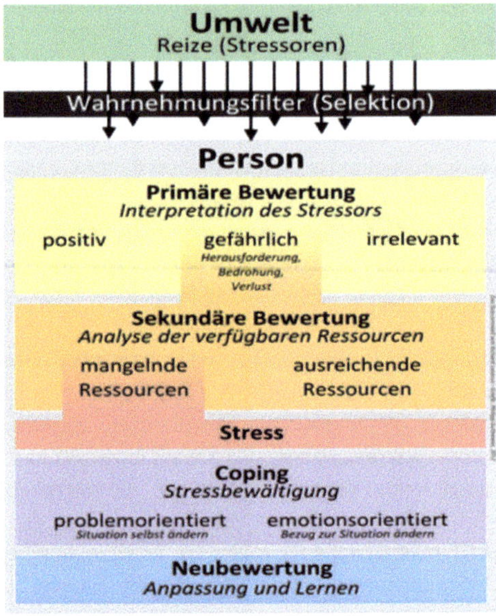

Abb. 16: Das transaktionale Stressmodell nach Lazarus

2.4.2 Die Angst/Ärger-Wirkungskette

Arbeit hat in vielerlei Hinsicht „Bedrohungspotential". Als wesentlicher Existenz sichernder und Sinn stiftender Teil des menschlichen Lebens spielt sie in unserem heutigen Leben eine umfassende Rolle (siehe auch Kastner, 2010b, 2011, 2013; Semmer & Udris, 2007). Gerade der Verlust der Arbeit, der in wirtschaftlich unsicheren Zeiten und dem durch Globalisierung bedingten Konkurrenzdruck für viele Menschen zur Realität wird, stellt eine existenzielle Bedrohung dar. Aber auch Leistungsverdichtung, technologische Weiterentwicklung, die für viele Menschen inzwischen in nicht mehr nachvollziehbarem Tempo stattfindet, resultieren in der Frage: „Schaffe ich das?" (*„Du darfst nicht langsam sein!"* Dieser Werbeslogan von *UnityMedia* ist quasi zum 11. Gebot geworden, und tatsächlich werden viele Menschen durch diese Beschleunigung „abgehängt"). Und eine zunehmende Anzahl von arbeitenden Menschen beantwortet diese Frage, die klassischen *secondary appraisal* darstellt, negativ oder mit großen Zweifeln an ihren eigenen Bewältigungsmöglichkeiten. Auch das aktuell zu beobachtende freiwillige „downshifting", bei dem Arbeitnehmer auf weniger anfordernde Tätigkeiten zurückgehen und hierfür auch materielle Verluste in Kauf nehmen, ist eine bewusste Entscheidung, dem nicht mehr bewältigbaren Druck auszuweichen und die eigene Work/Life-Balance in der Waage zu halten (Kastner, 2010b).

Es bedarf jedoch gar keiner extrem bedrohlichen Situationen wie der bevorstehenden Kündigung, um Stresserleben hervorzubringen. Wenn wir die in den vorangegangenen Kapiteln aufgeführten Elemente „gesunder" Arbeit und (personaler und organisationaler) Führung betrachten, die in unserem „Einkaufswagen" liegen, ist es leicht möglich, das Bedrohliche bzw. Ärgerliche in einer Verletzung dieser Bedingungen zu erkennen:

- Fehlende *Bedeutsamkeit der Aufgabe* i. S. des Job Characteristics Modells kann das Selbstkonzept bedrohen, das etwas Wichtiges leisten möchte
- Fehlende *Autonomie* kann durch Emotionen der Verärgerung begleitete, auf die Wiedererlangung der eigenen Entscheidungsmöglichkeiten ausgerichtete Reaktanz hervorrufen
- Der fehlende Glaube an die *Bewältigbarkeit* i. S.der Salutogenese kann das bedrohliche Gefühl des Versagens mit allen negativen Konsequenzen nach sich ziehen
- Eine erlebte *Gratifikationskrise* ist durch massiven Ärger über diese erlebte Ungerechtigkeit geprägt
- Fehlen von *Möglichkeit zu aktiver Betätigung* i. S. der Handlungsregulationstheorie und *Anforderungsvielfalt* i. S. des JCMs gehen mit dem bedrohlichen Gefühl des Verlusts eigener Kompetenzen und Fertigkeiten durch Unterforderung einher

Bono, Jackson, Hannah & Gregory (2007) aggregieren die Wirkungspfade des Vorgesetztenverhaltens auf die Emotionen der Mitarbeiter auf drei verschiedenen Pfaden:

- Die mit der Interaktion zwischen Vorgesetztem und Mitarbeiter einhergehende Leistungsbeurteilung wirkt potentiell bedrohlich
- Durch Führung wird die Autonomie der Mitarbeiter eingeschränkt (Reaktanz!)
- Emotionen müssen während der (sachlich abzulaufenden) Interaktion mit dem Vorgesetzten kontrolliert werden, was ebenfalls das Stresserleben erhöht

Die Auflistung der Zusammenhänge von Bedingungen der Arbeit und der personalen und organisatorischen Führung auf der einen und akutem oder chronischem Stresserleben auf der anderen Seite lässt sich beliebig fortsetzen. Die vermittelnden Emotionen liegen ganz in der Tradition des transaktionalen Stress-Modells in der erlebten Bedrohung bzw. Verärgerung.

Bevor der Stressvorgang und seine negativen gesundheitlichen Folgen von seiner physiologischen Seite beschrieben wird, zeigt das nachfolgende Kapitel noch exemplarisch einige Befunde auf, die Bedingungen der Arbeit mit solchen gesundheitlichen bzw. physiologischen Parametern in Beziehung setzen, also eine stärkere Eingrenzung auf körperliche Krankheitsprozesse aufweisen als im bisher verwendeten Sinne des allgemeinen Wohlbefindens.

2.4.3 Befunde zum Zusammenhang von Arbeit/Führung und Krankheit

Badura (2010a) weist in einer Erhebung an N = 2.287 Mitarbeitern eine hoch signifikante positive Korrelation von r = .25 zwischen der Akzeptanz des Vorgesetzten und dem allgemeinen Wohlbefinden nach. In derselben Studie zeigte sich eine ebenfalls hoch signifikante Korrelation von r = -.326 zwischen der Zusammengehörigkeit im Team und depressiven Verstimmungen.

Gregersen et al. (2011) unterzogen 42 Studien über den Zusammenhang von Führungsverhalten und Gesundheit einer Meta-Analyse mit den folgender Ergebnissen:

- Führungsverhalten, das durch Ungeduld, Beleidigungen, häufige Meinungsverschiedenheiten mit den Mitarbeitern geprägt und als „Stressor" bzw. „Risikofaktor" eingeordnet war, ging mit geringerer Arbeitszufriedenheit, erhöhten Erschöpfungszuständen und höheren Fehlzeiten und Langzeitabwesenheiten einher
- Eine Studie von Nyberg et al. (2005; zitiert a.a.O.) wies nach, dass das geringste Stresserleben bei Mitarbeitern auftrat, deren Vorgesetzte flexibel und bedarfsgerecht zwischen Aufgaben- und Mitarbeiterorientierung umschalten können

Kornitzer, Kittel et al. (1981) zeigten in einer Querschnittuntersuchung von N = 3.179 männlichen Industriearbeitern zwischen 40 und 55 Jahren einen signifikanten Zusammenhang zwischen objektivem und subjektiv erlebtem Job-Stress-Niveau auf der einen und endokrinen und Herz/Kreislauf-bezogenen Reaktionen sowie KHK-Prävalenz auf der anderen Seite.

Stansfeld et al. (1998) beziehen sich auf die Whitehall II – Studie, in der N > 10.000 Mitarbeiter der britischen öffentlichen Verwaltung über acht Jahre auf Zusammenhänge zwischen Arbeitsbedingungen und Maßen der Gesundheit untersucht wurden. Es zeigte sich, dass ungünstige Arbeitsbedingungen zu Messzeitpunkt 1, die durch geringe Autonomie, wenig soziale Unterstützung und ein effort/reward-Ungleichgewicht gekennzeichnet waren, mit deutlich erhöhtem *poor physical functioning* zu einem späteren Messzeitpunkt einhergingen, selbst wenn der Effekt statistisch gegen bestehende Krankheit, das Beschäftigungsniveau und negative Affektivität kontrolliert wurde.

Marmot, Theorell & Siegrist (2002) postulieren ein hohes Plasma-Fibrinogenlevel mit der Gefahr des Gefäßverschlusses durch *clotting* (Klumpenbildung) als biologisches Verbindungsglied zwischen den Arbeitsbedingungen und den Herz/Kreislauferkrankungen, die sowohl in den Whitehall- Studien als auch der schwedischen SHEEP-Studie (s. auch Kapitel 2.3.3.1) nachgewiesen wurde.

Nyberg, Alfredsson et al. (2009) zitieren die schon in Kap. 2.2.1 erwähnte WOLF-Studie, in der ein eindeutiger Zusammenhang zwischen spezifischen Führungsverhaltensweisen und einem späteren IHD-Ereignis (Ischämische Herzkrankheit, so wie Myocard-Infarkt oder Angina pectoris) nachgewiesen wurde, wobei durch Alter und Ausbildungsniveau bedingte Effekte statistisch kontrolliert wurden. Die mit Unterschieden im gesundheitlichen Risiko einhergehenden Vorgesetzten-Verhaltensweisen bezogen sich darauf, inwieweit Ziele gründlich erklärt werden, Kontrolle durch den Arbeitnehmer zugelassen, Änderung aktiv gemanagt und Unterstützung angeboten wird.

Peter, Siegrist et al. (2002) beziehen sich ebenfalls auf die SHEEP-Studie, und sie fanden erhöhte odds ratios für einen Herzinfarkt bei Arbeitsbedingungen, die sowohl nach dem Demand/Control-Modell als auch dem der Gratifikationskrise ungünstig waren, wobei die Kombination beider Modelle aber die höchste Vorhersagekraft aufwies.

Siegrist (2010) weist auf die erhöhte Gefahr einer Depression hin, wenn über längere Zeit eine Gratifikationskrise besteht, die folgende Ursachen haben kann:

- Abhängigkeit von der gegenwärtigen unbefriedigenden Tätigkeit, da (scheinbar) keine Alternativen bestehen
- Verbleib in der momentanen Tätigkeit aus „strategischem Kalkül" als „antizipatorischem Investment", in der Hoffnung, dass die Leidensphase letztendlich zu einer befriedigenderen Tätigkeit durch Beförderung o. ä. führt („per aspera ad astra-Prinzip")
- Übersteigerte Verausgabungsneigung (*overcommitment*)

Für die diskriminanzanalytische Untersuchung zur Unterscheidung von Herzinfarktpatienten zu einer Kontrollgruppe von Siegrist et al. (1981) siehe Kapitel 2.3.3.1.

Skakon, Nielsen, Borg & Guzman (2010) untersuchten in einer Meta-Analyse von 49 Veröffentlichungen die Wirkung des Wohlbefindens der Führungskräfte selbst sowie ihres Führungsverhaltens und –stils auf das Wohlbefinden der Mitarbeiter. Hierbei zeigte sich ein positiver Zusammenhang zwischen dem Stresserleben und Burnout der Führungskräfte selbst und denselben Zuständen bzw. Ereignissen bei ihren Mitarbeitern. Hier ist natürlich die Kausalrichtung unklar. Drei Erklärungen sind denkbar:

- „Gestresste" Führungskräfte geben den Stress an ihre Mitarbeiter ungefiltert weiter (die Führungskraft als Stressor)
- „Gestresste" Mitarbeiter, die nur eingeschränkt arbeits- und entscheidungsfähig sind, stellen einen Stressor für die Führungskraft dar (der Mitarbeiter als Stressor)
- Beide „Stresszonen" gehen auf dieselben Dritteinflüsse zurück, z. B. ein kritisches Projekt, die bedrohliche Situation der Firma, ein gemeinsamer höherer Vorgesetzter als Stressor (externer Stressor für beide Gruppen)

Pfaff (2010) führt die höhere Wahrscheinlichkeit für eine Gratifikationskrise durch die spezifischen Arbeitsbedingungen von Behindertenbetreuern als Ursache für die Tatsache an, dass 36,6% dieser Berufsgruppe mittlere bis hohe Burnout-Symptome aufweisen. Diese Arbeitsbedingungen sind durch das starke soziale Engagement dieser Betreuer und die häufigen Enttäuschungen geprägt, die gerade durch die schwierige Steuer- und Kontrollierbarkeit des Gegenstands der Arbeit – den behinderten Menschen – bedingt sind.

Auch von dem Knesebeck (2010) weist auf die erhöhten Burnout-Raten bei Mitarbeitern in Krankenhäusern hin, bei denen gerade Assistenzärzte und Frauen gefährdet sind, wenn man signifikant erhöhte Burnout-Werte aus dem *Copenhagen Burnout Inventory* zugrunde legt. Gerade die Kombination hoher Anforderungen (*Demands*) im Sinne des Demand/Control-Modells mit dem Vorliegen einer Gratifikationskrise kann das Risiko für einen Burnout in diesem Bereich um das 5 – 6-fache erhöhen.

Theorell (1981) untersuchte die Wirkung von Lebensereignissen auf die KHK-Prävalenz. Hier zeigte sich in mehreren Studien eine signifikante Korrelation zwischen dem Vorliegen solcher Ereignisse und der Katecholaminausschüttung, und es zeigte sich ein erhöhtes Auftreten solcher Ereignisse in den Monaten vor einem Herzinfarkt, zu denen auch die arbeitsbezogenen *psychosocial workloads* zählten.

In einer anderen Untersuchung verglichen Theorell, Bernin et al. (2010) die Wirkung zweier unterschiedlicher Führungstrainings auf subjektive sowie physiologische Parameter, die sowohl bei den teilnehmenden Managern als auch deren Mitarbeitern erhoben wurden. Hier zeigten beide Trainingsansätze vergleichbare positive Wirkung sowohl bei den Führungskräften als auch bei deren Mitarbeitern, nämlich gesenkte Blut-Cholesterinwerte, weniger Schlafstörungen und depressive Symptome sowie für das anabolische, die Regeneration fördende Hormon DHEA.

Wieland & Hammes (2008, S. 2) weisen darauf hin, dass die *„Gesundheitskompetenz (...) als die Erwartung, gesundheitlichen Beschwerden und Erkrankungen aktiv und wirksam begegnen zu können bzw. die Gesundheit durch eigene Maßnahmen zu erhalten“*, signifikant einhergeht mit der Häufigkeit der Nennung körperlicher Beschwerden.

Zok (2011) konnte in einer Befragung von N = 28.223 Mitarbeitern aus 147 Betrieben Zusammenhänge zwischen dem subjektiv eingeschätzten Vorgesetztenverhalten und subjektiv geäußerten Gesundheitsbeschwerden untersuchen. Hier zeigte sich, dass Mitarbeiter, die das Verhalten ihrer Vorgesetzten eher schlecht einstuften, deutlich mehr über Gesundheitsbeschwerden klagten als Mitarbeiter mit einer positiven Einschätzung des Verhaltens ihrer Vorgesetzten. Natürlich sind auch bei diesem Befund alle bereits weiter oben aufgeführten Einschränkungen der Interpretierbarkeit von Querschnittuntersuchungen zu nennen, die zudem auf rein subjektiven Einschätzungen beruhen (Varianz gemeinsamer Methoden, keine Kausalrichtung erkennbar etc.).

Bereits aus diesem kleinen Ausschnitt von Befunden zu den körperlichen Korrelaten von Arbeits- und Führungsbedingungen wird deren Zusammenhang deutlich. Deshalb wird im folgenden Kapitel der physiologische Stress-Prozess beleuchtet, da in diesen Vorgängen der Wirkmechanismus für arbeits(mit)bedingte Krankheit zu finden ist.

2.4.4 Stress-Physiologie

Um die gesundheitlich negativen Auswirkungen des Stresserlebens zu verstehen, müssen die mit Beanspruchung (*strain*) einhergehenden physiologischen Prozesse beleuchtet werden. Diese Abläufe versetzen den Organismus in erhöhte Bereitschaft und Fähigkeit zum Kampf oder zur Flucht (*fight/flight-Modus* nach Cannon, 1929, in Cox & Griffiths, 2010), um den Stressor zu bekämpfen oder ihm zu entgehen. Insofern sind sie phylogenetisch höchst sinnvoll und adaptiv, da unsere Stressoren über Zehntausende Jahre hinweg unsere körperliche Unversehrtheit bedrohende Gefahren waren, und bei der Auseinandersetzung mit dem „großen braunen Bären" sind Flucht oder Kampf die einzigen probaten Reaktionen.

Die „braunen Bären" der neuzeitlichen Arbeitswelt sind jedoch überwiegend psychosozialen Stressoren wie Versagensangst, Konflikte mit Vorgesetzten und Kollegen, quantitative und /oder qualitative Überlastung durch Leistungsverdichtung etc. gewichen. In solchen Situationen ist sowohl aggressives Kampf- als auch Fluchtverhalten selten möglich oder keine sozial akzeptable Coping-Strategie. Unser physiologisch nun auf körperliche Höchstleistung eingestellter Organismus kann sich nicht durch entsprechende Aktivität „abreagieren" – wie ein Motor, der mit Vollgas im Leerlauf betrieben wird, kann potentielle Energie nicht in kinetische umgewandelt werden. Und dies schadet dem Organismus, wenn entsprechende Aktivierungsvorgänge häufig oder über längere Zeiträume auftreten.

Die Stressreaktion kann in affektive, verhaltensbezogene und physiologische Komponenten unterschieden werden (Siegrist, 1996; Kastner, 2010a, 2012a). Nachfolgend werden v. a. die physiologischen Aspekte beschrieben.

2.4.4.1 Ablauf der Stressreaktion im vegetativen Nervensystem (VNS)

Das vegetative Nervensystem (VNS) regelt im Wesentlichen die (nicht oder wenig bewusst erfolgende) Anpassung des Organismus an äußere Bedingungen. Zum VNS gehören die afferenten und efferenten Nerven, die die inneren Organe, die Drüsen und die glatte Muskulatur versorgen, sowie zentrale Steuerungsinstanzen wie der Hypothalamus, eine wesentliche Struktur des Zwischenhirns. Hier findet die Steuerung des Stoffwechsels, der Temperaturregulation, der Nahrungsaufnahme und auch der „Notfallreaktion" statt, die Teil der Stressreaktion ist. Funktionell werden innerhalb des VNS die Antagonisten *Sympathicus* und *Pa-*

rasympathicus unterschieden: während der Sympathicus im Wesentlichen die mit Aktivation, Wachheit und erhöhter Leistungsfähigkeit einhergehenden physiologischen Reaktionen beeinflusst, geht parasympathische Dominanz eher mit Entspannung, Erholung, Verdauung etc. einher (*fight & flight* versus *rest & digest*) (Becker-Carus, 1981; Kastner, 2010a; Schandry, 1981).

Bei Konfrontation mit einem Stressor – also einem Reiz, der im *Bewertungsprozess* als „relevant und bedrohlich" und zu dessen Bewältigung die verfügbaren Ressourcen als nicht ausreichend einordnet wurden – werden über den Hypothalamus zwei unterschiedliche Wirkketten ausgelöst.

a) Wirkkette 1: Vom Hypothalamus aus erfolgt eine neuronale Innervation des Hypophysenhinterlappens, der das antidiuretische, d. h. die Blasenentleerung hemmende Hormon ausschüttet. Ebenso erfolgt eine neuronale Innervation des Nebennierenmarks durch den Hypothalamus und eine dadurch bedingte Ausschüttung von Katecholaminen (Adrenalin und Noradrenalin) am Erfolgsorgan. Da Noradrenalin auch als Transmitter innerhalb des sympathischen Systems fungiert und hier am synaptischen Spalt auch in kleinen Mengen in den Blutkreislauf gerät, erfolgt dessen Ausschüttung zunächst auf diesem Wege kurzfristig, über das Nebennierenmark jedoch auch mit längerer Laufzeit.

b) Wirkkette 2: Über „Releasing Factors" erfolgt eine Innervation des Hypophysenvorderlappens, der ACTH (Adrenokortikotropes Hormon) ausschüttet, das wiederum die Nebennierenrinde anregt, Corticoide (Cortisol und Aldesteron) zu produzieren. Die Corticoide wiederum wirken inhibitorisch auf den Hypophysenvorderlappen, wodurch eine homöostatische selbstregulatorische Rückkoppelung stattfindet.

Die beiden Prozessstränge regulieren sich gegenseitig, indem Katecholamine (Wirkkette 1) zum einen die ACTH-Produktion (Wirkkette 2) fördern, was wiederum die Coticoid-Ausschüttung in der Nebennierenrinde verstärkt. Die Corticoide wiederum wirken nicht nur hemmend auf den Hypophysenvorderlappen, sondern auch auf die Katecholaminproduktion des Nebennierenmarks (in Wirkkette 1) (von Dawans, Kirschbaum & Heinrichs, 2009; Becker-Carus, 1981).
Die Katecholaminausschüttung bei Konfrontation mit dem Stressor erfolgt sehr kurzfristig, und sie versetzt den Organismus in erhöhte Aktionsbereitschaft, indem der Blutdruck steigt, die Peripherie vermehrt durchblutet wird, die Puls- und Atemfrequenz und der Blutzuckerspiegel steigen. Die verzögert einsetzende Aktivierung von Wirkkette 2 verstärkt diese Effekte, indem alle Funktionen, die nicht zur Bewältigung der aktuellen Belastungssituation beitragen, unterdrückt werden.

Die Abbildung 17 zeigt diese Mechanismen noch einmal im Überblick

Die oben beschriebenen physiologischen Mechanismen sind hoch effektiv, wenn es um die Bewältigung einer Belastung geht, der man durch körperliche Aktivität entgegenwirken kann. Sie können allerdings zu gesundheitlichen Schäden führen, wenn sie über einen längeren Zeitraum oder in hoher Frequenz auftreten, ohne dass eine körperliche Verarbeitung und Nutzung des „Super-Kraftstoffs“ erfolgt, der nun durch unsere Adern fließt.

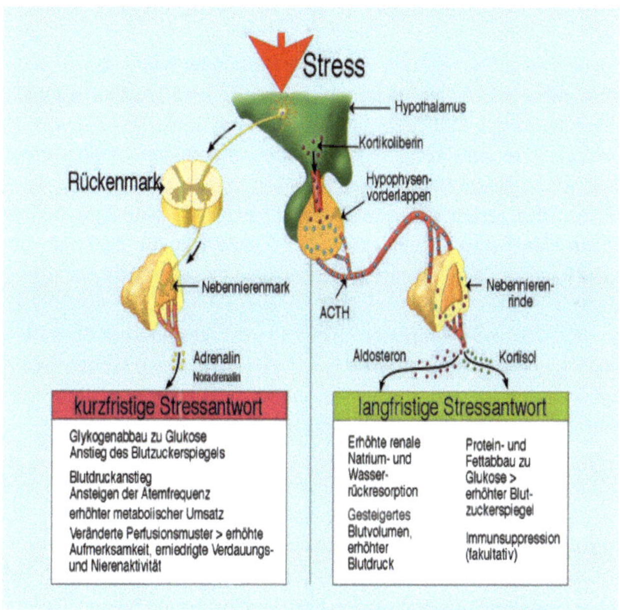

Abb. 17: Stressreaktion des vegetativen Nervensystems. (Quelle: http://user.medunigraz.at/helmut.hinghofer-szalkay/stress_A_C.jpg)

Einer der frühen und bekanntesten Stress-Forscher, Hans Selye, beschrieb das „Allgemeine Anpassungssysndrom“ (*general adaptation syndrome, GAS*) als Reaktion des Organismus auf eine lange anhaltende und intensive Belastungssituation. Diese Reaktion erfolgt in drei Phasen:

Phase 1: Alarmreaktion.
Diese ist die kurzfristige Reaktion des Organismus auf eine Bedrohung/einen Stressor. Sie ist durch erhöhte Katecholaminausschüttung und deren Wirkung bestimmt.

Phase 2: Widerstandsstadium.
Diese Phase tritt ein, wenn der Stressor weiter besteht. Hier herrscht Corticoid-Dominanz vor.

Phase 3: Erschöpfung.
Die Resistenz der Widerstandsphase gegen den Stressor kann nicht unbefristet aufrecht gehalten werden. Bei weiter dauernder Belastung bricht der Widerstand zusammen, und hier zeigen sich neben umfassender physischer und psychischer Erschöpfung nachhaltige gesundheitliche Einschränkungen wie Reduktion der Immunabwehr, Bildung von Magengeschwüren, Vergrößerung der Nebennieren, Nachlassen der Fertilität und des Sexualtriebs, Hypertonie, Herzkrankheiten etc. (Schandry, 1981; Becker-Carus, 1981; Rogge, 1981).

Für die langfristig schädliche Wirkung von Dauerstress oder häufig auftretenden intensiven Belastungssituationen gibt es inzwischen hinreichende und gesicherte empirische Belege (zur Unterscheidung zwischen *akutem* und *chronischem Stress* siehe Tewes, 1999, S. 98 f., der die Langfristigkeit der physiologischen Reaktion auf den Stressor als Unterscheidungskriterium heranzieht). So zeigte Orth-Gomér (1981) in einer Untersuchung mit schwedischen Industriearbeitern, dass erlebter Stress ein unabhängiger Risikofaktor für die Ausbildung koronarer Herzkrankheit (KHK) ist, indem er den Stresseffekt von dem der traditionellen Risikofaktoren wie Rauchen, Alkoholkonsum, Hypertonie etc. abgrenzte.

Montgomery, Hemingway & Humphries (2002) konnten zeigen, dass Stress und genetische Prädispositionen beim Zustandekommen von KHK interagieren, wobei dieser Zusammenhang über entzündungsrelatierte Responses, erhöhte Plasma-Fibrinogenwerte, die Lipidreaktion, den Blutdruck sowie Linkskammerhypertrophie vermittelt wurde.

Gerade die unter Stress-Beanspruchung steigenden Werte des Blutdrucks und der „Blutchemie-Elemente" Blutzucker und Cholesterin, hier besonders das schädliche LDL (*low density lipoprotein*), schädigen die Wände der Blutgefäße, an deren Innenwänden sich Ablagerungen bilden (arteriosklerotische Plaques), die im weiteren Verlauf zu einer Einschränkung der Gefäßelastizität und zunehmender Verengung des Gefäßes führen können. Hierin ist eine wesentliche Ursache der koronaren Herzkrankheit (KHK) zu sehen, in deren Vordergrund die verminderte Durchblutung und Leistungsfähigkeit des Herzmuskels steht.

2.4.4.2 Stress und das Immunsystem: Erkenntnisse der Psychoneuroimmunologie (PNI)

Die noch relativ junge Disziplin der Psychoneuroimmunologie beschäftigt sich mit den Wechselwirkungen zwischen zentralem Nervensystem (ZNS) und dem Immunsystem (IS).

„Das Immunsystem dient generell dem Aufspüren und Vernichten von körperfremden Stoffen sowie der Erkennung und Zerstörung entarteter eigener Zellen" (von Dawans et al., 2009, S. 30).

„Was passiert im Zusammenspiel von Körper und Psyche? Die gesuchte Brücke zwischen Körper und ‚Geist' oder ‚Seele' ist das Immunsystem. Es gibt eine Verbindung zwischen Immunsystem und Gehirn. Nerven-, Immun- und Hormon-System sind ein neuro-immuno-endokrines Netzwerk, und zwischen diesen Teilsystemen findet Kommunikation statt" (Kastner, 1999, S. 294).

Die nachfolgenden Ausführungen basieren größtenteils auf Henning (1998), Schedlowski & Tewes (1999) und von Dawans et al. (2009).

Anatomisch gehören die primären und sekundären lymphatischen Organe, das Lymphsystem und das Blut zum IS. In den primären lymphatischen Organen – dem Knochenmark und der Thymusdrüse – werden die Lymphozyten gebildet, die überwiegend in den sekundären lymphatischen Organen wie Milz, Lymphknoten, Peyersche Platten, Blinddarm und Tonsillen eingelagert werden. In diesen sekundären Organen finden auch primär der Kontakt und die Auseinandersetzung mit den Erregern und Antigenen statt.

Zum Immunsystem gehören u. a. die *natürlichen Barrieren*, die ein Eindringen unerwünschter Fremdstoffe in den Organismus erschweren bzw. zur raschen Neutralisierung einmal eingedrungener Stoffe beitragen. Hier sind z. B. Barrieren wie die Haut, bakterizide Substanzen im Speichel, der Tränenflüssigkeit und der Magensäure zu nennen, die bereits einen Großteil von Noxen ausschalten.

Die weiteren Elemente des IS können in einem Vier-Felder-Schema dargestellt werden (siehe Tab. 7).

Zwischen diesen Teilsystemen des IS finden komplexe Interaktionen statt, sie dürfen also keinesfalls als unabhängige Einheiten gesehen werden.

Die Elemente der spezifischen Abwehr setzen eine vorangegangene „Lernerfahrung" mit dem Erreger voraus, wie dies in der Interaktion von Antigen und Antikörper der Fall ist. Auf diesem Prinzip beruht ja gerade der Impfvorgang: bewusste Kontaminierung des Organismus mit abgeschwächten bzw. abgetöteten Antigenen zur Provokation der Bildung von Antikörpern, die für langanhaltende Immunität gegenüber dem Erreger führen.

Im unspezifischen IS haben die Monozyten, die sich aus diesen entwickelnden Makrophagen und die natürlichen Killerzellen die Fähigkeit zur Phagozytose, d. h. zum Aufnehmen und Vernichten körperfremden Materials, aber auch entarteter eigener Zellen, die das Potential zur Tumorbildung haben. Granulozyten machen 60 – 70% der Leukozyten aus. Sie sind Hauptbestandteil des Eiters und bewirken die rasche „Erste Hilfe" bei Wunden durch ihre überragende Phagozytose-Befähigung.

Lysozym hat bakterizide Wirkung, und Interferone sind Proteine, die mit der Replikation von Viren *interferieren*, also virostatische und darüber hinaus auch zytostatische Wirkung haben und somit auch das Wachstum von Tumoren hemmen können.

Das Komplementsystem ist ein komplexer Regelkreis verschiedener Reaktionsmechanismen, an dessen Ende die Zerstörung des pathogenen Erregers steht.

	Unspezifische Abwehr	Spezifische Abwehr
Zelluläre Abwehr	- Killerzellen - Monozyten - Makrophagen - Granulozyten	- T-Lymphozyten - B-Lymphozyten
Humorale Abwehr	- Lysozym - Interferone - Komplementsystem	- Immunglobuline

Tab. 7: Teilsysteme des Immunsystems

Die negative Beeinflussung des Immunsystems durch lange anhaltende Stressphasen und habituelle depressive Stimmung und Feindseligkeit ist inzwischen hinreichend belegt. Bereits 1919 beschreibt Ischigami den beobachteten Zusammenhang von reduzierter Immunkompetenz und Misserfolgen im Beruf, fehlender Harmonie in der Familie und länger anhaltenden Phasen des Neides (zitiert in Hennig, 1998, S. 146 f.).

Farris (1938, zitiert in Benschop & Schedlowski, 1999) wies einen Zusammenhang zwischen Prüfungsstress bei Studenten und der Anzahl der Lymphozyten nach, der besonders augenfällig wurde, wenn der Prüfer als besonders streng bekannt war. In Experimenten zur Wirkung von induziertem mentalem Stress mit dem Stroop-Color-Word-Test zur Interferenzneigung zeigten sich deutliche Anstiege von Blutdruck, Herzrate und natürlichen Killerzellen (zitiert in Benschop & Schedlowski, 1999). Andere Untersuchungen zeigten z. B. die erhöhte Infektanfälligkeit für Pfeiffersches Drüsenfieber nach Phasen subjektiven Belastungserlebens

(Roark, 1971, zitiert a.a.O.), und Kemeny et al. (1989, zitiert a.a.O.) wiesen eine relative Suppression von T-Lymphozyten bei Probanden mit ausgeprägten Gefühlen der Angst, Depression und Feindseligkeit sowie eine höhere Erkrankungsrate an herpes genitalis nach. Levy (1985) und Levy et al. (zitiert a.a.O.) zeigten an Frauen mit Brustkrebs, dass soziale Unterstützung sowie ein auf die Suche nach Unterstützung ausgerichtetes Copingverhalten die Zahl der natürlichen Killerzellen signifikant erhöhte, was insgesamt mit einer besseren Überlebensprognose einherging.

Ebenso gibt es Befunde für die Beeinflussbarkeit des Immunsystems durch klassische Konditionierung, auf die Vogt & Kastner (1998) hinweisen: sowohl Reaktionen der Immunstimulation als auch der Immunsuppression konnten experimentell konditioniert werden, und in dieser bewussten Beeinflussung der Immunantwort und Stärke unserer Abwehr liegen Chancen für eine zukünftige Behandlung von Krankheiten oder auch deren Prävention.

Auf zellulärem Niveau gibt es sowohl indirekte als auch direkte Evidenz für Katecholamin-empfindliche Rezeptoren auf den Lymphozyten selbst. So existieren Verbindungen zwischen dem VNS und den Organen des Immunsystems wie Thymus und Lymphknoten, und eine Blockade der entsprechenden Rezeptoren durch Beta-Blocker führte im Stressinduktionsexperiment zum Anstieg von Blutdruck und Herzfrequenz, nicht jedoch der Zahl der natürlichen Killerzellen (Benschop & Schedlowski, a.a.O.).

Wir können nach heutiger Befundlage davon ausgehen, dass die Immunreaktion ein wesentlicher Mediator zwischen Stresserleben auf der einen und – zumindest bestimmten – Krankheiten auf der anderen Seite ist. Zu diesen Krankheiten zählen insbesondere solche, die mit Infektionen (geschwächte Abwehr von Viren u. a. Erregern) und irregulärer Zellvermehrung (verminderte Aktivität von Killerzellen) einhergehen.

2.4.5 Typ-A-Verhaltensmuster als besonders stress-exponierte Persönlichkeitsdisposition?

Das von den amerikanischen Kardiologen Friedman & Rosenman (1975) erstmals beschriebene *Typ-A-Verhaltensmuster* war in den 1980er Jahren Gegenstand zahlreicher Untersuchungen und auch kontroverser Diskussionen. Dieses Verhaltensmuster, das auch als *coronary prone behavior pattern* bezeichnet und somit in die Nähe koronarer Herzkrankheit gebracht wird, ist gekennzeichnet durch

„einen bestimmten Komplex von Persönlichkeitsmerkmalen, zu denen ein anormaler Leistungstrieb, Rivalitätsdenken, Aggressivität, Ungeduld und das quälende Gefühl ständigen Zeitdrucks gehören“ (Friedman & Rosenman, 1975, zitiert in Apenburg & Dost, 1985, S. 1).

Zur Messung des Konzepts haben Friedman & Rosenman selbst ein *Structured Interview* (*SI*) entwickelt, das zur Gruppe der *objektiven Tests* zählt, da der Proband nicht um Selbstauskunft gebeten wird, sondern sein Verhalten in der diagnostischen Situation nach ihm nicht transparenten Kriterien ausgewertet wird (Amelang & Zielinski, 2002). In diesem Falle wird eben nicht gefragt, ob der Proband häufig ungeduldig sei oder von Anderen begonnene Sätze vollende, um einen Wert für „Ungeduld" zu erhalten. Vielmehr werden solche Situationen in der SI-Situation provoziert, indem der Interviewer langsam-umständlich formuliert und dann beobachtet und vermerkt, ob der Proband seinen Satz vollendet, unruhig auf dem Stuhl herumrutscht, explosiv-dynamische Bewegungen macht etc.

Neben diesem Instrument liegt auch der *Jenkins Activity Survey* (*JAS*) als subjektives Selbstauskunftverfahren vor, ebenso die *Bortner-Skala* und andere Fragebogeninstrumente (siehe auch Apenburg & Dost, 1985, S. 2).

Faktorenanalytische Untersuchungen des Konzepts haben überwiegend drei Verhaltensfaktoren hervorgebracht: „speed and impatience", „job involvement" und „hard driving and competitive".

Tatsächlich hat sich das Typ-A-Verhalten in zwei großen prospektiven Längsschnittuntersuchungen in den USA als unabhängiger Risikofaktor, einen Herzinfarkt zu erleiden oder an KHK zu erkranken, erwiesen.
Dies ist zum einen die *Western Collaborative Group Study* (*WCGS*), an der zwischen 1960 und 1969 3.200 männliche Probanden teilnahmen und die für A-Typen ein 1,9 fach erhöhtes Risiko ergab, an KHK zu erkranken bzw. zu versterben. Hierbei wurden die klassischen Risikofaktoren statistisch kontrolliert, weshalb Typ-A-Verhalten nach dieser Studie als eigenständiger Risikofaktor neben Hypertonie, Rauchen und Übergewicht gesehen wurde. Derselbe odds-ratio Wert ergab sich in einer zweiten großen prospektiven Studie, der *Framingham-Studie*, in der 1.674 gesunde Männer und Frauen über 8 Jahre begleitet wurden (Details zu diesen Untersuchungen finden sich bei Apenburg & Dost, a.a.O.).
Die in den nachfolgenden Jahren durchgeführten Untersuchungen zum Zusammenhang zwischen diesem Konstrukt und KHK/Herzinfarkt-Prävalenz sind z. T. weniger deutlich und unterstützend gewesen. Dies kann zum einen daran gelegen haben, dass das Konstrukt selber von den Autoren nicht eindeutig und exakt operationalisiert wurde, zum anderen auch an der zunehmenden Verwendung des JAS als Messinstrument, dem Amelang & Schmidt-Rathjens (2003) eine geringere Validität zuschreiben als dem objektiven SI, das stärker die emotional-expressiven Aspekte des Verhaltens erfasst, von denen angenommen werden kann, dass diese auch mit stärkerem physiologischen arousal einhergehen.

Auch zeigte sich in einzelnen Untersuchungen, dass nicht alle Faktoren des Konstrukts mit KHK und anderen Krankheiten zusammenhängen. So weist Glass (1981) darauf hin, dass von fünf Faktoren nur die Faktoren „competitive drive" und „impatience" mit erhöhter KHK-Prävalenz einhergehen, während Dembroski, McDougall, Buell & Eliot (1981) Zusammenhänge für die Faktoren „Hostility", „Competitiveness" und „Impatience" fanden.

So weisen auch Amelang & Schmidt-Rathjens (a.a.O.) darauf hin, dass sich die Forschungsbemühungen aktuell weniger auf das komplexe Gesamtkonstrukt richten, sondern eher auf Einzelaspekte des Verhaltensmusters wie Ehrgeiz, Aggression und Feindseligkeit.

Van Dijkhuizen (1981) weist auf die interaktionale bzw. transaktionale Komponente hin, dass A-Typen gezielt bestimmte Situationen aufsuchen, die ihren Präferenzen entsprechen – also auch wettkampf-orientierte Situationen, in denen die eigene Leistung quantitativ messbar und mit der Anderer vergleichbar wird – und dass diese Situationen wiederum das Verhaltensmuster verstärken können. So finden sich in seiner Untersuchung A-Typen eher bei Mitarbeitern der Instandhaltung und des Mittleren Managements, während die unterste Führungsebene und Stabsmitarbeiter eher B-Typen (als Nicht-A-Typen) sind. Insgesamt arbeiten A-Typen nach van Dijkhuizen auf höheren hierarchischen Niveaus, eher in mittleren als Großunternehmen, sie weisen mehr psychosomatische Probleme und einen höheren Blutdruck auf.

Apenburg & Dost (a.a.O.) wiesen in einem Experiment mit dem *prisoner dilemma Spiel* nach, dass Typ-A-spezifische kompetitive Verhaltensweisen in einer Situation, in der eine kooperative oder kompetitive Spielstrategie gewählt werden kann, gerade dann gewählt werden, wenn die vorangegangene Aktion des Spielpartners ebenfalls kompetitiv war. Es zeigte sich also eine Art *reaktive Kompetitivität* der Versuchspersonen, was ein Hinweis darauf ist, vermehrt Merkmale der Situation als Mit-Determinanten des Verhaltens von A-Typen in die Untersuchungsdesigns einzubeziehen (siehe auch Dembroski et al., 1981).

Insgesamt können wir sagen, dass das Konstrukt in einigen Elementen kritisch gesehen werden muss, es aber trotzdem signifikante, wenn auch geringe Korrelationen zum Krankheitsgeschehen gibt. Die aktuelle Tendenz, auf der Ebene von Einzelkonstrukten an Stelle des Gesamtkonstrukts zu analysieren, ist sicher ein Weg, Persönlichkeitskorrelate der Herz-/ Kreislauferkrankungen zu untersuchen.
Im Zusammenhang mit Stress ist es auf jeden Fall naheliegend, davon auszugehen, dass im Sinne einer transaktionalen Sichtweise hoch ehrgeizige, (latent oder manifest) kompetitive Personen sich stärker herausfordernden Situationen aussetzen, in denen sie über wahrgenommene Konkurrenz Angst/Ärger-Reaktionen mit den entsprechenden physiologischen Mechanismen zeigen, deren schädigende Wirkungen belegt sind.

2.5 Betriebliches Gesundheitsmanagement (BGM) – die „via regia“ zur Anpassung der Organisation an die demografische Herausforderung?

Kuhn (2004) erwähnt, dass betriebliche Gesundheitsförderung in den 1980er Jahren noch ein recht exotisches Thema für wenige Engagierte war, und konzeptionell seriöse Innovationen erst in der 1990er Jahren aufkamen. Angesichts der damals noch eher als theoretisch-abstrakte Herausforderung diskutierten, heute aber bereits konkret spürbaren Probleme durch den demografischen Wandel haben die Unternehmen die Notwendigkeit erkannt, sich um die Gesundheit ihrer Mitarbeiter und somit die Leistungsfähigkeit der Organisation kümmern zu müssen. Nachfolgend ein Warnruf der *Deutschen Gesellschaft für Personalführung* (DGFP e.V.):

„Zukünftiger Unternehmenserfolg macht vor diesem Hintergrund ein systematisches Umgehen mit der Ressource Gesundheit im Unternehmen notwendig. In diesen Zusammenhängen liegt die Begründung für ein betriebliches – über gesetzliche Verpflichtungen hinausgehendes – Gesundheitsmanagement. Nur durch die planvolle und stetige Arbeit an der Verbesserung der Gesundheit der Belegschaftsmitglieder werden die Leistungen ermöglicht, die die Erreichung der mittelfristigen Unternehmensziele unterstützen und den langfristigen Unternehmenserfolg garantieren“ (DGFP, 2004, S. 15).

Inzwischen ist das Thema *Betriebliches Gesundheitsmanagement* (BGM) von keiner Konferenz zu aktuellen HR-Themen mehr wegzudenken, zudem haben sich einige Messen etabliert, die sich ausschließlich diesen Themen in Form von wissenschaftlichen und praxisbezogenen Vorträgen widmen und dieses mit Verkaufsausstellungen spezialisierter Dienstleister kombinieren.

Natürlich öffnen die Aktualität des Themas und die verlockenden Möglichkeiten, hiermit die eigenen Umsätze kräftig zu steigern, auch die Tür für Angebote und Konzepte, deren Wirksamkeit und Nachhaltigkeit zumindest bezweifelt werden muss.

Nachfolgend werden die wünschenswerten Grundelemente „guter“ BGM-Realisierungen aufgezeigt.

2.5.1 Erfolgsrelevante Merkmale eines nachhaltigen Betrieblichen Gesundheitsmanagements

Unter zahlreichen Autoren, die sich mit dem Thema BGM seriös auseinandersetzen, herrscht Einigkeit, dass das BGM nicht quasi „neben“ dem ansonsten unveränderten operativen Betrieb implementiert werden kann, sondern mit der Unternehmenspolitik und –kultur eng verzahnt sein muss, wodurch es auch operative Abläufe beeinflusst: ein „Weiter wie bisher, aber einer muss auch nebenher ein wenig Gesundheit organisieren!“ ist nicht möglich!

„Individuelle Gesundheitskompetenz und –motivation, verbunden mit dem entsprechenden Verhalten und Führung bzw. unternehmerische Gestaltung müssen so aufeinander bezogen werden, dass Leistungs- und Gesundheitsverhalten in einem permanenten Verbesserungsprozess optimiert werden. Mehr Möhren in der Kantine, ein Fitness-Studio, ein Gesundheitszirkel und ein Gesundheitstag sowie bei psychischen Problemen ein EAP-System (Employee Assistance Program), sind noch kein Gesundheitsmanagement. Vielmehr müssen Arbeitsorganisation, -tätigkeiten und Führungsprozesse so gestaltet werden, dass Gesundheitsgefahren vorgebeugt, Belastungen/Anforderungen und Ressourcen adäquat austariert und Mitarbeiter zu deren Bewältigung befähigt (Enabling), motiviert und ermächtigt (Empowerment) werden“ (Kastner, 2010a, S. 85).

Dieser Forderungskatalog von Kastner zeigt, wie stark BGM in die Organisation hineinreicht, soll sie mehr als eine zufällige „Kakophonie unverbundener Einzelmaßnahmen“ sein (Fischer, 2012). Richtig verstandenes BGM ist „Chef-Sache“, da die Integration des Themas Gesundheit in die Philosophie, die Kultur, die Ziele und die Entscheidungen des Unternehmens nur auf der Führungsetage erfolgen kann. Hier fallen die Entscheidungen über die Arbeitsorganisation, Führungsprozesse, Anforderungen und die Kultur des *Empowerments* sowie die Tools des *Enablings*, die Kastner benennt.

Elke & Zimolong (2001) betonen ebenfalls, dass nicht unbedingt die Qualität einzelner oder die Anzahl der eingesetzten Instrumente erfolgsentscheidend sind, sondern deren Einbettung in ein strategisches BGM, das mit der Unternehmenspolitik eng verzahnt ist.

Neben der Breite der Verankerung in der Organisation i. S. zahlreicher und qualitativ unterschiedlicher „Ankerpunkte“ (Prozesse, Unternehmenspolitik, Führungsverhalten usw.) entscheidet auch die Vollständigkeit des Prozesses, mit dem BGM eingeführt und aufrecht erhalten wird, über dessen Nachhaltigkeit. So nennt Badura (2000) vier Kernprozesse, durch die unverbunden dastehende Maßnahmen der Betrieblichen Gesundheitsförderung (BGF) erst zum Managementsystem BGM werden:

- Diagnose der Belegschaft und der Arbeits- und Organisationsbedingungen
- Maßnahmenplanung
- Maßnahmendurchführung/Intervention
- Evaluation

Mit diesem klassischen PDCA-Zyklus (plan-do-check-act) folgt er einem Grundprinzip systematischen Vorgehens, das deutlich über die teilweise hektisch verordneten Schnellschüsse „Lasst uns jetzt mal einen Gesundheitstag machen!", wenn der Chef vom Kongress nach Hause kommt, hinausgeht. Das noch wesentlich elaboriertere Vorgehen im Rahmen von Kastners Schema der *Systemverträglichen Organisationsentwicklung* (Kastner, 2010; 2012 u.a.) wird in Kapitel 2.5.3 vorgestellt.

Eine weitere Erfolgsvoraussetzung ist die gleichzeitige Berücksichtigung der Diagnose-, Präventions- und Interventionsebenen *Verhalten* und *(Arbeits)Verhältnisse* (Ulich & Wülser, 2009), wobei gerade die Verhältnisebene zunehmend Beachtung findet (Lehnhardt, 2004). Maßnahmen der Verhaltensprävention/-intervention versuchen, Einstellungen und Verhalten der Mitarbeiter im Sinne der Gesunderhaltung zu beeinflussen: Sportangebote, Kurse zur Rauchentwöhnung, Seminarangebote zum Autogenen Training, Rückentraining etc. Maßnahmen der Verhältnisprävention/-intervention setzen bei den Arbeits- und Umgebungsbedingungen an: ergonomischer Gestaltung von Mensch/Maschine-Systemen und physikalischen Umgebungsbedingungen, Aufgabenstrukturierung, Organisationsstruktur und Informationsflüssen. Einige Ansatzpunkte weisen hybriden Charakter auf. So sind z. B. Führungstrainings aus der Sicht der Teilnehmer Maßnahmen der Verhaltensintervention – das Führungsverhalten soll optimiert werden. Aus der Sicht der geführten Mitarbeiter sind sie eine verhältnisbezogene Maßnahme, da der Führungsstil des Vorgesetzten wesentlicher Teil ihrer Arbeitsbedingungen ist.

Der bewusste Einbezug der Verhältnisebene kann die Wirkung von BGM-Programmen deutlich verstärken. Tatsächlich ist es ein schwieriger Prozess, Verhalten der Mitarbeiter wirkungsvoll und nachhaltig zu beeinflussen, was mit dem Konzept der Erwartung x Wert-Theorien der Motivation und dem der Volition erklärt werden kann (Faltermaier, 2005, S. 183 ff.; siehe auch Kapitel 2.2.2.3). Danach setzt eine Veränderung gesundheitsbezogenen Verhaltens vier aufeinanderfolgende Schritte voraus:

1. Risikowahrnehmung. Der Mitarbeiter muss die Wahrnehmung haben, gesundheitlichen Risiken durch sein Verhalten (z. B. Rauchen) ausgesetzt zu sein. In dieser Stufe finden durch Verdrängungs- und Bagatellisierungsprozesse erste Filterungen statt („Mir wird schon nichts passieren, ich rauche ja nur mit Filter und viel weniger als Andere!").
2. Ergebniserwartungen. Handlungs-Ergebnis- und Ergebnis-Folge-Erwartungen müssen hinreichend hoch sein, also die Überzeugung beinhalten: wenn man es nur konsequent angeht, ist es möglich, mit dem Rauchen aufzuhören (Handlung-Ergebnis-

Erwartung), und nicht Rauchen reduziert das Erkrankungsrisiko bedeutsam (Ergebnis-Folge-Erwartung).

3. Kompetenzerwartungen. Der Mitarbeiter muss daran glauben, die Verhaltensänderung auch bewältigen zu können, muss sich selbst also die notwendige Selbstwirksamkeit (*self-efficacy*) zuschreiben.
4. Volition. Motivation muss in Handlung umgesetzt werden, verführerische Alternativen („Ach, nächstes Jahr ist auch noch früh genug!") müssen unterdrückt, Wahrnehmung und Verhalten müssen fokussiert und auch im Zeitverlauf gegen Widerstände durchgesetzt werden. Dies ist der Prozess der Volition, und hier scheitern zahlreiche „gute Vorsätze" (siehe auch Kapitel 2.3.6.1).

Angesichts dieses viel psychische Energie beanspruchenden Prozesses, der bei einer Verhaltensänderung erfolgreich durchlaufen und aufrecht erhalten werden muss, ist es nachvollziehbar, dass die zunehmende Beachtung der Arbeitsbedingungen, also der Verhältnisebene, die Wirksamkeit von BGM- und BGF-Maßnahmen insgesamt erhöht.

Tempel & Ilmarinen (2013; siehe auch Kastner, im Druck) beschreiben die Ebenen und Einflussbereiche, auf denen *Arbeitsfähigkeit* (*work-ability*) beeinflusst wird, indem sie sich eines eingängigen Bildes bedienen: dem *Haus der Arbeitsfähigkeit*. Dieses „Haus" besteht aus vier Stockwerken, und je höher wir steigen, desto größer werden die Anteile des Unternehmens in der Determination von Arbeitsfähigkeit und Gesundheit. So finden wir im ersten Stock die Gesundheit und Leistungsfähigkeit, die auch stark genetisch determiniert sein kann. Im 2. Stock ist die Kompetenz mit den Facetten, Fach-, Methoden- und soziale Kompetenz angesiedelt. Auf dem dritten Stock finden sich Werte, Einstellungen und Motivation, und der vierte Stock endlich beherbergt Arbeit, Arbeitsumgebung, Führung, Unternehmenspolitik und –kultur. Berger (2012) weist auf die Notwendigkeit hin, dass den Herausforderungen durch Globalisierung und demografischen Wandel nur begegnet werden kann, wenn im „vierten Stock Umbaumaßnahmen umgesetzt" werden.

Auch in diesem Konzept von Tempel & Ilmarinen ist es also die Arbeit und ihre Bedingungen, an denen zukunftsorientierte Maßnahmen der langfristigen Sicherung der Arbeitsfähigkeit ansetzen müssen – letztendlich Maßnahmen der Verhältnisprävention/-intervention.

Erkenntnisse aus dem angelsächsischen Raum zu *Work Health Promotion Programmen* (WHP-Programme) decken sich weitgehend mit den europäischen Anforderungen an BGM-Programme. So fordern Berry, Mirabito & Braun (2011), dass WHPs

- Alle Unternehmensebenen incl. CEO aktiv einbeziehen
- Die Verankerung einer Gesundheitskultur in der Unternehmenskultur sicherstellen
- Ein hochwertiges Programm anbieten, das möglichst individualisierbar ist und auch „Spaßelemente" enthält

- Für einen einfachen Zugang sorgen (Fitness vor Ort, gesundes Essen leicht gemacht durch reichhaltige Auswahl)
- Interne und externe Partner einbeziehen, um breites Know-how sicherzustellen
- Für eine effektive Kommunikation sorgen

Zwetsloot & Leka (2010) weisen auf die besondere Bedeutung der *Corporate Culture* für die erfolgreiche Implementierung von Strategien zur Erhaltung des Wohlbefindens und der Gesundheit hin, und dass zeitgemäß gemanagte „Front-running companies" Gesundheit als wesentliche Voraussetzung sehen, anspruchsvolle Business-Ziele zu erreichen. Als eine der wichtigsten Voraussetzungen nennen auch sie: *„Ensure top-level management understanding, endorsement and engagement in the establishment of a global well-being strategy"* (S. 260).

Frick & Zwetsloot (2007) weiten den Bereich von WHP-Programmen noch über den bisher beschriebenen Bereich aus, indem sie diese auf einer Dimension zwischen dem Startpunkt *Management der Arbeitssicherheit* (safety management) und dem eigentlichen Zielpunkt *Corporate Citizenship* einordnen. Entwicklungsziel sei die Aufhebung der Trennung von *occupational* health und *public* health, da zum einen Mitarbeiter des Unternehmens auch immer Konsumenten seiner Produkte und Nachbarn in der Gemeinde seien, zum anderen das öffentliche Image der Firma auch Auswirkungen auf Motivation und commitment der Mitarbeiter hat. Ebenso setzen sie die Gesundheit der Mitarbeiter als Unternehmensressource unmittelbar mit der Produktivität des Unternehmens in Verbindung.

„Management can therefore strengthen the factors that make people healthy and compensate for health problems. The resource perspective on health emphasizes both that health is closely related to the functioning of people and that healthy people thus are a business resource. From this perspective, health promotion may be perceived as a means to increase the human and social capital of the organization. This links the management of health to that of productivity and of human resouces. It is also linked to concepts like human capital and the social capital of the organization" (S. 104).

Zahlreiche Autoren sehen gerade im Führungsverhalten einen wesentlichen Ansatzpunkt der BGM-Bemühungen, und gleichzeitig einen der stärksten Einflüsse auf Gesundheit und Wohlbefinden der Mitarbeiter.

So beschreiben Westermeyer & Wohlfeil (2004) in ihrem Rückblick auf zehn Jahre Gesundheitsförderung durch die AOK in Berlin das Führungsverhalten als primäres Ziel der Bemühungen, wobei auch salutogenetische Bedingungen der Arbeit und Gefährdungs- und Belastungsanalysen durchgeführt werden. Als besonders wirkungsvolle Instrumente haben sich die des Einbezugs der Mitarbeiter in die Analyse und Behebung von Problemsituationen erwiesen, nämlich Gesundheits- und Optimierungszirkel. Durch ihren partizipativen Charakter repräsentieren diese Instrumente auch einen Stil des Umgangs, der ebenso von den Füh-

rungskräften erwartet wird und sich empirisch als ausgesprochen wünschenswert erwiesen hat.
Schmidt & Kastner (2011) konnten zeigen, dass mitarbeiterorientiertes Führungsverhalten die Gesundheit indirekt über die Mediatorvariable *Identifikation mit dem Unternehmen* u. a. Größen beeinflusst, das Führungsverhalten also eine lohnenswerte Zielgröße von Interventionsmaßnahmen innerhalb eines BGM ist.

Orthmann, Gunkel, Schwab & Grofmeyer (2010) konnten in einem Praxisprojekt zeigen, dass die gezielte Beeinflussung des Führungsverhaltens, die einem sauberen PDCA-Zyklus folgte und sich ebenfalls der Gesundheitszirkel als einem der eingesetzten Instrumente bediente, die Belastungen der Mitarbeiter reduzieren kann.

Gunkel (2004) und Gunkel, Grofmeyer & Resch-Becke (2011) stellen Elemente gesundheitsförderlichen Führungsverhaltens und das Vorgehen der AOK Bayern vor, um im Rahmen des BGM Führungsverhalten i.S. der Ziele der AOK Bayern zu beeinflussen. Diese Ziele sind (S. 122):

- Sensibilisierung der FK für ihren Einfluss auf Gesundheit, Motivation etc. der Mitarbeiter
- Verbesserung des Führungsverhaltens und der Kommunikation
- Unterstützung des Betriebs bei der Förderung einer gesundheitlichen Führungskultur

Das Vorgehen folgt ebenfalls dem PDCA-Ansatz, und die Autoren legen die Wirksamkeit ihres Ansatzes bestätigende Evaluationsergebnisse vor.

Der *Gesundheitszirkel* wird von unterschiedlichen Autoren als zentrales Instrument innerhalb des BGM beschrieben. Gesundheitszirkel nehmen den Gedanken der in den 1970er Jahren etablierten *Qualitätszirkel* auf, die zuerst bei VW eingesetzt wurden und das Ziel hatten, die Werksmitarbeiter selbst in die Analyse vor Qualitätsproblemen und die Erarbeitung von Lösungsansätzen einzubeziehen.

Bei Gesundheitszirkeln findet man die Unterscheidung in das *Berliner* und das *Düsseldorfer Modell*. Diese unterscheiden sich im Wesentlichen durch den Einbezug nur einer Hierarchiestufe (Berlin), oder auch von mehreren Hierarchiestufen sowie externen und internen Spezialisten und Beratern wie Betriebsärzten, Sicherheitsfachkräften etc. (Wittig-Goetz, 2006. Quelle:
http://www.ergo_online.de/site.aspx?url=html/gesundheitsvorsorge/betriebliche_gesundheitsfoerd/gesundheitszirkel_verschieden.htm).

Beiden Modellen ist jedoch das Partizipative als Kernelement gemeinsam: der Mitarbeiter selbst wird als Spezialist und bester Kenner seiner eigenen Arbeitssituation/Problematik (an)erkannt, und er arbeitet sowohl an Diagnose als auch Lösung seiner Problematik aktiv mit. Somit werden in diesem Instrument auch die Ebenen *Verhalten* und *Verhältnisse* zusammengeführt: das Verhalten der Mitarbeiter wird durch die aktive Arbeit genauso beeinflusst (mitdenken müssen, konstruktive Ideen einbringen etc.) wie diese durch ihre Aussagen und Vorschläge die Arbeitsbedingungen benennen und verbessern, die ihnen Probleme bereiten (Ducki, Jenewein & Knoblich, 1998).

Slesina (2000), der das Düsseldorfer Modell wesentlich mit entwickelte, zeigte in einer Auswertung von 41 Gesundheitszirkeln in 16 Unternehmen, dass gerade das Verhältnis zu den Vorgesetzten und Kollegen sowie körperliche Belastungen durch die Zirkelarbeit verbessert werden konnten, weniger aber *„geistig-nervliche Belastungen"* durch die Arbeitstätigkeit.

Auch Priemuth (2004) und Lehnhardt (2004) weisen auf die wichtige Rolle dieses Instruments der Partizipation im Rahmen des BGM hin.

Stress und Burnout sind häufig genannte Angriffspunkte von BGM – und wahrscheinlich auch Motivatoren zur Einführung von BGM. So beschreiben Kaluza & Renneberg (2009) Trainingskonzepte zur Stressbewältigung, die auch Elemente der kognitiven Verhaltensmodifikation nach Meichenbaum (1977) aufweisen, und Gerlmaier (2011) berichtet positive Evaluationsergebnisse des Burnout-Präventionsprogramms *„In-Balance"*, das helfen sollte, mit dem hohen Druck in der „Wissens-Industrie Informationstechnologie" umzugehen, indem es sowohl am Verhalten der Mitarbeiter (z. B. Sensibilisierung für die Gefahren von Stress und Überlastung) als auch den Verhältnissen ansetzte (z. B. Schaffung günstiger Rahmenbedingungen der Arbeit).

Leka & Cox (2010) ordnen WHP-/BGM-Programme in den Risiko-Management-Ansatz von Cox et al. (2000, zitiert a.a.O.) ein, der prozessual wieder einem PDCA-Zyklus folgt und helfen soll, die *psychosozialen Hazards* der Arbeit wie unbefriedigende Arbeitsinhalte, hohes Arbeitspensum und Zeitdruck, fehlende Partizipation etc. zu reduzieren bzw. zu bewältigen. Die Autoren legen nach Analyse der verschiedenen WHP-Ansätze in Europa folgende Liste von *Best Practices* vor:

- Der Scope der Programme sollte über Gesundheit und Sicherheit hinausgehen und Aspekte der Motivation und des Lernens beinhalten
- Die „Ownership" für das Programm muss innerhalb der Organisation liegen, nicht bei externen Gremien oder Fachleuten
- Das Programm sollte den Bedarfen des Unternehmens maßgeschneidert angepasst werden
- ...partizipativen Prinzipien im sozialen Dialog folgen
- ...stets Multikausalität und Identifikation der jeweiligen Schlüsselfaktoren berücksichtigen
- ...auch in KMUs leicht umsetzbare Lösungen nahelegen

- ...auf verschiedenen Interventions-Ebenen ansetzen, aber mit Konzentration auf Intervention bei der Organisation (neben Berücksichtigung der Ebene der Individuen)
- ...die ethische Grundlage des Tuns muss erkannt werden, aber auch der sich hieraus potentiell ergebende Konflikt mit den Key-Stakeholdern
- ...sollte die Kenntnisse und Fähigkeiten integrieren, die benötigt werden und momentan noch nicht intern vorhanden sind

Diese Liste von Forderungen an nachhaltiges BGM deckt sich weitgehend mit den Forderungen, die weiter oben bei Kastner, Elke & Zimolong, Badura und Berry et al. aufgeführt sind. Aus diesen Forderungskatalogen ist ableitbar, dass BGM-Maßnahmen

- in der Unternehmenspolitik verankert,
- vom Top-Management in Auftrag gegeben und gesponsert werden müssen,
- auf verschiedenen Ebenen und Zielgebieten ansetzen
- und einem logischen Prozess folgen sollten, der sowohl Diagnose als auch Intervention und Evaluation mit Korrekturmaßnahmen umfasst.

2.5.2 Die Evaluation von BGM-Programmen

In Zeiten wirtschaftlicher Prosperität ist das Thema Gesundheitsmanagement mit seinen ja meist „bunten" und unterstützenden, abwechslungsreichen Maßnahmen wie Sportangeboten und Gesundheitstagen ein von der Unternehmensleitung meist wohlwollend angenommenes und finanziell unterstütztes Feld. Spätestens in dem Moment, in dem die wirtschaftliche Lage des Unternehmens kritisch wird, taucht die Frage nach dem Nutzen der Maßnahmen – also nach dem *Return on Investment* (ROI) – auf. Als kurzfristig abrufbarem Erfolgsindikator wird häufig auf den Absentismus als krankheitsbedingter Abwesenheit vom Arbeitsplatz zurückgegriffen: er wird allemal erhoben bzw. ist aus den Daten des Gehaltsabrechnungssystems leicht ableitbar. Ebenso ist es leicht möglich, die durch Krankheit bedingten Kosten zu quantifizieren sowie die z. T. beeindruckenden Einsparmöglichkeiten, die sich aus der Senkung des Krankenstands um x% ergeben.

Diese eingeschränkte Fokussierung auf den Krankenstand als Erfolgskriterium des BGM ist aus mehreren Gründen kritisch zu sehen:

- Der Krankenstand hängt von zahlreichen Faktoren ab, die durch ein BGM nicht beeinflussbar sind. Er weist einen typischen jahreszeitlichen Verlauf auf, Grippewellen u. ä. können erhebliche Schwankungen verursachen, ebenso zeigen sich deutliche Korrelationen mit konjunkturellen Daten sowie regionale Unterschiede und Zusammenhänge mit der Altersstruktur des Unternehmens.

- Die Fokussierung auf den Krankenstand als „magischer Größe", die auf jeder Betriebsversammlung diskutiert wird, kann zu erhöhtem Präsentismus führen: Mitarbeiter kommen zur Arbeit, obwohl sie krank sind, um negative Konsequenzen zu vermeiden. Hierdurch können sie sich selbst langfristig schädigen, indem nicht auskurierte Krankheiten chronisch werden, oder auch Andere, indem sie Kollegen anstecken (siehe auch Kastner, 2010a, S. 127 f.)
- Gerade in schwierigen wirtschaftlichen Situationen können „Hexenjagden" auf Mitarbeitern mit hohem Krankenstand beobachtet werden, die eigentlich die Gruppe der „abwesenden Gesunden" – die sogenannten „Blaumacher" – treffen sollen. Mit der diagnostischen Trennung dieser von den „abwesenden Kranken" sind Führungskräfte jedoch häufig überfordert, wodurch der sowieso schon durch die Krankheit bestehende Druck auf die Kranken noch einmal erhöht wird.
- Die einseitige Betonung des Krankenstands fördert eine pathogenetische Sichtweise: die Aufmerksamkeit gilt den 5% Kranken, obwohl es deutlich sinnvoller wäre, die Produktivität der 95% Gesunden durch salutogenetische Maßnahmen zu erhöhen, die geeignet sind, deren Engagement und Commitment positiv zu beeinflussen (Fischer, 2012).

Badura (2000) weist zur Problematik der Evaluation von BGM-Maßnahmen darauf hin, dass eine wissenschaftlich saubere „attributive Validierung", also der Nachweis, dass bestimmte Ergebnisse auf definierte Interventionsprozesse zurückzuführen sind – in der komplexen Welt einer Organisation kaum durchführbar ist (Arbeit mit Kontroll- und Placebogruppen, Ausschluss aller möglichen alternativen Einflussfaktoren etc.). Als Alternative zu diesen strengen Evaluationssystemen schlägt Badura vor, im innerbetrieblichen Dialog ein Indikatorensystem zu entwickeln, das sich sowohl auf *Strukturvariablen* (Organisations- und Arbeitsbedingungen) als auch *Ergebnisvariablen* (Gesundheitszustand und Arbeitsverhalten wie Innovationsbereitschaft, Fluktuation, Anwesenheitsquote) stützt. Die so definierten Indikatoren sollten regelmäßig gemessen werden – z. B. durch Befragungen der Mitarbeiter – und in ihrem Verlauf beobachtet werden. Durch Abweichungen des Ist-Wertes von einem zuvor definierten Soll-Wert werden Korrekturmaßnahmen ausgelöst.

Kastner (2010a) weist auf die relativ lange Ursache-Wirkungs-Kette hin, durch die Maßnahmen des BGM, die an der Person, der Situation und der Organisation ansetzen, letztendlich über Messwerte für Leistungsparameter und betriebswirtschaftliche Kennziffern zum ROI führen.

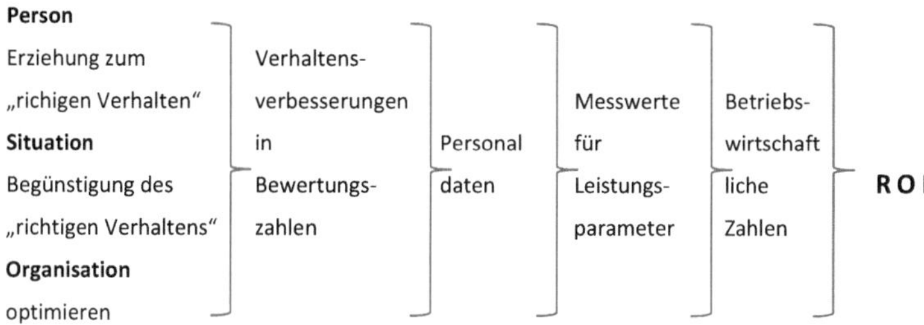

Abb. 18: Return on Investment (nach Kastner, 2010a, S. 126)

Kremeskötter, Schmidt & Kastner (2010) zeigen in ihrem *Behaviour Evaluation Model* die verschiedenen Stufen auf, die ein Veränderungsprozess von der Maßnahme bis hin zum ROI durchlaufen muss und weisen auf die jeweiligen „Irrpfade" hin, die bewirken, dass der Prozess nicht von Stufe zu Stufe durchläuft, sondern in einem bestimmten Stadium „im Sande verläuft". Solche Quellen von Prozess-Stopps können in der Unzulänglichkeit der Maßnahme selbst liegen, dem falschen Zeitpunkt der Maßnahme, ihrer fehlenden Systemverträglichkeit (die zu hohen Widerständen im System Organisation führt). Dieses Evaluationsmodell hilft, über die pauschale Beurteilung „klappt vs. klappt nicht" hinaus systematisch nach Ursachen für Probleme in der Umsetzung und Zielerreichung zu forschen.

Auf dem Niveau des BGM-Gesamtsystems setzt das Evaluationssystem des *Europäischen Netzwerkes für betriebliche Gesundheitsförderung* (ENBGF) an (Wülser & Ulich, 2009; DGFP, 2004). Dieses basiert auf dem *EFQM-Ansatz*, der 1988 von der *European Foundation for Quality Management* entwickelt wurde. Dieses Modell widmet sich nicht nur der Evaluation des Ergebnisses, sondern dem Prozess selbst. In diesem Sinne steht es ganz in der Tradition der ISO- und DIN-Auditierungsrichtlinien.

Innerhalb dieses Systems werden die einzelnen Komponenten des BGMs – also z. B. Personalwesen und Arbeitsorganisation, BGM-Planung etc. - auf insgesamt 27 Merkmalen bewertet, inwieweit diese schon vollständig realisiert bzw. noch gar nicht begonnen wurden. Interessant ist hier, dass der BGM-Prozess differenziert aufgeschlüsselt wird, was zum einen als „Gebrauchsanleitung" für die Einführung eines BGM im Unternehmen genutzt werden kann, zum anderen aber auch die „Baustellen" deutlich macht, an denen das System noch optimiert werden muss.

Nach dieser Darstellung von diagnostischen Herausforderungen und Ansätzen zur Evaluation werden nachfolgend einige Befunde zur Wirksamkeit des BGMs dargestellt.

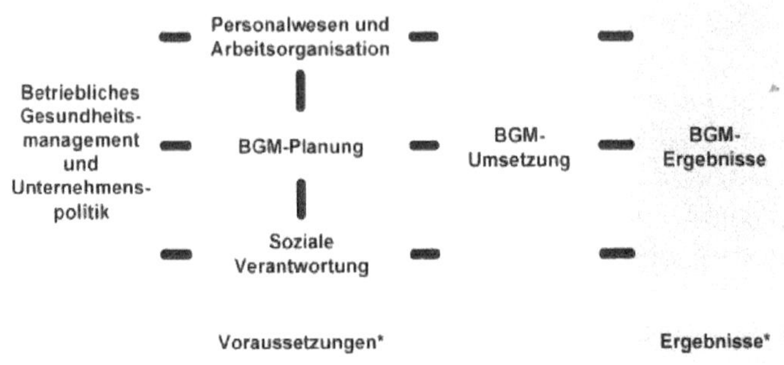

Abb. 19: Der EFQM-Ansatz zur Evaluation von BGM-Systemen (aus: Ulich & Wülser, 2009, S. 177)

Cancelliere, Cassidy, Ammendolia & Côte (2011) wählten aus über 2.000 Veröffentlichungen 47 Studien aus, von denen allerdings nur 14 aufgrund hoher methodischer Qualität in eine Meta-Analyse einbezogen wurden. Im Fokus der Forscher stand die Wirkung von WHPs auf den Präsentismus. Nach der Unterscheidung in Programme mit starker, moderater oder nicht nachweisbarer Wirkung fassten sie die Erfolgsfaktoren von WHPs wie folgt zusammen:

- Partizipativer Einbezug der Manager und Mitarbeiter
- Mitarbeiter wurden vor der Intervention nach der *Health-Risk-Assessment-Methode* gescreent
- Ziel der Intervention waren organisationale und Umgebungsbedingungen (Verhältnisintervention!)
- Vorgesetzten wurden Kenntnisse zu mentaler Gesundheit vermittelt
- Körperliche Aktivitäten und Übungen wurden während der Arbeitszeit zugelassen
- Die Programme waren für Unternehmen und Mitarbeiter maßgeschneidert
- Interventionen basierten auf verhaltenswissenschaftlichen Methoden
- Pausen wurden für Mitarbeiter mit langen Phasen stehender Tätigkeit verlängert.

Dellve et al. (2007) untersuchten in einer über zwei Jahre laufenden prospektiven Studie an einer Stichprobe von 3.275 Mitarbeitern des öffentlichen Dienstes Zusammenhänge zwischen Führungsverhalten, dem Fokus des WHPs und der Anwesenheitsquote der Mitarbeiter. Bezüglich der Führungsleistung zeigte sich, dass hohe soziale Kompetenz des Vorgesetzten, Respekt und adäquate *Rewards & Recognition-Systeme* zu kürzeren Abwesenheitszeiten führen. Bezüglich der WHP-Strategie zeigten multifokale Ansätze, die sich auf das Gesundheitsbewusstsein der Mitarbeiter und auf änderbare Faktoren konzentrieren, die stärksten Langzeiteffekte auf Anwesenheitsquoten.

Kuoppala, Lamminpää & Husman (2008) untersuchten in einer Meta-Analyse von 46 Studien, die zwischen 1976 und 2005 veröffentlicht wurden, die Effekte von WHPs auf mentales und physisches Wohlbefinden, arbeitsbezogenes Wohlbefinden und die Arbeitsfähigkeit (Work-Ability). Insgesamt zeigten sich eher schwache Effekte auf das körperliche Wohlbefinden. WHPs scheinen nach Ansicht der Autoren eher die Arbeitszufriedenheit, das mentale Wohlbefinden und den Krankenstand zu beeinflussen, wobei Interventionen besonders dann erfolgreich waren, wenn sie Informationen und Erziehung (*education*) zum körperlichen Wohlbefinden, sportliches Training und eine Beeinflussung des Lebensstils beinhalteten.

Kreis & Bödeker (2003) untersuchten mittels einer Metaanalyse den gesundheitlichen und ökonomischen Nutzen betrieblicher Gesundheitsförderung und Prävention. Ihre Befunde geben sie entsprechend den jeweiligen Programmzielen wieder:

- Programme zu körperlicher Aktivität: stärkste Effekte, wenn die Teilnahme verbindlich ist, individuelle Beratung angeboten wird, Anreize gesetzt werden und die Unternehmenskultur stark verändert wird.
- Programme zu Ernährung und Cholesterinspiegel: wirken dann positiv, wenn sie auch mit umweltbezogenen Anreizen kombiniert werden (z. B. durch entsprechende Preisgestaltung in der Kantine).
- Programme zur Gewichtskontrolle: besonders effektiv, wenn Übergewichtige von Beratern persönlich angesprochen werden, Anreize gegeben werden, wenn aus verschiedenen Programm-Komponenten individuell gewählt werden kann und Geschenke wie T-Shirts gegeben werden. Langfristige Gewichtsreduktion nach 12 Monaten lag bei durchschnittlich 26%!
- Programme zur Rauchentwöhnung: Gruppenprogramme sind effektiver als Minimal-Interventionen. Betriebliche Regeln wie Rauchverbote unterstützen die Effekte. Langzeitprogramme sind bis zur Dauer von 6 Monaten von steigender Effektivität, danach aber asymptotischer Verlauf. Größere Erfolge bei Managern und solchen, die nur moderat rauchen oder schon einmal versucht haben, aufzuhören.
- Programme gegen Alkohol-Abusus: EAPs zeigen Wirkung, sinnvoll ist auch die Beratung der Vorgesetzten zum Umgang mit dem Problem.
- Programme zum Stress-Management: Positive Wirkung der kognitiv-behavioralen Interventionen sensu Meichenbaum. Ideal ist die Kombination dieser Methode mit muskulärem Entspannungstraining (Progressive Muskelrelaxation, Autogenes Training).
- Rückenschulen: Nur geringe Effekte, wenn ausschließlich verhaltenspräventiv und nicht gleichzeitig verhältnispräventiv gearbeitet wird.
- Mehrkomponenten-Programme: Solche Programme reduzieren das Risiko für chronische Erkrankungen nachweisbar. Sie sollten durch individuelle Risikoberatung begleitet werden, und Management und Unternehmenskultur müssen diese Programme unterstützen.
- Wirkung auf Absentismus: Eindeutig positiv! ROI zwischen 1:2,5 und 1:10,1.

- Wirkung auf die Krankheitskosten: Eindeutig positive Effekte. Es ist besonders relevant, die Zielgruppen mit hohem Erkrankungsrisiko zu erreichen.

Die Autoren empfehlen zusammenfassend die Implementierung umfassender multifokaler Programme und die Integration individueller Beratung. Des Weiteren sollten Anreize für die Teilnahme gesetzt werden, und Mitarbeiter und Management in die Vorbereitung einbezogen werden. Das Programm sollte theoriegeleitet entwickelt werden und signifikante Anteile verhältnispräventiver Maßnahmen berücksichtigen.

2.5.3 Betriebliches Gesundheitsmanagement auf Basis der *Systemverträglichen Organisationsentwicklung* (SOE) nach Kastner

2.5.3.1 Die Grundelemente der SOE

Kastner hat in den 1990er Jahren das Modell der *Systemverträglichen Organisationsentwicklung* (SOE) entwickelt, eine komplexe Systematik, die Erkenntnisse aus der Handlungsregulationstheorie, der Pädagogik, der Biokybernetik, der Medizin u. a. Wissenschaftsdisziplinen nutzt, um zu beschreiben, wie Verhaltensoptimierung in der Organisation systemverträglich gestaltet werden kann (Kastner, 1998). Dabei setzen Interventionen und bewusste Gestaltungsmaßnahmen grundsätzlich beim menschlichen Verhalten an: nicht eine „abstrakte wirtschaftliche Entität“ wie eine Organisation kann primäres Objekt bewusst angeregter Entwicklungsbemühungen sein, vielmehr wird diese sich allenfalls als Folge der bewussten Beeinflussung des Verhaltens der Mitglieder der Organisation in einem sekundären Effekt entwickeln. In dieser Logik erfolgt eine bottom-up wirkende Beeinflussung des jeweils übergeordneten Systems durch das untere System, genauso wie bestimmte Zielsetzungen und Visionen top-down vom übergeordneten zum untergeordneten System weitergeleitet werden. Kastner illustriert diesen Prozess in seinem „SOE-Ei“ (a.a.O., S. 185), das in Abbildung 20 dargestellt wird.

Systemverträglich ist Verhalten dann, wenn es der Erhaltung, Optimierung und Weiterentwicklung (auch) des übergeordneten Systems dient und nicht nur auf die Optimierung des eigenen Nutzens auf Kosten der anderen Systemeinheiten ausgerichtet ist. Um ein solchermaßen „syn-egoistisches Verhalten“ (Kastner, 1999) zu begünstigen, bedarf es der bewussten Gestaltung von Prozessen und Regelsystemen, auch immer mit dem Ziel, das im Sinne des Systems erwünschte Verhalten positiv und systemschädliches Verhalten negativ zu sanktionieren. Tatsächlich verstoßen Regelungssysteme in Organisationen häufig gegen dieses einfache pädagogische Prinzip „Unerwünschtes Verhalten darf sich nicht lohnen“ – die Entwicklung höchst riskanter und durch ihre Über-Komplexität nicht mehr durchschau- und steuerbaren Finanzprodukte hat sich in Zeiten vor der Finanzkrise für den jeweiligen Bänker durch die Zahlung astronomischer Boni in hohem Maße gelohnt, die übergeordneten Systeme Bankhaus, nationales und internationales Bankensystem bis hin zum Staat und seiner Finanzsituation wurden in tiefe Krisen gerissen. Ein schmerzvolles Beispiel für systemunverträglichen Egoismus des Untersystems „Mensch", der einfach den Möglichkeiten folgte, die das Bonussystem ihm bot.

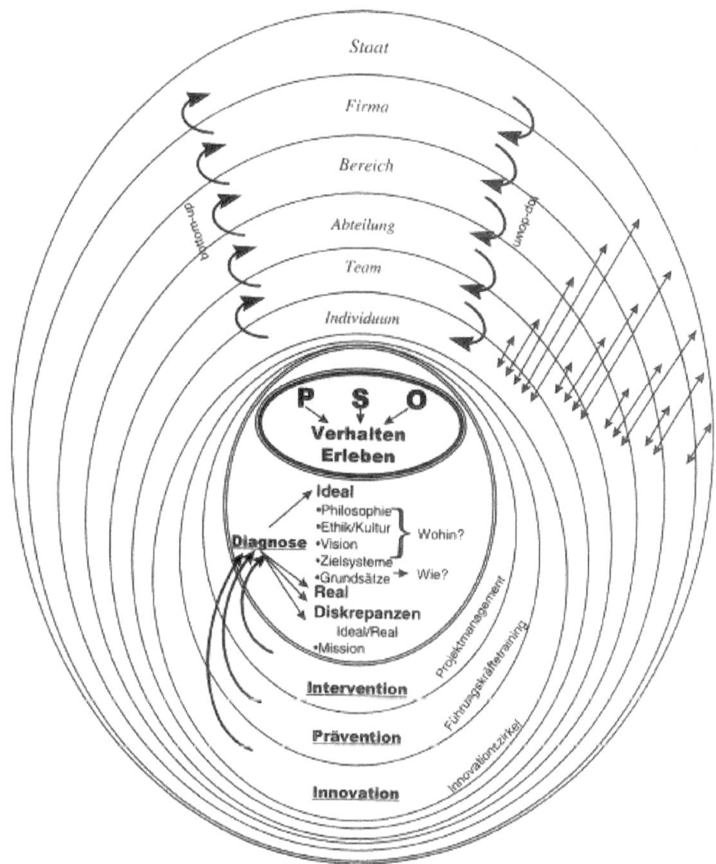

Abb. 20: Das „SOE-Ei" (aus: Kastner, 1998, S. 185)

Nach Kastner führt die Optimierung der „drei Logiken der Evolution" Verhalten, Daten/Informationen und ökonomische Bedingungen zum Ergebnis der schnellen und erfolgreichen Evolution der Organisation. Im o. g. Beispiel der Finanzkrise erfolgte zumindest auf den Ebenen Verhalten (falsche motivationale Anreizsysteme) und Daten/Informationen (undurchschaubare Produkte) eine massive Fehlentwicklung.

Kastner nennt zahlreiche Bedingungen, die systemtheoretisch erfüllt sein müssen, um SOE erfolgreich zu betreiben:

„In der Systemverträglichen Organisationsentwicklung (...) werden alle sinnvollen Schritte zur Verhaltensoptimierung sozialer Systeme und ganzer Organisationen (‚lernende Organisation‘) und zur Verhaltensoptimierung von Individuen (Personalentwicklung) systematisch aufeinander aufbauend bearbeitet. Auf der Basis der unten beschriebenen 35 Schritte, die jeweils die Spitze eines Eisbergs theoretischer Konzepte und praxisgerechter Instrumente kennzeichnen, entwickeln sich Organisation und Individuum fortlaufend. Höchstes Ziel ist die Überlebensfähigkeit (viability) der jeweiligen sozialen Systeme, die sich untereinander systemverträglich verhalten sollen. Beispielsweise wäre die Verbringung von Schadstoffen in das Grundwasser durch eine Firma systemunverträglich“ (a.a.O., S. 179).

Auf die vom Autor erwähnten 35 Leitsätze einzugehen, würde den Rahmen dieser Arbeit sprengen. Diese beschreiben allgemeine inhaltliche Prinzipien, die im Sinne der SOE erfüllt sein müssen. Für die Zielrichtung der vorliegenden Arbeit ist es wichtiger, den von Kastner beschriebenen Prozess der SOE darzustellen sowie dessen inhaltliche Ausrichtung auf die Leistungsfähigkeit und Gesundheit der Mitarbeiter und der Organisation als übergeordnetem System.

Die logisch zwingende Abfolge von Schritten im Bemühen um systemverträgliche Organisationsentwicklung stellt Kastner im sogenannten *SOE-Kreis* dar:

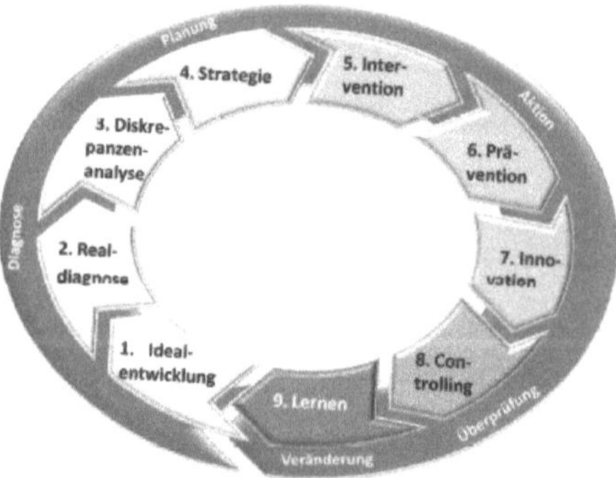

Abb. 21: Der SOE-Kreis der systemverträglichen Organisationsentwicklung (aus: Kastner, 2010a, S. 124)

Der Kreis stellt einen stark differenzierten Demingkreis (PDCA-Zyklus) dar.

Im Idealfall beginnt SOE mit der Entwicklung eines Ideals: „Wie sollte das System gestaltet sein?“ In Organisationen können diese Ideale in Form von Visionen bezüglich der weiteren Entwicklung, wirtschaftliche Ziele, Marktanteile oder – bezogen auf das Thema *Führung* - Führungsleitlinien sein.

Der Ideal-Definition folgt die Realdiagnose: „Wo stehen wir heute, relativ zu unseren (idealen) Zielen?“ Realdiagnose kann z. B. durch Mitarbeiterbefragungen, Expertengutachten zur wirtschaftlichen Lage des Unternehmens, Analyse von Marktanteil-Daten etc. erfolgen.

Durch den Ideal-Real-Vergleich werden Diskrepanzen aufgedeckt: „Wie weit sind wir von unserem ideal entfernt?“

Die Strategie beschreibt das Ziel und die Maßnahmen, die eingeleitet werden sollen, um vom Real zum Ideal zu gelangen, zumindest aber die Diskrepanz zu verringern.

In der Interventionsphase werden die Maßnahmen umgesetzt, die in der Strategie erarbeitet wurde.

Im Sinne rechtzeitigen zukünftigen Handelns – also bevor überhaupt Probleme aufgetaucht sind – werden Maßnahmen der Prävention i. S. der Vorbeugung erarbeitet und umgesetzt. Hier kann noch einmal – gerade im BGM-System – zwischen primärer, sekundärer und tertiärer Prävention unterschieden werden, wobei die primäre das Auftreten einer Krankheit überhaupt verhindern soll, die sekundäre in eine Frühphase der Erkrankung eingreift, um einen schlimmeren Verlauf zu verhindern, und die tertiäre Prävention soll Folgeschäden nach einer Erkrankung, z. B. durch eine Anschlussheilbehandlung (Kur) ausschließen oder so gering wie möglich halten (Becker, 1984).

Die Innovation beschäftigt sich mit potentiellen Zuständen, die wir noch gar nicht kennen, und wie auf diese reagiert werden kann. *„Um impfen zu können, müssen wir das Virus kennen* (eine Maßnahme der Primärprävention – Anmerkung des Autors). *In unserer sich schneller verändernden Welt müssen zukünftige Systemzustände vorausgedacht werden, um sich Innovatives einfallen zu lassen“* (Kastner, 2010a, S. 125).

In der Phase Controlling finden Mess- und Evaluationsprozesse statt, durch die die Wirksamkeit unserer Maßnahmen bewertet wird.

Das Bewertungsergebnis der Phase Controlling weist uns auf Notwendigkeiten hin, unsere Maßnahmen zukünftig zu optimieren, um noch bessere Ergebnisse zu erreichen. Hierin findet Lernen statt, das die zukünftige Handlungsfähigkeit des Systems erhöht.

Nachdem der gesamte Zyklus von Diagnose – Planung – Aktion – Überprüfung – Veränderung durchlaufen wurde, beginnt der Prozess von vorne, wobei sich das System aber durch die vorherigen Maßnahmen auf einem höheren Niveau befindet als vor dem Durchlaufen des ersten SOE-Zyklus. So kann man sich erfolgreiche systemverträgliche Organisationentwicklung als eine spiralförmig nach oben verlaufende Anordnung ineinander übergehender SOE-Kreise vorstellen.

Als ein mögliches Ziel einer solchen fortlaufenden Entwicklung einer Organisation nennt Kastner die *Vertrauens-Fehlerlern-Innovations-Gesundheitskultur* (VFLIG-Kultur), deren grundlegendes Element der Stellenwert eines Fehlers ist, der gemacht wird: ist dieser Fehler Auslöser für den Prozess „Den Schuldigen suchen und bestrafen“, oder ist er Auslöser für den Prozess, a) nach den Ursachen des Fehlers zu fragen, um b) diese Ursachen in der Person, der Situation und der Organisation abzustellen und c) die Erkenntnisse hierzu in der Organisation zu verbreiten, um Lernen allgemein verfügbar zu machen? Wenn dies der Fall ist, kann der Mitarbeiter darauf vertrauen, für einen Fehler nicht „geopfert“ zu werden, und aus diesem Vertrauen heraus kann er sich zu ihm bekennen und braucht ihn nicht zu vertuschen, was zu kostspieligeren Folgen führen kann als der Fehler selbst. Auf der Grundlage einer solchen „fehlerfreundlichen“ Kultur ist nicht nur Lernen möglich, sondern durch einen weitgehenden Abbau des Stressors „Angst vor Strafe“ wird auch Gesundheit begünstigt und Innovation möglich – wer Angst hat, geht ja kein Wagnis ein, also entsteht auch kein Innovationsprozess!

Ein weiteres wesentliches Element der SOE ist die explizite Unterscheidung der Diagnose- und Maßnahmenebenen Person, Situation und Organisation. Diese sollen nachfolgend mit Beispielen aus unserem übergeordneten Thema Betriebliches Gesundheitsmanagement gefüllt werden.

Für Kastner stellen diese drei Ebenen zum einen wichtige diagnostische Quellen zum Real, aber auch Stellschrauben für Interventions-/Präventions- und Innovationsprozesse dar.

Zur Veranschaulichung des Zusammenspiels dieser stark interagierenden Ebenen wird hier zunächst das Anforderungs-/Ressourcen-/Puffermodell aus Kastners Work/Life-Balance-Konzept vorgestellt (Kastner 2010a; 2012a).

Work Life Balance ist in Kastners Modell die Balance zwischen Belastungen und Anforderungen auf der einen und Ressourcen zur erfolgreichen Bewältigung dieser Anforderungen auf der anderen Seite. Im Idealfall stimmen die Kräfte, die auf beide Seiten der Wippe einwirken, überein und das Gesamtsystem „Wippe“ bleibt in der Waagerechten. Bereits in Kapitel 2.3.2.2 wurde der Unterschied zwischen Ressourcen und Puffern dargestellt, wonach Ressourcen einen Return on Investment versprechen, Puffer hingegen eher Kosten generieren und i.A. keinen ROI bringen.

Bereits in vorherigen Kapiteln haben wir herausgearbeitet, dass Situationen ohne Anforderungen und Belastungen nicht nur kaum denkbar, sondern auch unerwünscht sind im Sinne persönlichen Wohlbefindens. Die „Waage“ hingegen – also das ausgewogene Verhältnis zwischen diesen Antagonisten bzw. die wohl dosierte (!) Überforderung – Ist die Voraussetzung für Lernen und Weiterentwicklung, für Gefühle des Stolzes und Erleben von Selbstwirksamkeit und „Flow".

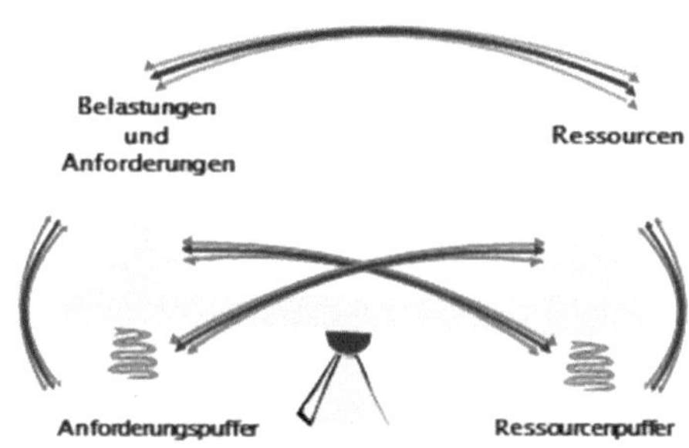

Abb. 22: Das Work Life Balance Konzept (WLB) von Kastner (2010a; 2012a)

Belastungen und Anforderungen, Ressourcen und Puffer auf beiden Seiten der Waage können durch die Person (P), die Situation (S) und auch die Organisation (O) entstehen. Kastner nennt folgende Beispiele (2010, S. 297):

- Belastungen: Perfektionismus (P), Arbeitsaufgaben (S), Verantwortung der Position (O)
- Ressourcen: Fähigkeiten (P), Arbeitsmittel (S), Belohnungssysteme (O)
- Anforderungspuffer: Resilienz (P), soziale Unterstützung (S), Autonomie (O)
- Ressourcenpuffer: Ich-Stärke, Neugier (P), Aufgabenvielfalt (S), Regelungen für Neues (O)

Der Ressourcenpuffer wirkt immer dann, wenn ich über umfassende Ressourcen verfüge, die durch meine geringen Belastungen und Anforderungen aber nicht gefordert werden. In einer solchen Situation ist es naheliegend, dass ich versuche, mir neue Aufgaben „an Land zu ziehen" oder die öden ereignislosen Nachtschichten mit reiner Überwachungstätigkeit dazu nutze, Fremdsprachen zu lernen oder mich beruflich fortzubilden.

Im Sinne individueller WLB sollten die verschiedenen „Lebenswelten" des Individuums – die *Körperwelt* (physische Gesundheit und deren Elemente und Determinanten wie Ausdauer/Kraft, Entspannung, Ernährung & Genuss, Immunsystem etc.), die *Geisteswelt* (Selbstwert, Optimismus, Zeitmanagement, Umgang mit Dynaxität, Optimismus vs. Pessimismus etc.), die *Lebenswelt* als Welt der Emotionen und die *soziale Welt* (Bindung, Kommunikation,

Kontakt, Vertrauen etc.) einzeln analysiert und optimiert werden, so dass im Idealfall diese vier Welten zu Fitness (Körperwelt), Kohärenz (Geisteswelt; siehe Antonovsky, Kapitel 2.3.1.1), Glück (Lebenswelt) und Mitmenschlichkeit (Soziale Welt) führen (Kastner, 2010b).

So wie auch das Individuum die verschiedenen Aspekte seiner „Welten" kritisch analysieren und ggf. optimieren kann, können auch Organisationen durch gezieltes Vorgehen i. S. des SOE-Kreises ein BGM aufbauen, das zur Optimierung der Gesundheit und Leistungsfähigkeit der Mitarbeiter und somit der Gesamtorganisation führen kann.

In einem solchen *ganzheitlichen, integrativen, systemverträglichen Leistungs- und Gesundheitsmanagement* werden Aspekte der Organisationsentwicklung, der Personalentwicklung und der Personalpflege zusammengeführt. Die Entwicklung des Ideals, die Analyse/Diagnostik des Reals und die Umsetzung von Interventions- und Präventionsmaßnahmen, die Erfolgsevaluation und der Lernprozess können sich jeweils wieder auf die Ebenen Person (P), Situation (S) und Organisation (O) beziehen, und hier kommen auch wieder alle Lebenswelten vor. Wesentliche ebenenspezifische Elemente können sein:

Person: Ausbildung, Fähigkeiten und Kenntnisse, Gesundheitszustand, Fehlzeiten, motivationale Verfassung, Resilienz, Selbstwirksamkeit etc.

Situation: physikalische Umgebungsbedingungen, Aufgabengestaltung, Büro- und Arbeitsplatzausstattung, soziale Arbeitsgestaltung etc.

Organisation: Unternehmenskultur, implizite „informelle" Organisation, Führungsstile, Werte und Normen etc.

Über diese Einzelebenen hinaus sind auch interaktive Effekte wahrscheinlich. So kann eine Veränderung der Arbeitsbedingungen im Sinne höherer Autonomie (Intervention bei S) zu unterschiedlichen Effekten führen, je nach individuellem Grad der Fähigkeiten und der subjektiven Selbstwirksamkeit der beteiligten Mitarbeiter (Elemente von P): steigende Arbeitszufriedenheit bei den „erfolgszuversichtlichen gut Ausgebildeten", steigende Beanspruchung und abnehmende Arbeitszufriedenheit bei den „misserfolgsängstlichen und schlecht Ausgebildeten". Eine klare P x S Interaktion!

2.5.3.2 Die Bedeutung der SOE im Rahmen dieser Arbeit

Maßnahmen des BGM sind häufig aneinandergereihte, eher unsystematisch ausgewählte Einzelmaßnahmen, die Fischer (2012) mit dem nicht gerade schmeichelhaften Begriff der „Kakophonie" belegt. Der komplexe Ansatz von Kastner ist in hohem Maße geeignet, Maßnahmen innerhalb eines BGM Sinn, Logik und Überzeugungskraft zu verleihen, indem eine konsequente Beachtung der einzelnen Stufen des SOE-Kreises dazu zwingt:

1) über das eigentlich Ziel des BGM-Systems nachzudenken und dessen Stellenwert im Rahmen der Gesamtorganisation, ihrer Ziele und ihrer momentanen Position zu verankern, es also als strategisches Instrument zu konzipieren,
2) sich mit der Realität des Unternehmens durch die Real-Diagnostik auseinanderzusetzen und die Maßnahmen nicht aus der „Perspektive Wolkenkuckucksheim" zu planen,
3) Maßnahmen zu entwickeln, die zielführend sind, indem sie argumentieren müssen, warum sie in der Lage sind, das Real dem Ideal näher zu bringen,
4) kurzfristige Interventionsmaßnahmen durch langfristig angelegte Präventions- und Innovationsmaßnahmen zu ergänzen,
5) den Erfolg der Maßnahmen laufend zu evaluieren, wodurch die „Spreu vom Weizen" getrennt werden kann,
6) wodurch letztendlich Lernen verwirklicht wird, was die Organisation in eine höhere Entwicklungsphase befördern kann.

Neben diesen sich aus dem SOE-Prozess ergebenden Chancen ist auch die explizite Unterscheidung in die diagnostischen und interventiven Ebenen Person, Situation und Organisation sowie deren zwei- bis dreifachen Interaktionen eine hervorragende Grundlage, „nichts zu vergessen" und einen hohen Wirkungsgrad zu erreichen.

Selbstverständlich kann die Breite des Ansatzes auch dazu verführen, zahlreiche Maßnahmen aufzusetzen, von denen nur ein Teil wirklich effektiv ist. Die zu Beginn des Prozesses stehende Verankerung der Maßnahmen in der Unternehmensstrategie im Rahmen der Ideal-Definition und die fortlaufende Evaluation der Maßnahmen sollte dieses Risiko jedoch beherrschbar machen.

2.5.4 Die besondere Rolle älterer Mitarbeiter im BGM

Bereits in Kapitel 1.2.3 haben wir die Ursachen und Folgen des demografischen Wandels – also des Alterungsprozesses der Gesellschaften in den westlichen Industrienationen - ausführlich beschrieben. Die momentane bundesdeutsche Reproduktionsrate von unter 1,4 ist zu niedrig, um unsere (Wissens-)Gesellschaft langfristig mit einer ausreichenden Zahl nachrückender talentierter Fachkräfte und Leistungsträger zu versorgen (Kastner, in Druck). Buck (2004) legt Hochrechnungen vor, nach denen sich das Verhältnis der unter 29-Jährigen zu den über 50-Jährigen von 1,52 im Jahr 1992, über 0,68 in 2015 hin zu 0,58 in 2010 entwickelt.

Die Konsequenz für unsere Gesellschaft ist, dass

a) wir länger arbeiten müssen (Verschiebung des Rentenalters), und wir
b) die noch arbeitenden erfahrenen Fachkräfte intensiver nutzen, indem wir sie entsprechend ihren Fähigkeiten aktiv einbinden und nutzen und sie eben nicht als „Alteisen abhaken“ (Wittig & Fräbel-Simon, 2013)

Diese Notwendigkeit, ältere Mitarbeiter als wertvolle, nicht jedoch bereits „verbrauchte“ Ressource zu erkennen, scheint zur Zeit noch eher theoretischer Natur zu sein. In der betrieblichen Realität hängt älteren Mitarbeitern immer noch der Ruf an, weniger leistungsfähig, häufiger krank, nicht mehr lernfähig, nicht mehr belastbar und eher unflexibel zu sein.

Über diesen Generalverdacht geringerer Leistungsfähigkeit hinaus existieren auch einige implizite Theorien zur Motivation der älteren Mitarbeiter, die sich angeblich weniger engagieren als die Jungen (die ja noch Karriere machen wollen), sich sowieso schon gedanklich in Rente befinden, und dass es für alle Mitarbeiter gilt, dass man so früh wie möglich in Rente gehen will (Hedge, Bormann & Lammlein, 2002).

Konsequenz dieser Überzeugungen ist die Tatsache, dass Unternehmen nach wie vor Vorruhestandsprogramme für ihre Mitarbeiter anbieten, auch wenn Änderungen der Sozialgesetzgebung wie die lebenslange Kürzung der vorzeitig bezogenen Rente die Schwelle für Mitarbeiter angehoben haben. Nach Friederichs (2004) kann der „Exodus“ der älteren erfahrenen Mitarbeiter zu folgenden negativen Konsequenzen führen:

- *Lost-Memory Syndrom*: Nur wenigen Unternehmen gelingt es wirklich, das Know-how der Erfahrenen in funktionierenden *Knowledge Databases* zu konservieren und das Erfahrungswissen zumindest theoretisch an die jüngeren Mitarbeiter zu übertragen
- *Leadership-Loss Syndrom*: Jüngere Manager entscheiden und führen stärker ziel- und Output-orientiert, und diese technokratischere Vorgehensweise führt zu geringerem Commitment und „Gefolgschaft“ in der Belegschaft als der stärker integrative Stil älterer Führungskräfte (die nicht mehr jede Situation als potentielle Kampfsituation mit Gewinnern und Verlierern sehen)
- *Eisberg Syndrom*: Der Weggang der älteren Manager und Spezialisten ist nur die Spitze des Eisbergs. Was dem Unternehmen ebenfalls verloren geht, ist deren gesammeltes Wissen um Prozesse, Rituale, „implizite“ Gesetzmäßigkeiten und informelle Strukturen, die bei der Führung eines Unternehmens i. A. stärker wirken als formale Strukturen und Prozess-Flowcharts
- *Self-destroying Prophecies*: Die Tatsache, dass ältere Mitarbeiter häufig als „Problemfälle“ behandelt werden, kann bei diesen zu genau den Phänomenen führen, die man ihnen nachsagt – psychische Probleme, schwindendes Selbstvertrauen in die eigenen Fähigkeiten, Fehlzeiten durch Demotivation oder Krankheiten aufgrund von Fehlbeanspruchung.

Hedge et al. (2002) haben umfangreiches empirisches Datenmaterial zusammengetragen, um die tatsächlichen Leistungsveränderungen darzustellen, die mit dem Altern einhergehen. Die nachfolgenden Ausführungen sind dieser Arbeit entnommen, und der leichteren Lesbarkeit wegen wird auf eine Nennung der Einzelquellen verzichtet. Der interessierte Leser kann diese der Monografie *„The Aging Workforce“* von Hedge, Bormann & Lammlein entnehmen.

- Physische Funktionsveränderungen:
  - Verschlechterungen im Bereich der Körperkraft
  - Verschlechterungen der rezeptiven Funktionen (v. a. Sehen, Hören)
  - Verringerung der Adaptationsfähigkeit an veränderte externe Bedingungen (z. B. Temperaturunterschiede bei Arbeiten in und außerhalb von beheizten Gebäuden)

  Durch gezieltes Training lassen sich viele der hier genannten Entwicklungen kompensieren!

- Kognitive Fähigkeiten:
  - Die Auffassungs- und Wahrnehmungsgeschwindigkeit (*perceptual speed*) nimmt bereits ab dem Alter 25 ab
  - Alle anderen in klassischen mehrdimensionalen Intelligenztests erhobenen Faktoren zeigen einen leichten Anstieg bis Alter 46, erst danach erfolgt eine Abnahme
  - Hierbei zeigen Frauen i. A. eine Überlegenheit in der sprachgebundenen Intelligenz (*verbal reasoning)* und beim induktiven Denken. Männer produzieren bessere Werte in der räumlichen (*spatial reasoning*) und der zahlengebundenen Intelligenz (*figural reasoning*)
  - Das zahlengebundene Denken erreicht eine frühere Asymptote als die anderen klassischen Intelligenzdimensionen (außer perceptual speed), mit einer starken Reduktion ab Alter 65
  - Kristalline Intelligenz sensu Cattell steigt mit zunehmendem Alter an und verbleibt auch in höherem Alter stabil (es sei denn, dass Demenz u. ä. degenerative Prozesse einsetzen)
  - Insgesamt zeigen die Befunde, dass im Alter ab 68 die kognitiven Fähigkeiten mit Speed-Komponenten nachlassen. Dies zeigt sich auch bei der Bearbeitung von Computeraufgaben, bei denen jedoch die Genauigkeit (eine Power-Komponente) nicht nachlässt.

Insgesamt zeigt sich eine deutliche Abhängigkeit der ontogenetischen Entwicklung kognitiver Fähigkeit von der Art der Tätigkeit und den Freizeitaktivitäten: Je anspruchsvoller diese gestaltet sind, desto geringer ist der Rückgang der kognitiven Kapazität – ein Hinweis auf spill-over Effekte zwischen Arbeits- und Privatleben. Die Autoren weisen auf die eventuell eingeschränkte Gültigkeit dieser Befunde hin, in denen Längsschnitt- und Kohorteneffekte konfundiert sein können und die auch durch Veränderung der Stichprobenzusammensetzung über die Zeit hinweg verfälscht werden (Drop-out von Dementen u. ä.).

- Arbeitsleistung:
  - Kaum signifikante Korrelationen zwischen Alter und Arbeitsleistung. Bei objektiven Leistungsmaßen leicht positiver, bei subjektiven leicht negativer linearer Zusammenhang, was ein Hinweis auf einen Beurteilungs-Bias sein kann
  - Moderatoreffekt *Anforderungsgehalt der Position*: je anspruchsvoller die Position, desto stärker positiv die Korrelation zwischen Alter und Leistung: „schwierige" Jobs brauchen erfahrene Mitarbeiter?
  - Ältere Mitarbeiter haben weniger Unfälle, aber längere Ausfallzeiten im Falle eines Unfalls.
  - Dasselbe gilt für den Krankenstand: Ältere haben weniger Kurzzeit-Krankheiten als Jüngere. Wenn sie jedoch erkranken, fallen sie länger aus.

- Einstellungen:
  - Leicht positive Korrelation zwischen Alter und Arbeitszufriedenheit. Dieser Befund könnte auch auf einen Kohorteneffekt zurückzuführen sein.
  - Leicht positive Korrelation zwischen Alter und *Job Involvement/ Commitment*. Auch hier könnte ein Kohorteneffekt vorliegen, da frühere Generationen über eine stärkere *protestantische Arbeitsmoral* verfügen als *„Generation Y"*.
  - Negative Korrelation zwischen Alter und vermeidbaren Fehlzeiten („Edelabsentismus" sensu Nieder) sowie Fluktuation.

Tuomi, Ilmarinen et al. (1997) untersuchten den Zusammenhang zwischen Arbeitsbedingungen (körperliche Anforderungen, mentale Anforderungen, soziale Organisation und physikalische Umgebungsbedingungen) und Lifestyle-Faktoren (Rauchen, Alkohol, Sport) auf der einen und der Entwicklung des *work ability index* (wai) auf der anderen Seite in einer Studie mit längsschnittlichem Design. N = 818 Arbeiter, die zum ersten Messzeitpunkt zwischen 44 und 51 Jahren alt waren, wurden 11 Jahre später zum zweiten Mal befragt. Der *wai* als abhängige Variable wurde nach dem Kriterium „positive" vs. „negative Entwicklung" zwischen t1 und t2 dichotomisiert. Diskriminanzanalytisch zeigte sich in der Gruppe mit verbessertem *wai* eine Reduktion repetitiver Bewegungen und ungünstiger Körperhaltungen, eine erhöhte Zufriedenheit mit dem Vorgesetztenverhalten und intensives sportliches Training, jeweils verglichen mit den Ausprägungen zu t1. Ein reduzierter *wai* war am stärksten assoziiert mit Rollenambiguität, nicht inspirierender Arbeit, muskulärer Arbeit in ungünstigen Körperpositionen sowie – und hier zeigte sich der stärkste Effekt – verringerter Anerkennung und Wertschätzung! Die Autoren weisen auf die hohe Bedeutung eines unterstützenden und Anerkennung vermittelnden Führungsverhaltens hin, durch das auch negative Effekte kompensiert werden können, die durch Versetzung auf physisch weniger fordernde Arbeitsplätze mit geringerem Ansehen bedingt sein können – ein weiterer Beleg für den starken Einfluss des Führungsverhaltens auf Engagement, Zufriedenheit und die *Work-Ability*.

Insgesamt können wir sagen, dass Alter nicht per se mit eingeschränkter Leistungsfähigkeit einhergehen muss, sondern dass:

a) Leistungseinschränkungen durch rechtzeitiges und gezieltes berufliches und privates gefordert-sein vorgebeugt werden kann, durch anspruchsvolle, aber bewältigbare Anforderungen im Job, sportliches Training etc.
b) Die negative Wirkung tatsächlicher Leistungseinschränkungen durch eine lebensphasenorientierte Arbeitszeitgestaltung reduziert werden kann, z. B. indem im Rahmen von Lebensarbeitszeitkonten Arbeitszeitguthaben, die in den jungen und mittleren Jahren der Karriere aufgebaut wurden, im höheren Alter für kürzere Tages- und Wochenarbeitszeiten genutzt werden (siehe auch Armutat, 2009; Fischer, 2012). (Solche langfristig angelegten Arbeitszeitmodelle sind für Mitarbeiter in allen Phasen ihrer Karriere attraktiv, da sie auch altersunabhängige flexible Möglichkeiten wie Auszeiten in Form von Sabbaticals etc. erlauben. Ihre „Leuchtkraft" für Unternehmen ist allerdings eher gering, da sie hohe Anforderungen an ihre Administration, finanzielle Insolvenzsicherung und organisatorische Planung stellen. Im zunehmenden „war for talents" werden die Unternehmen wahrscheinlich zukünftig bereitwilliger an die Einrichtung solcher flexibler Modelle herangehen)
c) Älteren Mitarbeitern echte Anerkennung und Wertschätzung durch Unternehmen und Führungskräfte entgegengebracht wird, durch die negative Effekte durch *self-fulfilling prophecies* (s. o.) oder Demotivierung und Verlust des Engagements vorgebeugt werden kann
d) Ältere Mitarbeiter auf „Erfahrungs-Positionen" eingesetzt werden, die das Wissen dieser Mitarbeiter fordern und auf denen mögliche Leistungsnachteile durch verringerte Anpassungsgeschwindigkeit an sich rasch ändernde Situationen keine nachteilige Wirkung haben: z. B. in Stabs- und anspruchsvollen Spezialistentätigkeiten, als Mentoren für Nachwuchskräfte, denen sie ihr Erfahrungswissen übertragen und denen sie helfen, im Unternehmensalltag klarzukommen.

Gerade der unter d) genannte Punkt entspricht einer Anwendung der Matrix, die Warr (1994; zitiert in Hedge et al., 2002) vorgelegt hat:

		Erfahrung führt zu guter Leistung	
		Nein	*Ja*
Nötige Fertigkeiten nehmen im Alter ab	*ja*	D	C
	nein	B	A

Tab. 8: Schema altersbedingte Entwicklung der Fertigkeiten und deren Kompensation durch Erfahrungen

Nach Warr sind nur die Tätigkeiten in Zelle D für ältere Mitarbeiter kontraindiziert – dies sind i. A. Tätigkeiten, die durch rasch wechselnde Anforderungen gekennzeichnet sind, da für diese rasche Umstellungsfähigkeit und *perceptual speed* als Komponente der fluiden Intelligenz unverzichtbar sind.

Letztendlich ist die Schaffung von Arbeitsbedingungen, die unsere älteren Mitarbeiter bezüglich ihrer Fähigkeiten und auch motivational „im Rennen halten", eine wichtige Aufgabe, die in Maßnahmen des BGM wahrgenommen werden muss. Um hierfür Ansatzpunkte zu finden, braucht man nur auf die unter Kapitel 2.5.1 dargestellten Forderungskataloge von Gunkel (2004), Gunkel et al. (2011) sowie Leka & Cox (2010) zurückzugreifen, die – neben den Maßnahmen, die sich auf die physische Fitness beziehen – gerade auch die Bearbeitung der psychosozialen Stressoren über die Beeinflussung des Führungsverhaltens sowie die Schaffung einer Unternehmenskultur, die Motivation und Lernen fördert, auflisten.

2.6 Conclusio: Wie sieht optimale Führung auf der Grundlage der unterschiedlichen Theorien denn nun aus?

Ein 8-Faktoren-Modell gesunder Führung

In Kapitel 2.4 haben wir uns mit sechs unterschiedlichen Theorien befasst, die Aussagen über den Zusammenhang zwischen Arbeit, Führung, Gesundheit und Wohlbefinden treffen, hinreichend empirisch überprüft und zumindest in wesentlichen Teilen bestätigt worden sind. Die Kernaussagen dieser Theorien bezüglich wünschenswerter „gesunder" Arbeits- und Umgebungsbedingungen haben wir in unseren „Einkaufskorb" gepackt, dessen Gesamtinhalt nachfolgend noch einmal in der Übersicht dargestellt wird. Hierbei werden Elemente, die inhaltlich zu einem Cluster zusammengefasst werden können, farblich gleich markiert. Die Cluster selbst werden im Anschluss an die Tabelle erklärt und benannt.

Modell	Organisationale und personale Führung soll sicherstellen:	...durch:
Modell der Salutogenese	Verstehbarkeit	- Einordnung der Tätigkeit in den Gesamtzusammenhang des Unternehmens - In Krisenzeiten: erklären der Notwendigkeit unpopulärer Maßnahmen
	Handhabbarkeit	- Klare Ablauforganisation und Zuständigkeiten - Ausbildung & Coaching - Adäquate Hilfsmittel, Werkzeuge und Prozesse
	Bedeutsamkeit	- persönliche Anerkennung der Leistung - Leistungsgerechte materielle Entlohnungssysteme
	Generalisierte Widerstandsressourcen	- Ausbildung & Training - Vermeidung prekärer Arbeitsverhältnisse - Jobsicherheit - Soziale Unterstützung vertikal und horizontal
Demand/Control (Support)-Modell	Adäquate Anforderungen durch die Tätigkeit (*Demands*)	- Anspruchsvoll und herausfordernd... - ...aber bewältigbar gestaltete Arbeitsaufgaben (Yerkes-Dodson-Regel beachten) - Berücksichtigung individueller Leistungsvoraussetzungen und ipsativer Normen bei der Zielabsprache
	Mitarbeiter-eigene Kontrolle über die Arbeitsausführung (*Decision latitude*) und Nutzung der Fertigkeiten (*Skill Utilization*)	- Entscheidungsfreiheit über das „wann" und das „wie" der Aufgabenausführung gewähren - Partizipation = in Entscheidungen einbeziehen - Anregende Gestaltung der Tätigkeit, die einen möglichst breiten Bereich von Fertigkeiten und Kenntnissen fordert
	Soziale Unterstützung (*social support*)	- Unterstützung durch den Vorgesetzten bei Problemen mit der Arbeitsausführung („Coaching-Rolle der Führungskraft") - Berücksichtigung der persönlichen Situation des Mitarbeiters im Krisenfall - Förderung lateralen Austauschs und der Kommunikation zwischen Kollegen - Monitoring und Unterstützung bei der Bewältigung von Konflikten (besonders bei Gruppenarbeit mit gegenseitigen Abhängigkeitsverhältnissen) -

Modell	Organisationale und personale Führung soll sicherstellen:	...durch:
Modell der Gratifikationskrise (*Effort/Reward-Imbalance*)	Ein ausbalanciertes Verhältnis aus Einsatz (*effort*) und Ertrag (*reward)*	- Anspruchsvoll und herausfordernd... - ...aber bewältigbar gestaltete Arbeitsaufgaben (Yerkes-Dodson-Regel beachten) - Berücksichtigung individueller Leistungsvoraussetzungen und ipsativer Normen bei der Zielabsprache
	Einen verantwortungsvollen Umgang mit Selbstverausgabungsneigung (*overcommitment*)	- Coaching „gefährdeter" Mitarbeiter durch den Vorgesetzten - ... und die Personalabteilung - ... gerade in den ersten Karrierejahren, die unter besonderem Profilierungsdruck stehen
	Arbeitsplatzsicherheit im Rahmen der wirtschaftlich vertretbaren Möglichkeiten	- Behandlung der Kündigung als „ultima ratio" - Transparente Kommunikation der Notwendigkeiten im Falle nicht verhinderbaren Job-Abbaus - Angebot von Unterstützung wie Outplacement-Beratung im Falle nicht verhinderbarer Kündigungen
Vitaminmodell	Möglichkeit zur Steuerung/Kontrolle	Gewährung von Entscheidungsfreiräumen
	Möglichkeit zur Nutzung der Fertigkeiten	Bedürfnis- und fähigkeitsbezogenen Einsatz der Mitarbeiter
	Extern generierte Ziele	Definition klarer, mess- und erreichbarer Zielen
	Abwechslung	Bewusste, auf Abwechslung abzielende Aufgabenstrukturierung und Ermöglichung von job rotation
	Klarheit des Umfeldes	- Klärung von Rollen und - Verantwortlichkeiten Feedback über Ergebnisse geben
	Verfügbarkeit von Geld	Leistungsgerechte Entlohnungssysteme und Verzicht auf prekäre Beschäftigungsverhältnisse
	Physische Sicherheit	Arbeitssicherheit als Führungsaufgabe
....weiter...	Möglichkeit zu zwischenmenschlichen Kontakten	- Förderung kooperativer Arbeitsstrukturen - Bewusste Bearbeitung und Schlichtung von Konflikten - Verhinderung von „Crowding-Effekten" bei der Arbeitsplatzgestaltung (Z. B. keine Großraumbüros; Schaffung von Rückzugsräumen)

Modell	Organisationale und personale Führung soll sicherstellen:	...durch:
....Fortsetzung... Vitaminmodell	Wertgeschätzte soziale Position	- Respektvollen Umgang fördern - Transparenz & Fairness gegenüber allen Mitarbeitern
	Unterstützende Führung	- Auswahl von Führungskräften auch nach sozialer Kompetenz - Training unterstützender Führung - Erstellen von Führungsgrundsätzen
	Karriereaussichten	Implementierung von Programmen zur Nachfolge- und Laufbahnplanung
	Fairness & Gerechtigkeit	Transparente Regeln und Programme
	Förderung der beruflichen Selbstwirksamkeit	- Unterstützung bei Aufgabenerledigung sicherstellen - Fähigkeitsbezogen-individuelle Leistungsanforderungen
Job Characteristics Modell	Anforderungsvielfalt	- Bewusste Gestaltung von Einzelaufgaben - Ggf. job rotation bei eintönigen/anspruchslosen Tätigkeiten - Ggf. Bevorzugung von Mitarbeitern mit niedrigem BSE
	Aufgabengeschlossenheit	- Bewusste Gestaltung von Einzelaufgaben - Verdeutlichung des relevanten Abschnitts, falls die Aufgabe Teil eines komplexeren Komplexes ist
	Bedeutsamkeit der Aufgabe	- Den Sinn der Tätigkeit vermitteln
	Autonomie	- Entscheidungsfreiräume bewusst gestalten - Überdeterminierung verhindern: so wenige Vorgaben wie nötig, so viel Freiraum wie möglich
	Feedback über die Ergebnisse	- Personal über die Führungskraft sicherstellen - Feedback in die Aufgabe integrieren - Ggf. technische Rückmeldeeinrichtung integrieren - Maßstäbe und Benchmarks zur Verfügung stellen

Modell	Organisationale und personale Führung soll sicherstellen:	...durch:
Handlungsregulationstheorie	Schädigungsfreiheit	- Ergonomische Gestaltung der Prozesse - Reduktion von Sicherheitsrisiken durch technische Maßnahmen und persönliche Schutzausrüstung
	Beeinträchtigungsfreiheit	- Verhinderung kurzer Taktzeiten - Abwechselnde Tätigkeiten schon bei der Arbeitsgestaltung vorsehen - Ggf. job rotation
	Persönlichkeitsförderlichkeit :	
	Möglichkeit zu aktiver Betätigung	- Abwechselnde Tätigkeiten schon bei der Arbeitsgestaltung vorsehen
	Kooperationsmöglichkeiten	- Gruppenarbeit, wo dies möglich ist - Räumliche und zeitliche Gelegenheit zur Kommunikation bieten
	Autonomie und Entscheidungsspielraum	- Überdeterminierung vermeiden: so viel Freiraum wie möglich, so wenige Vorgaben wie nötig - Entscheidungsfreiräume bewusst gestalten
	Ganzheitlichkeit mit Einbezug kognitiver Inhalte	- Denkprozesse in Einzelaufgabe integrieren durch bewusste Aufgabengestaltung
	Prüf- und Korrekturmöglichkeiten für eigene Tätigkeit sicherstellen	- Implementierung valider Feedback-systeme - Einführung der „Werker-Selbstkontrolle" statt „Fremdkontrolle" - Korrigierende Nacharbeit in die Tätigkeit integrieren
	Lernmöglichkeiten und Lerntransfermöglichkeiten sicherstellen	- Training on-the-job - Training off-the –job - Organisation von peer-group-learning - Lernpartnerschaften

Tab. 9: Gesamtübersicht der arbeitsbezogenen Determinanten von Gesundheit und Wohlbefinden auf der Grundlage von sechs Theorien

Eine inhaltliche Analyse der gesundheitsrelevanten Elemente über die verschiedenen Theorien hinweg ermöglicht eine erhebliche Verdichtung und größere Übersichtlichkeit, indem Redundanzen und Mehrfachnennungen eliminiert und Ähnliches bezeichnende jedoch unterschiedlich benannte Elemente zusammengefasst werden.

In der o. a. Analyse ergeben sich acht Cluster:

1) ***Anregende und bewältigbare Tätigkeiten*** **(grün)**

Hierunter finden wir Elemente, die auf der einen Seite den Arbeitenden fordern und abwechslungsreiche, nicht triviale Tätigkeiten beinhalten, auf der anderen Seite aber wird auch die Bewältigbarkeit berücksichtigt i. S. des Ausschlusses von Überforderung bzw. individueller Beachtung der optimalen Forderung.

2) ***Autonomie und Entscheidungsfreiraum*** **(schwarz)**

Hierzu gehört neben dem Entscheidungsspielraum über das *wann* und *wie* der Tätigkeitsausübung auch der Einbezug in Entscheidungsprozesse, die über die unmittelbare Tätigkeit hinausgehen, also die *Partizipation*, z. B. im Sinne des Einbezugs in Entscheidungen zu organisatorischen oder Prozessänderungen.

3) ***Transparenz der Ziele und des Umfelds sowie Feedback*** **(rot)**

Ein transparent strukturiertes Umfeld mit eindeutigen Zielen und einem gut funktionierenden Feedback-Prozess über die Ergebnisse tragen zur *Verstehbarkeit* i. S. Antonovskys bei, und sie erhöhen das Motivationspotential der Arbeit (MPA) im Sinne des Job Characteristics Modells.

4) ***Wertschätzung*** **(dunkelblau)**

Eine wertgeschätzte Position und Anerkennung für die Individualität und Leistung des Mitarbeiters kennzeichnen dieses Cluster.

5) ***Sicherstellung von Bewältigungsressourcen und -puffern*** **(braun)**

Dieses Cluster enthält heterogene Elemente, denen gemeinsam ist, dass sie entweder als wertvolle kognitive und Wissens-Ressourcen zur Bewältigung der Anforderungen dienen – Kenntnisse, Ausbildung, Training und Coaching zur Vermittlung relevanter Fertigkeiten und zur Erhöhung der beruflichen Selbstwirksamkeit – oder in Form von sozialer Unterstützung und Interaktionsnetzwerken, die Bewältigung der Anforderungen erleichtern können.

6) ***Unterstützendes personales Führungsverhalten*** **(hellblau)**

Personales Führungsverhalten bildet ein eigenes Cluster, obwohl es in nahezu jedem der anderen Cluster mitwirkt. So kann Führung eine wesentliche Quelle bei der Vermittlung von Kompetenz und sozialer Unterstützung sein (Cluster 5), aber auch Wertschätzung vermitteln (Cluster 4), die Gestaltung der Arbeitstätigkeiten prägen

(Cluster 1), Autonomie und Partizipation gewähren und auch verweigern (Cluster 3). Da diese Elemente allerdings auch durch Maßnahmen der *organisationalen Führung* in Form von Ausbildungs- und Einarbeitungsprogrammen, formalen Stellenbeschreibungen, ablauf- und aufbauorganisatorische Entscheidungen etc. sichergestellt werden können, soll *personale* Führung als Beschreibungskategorie für das Verhalten der Führungskräfte hier als eigenständiges Cluster ausgewiesen werden. Diese multiple Bedeutung der Führung macht sie letztendlich zu einem wesentlichen Bestimmungselement „gesunder" Arbeitsbedingungen und zu einem der lohnendsten Interventions- und Präventionsziele.

7) ***Gerechtes Austauschverhältnis*** **(violett)**
Unterelemente sind leistungsgerechte und transparente Lohnsysteme, eine insgesamt als fair und gerecht wahrgenommene Behandlung wie auch die Vermeidung prekärer Arbeitsverhältnisse, und auch der Schutz vor Arbeitsplatzverlust gehört zu diesem Cluster, der ja auch von Siegrist als eines von mehreren Elementen der Gratifikationskrise genannt wird.

8) ***Ergonomie und Arbeitssicherheit*** (rosa)

Die physische Sicherheit am Arbeitsplatz aus Warr's Vitaminmodell und Schädigungs- und Beeinträchtigungsfreiheit im Sinne der Handlungsregulationstheorie definieren die Minimalbedingungen eines Arbeitsplatzes, der Gesundheit und Wohlbefinden fördern kann.

Es wird also ersichtlich, dass die unterschiedlichen Theorien zu Arbeit und Gesundheit hoch kompatibel sind, und ihre gemeinsame Betrachtung erweitert Erkenntnisse über Wirkzusammenhänge und eben auch mögliche Ansatzpunkte zur Analyse und Intervention.

Entsprechend basiert der empirische Teil dieser Arbeit nicht auf nur einer dieser Theorien, sondern auf dem in diesem Kapitel ausgearbeiteten Fundament, das die wesentlichen Elemente der hier dargestellten Modelle in einem Gesamtmodell kombiniert.

2.7 Überleitung zum empirischen Teil

2.7.1 Rückblick

Im bisherigen Verlauf der Arbeit haben wir in den Kapiteln 1.2 und 1.3 zunächst die aktuelle demografische Entwicklung und deren Konsequenzen für die Arbeitswelt und die Werktätigen beleuchtet. Hierbei wurde deutlich, dass das Thema „Gesundheit" aus gutem Grund zum zentralen Thema der Human Ressources Welt geworden ist: auf der einen Seite sind wir erhöhtem Druck ausgesetzt, der gerade langfristig gesundheitlich negative Konsequenzen haben kann, auf der anderen Seite müssen wir unsere Arbeitsfähigkeit durch demografische Bedingungen länger als bisher aufrecht halten.

Als wesentlichen Einflussfaktor und als Stellgröße, die von uns bewusst beeinflusst werden kann, haben wir die *Arbeitsbedingungen* herausgearbeitet, von denen *personale und organisationale Führung* wesentliche Elemente sind.

Dem Thema *personale Führung* haben wir uns in Kapitel 2.2 in Form eines Überblicks über die bedeutendsten Theorien und Befunde zur Wirkung der Führung gewidmet.
Kapitel 2.3 beschäftigte sich mit komplexen Theorien zum Thema „Arbeit und Gesundheit", deren Kernaussagen und empirischen Befundlage. Die wesentlichen Schlussfolgerungen einer jeden dieser Theorien zur wünschenswerten, gesundheitsgerechten Gestaltung der Arbeit wurden herausgearbeitet und in unseren „Einkaufswagen" gelegt, dessen Gesamtinhalt in Kapitel 2.6 dargestellt und in acht Cluster eingeteilt wurde.

Kapitel 2.4 beschrieb Mechanismen des Stressreaktion und der Psychoneuroimmunologie, die als „Transmissionsriemen" zwischen Arbeit und Gesundheit fungieren.

Kapitel 2.5 beschreibt, wie Ansätze des *Betrieblichen Gesundheitsmanagements* (BGM) das unternehmerische Ziel einer gesunden und leistungsfähigen Organisation und Belegschaft unterstützen.

2.7.2 Aufbau des empirischen Teils

Der empirische Teil dieser Arbeit basiert auf einem BGM-Programm, das in einem Unternehmen der Metallindustrie eingeführt wurde. Informationen zum Unternehmen finden sich in Kapitel 3.1. Dieses Programm wurde nach dem Drehbuch der *systemverträglichen Organisationsentwicklung* von Kastner entwickelt und ausgerollt, und es wird in Kapitel 3.2 beschrieben.

Wesentlicher Bestandteil des BGM-Programms ist eine Mitarbeiterbefragung, die zum ersten Mal im Juli 2011 stattfand und als Wiederholungsmessung im März 2013 ein weiteres Mal durchgeführt wurde. Design, Ablauf, und Ergebnis beider Befragungswellen sowie ein t1 - t2-Vergleich erfolgen in Kapitel 4. Kapitel 5 widmet sich der kritischen Diskussion der Ergebnisse.

Aufgrund der theoretischen Erkenntnisse sowie der empirischen Befunde aus den eigenen Befragungen wird in Kapitel 6 ein *Instrument zum Führungs-Controlling* entworfen, durch das der Zustand der *organisationalen und personalen Führung* einer Organisation messbar und bewertbar wird, und es können die jeweiligen Schwachstellen als Optimierungsmöglichkeiten erkannt werden.

Eine abschließende kritische Reflexion in Kapitel 7 wird weitere Forschungs- und Entwicklungsbemühungen aufzeigen, die helfen können, den hier beschriebenen Ansatz konstruktiv weiterzuentwickeln.

2.7.3 Wissenschaftstheoretische Rahmenbedingungen der eigenen Untersuchung

Zum Verständnis des Vorgehens bei den nachfolgend beschriebenen empirischen Untersuchungen müssen zunächst deren Rahmenbedingungen erklärt werden. Diese waren u. a.:

- Der Untersuchungsleiter und Autor dieser Arbeit ist kein externer, „neutraler" Wissenschaftler, sondern als Personaldirektor des Unternehmens eine interne Schlüsselfigur. Somit muss er neben den Zielen wissenschaftlichen Erkenntnisgewinns immer auch den unmittelbaren, kurzfristigen wirtschaftlichen Nutzen für das Unternehmen ins Kalkül ziehen.
- Alle Befragungen und Interventionen unterliegen nicht nur kritischer wissenschaftlicher Evaluation, sondern sie bedürfen immer auch des vollen Einblicks und der Mitbestimmung des Betriebsrats. So kann es sein, dass eigentlich sinnvolle Interventionen keine Zustimmung finden, aber andere aus internen „politischen" Gründen gefordert werden.
- Die Interessen des Untersuchungsleiters werden u. U. – wegen seiner Rollenteilung – von den Untersuchungsteilnehmern mit Misstrauen gesehen („Hier geht es doch nicht um uns, sondern um die Gewinnmaximierung des Unternehmens!")
- Hoch technisierte und automatisierte Prozesse können nicht wie laborexperimentell gestaltete Variationen unabhängiger Variablen beliebig verändert werden. Ein solcher Eingriff in die Produktions- und Organisationsprozesse ist allenfalls möglich, wenn er von der operativen Führung ohnehin geplant ist oder zumindest als

unmittelbar nutzbringend eingeschätzt wird, nicht aber aus dem Interesse an reinem Erkenntnisgewinn heraus.

- Placebo- und Kontrollgruppen sind nur mit großen Einschränkungen umsetzbar. Schon der unvermeidbare Einbezug des Betriebsrats würde einem Placebo-Effekt durch Transparenz die Wirkung nehmen.
- Zwischen den Messzeitpunkten auftretende Situationen und Veränderungen der Rahmenbedingungen können nicht wie im Laborexperiment kontrolliert werden. Deren Einfluss auf die Ergebnisse zu t2 kann kaum separiert und partialisiert werden.

Die spezifischen Rahmenbedingungen und Einschränkungen von Felduntersuchungen gegenüber „sauberen“ laborexperimentellen Settings ließen sich noch weiter fortsetzen. Wichtiger erscheint es dem Autor aber, auf die Vorzüge dieses Vorgehens hinzuweisen.

Leka & Cox (2010) machen zum Nutzen des in Großbritannien verbreiteten *Risk Management Paradigm* folgende Aussage:

„...a psychosocial risk management approach must not be ´complicated or technical´ in terms of its specifications, as the goal is not absolute accuracy and specificity of its measures or the mechanisms underpinning the decision making. (...) In other words, it is not an activity carried out for the benefit of researchers, but one pursued with the aim of making a difference to employees' working conditions within organizations“ (S. 130).

Hier weisen die Autoren auf ein wesentliches Bestimmungselement einer *organischen Forschung* (Argyris, 1973) hin: die Möglichkeit, einen pragmatischen Nutzen für die Mitarbeiter zu erreichen, eben dadurch, dass der Forschungsleiter „Machtinstanz und Einflussfaktor“ im Unternehmen ist, und gerade nicht nur ein vorübergehender Arbeitspartner, der primär durch eigene Forschungsinteressen getrieben wird. Selbstverständlich zwingt ihn dies auch zu Kompromissen zwischen „Wirtschaftlichkeit und Wissenschaftlichkeit“, aber die Nutzung der Position und der bewährten Beeinflussungsstrategien wird im Endeffekt für die Geschäftsführung (und somit Sponsoren des Programms) überzeugender sein als eine Tabelle mit Korrelationen und Signifikanzniveaus.

In seiner 1973 erschienenen Monografie *Intervention Theory and Method* beschrieb Argyris – einer der Mitbegründer der anwendungsorientierten Disziplin *Organisationsentwicklung* – die wesentlichen Unterschiede zwischen *rigoroser* und *organischer Forschung* in Interventionsprojekten (um diese dreht sich Organisationsentwicklung ja im Allgemeinen). Hierbei hebt er weniger auf die angewendeten Methoden als auf die Einbindung des Forscherteams in den Interventionsprozess und die Konsequenzen dieser Einbindung ab.

Hierbei geht Argyris davon aus, dass die rigorose streng wissenschaftliche Methode mit ihrer vom Untersuchungsgegenstand formal abgetrennten und für die Mitarbeiter nicht durchschaubaren zeitlich limitierten Projektorganisation zu ähnlichen Effekten führen kann, die auch in der formalen „echten" Organisation zu beobachten sind:

„The experiment not only creates the working conditions of formal organizations, but also magnifies them. The researcher not only presents the subjects with instruments to fill out, but also creates a human situation in which the subjects are immersed and asked to behave according to rigidly and rigorously defined rules. The rigidly defined job descriptions in industry are flexible guide posts compared to the instructions given in many experiments.(...)To summarize, the social system created when subjects actually participate in the research is similar to the traditional, authoritarian, bureaucratic, mechanistic organization found in most of our society" (S. 92).

Nach Argyris hat dieser set-up zur Folge, dass die Mitarbeiter die "Welt der Forschungsprojekt-Organisation" als Welt erleben, die als "2. Welt" neben ihrer Arbeitswelt existiert, und ihre Reaktion hierauf sei i. A. ablehnend, da die Regeln und Intentionen der „anderen Welt" nicht transparent und entsprechend Misstrauen erregend sind. Entsprechend verfälscht und von nicht offen gezeigter Verweigerungshaltung geprägt fielen dann auch die Antworten der Befragten in den Untersuchungen aus (siehe auch Graen, 1976).

Dem stellt Argyris das Prinzip der *organic research* gegenüber, in denen der Forscher – in diesem Paradigma vom Autor *Interventionist* genannt – und die Probanden eine gänzlich andere Rollenteilung erfahren:

- Die Probanden beteiligen sich an der Definition der Zielsetzungen des (Interventions-) Vorhabens
- Der Interventionist akzeptiert, dass er nicht nur Professional ist, sondern auch „Fremder", der seine eigenen Intentionen erklären und hinterfragen lassen muss
- Der Grad der aktiven Beteiligung des Forschungsleiters wird nicht nur vom Forscher selbst, sondern auch von den Probanden definiert
- Der Interventionist muss die Zielsetzungen der Probanden verstehen und in seinem Vorhaben realisieren, um deren Commitment und ehrliche Mitarbeit sicherzustellen
  (a.a.O., S. 105)

Wenn schon der externe Forscher in Argyris' Paradigma der organischen Forschung seine eigene Intention so deutlich darlegen und die Probanden so weitgehend in die Zieldefinition einbeziehen muss, um eine konstruktive Kooperation zu erhalten, so muss der interne Forschungsleiter, dessen „hauptamtliche" Rolle eine Managementfunktion ist, dies in noch viel höherem Maße. So sehr dies eine Notwendigkeit ist, so schwer ist es auch, diese offene Kooperation erfolgreich zu gewinnen.

Der empirische Block dieser Arbeit beschreibt ein Programm in seiner Entwicklung und seinem Verlauf über fast drei Jahre. Es ist ein großer Nutzen dieses langen Zeitraums mit zahlreichen Lernmöglichkeiten und –notwendigkeiten i. S. von Kastners SOE-Kreis, dass diese zahlreichen Erfahrungen zur Anpassung des Programms führen konnten. Auch die zweimalige Durchführung der Mitarbeiterbefragung brachte wertvolle Erkenntnisse zur optimalen Gestaltung solcher Befragungen in einem „organischen Setting", die in die kritische Diskussion der Ergebnisse einfließen werden.

Die genaue Beschreibung des organisationalen Untersuchungsumfeldes, der wirtschaftlichen Situation und ihrer Herausforderungen – diese wären im rigorosen Forschungsparadigma eine „Störgröße", oder sie müsste exakt operationalisiert und gemessen werden – erfolgt in Kapitel 3.1.

2.7.4 Die Skalen und Hypothesen der Untersuchung

Die für diese Arbeit relevanten Variablen basieren auf den bisher dargestellten theoretischen Modellen. Die das Thema *Führung* als unabhängige Variable operationalisierenden Unterskalen beziehen sich auf:

- Charisma
- Resultat- und Leistungsorientierung
- Coaching
- Soziale Unterstützung

Die weiteren unabhängigen Variablen (Skalen und ggf. Subskalen) sind:

- Salutogenetisches Motivationspotential der Arbeit
  - Anforderungsvielfalt
  - Bedeutsamkeit der Tätigkeit
  - Vollständigkeit
  - Partizipationsmöglichkeiten
  - Autonomie
  - Feedback aus der Tätigkeit selbst

- Regulationsbehinderungen

- Gratifikationskrise

- Fehlbeanspruchung
  - Überforderung quantitativ
  - Überforderung qualitativ
  - Unterforderung

- Soziale Unterstützung
    - Soziale Unterstützung durch Kollegen
    - Soziale Unterstützung durch den Vorgesetzten
    - Soziale Unterstützung durch Familie und Freunde

- Belastungen
    - Physikalische Umgebungsbedingungen
        - Lärm
        - Ungünstige Lichtverhältnisse
        - Temperatur
        - Klimaanlage
        - Schichtarbeit/Arbeitszeiten
        - Arbeitshaltung
        - Zeitdruck
        - Bewegen, Tragen, Heben schwerer Lasten
    - Soziale Belastungen

Als abhängige Variablen wurden erhoben:

- Allgemeines körperliches Wohlbefinden

- Engagement

- Arbeitszufriedenheit

Als Moderatorvariablen wurden erhoben:

- Bedürfnis nach Selbstentfaltung (t1)
- Berufliche Selbstwirksamkeit (t2)

Zur Bewertung des BGM-Programms wurden erhoben:

- Teilnahme am BGM-Programm (pro Modul)

- Bewertung des Nutzens des BGM-Programms (pro Modul)

Die genaue Beschreibung der Skalen und der jeweiligen Items erfolgt im empirischen Teil.

Die Hypothesen:

H0: Es bestehen keine systematischen Zusammenhänge zwischen den unabhängigen und abhängigen Variablen

H1: Es besteht ein positiver linearer Zusammenhang zwischen dem Gesamtwert und jeder einzelnen Subskala des *salutogenetischen Motivationspotentials der Arbeit* und dem *Allgemeinen körperlichen Wohlbefinden* (H1a), dem *Engagement* (H1b) und der *Arbeitszufriedenheit* (H1c)

H2: Es besteht ein negativer linearer Zusammenhang zwischen den *Regulationsbehinderungen* und dem *Allgemeinen körperlichen Wohlbefinden* (H2a), dem *Engagement* (H2b) und der *Arbeitszufriedenheit* (H2c)

H3: Es besteht ein negativer linearer Zusammenhang zwischen der *Gratifikationskrise* und dem *Allgemeinen körperlichen Wohlbefinden* (H3a), dem *Engagement* (H3b) und der *Arbeitszufriedenheit* (H3c)

H4: Es besteht ein negativer linearer Zusammenhang zwischen dem Gesamtwert und jeder Subskala der *Fehlbeanspruchung* und dem *Allgemeinen körperlichen Wohlbefinden* (H4a), dem *Engagement* (H4b) und der *Arbeitszufriedenheit* (H4c)

H5: Es besteht ein positiver linearer Zusammenhang zwischen dem Gesamtwert und jeder einzelnen Subskala der *sozialen Unterstützung* und dem *Allgemeinen körperlichen Wohlbefinden* (H5a), dem *Engagement* (H5b) und der *Arbeitszufriedenheit* (H5c)

H6: Es besteht ein negativer linearer Zusammenhang zwischen *sozialen Belastungen* und dem *Allgemeinen körperlichen Wohlbefinden* (H6a), dem *Engagement* (H6b) und der *Arbeitszufriedenheit* (H6c)

H7: Es besteht ein negativer linearer Zusammenhang zwischen *physikalischen Umgebungsbedingungen/Belastungen* und dem *Allgemeinen körperlichen Wohlbefinden* (H7a), dem *Engagement* (H7b) und der *Arbeitszufriedenheit* (H7c)

H8: Es besteht ein positiver linearer Zusammenhang zwischen Gesamtwert und Subskalen der *Führung* und dem *Allgemeinen körperlichen Wohlbefinden* (H7a), dem *Engagement* (H7b) und der *Arbeitszufriedenheit* (H7c)

H9: Das Verhältnis zwischen dem Gesamtwert und den Subskalen des *salutogenetischen Motivationspotentials der Arbeit* und den abhängigen variablen *Allgemeines körperliches Wohlbefinden* (H8a), *Engagement* (H8b) und *Arbeitszufriedenheit* (H8c) wird durch das *Be-*

dürfnis nach Selbstentfaltung moderiert, indem es für Personen mit hoher Bedürfnisausprägung stärker ist als für Personen mit niedriger Bedürfnisausprägung

H10: Das Verhältnis zwischen dem Gesamtwert und den Subskalen des *salutogenetischen Motivationspotentials der Arbeit* und den abhängigen Variablen *Allgemeines körperliches Wohlbefinden* (H9a), *Engagement* (H9b) und *Arbeitszufriedenheit* (H9c) wird durch die subjektive *Berufliche Selbstwirksamkeit* moderiert, indem es für Personen mit hoher subjektiver Selbstwirksamkeit stärker ist als für Personen mit niedriger Bedürfnisausprägung
H11: Das Verhältnis zwischen dem Gesamtwert und den Subskalen der *Fehlbeanspruchung* und den abhängigen Variablen *Allgemeines körperliches Wohlbefinden* (H10a), *Engagement* (H10b) und *Arbeitszufriedenheit* (H10c) wird durch den Gesamtwert und die Subskalen der *sozialen Unterstützung* moderiert, indem Personen mit hoher sozialer Unterstützung positivere Ausprägung der abhängigen Variablen im Bereich hoher Überforderung haben als Personen mit geringer sozialer Unterstützung

H12: Das Verhältnis zwischen dem Gesamtwert und den Subskalen der *Gratifikationskrise* und den abhängigen Variablen *Allgemeines körperliches Wohlbefinden* (H11a), *Engagement* (H11b) und *Arbeitszufriedenheit* (H11c) wird durch den Gesamtwert und die Subskalen der *sozialen Unterstützung* moderiert, indem Personen mit hoher sozialer Unterstützung positivere Ausprägung der abhängigen Variablen im Bereich hoher Gratifikationskrise haben als Personen mit geringer sozialer Unterstützung

H13: Das Verhältnis zwischen dem Gesamtwert und den Subskalen der *Physikalischen Umgebungsbedingungen* und den abhängigen Variablen *Allgemeines körperliches Wohlbefinden* (H11a), *Engagement* (H11b) und *Arbeitszufriedenheit* (H11c) wird durch den Gesamtwert und die Subskalen der *sozialen Unterstützung* moderiert, indem Personen mit hoher sozialer Unterstützung positivere Ausprägung der abhängigen Variablen im Bereich hoher Gratifikationskrise haben als Personen mit geringer sozialer Unterstützung

H14: Es besteht ein positiver linearer Zusammenhang zwischen *Gesundheitsverhalten* und dem *Allgemeinen körperlichen Wohlbefinden*

H15: Es besteht ein positiver linearer Zusammenhang zwischen *Gesundheitsverhalten* und der *Teilnahme am BGM-Programm*

H16: Es besteht ein positiver linearer Zusammenhang zwischen *Teilnahme am BGM-Programm* und dem *Allgemeinen körperlichen Wohlbefinden*

Als Test auf den Messfehler der *Varianz gemeinsamer Methoden* (*common method variance*) werden Hypothesen aufgenommen, die einen Nicht-Zusammenhang zwischen Variablen postulieren, wenn deren Interkorrelation aus einer Theorie nicht abgeleitet werden kann, sie also theoretisch unabhängig voneinander sind:

H17: Es besteht kein linearer Zusammenhang zwischen der *sozialen Unterstützung* und den *physikalischen* Belastungen

H18: Es besteht kein linearer Zusammenhang zwischen *Führung* und den *physikalischen Umgebungsbedingungen*

H19: Es besteht kein linearer Zusammenhang zwischen der Einschätzung *Nutzen des BGM-Programms* und den abhängigen Variablen *Engagement* (H19a) und *Arbeitszufriedenheit* (H19b).

Zur Überprüfung der Interventionseffekte zur *Führung* werden die entsprechenden Ergebnisse aus t1 und t2 miteinander verglichen:

H20: Führung wird in t2 besser bewertet als in t1.

3 Empirische Rahmenbedingungen

3.1 Das Untersuchungsumfeld

3.1.1 Der Konzern

Die Implementierung des BGM-Programms und beide Datenerhebungen aus Mitarbeiterbefragungen fanden in einem metallverarbeitenden Unternehmen in NRW statt. Das Unternehmen, das in einer eigenen Rechtform als GmbH existiert, wurde als inhabergeführtes Unternehmen im frühen 20. Jahrhundert gegründet. 1961 erfolgte die Übernahme des mittelständisch geprägten Unternehmens durch einen international aufgestellten Konzern. Das so neu entstandene Konglomerat wurde in den 1990er Jahren durch einen US-amerikanischen Konzern übernommen, der selbst Ziel einer Übernahme durch einen weiteren US-amerikanischen Pharmakonzern wurde, der die nicht in das Produktportfolio passenden Metall-Aktivitäten an den aktuellen Besitzer verkaufte. Dieser bisher letzte Unternehmensübergang erfolgte im Jahr 2003. Dieser neue Eigentümer ist ein börsennotiertes Unternehmen mit weltweit ca. 14.000 Mitarbeitern, dessen Unternehmenswurzeln bis ins späte 19. Jahrhundert reichen. Gleichwohl liegt die Geburtsstunde dieses eigenständigen Unternehmens im Jahr 1999, als dieser Teil des übergeordneten Konzern – ebenfalls nach einer Übernahme durch ein größeres US-amerikanisches Unternehmen, das an diesem Produkt kein Interesse hatte – in Form eines Management-Buy-out's an die Börse gebracht wurde.

Seit dieser Ausgründung ist der Konzern ständig durch Übernahme von Unternehmen gewachsen. Der Focus der Expansion liegt eindeutig auf dem attraktiven Bereich der *Körperpflege* (*Personal Care*), der deutlich mehr Marktwachstum und attraktivere Margen verspricht als der stark gesättigte Markt, zu dem der zweite Produktbereich *Haushaltprodukte* (*Household Products*) zählt. Von der Produktseite her ist der Konzern zur sogenannten *FMCG-Branche* zu zählen (*Fast moving Consumer Goods* sind relativ preiswerte Konsumartikel mit häufiger und rasch erfolgender Neubeschaffung).

Durch sein noch relativ geringes Alter von aktuell vierzehn Jahren sowie durch die wiederholte Übernahme von Unternehmen ist der Konzern nun in der Phase, seine eigenständige Identität zu entwickeln. Zu diesen Bemühungen gehören „harte" Maßnahmen wie Schließung und Verlagerung von Produktionskapazitäten, Personalabbau zur Optimierung der Overhead-Kostenstruktur genauso wie „Sinn stiftende" Programme wie die Entwicklung und Kommunikation einer global einheitlichen Vision, Mission und eines Werteschemas (*Vision – Mission – Values*). In 2012 rollte der Konzern ein Programm zu seiner *Employer Value Proposition* (*EVP*) aus, also zu seiner Position als Arbeitgeber, durch die er für Bewerber im „Kampf um Talente" attraktiv erscheint. In dieser EVP werden Elemente der Unternehmenskultur genannt und anschaulich dargestellt, die für breite Zielgruppen – hier besonders die gut ausgebildeten Spezialisten und Nachwuchsführungskräfte – interessant und anziehend sind. Die Entwicklung sowohl dieser EVP als auch der Vision, Mission und der Werte erfolgte zentral im Headquarter, der Roll-out hingegen wurde durch lokale „Vision-Champions" und „EVP-Champions" umgesetzt. Hierdurch soll nicht nur eine effizienter und zeitgleich erfolgende globale Implementierung sichergestellt werden, sondern durch Einbezug der lokalen Mitarbeiter sollen auch Kommittent und Identifikation erhöht werden.

Ein Jahr nach der Kommunikation der EVP startete der Konzern ein weltweites Kostenreduktionsprogramm, in dessen Verlauf Werke gerade der margenschwachen Haushaltsprodukte-Division geschlossen und insgesamt 2.000 Mitarbeiter abgebaut wurden.

Auch wenn der nordrhein-westfälische Standort durch diese Optimierungsmaßnahme insgesamt gesehen – zumindest im kommerziellen Bereich der Organisation mit den Einheiten Sales & Marketing, Business Finance, Customer Service und Controlling - eher profitierte als negativ betroffen zu sein, lösten die Reorganisationsprojekte viel Verunsicherung und Befürchtungen zur Sicherheit des eigenen Arbeitsplatzes aus.

3.1.2 Der Standort: wirtschaftliche und personelle Situation

Der Standort hat bis 2011 während seines gesamten Bestehens noch keine wirtschaftlich negative Phase durchleben müssen. Unter allen wechselnden Eigentumsverhältnissen prosperierte das Unternehmen, lange Zeit waren Wachstum des Produktionsvolumens und Ausbau des Personalstands kennzeichnend. Dieser langfristige Erfolg hat sicherlich die „psychologische DNA" durch Stolz auf die eigene Leistungsfähigkeit und Vertrauen in die Fortsetzung des Erfolges geprägt. Dieses Selbstbewusstsein richtet sich gerade auch an das zweifelsfrei in hohem Maße intern verfügbare ingenieurwissenschaftliche Know-how bezüglich der Entwicklung neuer Produkte sowie der Fertigungstechnologie, die zu deren Produktion erforderlich ist. Die Konzernentscheidung, ein global wichtiges, neues Premium-Produkt, das das bisher am Standort produzierte „Flaggschiff" ablösen sollte, nicht in Deutschland, sondern in den USA und (dem kostengünstigen) China zu produzieren, hat dieses Selbstvertrauen jedoch negativ beeinflusst. In der Tat ist der Standort seit 2011 mit rückläufigen Produktionszahlen konfrontiert, und die wirtschaftlichen Hoffnungen, die in zwei neue Produkte gesetzt wurden, haben sich bisher noch nicht realisiert. Weiterer Druck wird dadurch erzeugt, dass ein Großteil der bisherigen lohnkostenintensiven Verpackungsaktivitäten in ein Schwesterwerk in Osteuropa verlagert wird, die diese Tätigkeiten erheblich kostengünstiger ausführen können.

Die Reaktionen auf diesen Umsatzeinbruch waren – und sind zur Zeit der Erstellung dieser Arbeit nach wie vor – Maßnahmen zur Kostenreduktion. Diese Maßnahmen sind in drei Gruppen zu unterteilen:

1) Verschieben oder Streichen nicht unmittelbar notwendiger Investitionen in Gebäudeinstandhaltung, Maschinen-Maintenance, Schulungsaktivitäten etc.
2) Anpassung des Personalstands an die aktuellen Volumina
3) Reduktion der Personalkosten durch Streichen übertariflicher Zulagen und veränderte (kostengünstigere) Schichtsysteme

Besonders die Maßnahmen der Gruppen 2) und 3) haben unmittelbare Auswirkung auf die Mitarbeiter. Die Anpassung des Personalstands kann momentan im Bereich der direkten Mitarbeiter – das sind solche, die unmittelbar zum Entstehen des Produktes beitragen, also Maschinen- und Anlagenführer - noch überwiegend durch die Anpassung der Zahl der Leiharbeitnehmer realisiert werden. Es ist allerdings absehbar, dass bei weiter fallenden Volumina auch der indirekte Bereich – also Mechaniker, Führungskräfte, Logistiker etc. – angepasst werden muss.

Die Maßnahmen der Gruppe 3) betreffen in erster Linie die Mitarbeiter, die in Wechselschicht arbeiten – zu diesen zählen die meisten direkten Mitarbeiter, aber auch schichtbegleitende Mechaniker und Elektriker. So wurden im Jahr 2010 freiwillig gezahlte übertarifliche Zulagen für Nacht- und Sonntagsarbeit gegen Zahlung einer einmaligen Abfindung abgeschafft. Diese Maßnahme führte zu einer Reduktion des Nettoeinkommens von ca. 10%, und noch drei Jahre später wird die damalige Maßnahme immer wieder auf Betriebsversammlungen und in persönlichen Gesprächen durch die Betroffenen beklagt – eine klassische *Gratifikationskrise*, die durch die Veränderung entstanden ist. Im Oktober 2013 wurde ein Schichtsystem umgestellt, um auf das reduzierte Volumen zu reagieren – aus einer vollkontinuierlichen 7-Tage-Wechselschicht wurde der Sonntag herausgenommen. Hierdurch entfällt die steuerfrei gezahlte Sonntagszulage, und das neue System verlangt eine um 8% verlängerte Wochenarbeitszeit, durch die der Nettoverlust aber nur zum Teil kompensiert wird. Dieses „mehr arbeiten für weniger Geld" ist eine weitere klassische Determinante einer Gratifikationskrise.

Die in Kapitel 3.3 beschriebenen Befragungen erfolgten im Juni/Juli 2011 und im März/April 2013. Die Streichung der übertariflichen Zulagen erfolgte also bereits vor t1, während t2 noch nicht durch die Umstellung des Schichtsystems beeinflusst war, die erst drei Monate nach Abschluss der Datenerhebung kommuniziert wurde.

Eine personalpolitisch große Herausforderung entsteht durch die Verlagerung von Arbeitsplätzen in der Verpackung in das bei Personalkosten wesentlich kostengünstigere Schwesterwerk in Osteuropa. Die Verpackungstätigkeiten sind relativ einfach gestaltete Tätigkeiten mit einfach zu bedienenden Maschinen, die z. T. sitzend ausgeführt werden können. Hierdurch waren sie in der Vergangenheit typische „Schonarbeitsplätze", auf die Mitarbeiter versetzt werden konnten, die in technisch komplexeren Bereichen oder im vollkontinuierlichen Schichtbetrieb durch körperliche oder Fähigkeiten-basierte Einschränkungen nicht mehr einsetzbar waren. Eine große personalpolitische Herausforderung besteht nun darin, für diese Mitarbeiter zukünftig noch alternative Einsatzgebiete sicherstellen zu können.

3.1.3 Der Standort: Organisationsstruktur

Der Konzern ist in zweierlei Hinsicht unterteilt:

- bezüglich der Produkte gibt es die Divisionen *Personal Care* und *Household Products*
- bezüglich der internen Aufgaben gibt es die Organisationsteile *Commercial & Functions* und *Operations*. Erster Bereich umfasst alle kaufmännischen Funktionen, die sich mit Marketing und Vertrieb der Produkte beschäftigen, sowie alle kaufmännischen Unterstützungsfunktionen wie Finance & Controlling, Human Resources, Customer Service. Der Bereich *Operations* kann unterteilt werden in Manufacturing (Produktion), Engineering (Automatisierung und Instandhaltung) sowie Research & Development (Produktentwicklung). Vereinfacht werden diese Bereiche auch unter der Bezeichnung „Werk" zusammengefasst und somit vom kommerziellen Bereich abgrenzbar.

Am Standort arbeiten im Oktober 2013 ca. 650 Mitarbeiter, davon ca. 540 im Bereich *Operations* und ca. 110 in *Commercial & Functions*.

Das Werk zählt ausschließlich zur Division *Personal Care*, die kommerzielle Organisation dagegen integriert den Vertrieb der Produkte beider Divisionen.

Die Unterstützungsfunktionen bieten ihren Service grundsätzlich für alle Bereiche des Standorts an, sie gehören organisatorisch jedoch zum kommerziellen Teil des Unternehmens, mit vom Werk getrennten Berichtslinien (Matrix-Organisation).

Im Werk arbeiten ca. 320 direkte Mitarbeiter als Maschinen- und Anlagenführer. Diese Mitarbeiter sind häufig angelernt, verfügen also nicht unbedingt über einen regulären anerkannten Abschluss einer Berufsausbildung. Allerdings ist auch dies anzutreffen – so werden am Standort auch für den direkten Bereich die Ausbildungsgänge *Maschinen- und Anlagenführer* sowie *Verfahrensmechaniker Anwendungsrichtung Kunststoffspritzguss* angeboten.

Die indirekten Mitarbeiter der Instandhaltungsbereiche sind überwiegend Facharbeiter, wie Mechaniker und Mechatroniker, Elektriker und Werkzeugbauer. Alle diese Ausbildungsberufe werden am Standort angeboten.

Die betrieblichen Führungskräfte haben i. A. zumindest eine Ausbildung zum Industriemeister absolviert, oder sie verfügen ab dem Niveau stellvertretender Abteilungsleiter an aufwärts über eine Ausbildung zum Techniker oder einen akademischen Grad der Ingenieurwissenschaften.

Die freiwillige Fluktuation durch vom Mitarbeiter initiierte Austritte ist nahe Null.

In der kommerziellen Organisation ist eine abgeschlossene Berufsausbildung als Industriekaufmann/-frau die Minimalanforderung. Für alle spezialisierten Expertentätigkeiten und Nachwuchsführungspositionen wird ein Hochschulabschluss zumindest auf dem Niveau Fachhochschule/Bachelor, z. T. auch Universität bzw. Master verlangt. Der Personaleinsatz ist in diesem Bereich deutlich dynamischer als im Werksbereich, da die meist jüngeren Mitarbeiter in frühen Karrierephasen noch variabler eingesetzt werden, um ihre Fähigkeiten zu erweitern, was auch ein attraktives Element der Personalentwicklung im „Kampf um Talente“ ist. Genauso ist eine gewisse Fluktuation in diesem Bereich durchaus erwünscht, da durch frei werdende Positionen die Möglichkeit besteht, Know-how und Erfahrung „von draußen“ hereinzuholen, was in einem kreativen Bereich wie dem Marketing zu fortwährender erfolgsrelevanter Erneuerung und frischen Ideen führt.

Tabelle 10 zeigt die demografische Struktur des Standortes im Überblick.

Parameter	Werk	Komm. Org.
Durchschnittsalter	44	41
Anteil Frauen	19%	53%
Anteil Angelernter	42%	4%
Anteil Hochschulabschluss	7%	40%
Betriebszugehörigkeit	16 Jahre	12 Jahre

Tab. 10: Demografische Daten des Standorts im Oktober 2013

Das Werk produziert für den Weltmarkt. Nur ein geringer Anteil der hier hergestellten Produkte wird an die am Standort ansässige kommerzielle Organisation als internem Kunden verkauft. Insofern sind die Berührungspunkte und gegenseitigen Abhängigkeiten bei der täglichen Arbeit eher gering. So führt eine Umsatzsteigerung im deutschen Markt nur zu einem gering gestiegenen Produktionsvolumen im Werk, da weniger als 20% der dort hergestellten Produkte in den deutschen Markt verkauft werden.

Dieser hybride Charakter des Standorts mit zwei voneinander relativ unabhängigen Organisationseinheiten kann zu Konflikten führen. So führte das weiter oben erwähnte globale Kostensenkungsprogramm zu einer Erweiterung der internationalen Aufgaben der Marktorganisation und somit zu einer nötigen Personalaufstockung, während gleichzeitig Sparmaßnahmen im Werk umgesetzt werden. Diese gegenläufigen Entwicklungen sind auch bei intensiver Kommunikation der Hintergründe nicht immer verständlich für die Mitarbeiter auf dem Shopfloor, die Zweifel an der „Gerechtigkeit“ innerhalb der Organisation bekommen – ein weiteres Element der Gratifikationskrise!

Eine nicht unerhebliche Rahmenbedingung für die Unternehmenskultur und die Personalführung stellt der Schichtdienst im Werk dar. Die Mitarbeiter arbeiten in einem Vorwärts-Wechsel mit kurzen Zyklen – 2 Tage Früh-, 2 Tage Spät-, 2 Tage Nacht- und 4 Tage Freischicht. Dieses System ist arbeitswissenschaftlich durch die kurzen Schichtzeiten optimal, da keine physiologische Umstellung des Tag-/Nacht-Rhythmus erfolgt, der dann dem sozialen Rhythmus inkompatibel entgegensteht. Zudem ist ein Vorwärtswechsel von Früh- auf Nachtschicht sinnvoller als ein Rückwärtswechsel mit zu kurzen Freischichten zwischen Nacht- und erneuter Frühschicht (Schmidtke, 1993). Gleichwohl bringt dieses System eine deutlich eingeschränkte Möglichkeit zur unmittelbaren face-to-face-Kommunikation zwischen Führungskräften und Mitarbeitern mit sich. Da in der Nachtschicht meist nur eine Führungskraft im Werk anwesend ist, die aus einer beliebigen Abteilung kommt und über die allgemeinen Angelegenheiten nur ihres eigenen Bereichs informiert ist, kann es bis zu drei Wochen dauern, bis wirklich jeder Mitarbeiter über eine kompetente Führungskraft über Neuerungen u. ä. informiert worden ist. Schriftliche Informationen können aber nicht die Wirkung entfalten, die eine bilaterale Diskussion eines evtl. kritischen Themas wie dieser erlebten ungerechten Behandlung hat.

Das in Kapitel 3.2 dargestellte BGM-Programm wendet sich an den gesamten Standort, während die in Kapitel 3.3 beschriebenen Datenerhebungen ausschließlich im Bereich des Werkes stattfanden.

3.2 Das BGM-Programm

3.2.1 Motivation zur Einführung des Programms

Ausgangspunkt und primäre Motivation für die Entwicklung und Einführung eines BGM-Programms waren zum einen eher theoretische Erkenntnisse der unternehmerischen Handlungsnotwendigkeit durch die in der Fachwelt breit diskutierten Herausforderungen *demografischer Wandel* mit seinen Hauptmerkmalen *alternde Belegschaft* und *Fachkräftemangel*. Auf der eher praktischen Seite der Betriebsrealität sah sich das Unternehmen im Jahr 2010 mit zwei markanten Entwicklungen konfrontiert:

a) Im Bereich der kommerziellen Organisation hatte ein wirtschaftlich notwendiger Management-Turnaround zu einem weitreichenden Austausch von Mitarbeitern geführt. Durch die Notwendigkeit, die stark erstarrte und wenig anpassungsfähig gewordene Organisation zu erneuern, hatte man sich von zahlreichen Mitarbeitern mit z. T. bis zu 30jähriger Betriebszugehörigkeit getrennt, und man hatte bewusst neue Mitarbeiter als Hochschulabsolventen bzw. solche mit Erfahrung aus anderen namhaften FMCG-Unternehmen eingestellt. Während der Rekrutierung wurde deutlich, dass das Unternehmen Wettbewerbsnachteile im *war for talents*, die aus der Größe und der nicht sonderlich attraktiven geografischen Lage resultieren, durch sehr bewusste Gestaltung und Kommunikation einer positiven Unternehmenskultur ausgleichen muss. Hier erschien ein BGM-Programm – gerade wegen seines Charakters als Organisationsentwicklungsprogramm – ein geeigneter Ansatz zu sein.

b) Das Werk erfuhr die ersten rückläufigen Produktionsvolumina durch den in 2010 erfolgten Launch des neuen Premium-Produkts, das außerhalb Deutschlands hergestellt wurde. Durch die relativ langen Produktionsentwicklungszyklen war auch deutlich, dass dieses Volumen nicht kurz- oder mittelfristig steigen würde. Während durch eine flexible Anpassung der Anzahl der Leiharbeitnehmer auf solche Volumenschwankungen reagiert werden konnte, war auch klar, dass die Stammbelegschaft nicht durch Einstellungen „verjüngt" werden kann. Dies hat zwangsläufig zur Folge, dass das Durchschnittsalter der Stammbelegschaft steigen wird, was durch die Verschiebung des regulären Rentenalters von 65 auf 67 noch verstärkt wird.

Um beiden – unterschiedlichen – Situationen zu begegnen, galt es also, ein Programm zu entwickeln, das zum einen attraktiv und zeitgemäß ist und den Anforderungen einer eher jungen, dynamischen *Generation Y* genügt, zum anderen aber in der Lage ist, die Arbeitsfähigkeit der eher älteren Belegschaft der Werksorganisation zu verbessern. Im Programm selbst musste sich also der o. g. hybride Charakter der lokalen Organisation widerspiegeln.

3.2.2 Entwicklung und Struktur des Programms

Die Entwicklung des Programms, das unter dem Namen *Evita* im September 2010 in einer großen Auftaktveranstaltung gelauncht wurde, erfolgte theoriegeleitet. (*Evita* – das *E* markiert den ersten Buchstaben des Konzernnamens, und *vita* soll für Energie, Vitalität und Lebensfreude stehen).

Nach Analyse der wissenschaftlichen Literatur zu BGM-/WHP-Programmen war klar, dass *Evita* den in Kapitel 2.5.1 abgeleiteten Anforderungen genügen sollte:

- Das Programm soll in der Unternehmenspolitik verankert sein
- ...vom Top-Management in Auftrag gegeben und gesponsert werden
- ...auf verschiedenen Ebenen und Zielgebieten ansetzen
- ...und einem logischen Prozess folgen, der sowohl Diagnose als auch Prävention, Intervention und Evaluation umfasst.

Besonders ernst genommen wurde die Forderung, sowohl Maßnahmen der Verhaltens- als auch der Verhältnisprävention und –intervention zu berücksichtigen. Gerade in der einschlägigen Literatur berichtete Erkenntnisse über die Schwierigkeiten, erfolgreiche verhaltensorientierte Maßnahmen in wenig qualifizierten, überwiegend männlichen Subpopulationen mit Migrationshintergrund umzusetzen, verwiesen nachdrücklich auf die Zielebene der *Arbeitsverhältnisse* („Männer sind kerngesund, bis sie tot umfallen!" – eine Wahrnehmung, die nicht nur von Comedians gemacht wird).

Die Konzeption und Steuerung des Programms wird durch den *Steuerkreis Gesundheit* vorgenommen, in dem die Geschäftsführung beider Organisationsbereiche des Standortes vertreten ist sowie die Top-Führungskräfte aller nachgeordneten sowie Funktionsbereiche. Der Sicherheitsingenieur ist Mitglied dieses Kreises, ebenso der Vorsitzende des Betriebsrats. Da das Programm intensiv mit externen Beratern und Organisationen zusammen arbeitet, werden deren Vertreter themenbezogen in die Treffen des Steuerkreises eingeladen, ebenso wie Vertreter der das gesamte Programm unterstützenden Krankenkasse. Durch diese enge Verzahnung mit externer Kompetenz wird auch sichergestellt, dass das Programm gängigen Qualitätsstandards genügen kann und dauernder Know-how-Input von außen erfolgt.

Gemäß dem in Kapitel 2.5.3 beschriebenen Prozess der *systemverträglichen Organisationsentwicklung* (*SOE*) von Kastner sollte eine lehrbuchartig aufgesetzte Programmentwicklung mit der Definition des angestrebten *Ideals* beginnen (s. Abb. 21). Tatsächlich aber folgten Entwicklung und Roll-out einem in der Unternehmensrealität häufig anzutreffenden weniger paradigmatischen Vorgehen, indem in einem iterativen Prozess ein bestimmtes Modul schon umgesetzt wurde, während andere, idealtypisch vorhergehende Module noch konzipiert werden. Da Entwicklung und fortlaufende Implementierung des Programms aber allemal dem Prinzip eines offenen, lernfähigen und im dauernden Feedbackprozess weiterentwickelten Systems entsprechen sollten, das einen (höher entwickelten) SOE-Kreis hinter den vorangegangenen stellt, wurde dieses Vorgehen bewusst in Kauf genommen. Der geringeren „Lehrbuchtreue" stand der Vorteil eines schnellen, „bunten" Starts gegenüber, durch den das Programm möglichst positiv, „fühlbar" und intern werbewirksam bekannt gemacht werden sollte.

Entsprechend stellte der *1. Gesundheitstag* den Startpunkt nach dem Launch des Programms dar, und bereits dieser Launch selbst wurde als informative Großveranstaltung mit den typischen Elementen wie gesunden Getränkeangeboten und kurzen eingestreuten Bewegungseinheiten neben den interessant gestalteten Vorträgen möglichst bunt und spannend gestaltet.

Abbildung 23 zeigt die verschiedenen Module des BGM-Programms *Evita* im Überblick.

Module zur Verhaltensprävention/-intervention

a) **Gesundheitstage**

Gesundheitstage sind ein klassisches Instrument der Betrieblichen Gesundheitsförderung (BGF - zur Abgrenzung gegen Betriebliches Gesundheitsmanagement BGM siehe Kapitel 2.5). Diese wenden sich i. A. an die gesamte Organisation und decken eines oder mehrere gesundheitsrelevante Themen ab. *Evita* begann mit einem 1. Gesundheitstag, der die Themen *Back-Check – Rücken- und Bauchmuskulatur, Blutcholesterin, Blutzucker und Blutdruck, Stressempfinden – Herzratenvariabilität, Lungenfunktionstest* und *Bodymass-Index* abdeckte. Der 2. Gesundheitstag widmete sich dem Thema *Ernährung*, und der 3. dem Thema *Sport, Beweglichkeit & Fitness*.

Abb. 23: Inhalte des BGM-Programms *Evita*

b) **Sport & Fitness**

Im Rahmen des Programms wurde der in den 1970er Jahren noch betriebene Betriebssport reaktiviert und intensiviert. Hiermit reagierte man auch auf einen häufig geäußerten Wunsch langjähriger Mitarbeiter, doch „an die alten Zeiten anzuknüpfen". Die gemeinsam ausgeübten Sportarten Fußball, Tischtennis, Walking, Laufen, Triathlon und Fahrradfahren sind zum „emotionalen Herz" des Programms geworden, da die Sportereignisse selbst immer mit großer emotionaler Involvierung einhergehen. Tatsächlich ist gemeinsamer Sport ein hervorragendes Mittel, Mitarbeiter für das Programm aufzuschließen und über unterschiedlichste Abteilungen und Hierarchieebenen hinweg zusammenzubringen – gerade letzteres ist ein klassisches Element von Maßnahmen der Organisationsentwicklung. Aus der Erkenntnis heraus, dass für viele nicht trainierte Mitarbeiter die Schwelle zum Sport relativ hoch ist, wurden die Aktivitäten in 2013 um das Programm „+3000 Schritte" erweitert. Dieses an der Deutschen Sporthochschule in Köln entwickelte Programm soll dazu motivieren, die durchschnittliche Tageszahl zurückgelegter Schritte mit Hilfe eines Schrittzählers um 3000 zu erhöhen – ein Fitnessprogramm „unterhalb der Schweißgrenze" für nicht-Sportliche (Froböse & Frick, 2012). Mehr als 100 Mitarbeiter beteiligten sich hieran.

c) Ernährung

Dieses Thema wurde nicht nur in Form von Informationsvermittlung auf dem 2. Gesundheitstag behandelt, sondern auch über firmenfinanzierte Kochkurse mit Rezepten, die den Maßgaben der *Deutschen Gesellschaft für Ernährung (DGE)* entsprechen. Des Weiteren erfolgte eine gezielte Beeinflussung des Cateringbetriebes, der die firmeninterne Kantine bewirtschaftet, zur Einhaltung ernährungsphysiologisch positiv bewerteter Prinzipien, und mit dem Angebot *job & fit* bietet der Betrieb eine von der DGE zertifizierte Menu-Linie an.

d) Rückentraining

Mit dem Programm *Rückenfit am Arbeitsplatz* bot das Unternehmen innerhalb eines Produktionsbereichs, der besonders hohe Ausfalltage wegen Erkrankungen des Muskel-/Skelettsystems aufwies, eine Unterstützung an, die neben der verhaltensorientierten Perspektive auch verhältnispräventive Elemente umfasste. Die rückenschonende Arbeitsweise und die rückenentspannenden gymnastischen Übungen wurden am Maschinenarbeitsplatz der Mitarbeiter selbst eingeübt, und in diesem Zusammenhang wurden auch ergonomische Optimierungen benannt und umgesetzt.

e) Rauchentwöhnung

Im Rahmen des Programms wurden bisher zwei Trainings zur Rauchentwöhnung angeboten. Diese Trainings waren rein verhaltensorientierte Gruppentrainings, die die Teilnehmer über einen Zeitraum von ca. 5 Wochen begleiteten, mit anfangs zwei, später je einem zweistündigen Treffen pro Woche. Diese Maßnahmen wurden nicht durch parallele Unterstützungsmaßnahmen wie Nikotinpflaster, Akupunktur oder Hypnose begleitet.

f) Medizinische Check-ups

Das Unternehmen bot Führungskräften und Spezialisten (Projektingenieure, Produktmanager etc.) schon seit einigen Jahren einen gründlichen privatärztlichen Check-up an, der ab dem Alter 35 alle zwei Jahre in Anspruch genommen werden konnte, ab dem Alter 50 auch jährlich. Die Maßnahme findet breite Resonanz, die

Teilnahmequoten liegen bei ca. 50%. Die Erkenntnis der eher geringen Teilnahmequoten der gewerblichen Mitarbeiter an den offenen kollektiven Maßnahmen wie den Gesundheitstagen oder den ernährungsbezogenen Informationen (siehe hierzu Kapitel 4.2.8 und Tabelle 42) generierte die Idee, gerade dieser durch ihre spezifischen Arbeitsbedingungen wie physikalischen Expositionen und Schichtarbeit stark beanspruchten Gruppe mit dem Thema Gesundheitserhalt individuell näher zu kommen. Aus diesem Grund wurde das Angebot eines medizinischen Check-ups im Herbst 2012 auf alle Mitarbeiter ab dem Alter 42 ausgedehnt, die alle drei Jahre Anspruch auf diese gründliche privatärztliche Untersuchung haben. Nach ca. 1 Jahr haben 52 Mitarbeiter hieran teilgenommen, was einer Quote von ca. 19% der Berechtigten entspricht.

Module zur Verhältnisprävention/-intervention bzw. „Mix-Module"

Die nachfolgend beschriebenen Maßnahmen zielen primär auf die Arbeitsverhältnisse – wie z. B. *Ergonomie* – oder aber sie haben hybriden Charakter, indem sie durch den bewussten Einbezug der Mitarbeiter in die Analyse und Optimierung der Verhältnisse immer auch inzidentell verhaltensmodulierend wirken (können). So bewirkt der Einbezug der Mitarbeiter in einen Gesundheitszirkel, der sich um die Verbesserung einer für den Rücken ungünstigen Arbeitssituation kümmert, eventuell auch eine erhöhte Sensibilität der Mitarbeiter für dieses Thema, was im positiven Fall dazu führen kann, dass sie ein systematisches Training zur Stärkung der Rückenmuskulatur beginnen oder bestimmte schädigende Bewegungen bewusst vermeiden.

g) Ergonomie

Im Rahmen des Programms wurden *Ergo-Checks* an insgesamt fünf kritischen Arbeitsplätzen durchgeführt. Die Untersuchungen wurden durch externe Sportwissenschaftler ausgeführt, und die Mitarbeiter der entsprechenden Arbeitsplätze wurden aktiv in die Analyse ihrer Problematik und die Erörterung von Verbesserungsmöglichkeiten einbezogen. Die Untersucher erstellten jeweils umfassende Berichte mit Vorschlägen zur verhaltens- sowie verhältnisorientierten Verbesserung der Situation. So wurde – um ein Beispiel zu nennen – die Befüllung eines Trichters mit Material optimiert, indem eine Stufe montiert wurde, wodurch die belastende Über-Kopf-Arbeit vereinfacht wurde, und die zuvor sehr unhandlichen und mit viel Material gefüllten Behälter, mit denen der Trichter befüllt werden musste, wurden auf ein Viertel ihrer bisherigen Größe und Gewichts reduziert.

h) Gesundheits-Scouts

Gesundheits-Scouts sind im Rahmen des Programms Mitarbeiter, die speziell geschult worden sind, Gesundheit und Wohlbefinden beeinträchtigende Situationen zu erkennen und mit den betroffenen Mitarbeitern zusammen mögliche Lösungen zu erarbeiten und deren Umsetzung zu initiieren bzw. zu begleiten. Die Erarbeitung kann

z. B. in *Gesundheitszirkeln* erfolgen, die weiter unten vorgestellt werden. Genauso ist aber auch eine Einzelberatung eines Mitarbeiters denkbar, der ein spezielles Problem hat. Die Ausbildung der Scouts erfolgte zunächst durch ein insgesamt fünftägiges Training zum Themenkomplex *Arbeit & Gesundheit*, in dem allgemeine Kenntnisse vermittelt wurden. Einer der Tage widmete sich auch speziell dem Thema *psychische Erkrankungen*, wobei der Fokus auf dem Erkennen möglicher Frühsymptome entsprechender Störungen lag. Als weiteres Hilfsmittel erhielten die Gesundheits-Scouts ein in der Personalabteilung entwickeltes Verzeichnis mit externen Stellen der Unterstützung bei einer Vielzahl möglicher Probleme, von Jugend- und Drogenberatungsstellen über den Psychosozialen Trägerverein zur Sicherstellung einer psychologischen „Ersten Hilfe“ sowie Adressen zur Beratung bei Schuldenproblemen. Alle Scouts bewarben sich auf interne Ausschreibungen dieser Position, und alle übten zum Zeitpunkt der Nominierung keine Führungstätigkeit aus. Hierdurch sollte sichergestellt werden, dass sie als „Kollegen von nebenan“ leicht das Vertrauen der Mitarbeiter finden können – so wie ja auch der im Dienste der Arbeitssicherheit eingesetzte *Sicherheitsbeauftragte* ganz bewusst ein gleichrangiger Kollege sein soll. Eine weitere Parallele ist, dass der Scout genau wie der Sicherheitsbeauftragte seine Tätigkeit im Ehrenamt verrichtet, für dessen Ausübung er vom Unternehmen bezahlt freigestellt wird (Gröning, 2006).

i) Gesundheitszirkel

Das Instrument der *Gesundheitszirkel* ist bereits in Kapitel 2.5.1 beschrieben worden. Alle Gesundheits-Scouts erhielten ein zweitägiges Training zur Organisation, Durchführung und Nachbearbeitung von solchen Workshops im Frühjahr 2013. Dieses Konzept folgt weder ausschließlich dem Düsseldorfer noch dem Berliner Modell, der Einbezug der Führungskräfte erfolgt bei Bedarf, er ist also weder zwingend erforderlich noch auszuschließen (Wittig-Goetz, 2006).

j) Arbeitssicherheit

Arbeitssicherheit ist kein neues Thema, sondern schon durch die zwingenden Vorgaben des Arbeitsschutzgesetzes seit vielen Jahren institutionalisiertes Handeln des Betriebs. Um die Themen Arbeitssicherheit und Gesundheit & Wohlbefinden nicht als unabhängige nebeneinander existierende Themenkomplexe darzustellen, wurde dieser Bereich als eines von 12 Modulen in *Evita* integriert. Durch das gleichzeitig begonnene Arbeitssicherheits-Programm *Behavior Based Safety – BBS* war diese Integration auch überzeugend möglich, da auch in diesem Bereich „etwas Neues“ eingeführt wurde. *BBS* ist auch ein Beispiel für die Kombination von verhaltens- und verhältniswirksamen Aktivitäten, da ein wesentliches Element die Durchführung von Workshops mit den Mitarbeitern zur Identifikation von Sicherheitsproblemen und zur Sensibilisierung für sicheres Verhalten ist. Der bewusste Einbezug der Vorgesetzten, denen die bewusste positive Verstärkung sicherheitskonformen Verhaltens nahelegt wird, verbreitert den Ansatz dieses Programms noch einmal.

k) Mitarbeiterbefragung

Die *Mitarbeiterbefragung* ist das diagnostische Kernstück des BGM-Programms. Sie stellt im Sinne des *SOE-Kreises* von Kastner die Phase 2 der *Realdiagnose* dar. Sie wird in Kapitel 4 ausführlich dargestellt.

l) Führungsverhalten

Nach der Behandlung des Themas *Führung* im Theorieteil dieser Arbeit und der Herausarbeitung deren zentraler Bedeutung für Gesundheit und Wohlbefinden der Mitarbeiter ist es nicht überraschend, in diesem Teil der betrieblichen Realität den bedeutendsten Ansatzpunkt für die meisten Optimierungsmaßnahmen zu sehen. Entsprechend differenziert und gründlich wird dieser Bereich im Rahmen des Gesundheitsmanagements behandelt. Die Details hierzu werden im folgenden Kapitel 3.2.3 behandelt.

3.2.3 Führung im Rahmen des BGM-Programms

Führung ist wesentlicher Bestandteil aller auf dem SOE-Kreis basierenden Phasen des hier beschriebenen BGM-Programms: bei der Realentwicklung, der Diskrepanzanalyse, der Intervention und der Prävention.

3.2.3.1 Führung: Die Idealentwicklung

Bereits zu Beginn der Programmentwicklung war sowohl aus theoretischen Erwägungen (Empirie zur Wirkung der Führung etc.) als auch Erfahrungen aus dem betrieblichen Alltag (Beschwerden über Führungskräfte, Beschwerden der Führungskräfte über „schwierige Mitarbeiter" etc.) deutlich, dass dieses Thema mit umfassender Gründlichkeit bearbeitet werden muss. Da eine zielführende Analyse und Beeinflussung des Führungsverständnisses und –verhaltens einen tiefen Eingriff in die Organisationskultur und das (implizite) Selbstverständnis der Organisation darstellt, war das Kommittment der Führungskräfte für einen erfolgreichen Ansatz unverzichtbar. Es galt, dem alten Grundsatz der Organisationsentwicklung zu folgen: „Es gilt, Betroffene zu Beteiligten zu machen". Durch diesen Einbezug sollte auch einem wesentlichen wünschenswerten Element von Führung Rechnung getragen werden, nämlich dem der *Partizipation* und *Autonomie und Entscheidungsfreiraum* (siehe Cluster 2 des Führungsmodells in Kapitel 2.6). Denn wie sollte ein solches Element glaubwürdig als Sollwert gesetzt werden, ohne dass dessen Erarbeitung und Definition seinen eigenen Ansprüchen folgt?

Zur Erarbeitung eines Führungsideals wurden zwei Ansätze gewählt:

a) Interviews mit nicht-führenden Mitarbeitern zum Idealbild der Führungskraft, inhaltliche Auswertung dieser Interviews und Paarvergleich von Führungselementen
b) Erarbeitung von Führungsgrundsätzen in Führungs-Workshops

Ergebnisse der Interviews und des Paarvergleichs

Methoden

Ein wichtiger Soll-Wert für Führung wird durch die Erwartungen und Ansprüche der Geführten an das Verhalten der Führungskräfte selbst gesetzt. Um diese zu erkennen, bedienten wir uns der qualitativen Methode der halbstrukturierten Interviews, denen ein systematischer Paarvergleich als quantitative Methode folgte. (Beim Paarvergleich werden Elemente paarweise miteinander in Beziehung gesetzt, und der Proband muss seine jeweilige Bevorzugung für eines dieser Elemente nennen. Hierbei entstehen [n x n-1]/2 Einzelvergleiche, wobei n für die Anzahl der Elemente steht. Die Bevorzugungsstärke des Elements a errechnet sich über die Summe der Bevorzugungen von a gegenüber allen anderen Elementen. Der maximale Wert beträgt also n-1).

Probanden

Die für Interviews und Paarvergleich ausgewählten Mitarbeiter erfolgten über Benennung durch die Abteilungsleiter, wobei folgende Auswahlkriterien vorgegeben waren:

- Die Interviewten durften selbst keine Führungsaufgabe ausüben
- ...sollten sowohl den Bereich *white collars* als auch *blue collars* repräsentieren
- ...sollten zu abstrakt-reflektiertem Denken in der Lage sein
- ...und weder zu den „chronisch Unzufriedenen" noch zu den „Claqueuren" gehören

Die Vorschläge der Abteilungsleiter wurden mit deren Vorgesetzten – der Ebene der Bereichsleiter – und Mitarbeitern der Personalabteilung abgestimmt, um sicherzustellen, dass die Nominierten die o. g. Anforderungen hinreichend erfüllten.

Die Nominierten wurden erst danach durch den Untersuchungsleiter angesprochen und nach ihrem Interesse an Mitarbeit gefragt, was auch alle bejahten.

Insgesamt nahmen N = 18 Probanden an den Interviews teil, von denen 6 zur Gruppe *white collar* und 12 zur Gruppe *blue collar* zählten, was auch ungefähr den jeweiligen Anteilen in der Werkspopulation entsprach.

Durchführung der Interviews

Die Interviews wurden durch den Untersuchungsleiter und eine Mitarbeiterin der Personalabteilung in einem Büro der Personalabteilung durchgeführt. Mit dem anschließend durchgeführten Paarvergleich dauerten die Sitzungen jeweils ca. 45 Minuten.

Zu Beginn der Interviews erläuterte der Untersuchungsleiter zunächst das Ziel der Prozedur, wobei besonders betont wurde, dass es wegen der Subjektivität und Individualität des Themas keine „richtigen" oder „falschen" Antworten geben könne. Hierdurch sollten die Probanden ermutigt werden, keine primär „intelligenten", sondern ihrem ehrlichen Empfinden entsprechende Antworten zu geben.

Anschließend wurden die Probanden aufgefordert, „die beste Führungskraft", die sie persönlich erlebt haben, zu beschreiben und anzugeben, was sie an dieser Person als besonders positiv erlebt haben.

Anschließend wurden sie aufgefordert, sich an „die schlechteste Führungskraft" zu erinnern und diese wie oben bereits beschrieben zu skizzieren.

Im 3. und 4. Teil des Interviews wurden Probanden aufgefordert, nun von den zuvor beschriebenen Personen zu abstrahieren und allgemeine Merkmale anzugeben, die sie sich von einer Führungskraft wünschen bzw. welche eine Führungskraft auf jeden Fall vermeiden solle, da sie als negativ erlebt werden.

Die Instruktionen wurden vom *Interviewleitfaden zum Führungsverhalten* abgelesen, der sich in Anhang A befindet.

Die von den Mitarbeitern gemachten Angaben wurden von beiden Untersuchungsleitern unabhängig voneinander mitgeschrieben. Die Angaben der Probanden bezogen sich i. A. auf Verhaltensweisen (*„FK grüßt die Mitarbeiter persönlich"*), auf Einstellungen (*„Man merkt, dass FK die Mitarbeiter an der Maschine für dumm hält"*) oder Charaktermerkmale (*„FK ist ehrlich und zuverlässig"*). Eine Tonaufzeichnung der Interviews erfolgte nicht, da dies die Untersuchungssituation künstlicher gestaltet und evtl. die Offenheit der Probanden eingeschränkt hätte.

Auswertung der Interviews

Im unmittelbaren Anschluss an jede Sitzung verglichen die beiden Untersuchungsleiter ihre Aufzeichnungen. Hierbei wurden doppelte Nennungen - also Übereinstimmungen - gestrichen, so dass jeweils nur ein Element festgehalten wurde. Bei inhaltlicher Identität (z. B. *„FK unterstützt die Mitarbeiter bei schwierigen Aufgaben mit ihrem Fachwissen"* und *„FK hilft den Mitarbeitern, wenn diese Schwierigkeiten mit der Aufgabe haben"*) einigte man sich nach Diskussion auf eine sprachliche Ausgestaltung dieses Inhalts. Bei den äußerst selten vorkommenden Diskrepanzen in den Aufzeichnungen wurden diese inhaltlich diskutiert, und wenn der inhaltliche Kern auch hiernach noch nicht im Konsens herausgearbeitet werden konnte, wurde das Element nicht mit aufgenommen.

Nach Durchführung aller 16 Interviews wurden alle Elemente, die zu den Interviewpunkten 2 – 5 genannt wurden (siehe Anhang A), unter ihren jeweiligen Überschriften aufgelistet, und Mehrfachnennungen wurden hinter dem entsprechenden Element mit der Anzahl seiner Nennungen vermerkt. Insgesamt wurden über alle Fragen 341 Elemente genannt, nach Zusammenfassung der Mehrfachnennungen verblieben 189 unterscheidbare Elemente. Die kompletten *Ergebnisse der Interviews zum Führungsverhalten* befinden sich in Anhang B.

Um inhaltlich zusammengehörende Cluster auf höherem Aggregations- und Abstraktionsniveau bilden zu können, wurden alle Elemente auf Karteikarten übertragen und zu inhaltlichen Clustern zusammengefasst. Da die negativen Führungselemente i. A. das Gegenteil positiv genannter Elemente darstellten, wurden negative und positive Nennungen ein und derselben Führungsverhaltensweise oder –einstellung demselben Cluster zugeordnet (z. B. *„FK sagt immer die Wahrheit"* und *„FK lügt häufig"*). Nach Diskussion und ggf. Korrektur der Kartenzuordnungen wurden inhaltlich geeignete Überschriften für jedes der Cluster festgelegt. Dies erfolgte im Konsens der beiden Untersuchungsleiter mit einer weiteren Mitarbeiterin der Personalabteilung, also einer Abstimmung zwischen drei Personen.

Insgesamt wurden elf Cluster *Positiver Führung* gebildet. Tabelle 11 zeigt deren Überschriften/Titel und die Anzahl der Elemente. Die unter dem jeweiligen Cluster zusammengefasst wurden. Da einige der Elemente nicht völlig eindeutig nur einem der Cluster zugeordnet werden konnten, in diesen Fällen also Doppelzuordnungen erfolgten, weicht die Gesamtzahl der Elemente um 29 positiv von der weiter o. g. Gesamtzahl unterscheidbarer Elemente ab. Die beispielhafte Zuordnung der Elemente zu den Clustern zeigt Anhang C.

Es fällt auf, dass eindeutige Schwerpunkte der Nennungen in Cluster 1 den *„4 Is"* des Konzepts der transformationalen Führung zugeordnet werden können (s. Kap. 2.2.2.4). Aktive Einbindung der Mitarbeiter in Entscheidungsprozesse (Cluster 2), Unterstützung der Mitarbeiter (Cluster 3) und deren Entwicklung (Cluster 11) sowie gekonntes Kommunikationsverhalten (Cluster 5 und 6) sind Elemente der *Consideration Structure* bzw. des *Mitarbeiter-orientierten Führungsstils*. Die Cluster 4, 8 und 9 verweisen primär auf die *Initiation Structure* bzw. den *Aufgaben-orientierten Führungsstil*, während Cluster 10 auf den *Situativen Führungsstil* nach Hersey & Blanchard hinweist (s. Kap. 2.2.2.2). Wenn man die Anzahl der genannten Elemente als Indikator für deren Bedeutung für die geführten und interviewten Mitarbeiter akzeptiert, ist es deutlich, dass Mitarbeiter-orientierte Führung insgesamt stärker als Merkmal positiv bewerteter Führung gewichtet wird als Aufgaben-orientierte Führung.

Nr.	Überschrift/Titel	Anzahl der Elemente
1	Vorbild & integer sein / Positive Ausstrahlung	60
2	Mitarbeiter einbinden und partizipieren lassen	31
3	Vertrauensvolle Unterstützung geben	26
4	Fachkompetenz / Organisation & fachliche Unterstützung	21
5	Präsent sein, zuhören und aktiv informieren	19
6	Konstruktives Feedback geben	19
7	Teamgeist / Zusammenarbeiten wollen und können	13
8	Leistung fordern und motivieren	9
9	Entscheiden und Umsetzen	8
10	Situativ-individuell führen	7
11	Mitarbeiter entwickeln	5

Tab. 11: Interviewergebnisse: Cluster positiver Führung

Durchführung des Paarvergleichs

Im Anschluss an die Interviews bearbeiteten die Probanden den Paarvergleich. Dieser begann mit der abgelesenen Instruktion:

„Wir zeigen Ihnen nachfolgend je zwei Elemente von Führung, und wir bitten Sie, bei jedem Paar zu entscheiden, welches für Sie persönlich wichtiger ist. Jedes dieser Elemente wird auf einer Karteikarte vorgelegt, und es besteht jeweils aus einer Überschrift und einer kurzen Beschreibung dieses Elements in einem Satz. Bitte nennen Sie uns bei jedem Paarvergleich, welches Sie für wichtiger einschätzen."

Nach der Klärung möglicherweise noch vorhandener Fragen wurden den Probanden die 28 Einzelvergleiche vorgelegt, und die persönliche Wahl wurde in eine Matrix eingetragen, indem die Bevorzugung eines Elements mit dem Eintrag einer „1" in der Spalte unter dem entsprechenden Element vermerkt wurde, und in das komplementäre Feld unterhalb der Diagonalen wurde eine „0" eingetragen.

Die nachfolgende Tabelle zeigt die Überschriften und die Beschreibung der Führungselemente, die in den Paarvergleich eingingen:

Nummer	Überschrift	Beschreibung
1	Vertrauen	Die FK vertraut den Mitarbeitern und lässt Spielraum bei der Aufgabenerfüllung
2	Zuverlässigkeit	Die FK hält Zusagen ein und setzt diese um
3	Coaching	Die FK unterstützt die Arbeit und die Weiterentwicklung der Mitarbeiter
4	Gerechte Behandlung	Die FK verteilt Aufgaben gerecht, lobt gute und kritisiert schlechte Leistung
5	Sinnstiftung	Die FK erklärt Hintergrund, Sinn, Ziel und Wirkung der Aufgabe
6	Menschlichkeit	Die FK zeigt freundlich-menschlichen Umgang mit Verständnis für die Mitarbeiter
7	Visionär sein	Die FK hat und kommuniziert klare Zukunftsvorstellungen und langfristige Ideen
8	Leistung fordern	Die FK setzt hohe Leistungsstandards für die Mitarbeiter und fordert Spitzenleistungen

Tab. 12: Elemente des Paarvergleichs

Auswertung des Paarvergleichs

Die in den einzelnen Matrizen festgehaltenen Paarvergleichsergebnisse wurden in eine aggregierte Matrix übertragen, wodurch die „Stärke" eines jeden Elements innerhalb der Gesamtgruppe, aber auch der Subgruppen *white collar* und *blue collar* errechnet werden konnte. Da aus dem white collar-Bereich nur halb so viele Befragte teilgenommen hatten wie aus dem blue collar-Bereich, waren die Summenwerte der Element-Gewichte nicht vergleichbar. Um diese Vergleichbarkeit und die Abbildung der Elemente auf derselben Skala zu ermöglichen, wurden die Ergebnisse der Subgruppe white collar mit 2 multipliziert. Dies ist natürlich mathematisch fragwürdig, da bei diesem Verfahren unterstellt wird, eine zweite Gruppe von N = 6 white collars hätte dieselben Ergebnisse produziert wie die erste Gruppe der tatsächlich Befragten. Eine solche Hochrechnung erfordert Repräsentativität der befragten Gruppe, und diese kann bei der geringen Stichprobengröße nicht per se unterstellt werden. Da es sich aber sowohl bei den Interviews als auch beim Paarvergleich nur um eine qualitative Vorstudie handelt, die helfen soll, das später exakter zu analysierende Untersuchungsfeld inhaltlich besser zu erfassen, nicht jedoch belastbare quantitative Ergebnisse zu erzielen, hat der Autor diese Unschärfe bewusst in Kauf genommen.

Zur besseren Visualisierung der unterschiedlichen Gewichtungen werden die Elemente in Tabelle 13 auf der Skala der Summenwerte aufgereiht.

Bei der Analyse der Ergebnisse fallen zunächst einige Übereinstimmungen zwischen den Subgruppen auf. So wird das *Visionär sein* von beiden Gruppen eher gering gewichtet, während die *Gerechte Behandlung* in beiden Gruppen den Spitzenplatz einnimmt. Dieser Punkt entspricht auch der betrieblichen Alltagserfahrung des Autors, da vermutete oder tatsächliche Ungleichbehandlung einen der am häufigsten auftretenden Gründe für Beschwerden der Mitarbeiter über ihre Vorgesetzten oder Konflikte zwischen den Mitarbeitern darstellen!

Unterschiedlich gewichtet wird die *Sinnstiftung*, die von den white collars deutlich höher gewichtet wird, was eventuell darüber erklärt werden kann, dass deren Tätigkeit z. B. im Bereich Research & Development oder der Maschinenkonstruktion mit deutlich längeren Projektzeiten einhergeht und einer entsprechend verzögerten Ergebnisrückmeldung, wobei ein „Rahmen der Sinnhaftigkeit" hilft, nicht die Orientierung über Ziel und Zweck der Aufgabe zu verlieren. Ebenso ist deren Arbeitsinhalt weniger detailliert vorgegeben, so dass auch hier der übergeordnete Sinn der Tätigkeit die genaue Arbeitsanweisung als Richtschnur des Handelns ersetzt.

Menschlichkeit erreicht gerade bei den blue collars einen hohen Stellenwert, was daran liegen kann, dass dieses Element der Führung im „raueren" Alltag der Produktion eher zu kurz kommt als im vom Umgangston und Umgang miteinander her betrachtet etwas „sanfteren" Umfeld der Administration – in diesem Fall würde die höhere Gewichtung dieses Element bei den blue collars also aus einem Mangelerleben resultieren.

Auch die höhere Bedeutung des *Coaching* ist nicht überraschend wenn man bedenkt, dass gezielte Personal- und Karriereentwicklung gerade im Bereich der höher qualifizierten white collars möglich ist und auch praktiziert wird. Das Coaching im Bereich der gewerblichen Mitarbeiter ist eher auf die Unterstützung bei der Tagesarbeit ausgerichtet, das zweite in der Beschreibung des Elements genannte Merkmal der Weiterentwicklung der Mitarbeiter ist dort weniger vertreten.

Ergebnisse der Führungs-Workshops

Zeitlich parallel zur Erarbeitung des *Idealbildes der Führungskraft* aus Sicht der Mitarbeiter (s. o.) erfolgte die Erarbeitung von *Führungsgrundsätzen* durch das Managementteam des Werkes und die nachfolgende Ebene der Abteilungsleiter. Hierzu wurden vier aufeinander aufbauende Workshops durchgeführt, von denen die ersten beiden – ein ganztägiger als Startveranstaltung und ein halbtägiger zur weiteren Präzisierung des Arbeitsergebnisses –

Skala	Blue Collars (N = 12)	White Collars korrigiert (N = 6, Werte x 2)	Summe (N = 18)
25	Visionär sein		
26		Visionär sein	
27			
28			
29	Sinnstiftung		
30			
31			
32			
33	Vertrauen Zuverlässigkeit Leistung fordern		
34		Menschlichkeit	
35			
36	Coaching	Leistung fordern	
37			
38			**Visionär sein**
39			
40		Vertrauen	
41			
42			
43			
44	Menschlichkeit	Zuverlässigkeit	
45			
46			
47			
48	Gerechte Behandlung	Sinnstiftung	
49			
50			
51			**Leistung fordern**
52			
53			**Vertrauen** **Sinnstiftung**
54		Coaching Gerechte Behandlung	
55			**Zuverlässigkeit**
56			
57			
58			
59			
60			
61			**Menschlichkeit**
62			
63			**Coaching**
64			
65			
66			
67			
68			
69			
70			
71			
72			
73			
74			
75			**Gerechte Behandlung**

Tab. 13: Maßstabgetreue Darstellung der Ergebnisse des Paarvergleichs

durch einen externen Moderator geleitet wurde. Die Phase des „Feintunings" erfolgte in zwei je 2 ½-stündigen Workshops mit interner Moderation durch den Autor dieser Arbeit.

Ausgangspunkt des ersten Workshops war eine Sammlung von bereits im Unternehmen vorhandenen und – mehr oder weniger - bekannten Grundsätzen und Leitlinien für Verhalten, angestrebte Organisationskultur, Kooperationsstile etc.

Diese waren im Einzelnen:

- *Mission, Vision, Werte des Konzerns*
- *Führungsleitlinien*, die im Rahmen von extern moderierten Workshops mit dem Leitungsteam der kommerziellen Organisation für diesen Bereich erarbeitet worden waren
- *Allgemeine Führungsgrundsätze* eines Beratungsunternehmens, das die Einführung von Prinzipien des *Lean-Managements* in der Werksorganisation begleitet hatte und im Rahmen eines Trainings zu den *Lean-Softskills* eben diese Grundsätze zur Diskussion gestellt hatte

Die Situation entsprach also einer, die in Unternehmen, die sich in einer Veränderungssituation befinden, nicht unüblich ist: der „Überhäufung" mit Leitbildern, die teils aus der Vergangenheit, teils aus der „neuen Unternehmenswelt" und teils aus völlig externen Quellen stammen. Hierdurch dienen die Leitlinien, die ja eigentlich das Ziel und den Weg vorgeben sollen, eher der Verwirrung als der Klärung. In einer solchen Situation ist schnell der Punkt erreicht, an dem diese Leitbilder den Charakter der Beliebigkeit annehmen und die Mitarbeiter beim Roll-out der nächsten Generation von Werten die resignative Bemerkung machen, dass nun „die nächste Sau durchs Dorf getrieben wird".

Das Managementteam wollte diesen Fehler vermeiden, zum einen, indem es ein System von Grundsätzen erarbeitet, das mit bestehenden Leitbildern zu Vision, Mission und Werten kompatibel ist, zum anderen aber auch durch die klare Definition des Wirkungs– und Gültigkeitsbereichs dieser Grundsätze, der nach Möglichkeit nicht mit bestehenden Grundsätzen überlappt sein sollte. Da 1. die vorliegenden Aussagen des Konzerns zu *Mission, Vision und Werten* das Thema Führung nicht direkt, sondern allenfalls indirekt ableitbar berücksichtigte, 2. die Führungsleitlinien der kommerziellen Organisation ausschließlich in diesem Bereich ausgerollt wurden und der Werksorganisation zuvor nicht bekannt waren, und 3. die Führungsgrundsätze des externen Lean-Beratungsunternehmens allenfalls Diskussionsgegenstand innerhalb des Lean-bezogenen Managementtrainings waren, bestanden solche Überlappungen nicht. Das Thema *Führung im Werk* war also nicht „besetzt".

Der erste extern moderierte Workshop widmete sich zunächst der definitorischen Klärung und Abgrenzung einiger Begriffe, die häufig nicht hinreichend differenziert gebraucht werden:

- Die *<u>Philosophie</u>* des Unternehmens beschäftigt sich mit der Sinn-Frage: Wozu existieren wir? Was ist der „höhere Sinn und Zweck" der Unternehmung?
- *<u>Ethik</u>* fragt nach dem „Was", nach dem Inhalt unseres Handelns. Kastners Syn-Egoismus als Maxime des Handelns zur Mehrung des fremden sowie des eigenen Nutzens ist ein Ethik-Element (Kastner, 1999, S. 204 ff.).
- *<u>Kultur</u>* bezieht sich auf das „Wie" unseres Handelns. Die Kultur sollte widerspruchsfrei zur formulierten Ethik des Unternehmens sein. *Gleichwertigkeit aller Organisationsmitglieder* ist ein Statement der Unternehmens-Ethik. Die Trennung der Organisationsmitglieder in solche, die das „Kasino für den Führungskreis" benutzen und solche, die in die „Kantine" gehen, ist ein kulturelles Element, das im Widerspruch zur Ethik steht (siehe auch Kastner, 2010a).
- *<u>Vision</u>* ist der „Traum" vom zukünftigen Zustand und Erscheinungsbild des Unternehmens.
- Von der Vision abzugrenzen sind die *<u>Ziele</u>* des Unternehmens, die den Weg in Richtung des visionären zukünftigen Zustands in konkrete Etappen einteilen, mit messbaren Größen und klar definierten Zielzuständen.
- *<u>Grundsätze</u>* beschreiben Handlungsprinzipien, die immer eingehalten werden sollen. „Im Prinzip" bzw. „im Grundsatz" handeln wir entsprechend diesen Grundsätzen.

Bei der Entwicklung eines unternehmensspezifischen Orientierungssystems muss auf Kompatibilität und Widerspruchsfreiheit zwischen diesen Elementen und Ebenen geachtet werden. Dieses *Alignment* der unterschiedlichen Aussagen und Ebenen ist auch wichtiger als die Menge oder Einzelqualität der Aussagen, was im Übrigen auch für Werkzeuge und Praktiken des Human Resources Management gilt – nicht die Menge der Tools macht den Unterschied, sondern deren internes Alignment und deren Kompatibilität mit anderen Elementen der Unternehmensphilosophie, - ethik und –kultur (Malhotra, 2012).

Nach diesen grundsätzlichen Begriffsklärungen erarbeiteten die Workshop-Teilnehmer in Kleingruppen jeweils eigene erste Sammlungen von Grundsätzen, die ihnen für das Thema Führung relevant erschienen. Hierbei ließen sie sich von o. g. Materialien anregen, und sie übernahmen Elemente, die ihnen relevant erschienen, und sie ergänzten solche, die ihnen wichtig erschienen und im vorliegenden Material noch keine Erwähnung fanden.

Die Gruppenergebnisse wurden anschließend miteinander verglichen und diskutiert, Gemeinsamkeiten wurden herausgearbeitet und so ein erster Entwurf eines Systems von Führungsgrundsätzen erarbeitet. Hierbei wurden folgende Konstruktionsprinzipien angewendet:

- <u>Kurze Sätze</u> mit prägnanter und eindeutiger Wortwahl
- Die Grundsätze sollten <u>handlungsorientiert</u> formuliert werden, nicht abstrakt
- Inhaltlich zusammengehörende, d. h. denselben Handlungs- oder Zielbereich beschreibende Grundsätze sollten <u>themenspezifisch geclustert</u> und mit einer Überschrift versehen werden, so dass zwei Ebenen von Grundsätzen entstehen

Das Ergebnis der ersten Workshops wurde protokolliert und an die Teilnehmer versendet. Nach ca. 6 Wochen erfolgte der zweite extern moderierte Workshop, in dem das Ergebnis um zwischenzeitliche Ideen, inhaltliche und/oder sprachliche Änderungen aktualisiert wurde.

Der dritte intern moderierte Workshop begann mit einem Vergleich des eigenen Arbeitsergebnisses mit dem zwischenzeitlich in den Interviews und dem Paarvergleich erarbeiteten *Idealbild der Führungskraft* aus Sicht der nicht-führenden Mitarbeiter. Auch hier wurden die Ergebnisse wieder auf Widerspruchsfreiheit und Kompatibilität überprüft, und jedes einzelne der von den Mitarbeitern erarbeiteten Führungselemente wurde darauf überprüft, ob es in dem Arbeitsergebnis des Führungsteams hinreichend berücksichtigt wird. Um dies sicherzustellen, erfolgten einige kleinere Anpassungen, wobei aber auffiel, dass sich beide Sichtweisen größtenteils deckten.

Der abschließende vierte Workshop diente primär der finalen Bestätigung der Grundsätze und der Präambel, die in der Zwischenzeit noch vom Autor dieser Arbeit hinzugefügt worden war, um das Thema *Führung* mit einem im Werk rundum positiv besetzten Thema assoziativ zu verknüpfen, nämlich dem Sport.

Präambel und Führungsgrundsätze finden sich in Anhang D.

Die Erarbeitung der Führungsgrundsätze fand zwischen November 2010 und März 2011 statt.

3.2.3.2 Präventions-/Interventionsmaßnahmen zur Optimierung des Führungsverhaltens

Um den Effekt des „Sauauftriebs“ (s. o.) zu vermeiden, wurden die erarbeiteten Führungsgrundsätze zunächst nicht auf breiter Basis veröffentlicht. Es sollte zunächst sichergestellt werden, dass die Grundsätze als zukünftige Handlungsmaxime allen Führungskräften der Werksorganisation bekannt sind, und darüber hinaus sollten die Führungskräfte die Möglichkeit haben, den dort formulierten Verhaltens-Sollwert auch hinreichend verstehen, akzeptieren und einüben zu können.

Führungstrainings

Aus diesem Grund wurden zwischen Spätsommer 2011 und Winter 2011/12 vier je 2-tägige Führungstrainings mit dem Titel „Führung & Gesundheit“ durchgeführt. Die Leitung dieser Trainings erfolgte durch den externen Moderator der ersten beiden Führungs-Workshops, so dass sichergestellt war, dass die Führungsgrundsätze dem Seminarleiter in ihrer Entstehung bekannt waren, er die Kultur und spezifische Situation des Werkes kannte und das Trainingsprogramm letztendlich widerspruchsfrei zu den Grundsätzen konzipiert werden konnte. Die Teilnehmer der Trainings wurden entsprechend den Hierarchie-Ebenen zusammengefasst – eine Gruppe mit den oberen Führungskräften (Geschäftsführer und Bereichsleiter), eine Gruppe mit Abteilungsleitern sowie zwei Gruppen mit Meistern und Nachwuchsführungskräften. Alle Trainings erfolgten mit Übernachtung in externen Seminarstätten.

Die Inhalte der Trainings befassten sich mit allgemeinen Zusammenhängen von Arbeit und Gesundheit, und speziell mit Führung und deren Wirkung auf Gesundheit und Wohlbefinden, Engagement und Arbeitszufriedenheit. Vertiefend wurden Wechselwirkungen zwischen psychischen Zuständen und Befindlichkeiten sowie somatischen Reaktionen behandelt, mit besonderer Berücksichtigung der Interventionsmöglichkeiten im Bereich der Körper-, Geistes-, Lebens- und sozialen Welt. Besonders wichtig zur Veranschaulichung der Multikausalität und Komplexität der Vorgänge im Bereich Arbeit und Gesundheit war die bewusste Unterscheidung der Ebenen *Person, Situation, Organisation* sowie deren Doppel- und Tripelinteraktionen (siehe auch Kastner, 2010b). Hierdurch gelang es, die einseitige Kausalattribuierung für Probleme auf die Person des Mitarbeiters zu überwinden – welchen Einfluss haben Situation und Organisation auf die störende Verhaltensweise, bzw. wo liegen die impliziten Belohnungsmechanismen für dieses Verhalten?

Einen weiteren Inhalt der Trainings stellten die Führungsgrundsätze dar, die im Führungskreis – allerdings ohne die Ebene der Meister – erarbeitet worden waren. Hier sollten Bedenken oder offensichtliche Diskrepanzen zur betrieblichen Realität aufgedeckt und diskutiert werden. Zu diesem Zweck nahmen Vertreter der obersten Führungsebene an entsprechenden Diskussionen zum Ende eines jeden Trainings teil.

Erst nach Durchführung der letzten Trainingsmaßnahme wurden die Führungsgrundsätze allen Mitarbeitern des Werks bekannt gemacht, sowohl in schriftlicher Form als auch auf Betriebsversammlungen. Auf einen dauernden Aushang der Grundsätze wurde verzichtet, da solche plakativen Veröffentlichungen leicht als „Papiertiger“ in Verruf kommen – selbst wenn sie von den Führungskräften beherzigt werden.

Individuelle Rückmeldung der Ergebnisse von Bottom-up Feedbacks

In Kapitel 3.3 werden die im Rahmen des BGM-Programms durchgeführten Mitarbeiterbefragungen detailliert beschrieben. Ein wesentlicher Bestandteil dieser Befragungen war das *bottom-up Feedback* zur Zufriedenheit der Mitarbeiter mit ihrem jeweiligen Vorgesetzten. Auswahl der Items und Konstruktionsprinzip der Subskalen werden dort beschrieben. An dieser Stelle soll schon einmal – im Vorgriff auf die spätere Ausarbeitung – das sich an die Befragungsauswertung anschließende Rückmeldegespräch als Interventionsmaßnahme zum Thema *Führung* skizziert werden.

Jede Führungskraft vom Geschäftsführer bis zum Meister erhielt nach jeder der beiden Befragungen in 2011 und 2013 ein ca. 45-minütiges Feedback-Gespräch über das Ergebnis seines Verantwortungsbereichs sowie sein individuelles Ergebnis für den Bereich Führung.

Während sich das Bereichsergebnis auf alle erhobenen Skalen bezog und dieses ins Verhältnis zum Gesamtergebnis des Werkes setzte (für ein beispielhaftes Format zu einem der abgefragten Inhalte siehe Anhang E), stellte das Feedback zum Führungsverhalten die Position der jeweiligen Führungskraft innerhalb der Gruppe aller Führungskräfte, die ein Feedback erhalten hatten, auf jeder der vier Führungs-Subskalen als auch dem Gesamtwert Führung graphisch dar. Des Weiteren wurden die persönlichen Ergebnisse auf jedem der Führungsitems in Form deskriptiver Statistiken dargestellt (N der Rückmeldungen, Mittelwert, Minimum, Maximum, Streuung; siehe Anhang F).

Die Ergebnisse wurden nicht nur bezüglich der relativen Position der Führungskraft innerhalb der Peer-Gruppe diskutiert, sondern auch die Verteilung der Werte auf den Einzelitems verdiente besondere Beachtung. So weisen Häufungen von Werten im oberen oder unteren Bereich der Skala bei gleichzeitig geringen Streuungen auf einen gewissen Konsens der Mitarbeiter hin – hier scheinen in der subjektiven Betrachtung der Mitarbeiter erkennbare „Stärken" oder „Schwächen" des Führungsverhaltens zu bestehen. Items mit breiter Streuung und maximalen Differenzen zwischen Minimum und Maximum weisen darauf hin, dass sich in diesem Punkt „die Geister scheiden" – die Diskussion möglicher Ursachen hierfür ist interessant, da drei unterschiedliche Interpretationsweisen sukzessive durchdacht werden können:

- Die Führungskraft verhält sich verschiedenen Mitarbeitern gegenüber deutlich unterschiedlich, hat z. B. eine *in-group* und eine *out-group* sensu Graen (siehe Kapitel 2.2.2.3). Hier liegt die Varianzquelle also in der Person der Führungskraft.
- Die Führungskraft zeigt relativ konstantes Verhalten gegenüber verschiedenen Mitarbeitern, die aber wiederum deutlich unterschiedliche Ansprüche an das geführt werden haben. Varianzquelle: die Geführten.
- Eine Interaktion der erstgenannten Faktoren, d. h. die Führungskraft zeigt unterschiedliches Verhalten, und auch die Wahrnehmung und Bewertung der Geführten hierauf ist unterschiedlich. Varianzquelle: die statistische Interaktion zwischen Führer und Geführten – dies ist die komplexeste Analysebasis.

Die Diskussionen zur Analyse der Ergebnisse haben deutlich interventiven Charakter. Gerade der Vergleich der eigenen Position mit der Peergruppe führt u. U. zu Betroffenheit und emotionaler Involvierung, die wiederum die Bereitschaft fördert, sich möglichen Problemen im Führungsalltag in einer lösungsorientierten Diskussion zu stellen.

Im persönlichen Feedbackgespräch werden die Führungskräfte auch dazu angeregt, gerade bei ihnen wenig nachvollziehbaren Ergebnissen in offene Diskussion mit ihren Mitarbeitern zu gehen, sofern sie hierfür die Vertrauensbasis sehen. Der Feedback-Geber bietet auch die moderative Hilfe von Mitarbeitern der Personalabteilung an, sollte die Führungskraft dieses wünschen.

Aus Sicht des Feedback-Gebers sind diese Rückmeldungsgespräche eine hervorragende Gelegenheit, ein differenzierteres Bild von den betrieblichen Problemen und Herausforderungen sowie den betrieblichen Führungskräfte zu erhalten.

3.2.4 Auszeichnungen für das BGM-Programm *Evita*

Das BGM-Programm *Evita* hat drei Jahre nach seinem Launch in zweierlei Hinsicht ein externes positives Feedback erhalten.

So erhielt es im März 2013 den *Gesundheitspreis 2013 AOK/BGF-Institut*. Beim *Bergischen Unternehmertag 2013* am 17.10.2013 wurde das Unternehmen für sein Gesundheitsmanagement als *Hidden Champion* für dieses Thema innerhalb des Unternehmerverbandsbereichs Bergisch Land und Niederrhein vorgestellt.

4 Die Datenerhebungen

4.1 Allgemeine Angaben

4.1.1 Modellfaktoren, Skalen und Subskalen

Die in den Datenerhebungen 2011 (*Studie 1*) und 2013 (*Studie* 2) erfassten Skalen sowie die Hypothesen über deren Wirkzusammenhänge wurden bereits in Kapitel 2.7.4 beschrieben. Alle Skalen basieren – direkt oder indirekt – auf dem in Kapitel 2.6 *beschriebenen Acht-Faktoren-Modell gesunder personaler und organisationaler Führung*.

Die nachfolgende Tabelle 14 stellt noch einmal den Zusammenhang zwischen den acht Faktoren, den empirischen Skalen und Subskalen her.

Es wird deutlich, dass einige der acht Faktoren durch ein breiteres und heterogeneres Spektrum von Einzelskalen beschreibbar sind als andere Faktoren, also breiter und heterogener belegt sind. So umfasst der Faktor *Sicherstellung von Bewältigungsressourcen und –puffern* sowohl *soziale Unterstützung* als auch alle Aspekte der *Führung*, speziell die Subskala *Coaching*, aber auch alle anderen Aspekte eines Führungsverhaltens, das auf die Weiterentwicklung und das Wachstum des Mitarbeiters einwirkt. Das subjektive Gefühl der quantitativen und/oder qualitativen *Überforderung* ist ebenfalls ein Hinweis darauf, dass offenbar keine hinreichenden Bewältigungsressourcen z. B. im Sinne geeigneter Problemlösungskenntnisse, personeller oder instrumenteller Unterstützung vorhanden sind. Andere Faktoren – Skalen-Zuordnungen sind relativ „artenrein“, so wie das *Gerechte Austauschverhältnis* durch die Skala *Gratifikationskrise* hinreichend abgedeckt wird.

Es zeigen sich nicht nur komplexe Faktoren, die durch unterschiedliche Skalen erfasst werden, sondern auch komplexe Skalen, die mehreren Faktoren inhaltlich zugeordnet werden können. Eine solche breite Skala ist das *Salutogenetische Motivationspotential der Arbeit*, die deutliche Zusammenhänge zu den ersten drei Faktoren aufweist. Auch die *Soziale Unterstützung* ist zum einen eine Quelle der *Wertschätzung*, aber auch eine instrumentelle Bewältigungsressource – je nach Ausrichtung der Unterstützung (emotional vs. informatorisch etc., siehe Kapitel 2.3.2.3).

Die Skala *Führung* wurde aus theoretischen Erwägungen in vier Subskalen unterteilt:

- *Charisma* umfasst Elemente der „Ausstrahlung“ und des Auftretens der Führungskraft: Vorbild sein, Visionen kommunizieren, berechenbar sein und zu seinem Wort stehen. Hier findet sich auch Bass & Aviolos *Idealized Influence*.

- *Resultat- und Leistungsorientierung* bezieht die Fachkompetenz der Führungskraft zur Unterstützung der Mitarbeiter bei fachlichen Problemlösungen mit ein, die gerade im technischen Shopfloor-Management für die Akzeptanz des Vorgesetzten relevant ist. Des Weiteren finden sich hier Führungselemente, die auf die Schaffung positiver Voraussetzungen der Aufgabenerledigung ausgerichtet sind, wie das Setzen von Zielen, die adäquate Organisation der Abläufe, das Treffen und Umsetzen von Entscheidungen etc.
- *Coaching* weist Elemente auf, die sich mit der Weiterentwicklung und dem fachlichen „Wachstum" der Mitarbeiter befassen. Auch vertrauensvolle Delegation und partizipativer Einbezug in allgemeine Belange des Bereichs werden hier abgefragt.
- *Soziale Unterstützung* bezieht sich auf den Willen und die Fähigkeit des Vorgesetzten, die persönliche Situation des Mitarbeiters zu berücksichtigen und auch im Falle privater Schwierigkeiten vertrauensvoller Ansprechpartner zu sein.

Wir gehen davon aus, dass sich die Faktoren des Acht-Faktoren-Modells durch ihre Heterogenität nicht empirisch replizieren lassen, z. B. in Form einer Faktorenanalyse. So sind z. B. durchaus betriebliche Situationen denkbar und auch nachweisbar, in denen bezüglich der *Sicherstellung von Bewältigungsressourcen und –puffern* zwar ein positiv unterstützendes Sozialklima herrscht, Prozesse aber so komplex und intransparent gestaltet sind, dass eben keine hinreichenden fachlichen Bewältigungsressourcen vorhanden sind, die Mitarbeiter also in einer fortwährenden Überforderungssituation arbeiten. Die Faktoren stellen also theoriegeleitete inhaltliche Zusammenfassungen für Gesundheit und Wohlbefinden relevanter Gestaltungsfaktoren der Arbeit und ihres Umfeldes dar, deren Ausprägungen stets in der subjektiven Wahrnehmung der Mitarbeiter erhoben werden müssen. So ist die Frage, ob eine Arbeit *anregend und bewältigbar* ist (Faktor 1), nicht durch eine objektive Analyse der Arbeitsgestaltung alleine zu beantworten: identische Aufgaben mögen für den einen Mitarbeiter anregend, positiv herausfordernd und bewältigbar sein, für den anderen Mitarbeiter, der vielleicht über geringere kognitive Bewältigungsressourcen verfügt, eine qualitative Überforderung darstellen.
Aus diesem Grunde und zur Vergleichbarkeit der Ergebnisse mit den Resultaten anderer Studien zu diesem Themenkomplex werden alle Ergebnisse der Datenerhebungen auf Ebene der Skalen und Subskalen beschrieben.

Modellfaktor	**Skalen**	**Subskalen**
Anregende und bewältigbare Tätigkeit	- Salutogenetisches Motivationspotential der Arbeit - Fehlbeanspruchung (invertiert)	- Anforderungsvielfalt - Bedeutsamkeit der Tätigkeit - Vollständigkeit - Überforderung/Unterforderung quantitativ und qualitativ

Modellfaktor	**Skalen**	**Subskalen**
Autonomie und Entscheidungsfreiraum	Salutogenetisches Motivationspotential der Arbeit	- Partizipationsmöglichkeiten - Autonomie
Transparenz der Ziele und des Umfelds sowie Feedback	- Salutogenetisches Motivationspotential der Arbeit - Regulationsbehinderun-	Feedback aus der Tätigkeit selbst
Wertschätzung	- Gratifikationskrise (invertiert) - Führung - Soziale Belastungen (invertiert) - Soziale Unterstützung	- Gratifikationskrise - Coaching - Soziale Unterstützung - Alle Subskalen *Soziale Unterstützung*
Sicherstellung von Bewältigungsressourcen und –puffern	- Soziale Unterstützung - Führung - Fehlbeanspruchung (invertiert)	- Alle Subskalen *Soziale Unterstützung* - Alle Subskalen *Führung* - Überforderung quantitativ und qualitativ
Unterstützendes personales Führungsverhalten	Führung	Alle Subskalen *Führung*
Gerechtes Austauschverhältnis	Gratifikationskrise (invertiert)	
Ergonomie und Arbeitssicherheit	Physikalische Umgebungsbedingungen	Alle Subskalen *Physikalische Umgebungsbedingungen*

Tab. 14: Zuordnung der empirischen Skalen und Subskalen zu den Faktoren des *Acht-Faktoren-Modells*

4.1.2 Fragebögen, Items und Antwortformate der 2011er und 2013er Erhebung

Die Operationalisierung der untersuchungsrelevanten Variablen erfolgte in Form einer Kombination von Items aus bewährten und überprüften Messinstrumenten und Eigenentwicklungen.

Fragebögen, aus denen Items verwendet wurden, waren:

SALSA - Salutogenetische subjektive Arbeitsanalyse (Udris & Rimann, 1999; Orthmann & Otte, 2011). Dieses gut überprüfte Instrument, das bereits in Kapitel 2.3.6.2 beschrieben wurde, erfasst handlungsregulatorisch relevante Dimensionen der Arbeitstätigkeit sowie organisationale und soziale Ressourcen zur Bewältigung der Arbeitsanforderungen. Die SALSA-Dimensionen weisen inhaltlich starke Überlappung mit dem *Job Characteristics Modell* von Hackman & Oldham auf (siehe Kapitel 2.3.5). Für die vorliegende Untersuchung wurden Items für die *Skalen Salutogenetisches Motivationspotential der Arbeit, Überforderung, Soziale Unterstützung* sowie *Physikalische Umgebungsbedingungen* verwendet.

Job Diagnostic Survey – JDS nach Hackman & Oldham. Dieses Verfahren wird in Kapitel 2.3.5.2 beschrieben. Für die vorliegende Untersuchung wurden die 11 Items des „would-like Formates“ zur Erfassung des *Bedürfnisses nach Selbstentfaltung* (*Growth Need Strength*) verwendet, das in der 2011er Erhebung gemessen wurde. 5 dieser 11 Items sind reine Kontroll-Items, die nicht in das BSE-Maß einbezogen werden.

Multifactor Leadership Questionnaire (MLQ) in der deutschen Version MLQ 5 x Short, die von Felfe (2006) vorgelegt wurde und in Kapitel 2.2.2.4 beschrieben wird. Aus diesem Instrument wurden Items für die Skala *Führung* verwendet.

SWE-Skala zur Selbstwirksamkeitserwartung, die von Jerusalem & Schwarzer (2013) für den beruflichen Bereich umformuliert wurde. Aus diesem 10 Items umfassenden Instrument wurden fünf für die vorliegende Untersuchung zur Erfassung der Dimension *Berufliche Selbstwirksamkeit* in der 2013er Erhebung ausgewählt.

Cockpit Arbeitgeberattraktivität (Bertelsmann-Stiftung & DGFP, 2005). Dieses Verfahren erfasst alle Variablen des 16-Faktoren Engagement-Modells der Unternehmensberatung Aon-Hewitt (Malhotra, 2012). Dieses Modell benennt 16 für das Engagement und die Arbeitszufriedenheit der Mitarbeiter relevante Faktoren (*Engagement Key Driver*), und es postuliert einen empirisch belegten Zusammenhang zwischen diesen Faktoren und dem resultierenden Engagement der Mitarbeiter. Dieses Engagement wird plakativ mit den Schlagworten *say – stay – strive* umschrieben. Hiernach drückt sich Engagement darin aus, dass der Mitarbeiter positiv über sein Unternehmen redet (*say*), er noch länger im Unternehmen arbeiten will (*stay*) und sich in besonderem Maße für sein Unternehmen einsetzt (*strive*). Da hier eine

Konfundierung der eher statischen *Arbeitszufriedenheit* mit dem dynamisch-motivierten *Engagement* stattfindet, wurden die Items getrennten Skalen zugeordnet: 4 Items zur Erfassung der *Arbeitszufriedenheit* und 2 Items zur Erfassung des *Engagements.*

Item-Eigenentwicklungen:

Persönliche Daten erhoben biografische Angaben zu *Altersgruppe, Geschlecht, Familienstand* und *Qualifikation.* Des Weiteren wurde eine Syntax für einen *individuellen Code* vorgegeben, durch den die Daten über verschiedene Messzeitpunkte hinweg einander zugeordnet werden können, also individuelle Veränderungen im Längsschnitt erkennbar werden.

Stelleninformationen bezogen sich auf *Abteilung/Kostenstelle, Hierarchielevel nach Kategorien, Arbeitszeitsystem* und – für die Zuordnung des Führungs-Feedbacks – *Namen des direkten Vorgesetzten.*

Bedeutsamkeit, Partizipation und Feedback als Subskalen des Salutogenetischen Motivationspotentials wurden durch insgesamt 5 selbst entwickelte Items erhoben, die die Items aus dem SALSA jeweils ergänzten.

Regulationsbehinderungen durch fehlende Informationen, Materialien oder dauernde Unterbrechungen der Arbeit wurden über 4 selbst entwickelte Items erfasst.

Gratifikationskrisen wurden mit 5 Items abgedeckt, die nach der erlebten Tauschgerechtigkeit, grenzwertiger Überforderung bzw. dem Gefühl, noch ausreichend Zeit für sich selbst zu haben, sowie erlebter Arbeitsplatzsicherheit fragten.

Fehlbeanspruchung wurde um 1 Item ergänzt, das sich auf qualitative Unterforderung bezieht.

Physikalische Umgebungsbedingungen wurden um 1 Item zum Tragen und Heben schwerer Lasten ergänzt.

Soziale Belastungen umfassten Items zu Streit und Konflikten mit Kollegen, Mitarbeitern anderer Abteilungen, dem Vorgesetzten sowie Angst um den Arbeitsplatz.

Soziale Unterstützung wurde mit 2 Items um die Unterstützungsquellen Vorgesetzter und Familie/Freunde ergänzt.

Allgemeines Wohlbefinden fragte nach fünf Symptombereichen von Beschwerden wie z. B. Rückenschmerzen und Ein- und Durchschlafschwierigkeiten, die häufige Begleiterscheinungen lang anhaltender psychosozialer Belastungs- und Beanspruchungsphasen sind. Ein sechstes Item erfragte eine summarische Einschätzung des Gesundheitszustands.

Gesundheitsverhalten erhob mit je 1 Item die Intensität des Rauchens, des aktiv betriebenen Sports und die Teilnahme-Intensität an den Angeboten des BGM-Programms.

Das Antwortformat:

Der *individuelle Code* war das einzige Item, zu dessen Beantwortung die Probanden schriftliche Eintragungen machen mussten, alle anderen Items konnten durch Ankreuzen beantwortet werden. Auch wenn der Mitarbeiter mehrere direkte Vorgesetzte hatte – z. B. Schichtmeister – waren deren Namen zum Ankreuzen vorgedruckt. Durch dieses Vermeiden handschriftlicher Eintragungen sollte sichergestellt werden, dass die Mitarbeiter keinen Zweifel an der Anonymität und Nicht-Rückverfolgbarkeit ihrer Bögen haben sollten.
Die persönlichen und stellenbezogenen Daten wurden durch das Ankreuzen der entsprechenden vorgegebenen Kategorie beantwortet: Altersklasse von...bis, Qualifikation „angelernt“ bis „(FH)Studium“, Schichtsystem von „Gleitzeit“ bis „F/S/N mit WE“ (Früh-, Spät-, Nachtschicht im Wechsel incl. Wochenenden) etc.

Auch die Items zum *Gesundheitsverhalten* wiesen kategoriales Response-Format auf.

Alle anderen Items wurden auf einer 5-stufigen Likert-Ratingskala beantwortet, deren Ankerpunkte jeweils sinngemäß zum Item passend formuliert waren. Hier gab es die folgenden Antwortskalen und Extremwerte (siehe auch Bühner, 2011, S. 113 ff.):

- Zustimmung: „trifft nicht zu“ bis „trifft voll zu“
- Häufigkeit: „nie“ bis „dauernd“
- Wichtigkeit: „nicht wichtig“ bis „sehr wichtig“
- Bewertung: „sehr schlecht“ bis „sehr gut“

Bei den Items zum Führungsverhalten erfolgte die bewusste Entscheidung für eine **Bewertungs-Ratingskala**, nicht für eine Einschätzung der Häufigkeit gezeigten Verhaltens. Es ist anzunehmen, dass die Bewertung der Führungskraft insgesamt stärkere Auswirkung auf das Engagement, die Arbeitszufriedenheit und das Wohlbefinden hat als die „nüchtern-sachliche Beschreibung“ dessen Verhaltens, die bei der Verwendung der Häufigkeits-Skala erfolgt wäre. Durch diesen Ansatz erhalten wir bezüglich der Variable *Führung* einen Wert, der das Ergebnis der Interaktion von Führungsverhalten und persönlicher Erwartung an dieses Führungsverhalten repräsentiert. Dieser Ansatz unterscheidet sich vom Vorgehen zum Beispiel beim LBDQ bzw. FVVB (siehe Kapitel 2.2.2.2), die nach der vom Mitarbeiter beschriebenen Häufigkeit/Intensität des Vorgesetztenverhaltens fragen. Die Wirkung dieses Verhaltens wird aber durch die subjektiven Maßstäbe und Erwartungen/Ansprüche des Mitarbeiters moderiert, wodurch die reine Verhaltensbeschreibung selbst von eingeschränktem Aussagewert für die Folgen dieses Verhaltens ist.

Die komplette Struktur des Fragebogens der Erhebung in 2011 mit Skalen, Subskalen, Item-Quelle, interner Item-Nummerierung, Item und Antwortformat selbst befindet sich in Anhang G, der Fragebogen selbst in Anhang H.

4.1.3 Durchführung der Datenerhebungen

Die Datenerhebungen erfolgten in den Monaten Juni und Juli 2011 (*Studie 1*) bzw. März 2013 (*Studie 2*). Alle Mitarbeiter der Organisationseinheit *Werk* wurden im Voraus über Intention, Inhalt und die Anonymität der Befragung informiert. Diese Information erfolgte per Email sowie Aushang an den Info-Boards des Werkes (Anhang I).

Mitarbeiter, die in Tagschicht und Gleitzeit arbeiteten - überwiegend die Gruppe der Angestellten - erhielten den Fragebogen in Papierform mit einem adressierten Rückumschlag versehen per Hauspost zugesendet. Neben dem Fragebogen wurde auch eine Instruktion zum Ausfüllen beigelegt (Anhang J).

Die Gruppe der gewerblichen Mitarbeiter, die in Wechselschicht arbeiteten, füllten den Bogen in Gruppensitzungen in Anwesenheit des Untersuchungsleiters und einer zweiten unterstützenden Mitarbeiterin der Personalabteilung aus. Wir wählten für diese Gruppe eine *Klassenraum-Situation*, da die Mitarbeiter zum einen über die Hauspost und die Wechselschichten schwieriger zeitnah erreichbar sind, zum anderen wegen des durchschnittlich geringeren Bildungsgrads und des hohen Ausländeranteils mit inhaltlichen oder sprachlichen Verständnisschwierigkeiten gerechnet werden musste. Insgesamt fanden neun Sitzungen statt, die zwischen 45 und 75 Minuten dauerten. Die Teilnehmerzahlen lagen zwischen 5 und 32 Teilnehmern. Der Erhebungszeitraum betrug jeweils ca. vier Wochen. Die mit der Befragung verbrachte Zeit galt als Arbeitszeit. Die Teilnahme war freiwillig.

Jede Befragung begann mit dem Vorlesen der Instruktion und ggf. weiteren Beantwortungen von Fragen der Probanden. Auf Wunsch verteilte der Untersuchungsleiter zusätzliche Seiten zur Beurteilung weiterer Führungskräfte, die dann dem Bogen angeheftet wurden. Das Verständnis für die Befragungsinhalte und die Formulierung der Items war hoch, die Probanden arbeiteten durchweg zügig und konzentriert mit nur wenigen inhaltlichen oder prozeduralen Fragen. Nach Fertigstellung warfen die Probanden ihre Fragebögen in einen verschlossenen Behälter, so dass ein Bogen seinem Autor nicht zugeordnet werden konnte.

Die Erfassung der Daten sowie alle weiteren Auswertungen erfolgten in SPSS 19 (*IBM SPSS Statisics Version* 19, siehe Brosius 2011) für Studie 1 und SPSS 21 für Studie 2. An der Eingabe und Auswertung der Daten der Studie 2 arbeitete eine Praktikantin der Personalabteilung mit.

4.1.4 Statistische Auswertungsmethoden und Überprüfung deren Voraussetzungen

Die Daten wurden zunächst auf die Struktur der Stichprobe und ihre Verteilungsparameter untersucht. Hierbei wurden die SPSS-Routinen *Deskriptive Statistiken – Häufigkeiten* sowie *Explorative Datenanalyse* angewendet.

Die Reliabilität der Skalen und Subskalen wird als interne Konsistenz über den *Cronbachs Alpha-Wert* innerhalb der SPSS-Routine *Reliabilität* bestimmt.

Die Trennschärfe der Items bestimmt sich über deren Korrelation mit der jeweiligen (Sub)Skala (SPSS-Routine: *Korrelationen*).

Die Überprüfung der *Zusammenhangshypothesen* (Bühner & Ziegler, 2009) H1 bis H8 sowie H14 bis H19 erfolgte mit den SPSS-Routinen *Korrelationen, Multiple Lineare Regressionen, Multiple Hierarchische Regressionen* sowie *Diskriminanzanalysen*. Da die Werte der Skalen und Subskalen fast ausnahmslos signifikante Abweichungen von der Normalverteilung aufwiesen (siehe Tabellen 16 und 17 im nachfolgenden Kapitel), werden die Korrelationen mit dem non-parametrischen Rangkorrelationskoeffizient *Spearman-Rho* ausgewiesen (Hays, 1973; Bortz & Schuster, 2010; Brosius, 2011; Bühner & Ziegler, 2009).

Die Überprüfung der Hypothesen H9 – H13 zu den Moderatoreffekten erfolgt unter Anwendung des *Allgemeinen Linearen Modells* (*ALM*) nach Bildung von Extremgruppen auf den unabhängigen Variablen, wobei ein Moderatoreffekt über einen signifikanten statistischen Interaktionseffekt nachgewiesen werden kann.

Zum Test der Hypothese H20 zu den Unterschieden zwischen t1 und t2 wurden *einfaktorielle Varianzanalysen* mit *ANOVA* gerechnet.

Neben den Hypothesentests erfolgten weitere Untersuchungen der Daten:

- Die Faktorenanalyse der Führungsskala erfolgte mit der SPSS-Routine *Faktorenanalyse* als orthogonale Varimax-Rotation.
- Zur Bestimmung der direkten sowie indirekten, über *Mediatorvariablen* erfolgenden Effekte der Führung auf die abhängigen Variablen wurden *Pfadanalysen nach Wright* berechnet (Langer, 2002).

Weitere Details zu den Auswertungen werden bei der Darstellung der entsprechenden Resultate ausgeführt.

4.2 Ergebnisse der Studie 1

4.2.1 Deskriptive Statistiken, Verteilungsmaße und interne Konsistenz der Skalen

An der Befragung beteiligten sich N = 335 Probanden, dies entspricht ca. 61% der angesprochenen Mitarbeiter. Da zwei Bögen nur die Beantwortung der biografischen Daten aufwiesen, wurden sie von der weiteren Auswertung ausgeschlossen. Die Struktur der Stichprobe zeigt Tabelle 15.

Tabelle 16 zeigt die mit der SPSS Routine *Deskriptive Statistiken* errechneten Verteilungsmerkmale *N of cases, Minimum, Maximum, Mittelwert, Standardabweichung, Schiefe* und *Kurtosis* für alle Skalen und Subskalen. Zu einem einzigen inhaltlichen Konstrukt gehörende Skalen werden in den Tabellen als eingerahmte Blöcke visualisiert, und die jeweils unterste Skala eines jeden Blocks ist die, auf der die weiter oben genannten Subskalen aggregiert werden.

Die solchermaßen entstehenden Meta-Skalen sind: *SMP gesamt, Fehlbeanspruchung gesamt, Soziale Unterstützung Summe, Summe Belastungen, Commitment* und *Führung gesamt.*

Die Überprüfung der Normalverteilungs-Voraussetzung für die Skalen und Subskalen zur Verwendung parametrischer Korrelationskoeffizienten erfolgte mit dem Kolmogorov-Smirnov-Test innerhalb der SPSS-Routine *Explorative Datenanalyse* (siehe Tabelle 17).

Eine Analyse der Schiefe der Verteilungen sowie der Kolmogorov-Smirnov-Werte zeigt für alle Subskalen und die meisten zusammengesetzten Skalen hoch signifikante Abweichungen von der Normalverteilung ($p < .001$), und nur die Skalen *SMP gesamt, Physikalische Umgebungsbedingungen* und *Summe Belastungen* (auf der die Werte für *Physikalische Umgebungsbedingungen* ja verrechnet werden), weisen mit $p = .20$ einen Wert an der Untergrenze der echten Signifikanz auf (Bühner & Ziegler, 2009). Aus diesem Grund werden nachfolgende Korrelationsanalysen mit non-parametrischen Verfahren - *Spearmans Rho Rangkorrelationskoeffizient* - durchgeführt.

Die Voraussetzungen für die Anwendung weiterer inferenzstatistischer Prozeduren wurden mit den nachfolgend genannten Verfahren überprüft. Die Ergebnisse dieser Tests werden jeweils im Zusammenhang mit der entsprechenden Rechenroutine dargestellt.

Variable		Häufigkeit	Prozent	kum. Prozent
Alter	< 30	27	8,1	8,1
	31-40	102	30,4	38,5
	41-50	110	32,8	71,3
	> 50	55	16,4	87,8
	missing value	41	12,2	100,0
	Gesamt	335	100,0	
Geschlecht	Männlich	252	75,2	75,2
	Weiblich	52	15,5	90,7
	missing value	31	9,3	100,0
	Gesamt	335	100,0	
Wohnstatus	alleine lebend	53	15,8	15,8
	in Beziehung lebend	238	71,0	86,9
	missing value	44	13,1	100,0
	Gesamt	335	100,0	
Qualifikation	Angelernt	77	23,0	23,0
	Berufsausbildung	162	48,4	71,3
	Techniker/Meister/ Betriebswirt (BA)	32	9,6	80,9
	Uni-/FH-Studium	20	6,0	86,9
	missing value	44	13,1	100,0
	Gesamt	335	100,0	
Level	Operator/ Maschinen-führer	162	48,4	48,4
	Sach-/Facharbeiter/ techn. Spezialist	110	32,8	81,2
	Meister	15	4,5	85,7
	Abteilungs- /Bereichsleiter	16	4,8	90,4
	missing value	32	9,6	100,0
	Gesamt	335	100,0	
Arbeitszeitsystem	Gleitzeit	45	13,4	13,4
	Tagschicht	36	10,7	24,2
	F/S ohne WE	28	8,4	32,5
	F/S mit WE	16	4,8	37,3
	F/S/N ohne WE	45	13,4	50,7
	F/S/N mit WE	134	40,0	90,7
	Sonstiges	6	1,8	92,5
	missing value	25	7,5	100,0
	Gesamt	335	100,0	

F/S/N = Früh-/Spät-/Nachtschicht. WE = Wochenendschicht

Tab. 15: Biografische Struktur der Stichprobe

Varianzanalyse (*ANOVA*) und Allgemeines Lineares Modell (*ALM*):

- Normalverteilung der Variablen in der Grundgesamtheit.
- Varianzhomogenität innerhalb der Vergleichsgruppen/Zellen, überprüft durch den *Levene-Test*.

	N	Minimum	Maximum	Mittelwert	Standard-abweichung	Schiefe		Kurtosis	
	Statistik	Statistik	Statistik	Statistik	Statistik	Statistik	Standard-fehler	Statistik	Standard-fehler
SMP Anforderungsvielfalt	333	1,00	5,00	3,7728	,83886	-,680	,134	,223	,266
SMP Bedeutsamkeit	333	2,00	5,00	3,9419	,68166	-,353	,134	-,359	,266
SMP Vollständigkeit	331	1,00	5,00	3,5861	,94275	-,537	,134	-,016	,267
SMP Partizipation	333	1,00	5,00	2,6126	,91657	,390	,134	-,204	,266
SMP Autonomie	330	1,00	5,00	3,7879	,90448	-,371	,134	-,633	,268
SMP Feedback	333	1,67	5,00	4,1206	,64502	-,545	,134	,207	,266
SMP gesamt	333	1,82	5,00	3,6381	,53056	-,168	,134	,173	,266
Regulationsbehinderungen	330	1,00	5,00	2,7240	,66230	-,141	,134	,316	,268
Gratifikationskrise	333	1,00	5,00	3,1016	,75137	-,062	,134	,094	,266
Ueberforderung quantitativ	331	1,00	5,00	2,6913	,78086	,237	,134	-,196	,267
Ueberforderung qualitativ	332	1,00	5,00	2,0341	,82152	,838	,134	,738	,267
Unterforderung	312	1,00	5,00	2,4316	,90863	,613	,138	-,146	,275
Fehlbeanspruchung gesamt	333	1,00	4,22	2,3808	,56800	,099	,134	,018	,266
Soziale Unterstützung Kollegen	332	1,00	5,00	3,3725	,78351	-,204	,134	-,009	,267
Soziale Unterstützung Summe	333	1,17	5,00	3,4533	,71647	-,190	,134	-,070	,266
Soziale Belastungen	332	1,00	4,00	2,1531	,61748	,338	,134	,126	,267
Physikalische Umgebungsbedingungen	332	1,00	5,00	2,9518	,89008	,074	,134	-,404	,267
Summe Belastungen	332	1,00	4,58	2,6728	,67733	-,014	,134	-,416	,267
Allg. körperl. Wohlbefinden	332	1,17	5,00	3,4543	,77119	-,155	,134	-,481	,267
Gesundheitsverhalten	331	1,00	13,00	8,2356	2,82286	-,352	,134	-,650	,267
Bedürfnis nach Selbstentfaltung	333	1,00	5,00	4,1211	,60017	-1,627	,134	6,304	,266
Engagement	329	1,00	5,00	3,0821	1,04149	-,249	,134	-,553	,268
Arbeitszufriedenheit	328	1,50	5,00	3,8608	,77667	-,554	,135	-,236	,268
Commitment	314	1,33	5,00	3,5886	,76996	-,440	,138	-,366	,274
Charisma gesamt	332	1,00	5,00	3,4447	,93268	-,620	,134	-,400	,267
RLOgesamt	331	1,00	5,00	3,5406	,85509	-,611	,134	-,173	,267
Coaching gesamt	330	1,00	5,00	3,4468	,89825	-,563	,134	-,283	,268
Soziale Unterstützung gesamt	324	1,00	5,00	3,3020	1,07498	-,466	,135	-,706	,270
Fuehrung gesamt	332	1,00	5,00	3,4723	,87601	-,596	,134	-,352	,267

Tab. 16: Deskriptive Statistiken der Gesamtdaten

Insgesamt kann gesagt werden, dass die Varianzanalyse gegenüber Verletzungen dieser Voraussetzungen recht robust ist, weshalb sie trotz nicht normal verteilter Variablen (siehe Tab. 17) angewendet wird.

Multiple Regression:

- Homoskedastizität, d. h. zufällige Verteilung der Residuen bzw. Schätzfehler über verschiedene Ausprägungen der unabhängigen Variable x. Die Homoskedastizität wird auf grafische Normalverteilung und das sog. P-P-Diagramm in der SPSS Routine *Lineare Regression* untersucht.

- Keine Multikollinearität der unabhängigen Variablen, d. h. dass die UVn nicht zu hoch interkorreliert sein sollen. Eine UV, die so hoch mit anderen UVn korreliert, dass sie keinen eigenen Erklärungszuwachs im Sinne eines steigenden R^2 mehr bewirkt, wird

	Kolmogorov-Smirnov[a]		
	Statistik	df	Signi-fikanz
SMP Anforderungsvielfalt	,112	333	,000
SMP Bedeutsamkeit	,128	333	,000
SMP Vollstdändigkeit	,150	331	,000
SMP Partizipation	,112	333	,000
SMP Autonomie	,147	330	,000
SMP Feedback	,120	333	,000
SMP gesamt	,040	333	,200*
Regulationsbehinderungen	,097	330	,000
Gratifikationskrise	,064	333	,002
Ueberforderung quantitativ	,105	331	,000
Ueforderung qualitativ	,128	332	,000
Unterforderung	,147	312	,000
Fehlbeanspruchung gesamt	,062	333	,003
Soziale Unterstützung Kollegen	,082	332	,000
Soziale Unterstützung	,068	333	,001
Soziale Belastungen	,101	332	,000
Physikalische Umgebungsbedingungen	,044	332	,200*
Summe Belastungen	,037	332	,200*
Allg. körperl. Wohlbefinden	,066	332	,001
Gesundheitsverhalten	,132	331	,000
Bedürfnis nach Selbstentfaltung	,135	333	,000
Engagement	,137	329	,000
Arbeitszufriedenheit	,113	328	,000
Commitment	,098	314	,000
Charisma gesamt	,134	332	,000
RLOgesamt	,115	331	,000
Coaching gesamt	,095	330	,000
Soziale Unterstützung gesamt	,136	324	,000
Fuehrung gesamt	,101	332	,000

*. Dies ist eine untere Grenze der echten Signifikanz.

a. Signifikanzkorrektur nach Lilliefors

Tab. 17: Ergebnisse der Tests auf Normalverteilung

aus der Regressionsanalyse automatisch ausgeschlossen. Für die verbleibenden Variablen erfolgt eine *Kollinearitätsdiagnose* durch SPSS.

- Keine Autokorrelation der Residuen, die eher bei Zeitreihenanalysen, weniger bei Querschnittuntersuchungen auftritt (Brosius, 2011). Die Überprüfung erfolgt mit dem *Durbin-Watson-Test* in SPSS.

Faktorenanalyse:

- Sphärizität bzw. Linearität liegt vor, wenn auf Grund der Stichprobendaten angenommen werden muss, dass die Korrelationen in der Grundgesamtheit ungleich 0 ist. Die Überprüfung erfolgt mit dem *Bartlett-Test* in SPSS.
- Measure of Sampling Adequacy betrifft die Frage, ob die Stichprobendaten überhaupt für den Einsatz einer Faktorenanalyse geeignet sind. Das *Meyer-Olkin-Kriterium* sollte Werte von mindestens .60 aufweisen, wobei Werte ab .90 als sehr gut gelten.

Um zu interpretierbaren Ergebnissen zu kommen, können Verletzungen einzelner Voraussetzungen sehr wohl mit Vorsicht in Kauf genommen werden, wenn auf diese deutlich hingewiesen wird und die Ergebnisse entsprechend relativierend eingeschätzt werden (Stein, Pavetic & Noack, www.uni-due.de/imperia/md/content/soziologie/stein/multivariate.pdf; Brosius, 2011). Aus diesem Grund werden die Ergebnisse der o. a. Testverfahren auch explizit an entsprechender Stelle ausgewiesen und diskutiert.

Die interne Konsistenz der Skalen und Subskalen des Fragebogens wurden mit der SPSS Routine *Reliabilitätsanalyse* durch den Parameter *Cronbachs Alpha* bestimmt. Dieser Wert bezieht sich auf die Interkorrelationen der Items der entsprechenden Skala. Darüber hinaus wird er durch die Anzahl der Items und die Stichprobengröße bestimmt: je größer die Stichprobe und je mehr Items, desto höher der Alpha-Wert. Es ist zu beachten, dass dieser Parameter kein hinreichender Wert für die *Homogenität*, das heißt Eindimensionalität einer Skala ist. In der Tat kann eine Skala, die auf z. B. zwei Faktoren lädt, die hohe faktoreninterne, aber nur mäßige Korrelationen zwischen den Faktoren aufweisen, hohe interne Konsistenzwerte aufweisen. Die echte Eindimensionalität sollte also mittels einer Faktorenanalyse und auf der Grundlage theoretischer Erwägungen zur Skalenkonstruktion nachgewiesen werden (Bühner, 2011; Brosius, 2011).

Da die Reliabilität einer zusammengesetzten Skala zwingende Voraussetzung für deren Validität ist – also ihre Gültigkeit i. S. ihrer Messintention – wird in der Literatur häufig ein Mindestwert für Cronbachs Alpha von 0,8, manchmal aber auch von 0,7 gefordert, wobei aber auch Werte ab .50 als akzeptabel gelten (Schmidt, 2011). Im Zusammenhang mit der hier vorliegenden Arbeit ist jedoch zu berücksichtigen, dass einige der Subskalen inhaltlich recht heterogene Konstrukte beschreiben. So ist z. B. bei der Skala *Physikalische Umgebungsbedingungen* durchaus eine Umgebung denkbar, die zwar intensives Bewegen, Tragen, Heben schwerer Lasten (Item PB8) fordert, jedoch unter günstigen Beleuchtungsbedingungen (PB2), in angenehmer Temperatur (PB3) und ohne belastende Schichtarbeit (PB5). Dasselbe gilt für ein recht komplexes Konstrukt wie die *Gratifikationskrise*, die aus zunächst einmal als voneinander unabhängig denkbaren Elementen wie Selbstverausgabung, Arbeitsplatzunsicherheit und dem erlebten Missverhältnis zwischen Leistung und Aufstiegschancen sowie

Honorierung der Leistung besteht. Trotzdem ist es sinnvoll, diese Elemente in einer einzigen Skala zusammenzufassen, da eine ungünstige Arbeitssituation auf mehreren der Elemente zu einer Kumulation der Gesamtbelastung führt. In diesem Sinne werden auch die Werte für *Physikalische Umgebungsbedingungen/Belastungen* und *Soziale Belastungen* zu einem Wert *Summe Belastungen* aggregiert. Unterstellt wird also, dass inhaltlich unabhängige Einzelquellen von Belastungen kumulierte Effekte haben.

(Sub-)Skala	Anzahl Items	N	Cron-bachs Alpha	Trennschärfe (Min/Max)
SMP Anforderungsvielfalt	4	321	.747	.47/.62
SMP Bedeutsamkeit	3	314	.509	.31/.36
SMP Vollständigkeit	2	303	.551	.38
SMP Partizipation	3	321	.689	.45/.58
SMP Autonomie	2	319	.653	.49
SMP Feedback	3	320	.553	.35/.37
SMP gesamt	17	278	.829	.19/.58
Regulationsbehinderungen	4	315	.378	.15/.27
Gratifikationskrise	5	296	.604	.26/.46
Überforderung quantitativ	3	316	.617	.30/.50.
Überforderung qualitativ	3	318	.690	.43/.56
Unterforderung	3	312	.674	.36/.56
Fehlbeanspruchung gesamt	9	297	.639	.02/.48
Soziale Unterstützung Kollegen	4	324	.767	.53/.60
Soziale Unterstützung gesamt	6	317	.735	.21/.58
Soziale Belastungen	4	325	.467	.20/.35
Physikal. Umgebungsbedingungen	8	300	.825	.40/.59
Summe Belastungen	12	296	.795	.02/.58
Allg. körperl. Wohlbefinden	6	326	.820	.51/.66
Bedürfnis nach Selbstentfaltung	6	306	.795	.46/.60
Engagement	2	327	.877	.78
Arbeitszufriedenheit	4	316	.766	.54/.59
Commitment	6	314	.836	.54/.67
Führung Charisma	8	270	.937	.74/.86
Führung Resultat- und Leist.orient.	12	279	.954	.56/.82
Führung Coaching	11	287	.950	.67/.83
Führung Soziale Unterstützung	3	301	.873	.74/.78
Führung gesamt	34	229	.983	.55/.86

Tab. 18: Interne Konsistenz und Trennschärfe-Kennzahlen der Skalen

Die Trennschärfe-Indizes der Items der (Sub-)Skalen werden als Eigentrennschärfe dargestellt, d. h. als Produkt-Moment-Korrelation des Items mit der Skala, auf der es verrechnet wird. Diese Rechenprozedur ist Teil der SPSS Routine *Reliabilitätsanalyse*. Auch hier gilt, dass geringe Trennschärfen dann unkritisch sind, wenn die Skala inhaltlich heterogen strukturiert ist. Dagegen weist eine sehr hohe Trennschärfe für alle Items bei gleichzeitig hohem Cronbachs Alpha-Wert auf *Homogenität* der Skala hin. SPSS wirft auch die Veränderung der internen Konsistenz aus, die sich ergibt, wenn das Item aus der Skala entfernt wird.

Tabelle 18 weist die internen Konsistenzen und den Trennschärfebereich (r min/r max) der einzelnen Skalen aus. Die Cronbach Alpha-Werte liegen durchweg im akzeptablen bis guten Bereich. Die beiden Skalen mit Werten < 0,5 sind in der Tat heterogene Skalen: *Regulationsbehinderungen* können durch Arbeitsunterbrechungen durch störende Besucher, fehlende Ersatzteile oder intransparente Informationsbeschaffung entstehen, und es ist leicht denkbar, dass in einer bestimmten Situation zwar der eine Effekt häufig auftritt, die anderen jedoch kaum. Auch hier ist es wahrscheinlich, dass das Auftreten mehrerer Behinderungsarten einen kumulierten Effekt hat, was diese Skala inhaltlich rechtfertigt. Das Gleiche gilt für *Soziale Belastungen*, da die vier Belastungsquellen (Kollegen, andere Abteilungen, Vorgesetzter, Angst um Arbeitsplatz) theoretisch unabhängig, in ihrer Wirkung aber auch kumulativ sind.

Die Skalen, die Items mit niedrigen Trennschärfekoeffizienten aufweisen, sind *Fehlbeanspruchung gesamt* (Items BE1 und BE9) und *Summe Belastungen* (SB2). Da die interne Konsistenz, die im akzeptablen bzw. guten Bereich liegt, durch eine Entfernung der Items nur marginal verbessert würde, verbleiben die Items zur Abdeckung eines breiten Inhaltes in ihren Skalen.

4.2.2 Ergebnisse der Faktorenanalyse

Zur Untersuchung der Struktur des Fragebogens wurden mehrere explorative Faktorenanalysen gerechnet, die sowohl oblique-schiefwinklige als auch orthogonale Rotationsverfahren anwendeten (Brosius, 2011; Bortz & Schuster, 2010; Bühner, 2011). Die Entscheidung für eine gut interpretierbare und inhaltlich nachvollziehbare Abbildung der Struktur fiel letztendlich auf eine Lösung mit 15 Faktoren auf der Basis einer Varimax-rotierten Hauptkomponentenanalyse. Auf Grundlage vorangegangener Analysen wurden Items entfernt, die zuvor auf jeweils mehreren Faktoren hoch luden (SMP1, RB1, RB4, GK1, GK2, GK3, SUV, SB2), und zur Reduktion der Faktorenkomplexität wurden alle Items der Skala *BSE – Bedürfnis nach Selbstentfaltung* entfernt, die zuvor erwartungsgemäß einen stabilen und abgrenzbaren Faktor gebildet hatten.

Der Test auf Eignung des Datensatzes für die Anwendung einer Faktorenanalyse wurde über den Bartlett-Test aus Sphärizität überprüft, der mit einem extrem hohen Chi²-Wert von

14.825 hoch signifikant die Null-Hypothese verwerfen konnte, dass die Korrelationen zwischen den Variablen nur zufällig auftreten und in der Gesamtpopulation gleich Null sind. Die Daten eignen sich also für eine faktorenanalytische Auswertung.

Bei der Faktorenextraktion wurde ein Eigenwert von mindestens 1,15 als Abbruchkriterium gewählt, da darüber hinausgehende Berücksichtigung weiterer Faktoren zum einen in nur marginaler Aufklärung zusätzlicher Varianzanteile resultiert hätte, als deren Kosten auf der anderen Seite aber die Komplexität der Lösung zugenommen und somit deren inhaltliche Interpretierbarkeit abgenommen hätten.

Tabelle 20 ist zu entnehmen, dass die gewählte Lösung knapp 64% der Gesamtvarianz der Daten erklärt, wobei der größte Anteil durch Faktor 1 *Führung* abgedeckt wird, der ja mit 34 Items einen Hauptanteil des Fragebogens ausmacht.

Die inhaltliche Interpretation der 15 Faktoren zeigt Tabelle 21. Die Ladungen der einzelnen Items auf den Faktoren findet sich in Anhang L, ebenso die sprachlich-inhaltliche Zuordnung der Items zu den Faktoren, die letztendlich die Grundlage für Tabelle 21 darstellt.

Die Faktorenanalyse brachte eine Struktur klar abgrenzbarer Faktoren zu Tage, in der sich die Skalenstruktur des Fragebogens im Wesentlichen wiederfindet. Die multifaktorielle Struktur der Befragungsergebnisse ist auch ein Hinweis gegen das Postulat einer dominanten *common method variance*, die eine weniger klare Struktur mit wahrscheinlich deutlich weniger Faktoren erbracht hätte. Diese Ein-Faktorenstruktur ist jedoch bei den Items des Konstrukts *Führung* erkennbar. Tatsächlich lassen sich die vier Subskalen *Charisma, Resultat- und Leistungsorientierung, Coaching* und *Soziale Unterstützung* nicht als eigenständige Strukturen ermitteln – es liegt Ein-Faktoren-Struktur vor. Dieser Befund wird im Kapitel *Diskussion der Ergebnisse* noch ausführlich behandelt. Die Ladungsstruktur in Anhang L zeigt aber auch, dass die Items zum Thema *Führung* keine bemerkenswerten Ladungen auf anderen Faktoren aufweisen, was im Falle einer über mehrere Skalen gehenden *common method variance* vorliegen würde.

Insgesamt gut repräsentiert wird die Skalenstruktur des *SMP – Salutogenetisches Motivationspotential*, und auch die Skalen *Physikalische Umgebungsbedingungen* und *Allgemeines körperliches Wohlbefinden* finden sich in abgrenzbaren Faktoren wieder.

Die inhaltliche Heterogenität der Skalen *Regulationsbehinderungen* und *Gratifikationskrise* wird auch in der Faktorenanalyse bestätigt, indem die Items entweder nicht eindeutig einem Faktor zugeordnet werden können sondern multiple Ladungen aufweisen, oder indem sie auf unterschiedlichen Faktoren laden, also „zersprengt“ werden und keinen einheitlichen Faktor replizieren.

Die Trennung der Subskalen *Quantitative Überforderung* und *Qualitative Überforderung* konnte nicht repliziert werden, hier zeigt sich ein einziger Faktor *Überforderung*. Ebenso bestätigt sich die Zusammenfassung von *Engagement* und *Arbeitszufriedenheit* in einem übergeordneten Faktor *Commitment*.

KMO- und Bartlett-Test

Maß der Stichprobeneignung nach Kaiser-Meyer-Olkin.		,930
Bartlett-Test auf Sphärizität	Ungefähres Chi-Quadrat	14825,928
	Df	3828
	Signifikanz nach Bartlett	,000

Tab. 19: Bartlett-Test auf Sphärizität

Erklärte Gesamtvarianz

Komponente	Anfängliche Eigenwerte			Summen von quadrierten Faktorladungen für Extraktion			Rotierte Summe der quadrierten Ladungen		
	Gesamt	% der Varianz	Kumulierte %	Gesamt	% der Varianz	Kumulierte %	Gesamt	% der Varianz	Kumulierte %
1	24,359	27,681	27,681	24,359	27,681	27,681	21,413	24,333	24,333
2	5,512	6,264	33,944	5,512	6,264	33,944	3,870	4,398	28,731
3	4,306	4,893	38,838	4,306	4,893	38,838	3,723	4,230	32,961
4	2,905	3,301	42,138	2,905	3,301	42,138	3,596	4,087	37,048
5	2,678	3,043	45,182	2,678	3,043	45,182	3,422	3,888	40,936
6	2,290	2,602	47,784	2,290	2,602	47,784	2,846	3,234	44,170
7	2,086	2,370	50,154	2,086	2,370	50,154	2,701	3,073	47,242
8	2,049	2,328	52,482	2,049	2,328	52,482	2,204	2,504	49,746
9	1,840	2,091	54,573	1,840	2,091	54,573	2,189	2,488	52,234
10	1,654	1,879	56,452	1,654	1,879	56,452	2,031	2,308	54,543
11	1,438	1,634	58,086	1,438	1,634	58,086	1,870	2,125	56,668
12	1,407	1,599	59,685	1,407	1,599	59,685	1,687	1,917	58,585
13	1,240	1,409	61,094	1,240	1,409	61,094	1,654	1,880	60,464
14	1,187	1,349	62,443	1,187	1,349	62,443	1,621	1,842	62,306
15	1,174	1,334	63,777	1,174	1,334	63,777	1,295	1,471	63,777

Tab. 20: Eigenwerte und erklärte Gesamtvarianz der 15-Faktoren-Lösung

Faktor	Inhalt/Bezeichnung	N Items
1	Führung	33
2	Anforderungsvielfalt	6
3	Physikalische Belastungen	7
4	Commitment	6
5	Gesundheitliche Beschwerden	6
6	Überforderung	5
7	Soziale Unterstützung Kollegen	4
8	Partizipation	3
9	Zeitdruck	3
10	Feedback	3
11	Unterforderung	3
12	Angst um Arbeitsplatz	2
13	Vollständigkeit	2
14	Soziale Kompensation Freizeit	2
15	Transparenz	2

Tab. 21: Inhalte der Faktoren

Wegen der bereits weiter oben besprochenen inhaltlichen Bedeutung der ursprünglichen Skalenauswahl für Zwecke der *Arbeitsgestaltung* sowie der Zuordnung von Mitarbeitern zu Arbeitsplätzen bestimmter Anforderungsinhalte (ein Thema der *Platzierung*) entschieden wir uns gegen eine neue Zusammenfassung der Items auf der Grundlage der faktorenanalytischen Ergebnisse sowie eine weitergehende statistische Analyse des Datensatzes unter Verwendung der *Faktorenwerte*, die sich errechnen, indem individuelle Werte auf Items mit deren Faktorladungen multipliziert und anschließend addiert werden (Brosius, 2011). Hierbei entstehen durch mathematische Transformationen Werte, die von der ursprünglichen inhaltlichen Itembedeutung und -formulierung deutlich abweichen können. Ein solches Verfahren mag bei einer rein empirischen, nicht inhaltlich abgeleiteten à posteriori erfolgenden Skalenkonstruktion durchaus sinnvoll anwendbar sein. (So erfolgte z. B. die Konstruktion des klinischen *MMPI – Minnesota Multiphasic Personality Inventory* rein empirisch. Großen Stichproben von klinisch diagnostizierten und psychisch erkrankten Probanden wurde eine große Auswahl von Fragen gestellt, und für das Messinstrument wurden letztendlich die Items ausgewählt, die diskriminanzanalytisch die beste Trennung Gesunder von Kranken ermöglichte).

Die vorliegende Untersuchung geht jedoch streng theoriegeleitet vor, und Erkenntnisse aus dem Einsatz des Fragebogens sollen nicht nur ein „diagnostisches Etikettieren" ermöglichen, sondern im Rahmen von *organischer Forschung* bzw. *action research* sensu Argyris und Warr (siehe Kapitel 2.7.3) inhaltliche Gestaltungsvorschläge generieren helfen. Auch bei inhaltlich heterogen-komplexen Konstrukten wie der Gratifikationskrise kann mit einem Summenmaß gearbeitet werden, so lange eine weitergehende Analyse auf geringerem Abstraktionsniveau – hier: auf Item-Niveau – noch möglich ist.

4.2.3 Ergebnisse der Korrelationsanalysen

Wegen der bereits weiter oben erwähnten Verletzung der Normalverteilungs-Voraussetzung erfolgten die Korrelationsanalysen unter Verwendung des non-parametrischen Rangkorrelationskoeffizienten *Spearman-Rho*. Tabelle 22 zeigt die für die Überprüfung der Zusammenhangshypothesen H1 – H8 und H14 bis H19 notwendigen Korrelationen aller Skalen und Subskalen mit den als abhängige Variablen (AV) definierten Größen *Engagement*, *Arbeitszufriedenheit*, *Commitment* (als Summenmaß der AVn Engagement und Arbeitszufriedenheit) und *Allgemeines körperliches Wohlbefinden*.

Tabelle 22 zeigt deutliche korrelative Zusammenhänge zwischen allen aggregierten Skalen und den „affektiven" AVn *Engagement*, *Arbeitszufriedenheit* und *Commitment*. Das *Allgemeine körperliche Wohlbefinden* zeigt signifikante Zusammenhänge primär zur *Fehlbeanspruchung* und zu den *Physikalischen Umgebungsbedingungen* als einer Subskala der *Summe Belastungen*.

Die affektiven AVn zeigen den deutlichsten Zusammenhang mit der *Gratifikationskrise*, die bei einem Determinationskoeffizienten von ca. $R^2 = .25$ immerhin 25% gemeinsame Varianz aufweisen. Auch *Führung* und *SMP* zeigen starke, hoch signifikante Zusammenhänge zu den affektiven UVn.

Die genaueren Zusammenhänge zwischen den UVn und AVn auf Subskalen- und Item-Niveau werden über Multiple lineare Regressionen ermittelt, deren Ergebnisse in Kapitel 4.1.5.4 dargestellt werden.

Auch die Interkorrelationen zwischen den AVn zeigen die starken Zusammenhänge zwischen den affektiven Variablen. Die Korrelation zwischen Arbeitszufriedenheit und Commitment auf der einen und dem Allgemeinen körperlichen Wohlbefinden auf der anderen Seite ist deutlich geringer, erreicht zwar Signifikanz auf dem 5%-Niveau, weist aber nur 1,7% gemeinsame Varianz auf (r^2).

Tabelle 23 zeigt die Interkorrelationen zwischen den UVn auf Skalen- und Subskalenniveau, mit durchweg hoch signifikanten Werten. Hierbei ist zu bedenken, dass die Korrelationen zwischen den aggregierten Skalen und den jeweiligen Subskalen, aus denen sie zusammengesetzt sind, natürlich rein mathematisch zwangsläufig und inhaltlich nicht erkenntnisreich sind. Wir sehen jedoch, dass die hohen Interkorrelationen es erschweren, die Gewichtung einer einzelnen Variablen im Wirkungsgefüge zu erkennen. Auch dies soll durch die Berechnung Multipler linearer Regressionen deutlicher werden.

Spearmans Rho	Engagement	Arbeitszu-friedenheit	Commitment	Allg. körperl. Wohlbe-finden
SMP Anforderungsvielfalt	,266**	,231**	,297**	,167**
SMP Bedeutsamkeit	,252**	,283**	,316**	,035
SMP Vollständigkeit	,236**	,215**	,279**	,016
SMP Partizipation	,382**	,267**	,343**	,092
SMP Autonomie	,147**	,155**	,179**	,136*
SMP Feedback	,117*	,131*	,137*	,007
SMP gesamt	,365**	,327**	,405**	,126*
Regulationsbehinderungen	-,346**	-,228**	-,299**	,040
Gratifikationskrise	-,556**	-,461**	-,567**	-,107
Ueberforderung quantitativ	-,118*	-,192**	-,172**	-,001
Ueberforderung qualitativ	-,123*	-,175**	-,171**	-,129*
Unterforderung	-,261**	-,202**	-,260**	-,110
Fehlbeanspruchung gesamt	-,278**	-,293**	-,319**	-,132*
Soziale Unterstützung Kollegen	,226**	,283**	,285**	,121*
Soziale Unterstützung gesamt	,282**	,327**	,334**	,119*
Soziale Belastungen	-,252**	-,181**	-,217**	-,020
Physikalische Umgebungsbedingungen	-,322**	-,282**	-,341**	-,166**
Summe Belastungen	-,359**	-,305**	-,357**	-,155**
Charisma gesamt	,407**	,307**	,409**	,112*
Führung RLO (Resultat- u. Leist. Orient.)	,394**	,312**	,404**	,069
Coaching gesamt	,422**	,339**	,424**	,055
Soziale Unterstützung gesamt	,406**	,321**	,402**	,100
Fuehrung gesamt	,415**	,326**	,417**	,076
Engagement	1,000			
Arbeitszufriedenheit	,572**	1,000		
Commitment	,841**	,921**	1,000	
Allg. körperl. Wohlbefinden	,076	,129*	,130*	1,000

**. Die Korrelation ist auf dem 0,01Niveau signifikant (zweiseitig).

*. Die Korrelation ist auf dem 0,05 Niveau signifikant (zweiseitig).

Tab. 22: Korrelationen zwischen (Sub-)Skalen und abhängigen Variablen (AVn)

	SMP gesamt	Regulationsbehinderungen	Gratifikationskrise	Fehlbeanspruchung gesamt	Soziale Unterstützung Summe	Soziale Belastungen	Physikalische Umgebungsbedingungen	Summe Belastungen
SMP gesamt								
Regulationsbehinderungen	-,173**							
Gratifikationskrise	-,346**	,341**						
Fehlbeanspruchung gesamt	-,227**	,374**	,246**					
Soziale Unterstützung Summe	,301**	-,210**	-,379**	-,227**				
Soziale Belastungen	-,132*	,270**	,340**	,309**	-,277**			
Physikalische Umgebungsbedingungen	-,204**	,240**	,427**	,301**	-,313**	,306**		
Summe Belastungen	-,213**	,290**	,452**	,359**	-,372**	,555**	,947**	
Fuehrung gesamt	,374**	-,307**	-,374**	-,300**	,506**	-,288**	-,356**	-,403**
Unterforderung	-,394**	,175**	,185**	,595**	-,185**	,204**	,199**	,237**

**. Die Korrelation ist auf dem 0,01Niveau signifikant (zweiseitig).

*. Die Korrelation ist auf dem 0,05 Niveau signifikant (zweiseitig).

Tab. 23: Interkorrelationen zwischen den UVn

4.2.4 Ergebnisse der Multiplen linearen und hierarchischen Regression

Bei der Methode der *Multiplen linearen Regression* wird eine abhängige Variable aus mehreren Prädiktoren vorhergesagt, die in einer Regressionsgleichung in ihrem jeweiligen Einfluss durch b-Koeffizienten bzw. standardisierte Beta-Koeffizienten dargestellt werden.

Die Tabellen 24 – 27 zeigen die Ergebnisse der Regressionsanalysen auf die vier abhängigen Variablen *Arbeitszufriedenheit*, *Engagement*, den zusammengesetzten Wert *Commitment* sowie das *Allgemeine körperliche Wohlbefinden*, wobei zunächst jeweils alle aggregierten Skalen als Prädiktoren in die Berechnung aufgenommen wurden.

Hierbei zeigt jede Tabelle zunächst die Modellzusammenfassung für die entsprechende Regression, der im Wesentlichen die durch die Prädiktoren vorhersagbare Gesamtvarianz der AV im Wert R^2 und die Signifikanz des entsprechenden F-Wertes darstellt, sowie den Durbin-Watson-Koeffizienten auf Autokorrelation der Residuen. Autokorrelation liegt vor, wenn bezüglich der UV-Ausprägungen „benachbarte Werte“ ähnliche Residuen = Schätzfehler aufweisen. I. A. gelten Durbin-Watson-Koeffizienten um 2,0 (1,5 – 2,5) als Hinweis darauf, dass eine solche ergebnisverfälschende Autokorrelation nicht vorliegt.

Modellzusammenfassung[b]

Modell	R	R-Quadrat	Korrigiertes R-Quadrat	Standardfehler des Schätzers	Änderungsstatistiken					Durbin-Watson-Statistik
					Änderung in R-Quadrat	Änderung in F	df1	df2	Sig. Änderung in F	
1	,523[a]	,273	,255	,67042	,273	14,898	8	317	,000	2,105

a. Einflußvariablen : (Konstante), Fuehrung gesamt, Fehlbeanspruchung gesamt, SMP gesamt, Regulationsbehinderungen, Soziale Belastungen, Physikalische Umgebungsbedingungen, Soziale Unterstützung Summe, Gratifikationskrise

b. Abhängige Variable: Arbeitszufriedenheit

	Nicht standardisierte Koeffizienten		Standardisierte Koeffizienten	T	Sig.	Kollinearitätsstatistik	
	Regressions koeffizientB	Standardfehler	Beta			Toleranz	VIF
(Konstante)	3,933	,500		7,860	,000		
SMP gesamt	,216	,079	,147	2,740	,006	,792	1
Regulationsbehinderungen	-,028	,063	-,024	-,444	,657	,785	1
Gratifikationskrise	-,329	,062	-,318	-5,333	,000	,645	2
Fehlbeanspruchung gesamt	-,191	,075	-,140	-2,540	,012	,754	1
Soziale Unterstützung Summe	,102	,063	,094	1,636	,103	,689	1
Soziale Belastungen	,113	,069	,090	1,638	,102	,759	1
Physikalische Umgebungsbedingungen	-,019	,049	-,022	-,389	,698	,734	1
Fuehrung gesamt	,044	,053	,050	,830	,407	,638	1,567

Tab. 24: Ergebnisse der Multiplen linearen Regression auf *Arbeitszufriedenheit*

Nach der Modellzusammenfassung zeigen die Tabellen die Vorhersagepotentiale der einzelnen UVn, die nach dem Einschluss-Verfahren zusammen in die Gleichung aufgenommen wurden. Dargestellt werden die unstandardisierten Regressionskoeffizienten B sowie die standardisierten Beta-Koeffizienten. Die B-Koeffizienten weisen auf die wahrscheinliche Veränderung der AV hin, wenn die UV sich um den Wert 1,0 ändert. Die Signifikanz dieser Gewichte wird pro UV ausgewiesen. Des Weiteren zeigen die Tabellen die Ergebnisse eines Tests auf Kollinearität der UVn, die bei hohen Interkorrelationen vorliegen und die Aussage der Ergebnisse verfälschen kann.

Der Modellzusammenfassung ist zu entnehmen, dass ca. 25% der Varianz bei *Arbeitszufriedenheit* durch die Prädiktoren erklärt wird, was ein hoch signifikantes Ergebnis darstellt. Hinweise auf Autokorrelation der Residuen liegen nicht vor.

Bei der Analyse der Gewichtungen der einzelnen UVn fallen drei Prädiktoren auf, die keine signifikante Vorhersage der AV erlauben: *Regulationsbehinderungen, physikalische Umge-*

bungsbedingungen sowie *Führung*. Sie werden in der später erfolgenden Regressionsanalyse auf *Arbeitszufriedenheit* ausgeschlossen.

Modellzusammenfassung[b]

Modell	R	R-Quadrat	Korrigiertes R-Quadrat	Standardfehler des Schätzers	Änderungsstatistiken					Durbin-Watson-Statistik
					Änderung in R-Quadrat	Änderung in F	df1	df2	Sig. Änderung in F	
1	,613[a]	,376	,360	,83290	,376	23,967	8	318	,000	1,924

a. Einflußvariablen : (Konstante), Fuehrung gesamt, Fehlbeanspruchung gesamt, SMP gesamt, Regulationsbehinderungen, Soziale Belastungen, Physikalische Umgebungsbedingungen, Soziale Unterstützung Summe, Gratifikationskrise

b. Abhängige Variable: Engagement

	Nicht standardisierte Koeffizienten		Standardisierte Koeffizienten	T	Sig.	Kollinearitätsstatistik	
	Regressionskoeffizient B	Standardfehler	Beta			Toleranz	VIF
(Konstante)	4,126	,621		6,647	,000		
SMP gesamt	,274	,098	,139	2,801	,005	,792	1,262
Regulationsbehinderungen	-,207	,079	-,131	-2,630	,009	,785	1,273
Gratifikationskrise	-,531	,076	-,383	-6,947	,000	,645	1,550
Fehlbeanspruchung gesamt	-,123	,093	-,067	-1,317	,189	,754	1,325
Soziale Unterstützung Summe	-,056	,078	-,038	-,720	,472	,689	1,450
Soziale Belastungen	,014	,086	,009	,169	,866	,759	1,317
Physikalische Umgebungsbedingungen	-,010	,060	-,008	-,163	,871	,734	1,363
Fuehrung gesamt	,189	,066	,159	2,860	,005	,638	1,567

a. Abhängige Variable: Engagement

Tab. 25: Ergebnisse der Multiplen linearen Regression auf *Engagement*

Tabelle 25 zeigt die Ergebnisse für die AV *Engagement*.

Auch hier zeigt sich eine hoch signifikante Vorhersagekraft der UVn, die in der Summe ca. 37% der Varianz von *Engagement* aufklären können. Es zeigen sich keine Hinweise auf Autokorrelation der Residuen und Kollinearität. Auch für diese AV weist die *Gratifikationskrise* wieder die stärkste Vorhersagekraft auf, und *Fehlbeanspruchung gesamt, Soziale Unterstützung gesamt, Soziale Belastungen* und *Physikalische Umgebungsbedingungen* werden wegen nicht signifikanter B-Gewichte aus den weiteren Analysen zu dieser AV ausgeschlossen.

Tabelle 26 zeigt die Ergebnisse für den aggregierten Wert *Commitment*, der sich ja aus den Items für *Arbeitszufriedenheit* und *Engagement* zusammensetzt.

Modellzusammenfassung[b]

Modell	R	R-Quadrat	Korrigiertes R-Quadrat	Standardfehler des Schätzers	Änderungsstatistiken					Durbin-Watson-Statistik
					Änderung in R-Quadrat	Änderung in F	df1	df2	Sig. Änderung in F	
1	,639[a]	,408	,393	,60005	,408	26,213	8	304	,000	2,111

a. Einflußvariablen : (Konstante), Fuehrung gesamt, Fehlbeanspruchung gesamt, SMP gesamt, Regulationsbehinderungen, Soziale Belastungen, Physikalische Umgebungsbedingungen, Soziale Unterstützung Summe, Gratifikationskrise

b. Abhängige Variable: Commitment

	Nicht standardisierte Koeffizienten		Standardisierte Koeffizienten	T	Sig.	Kollinearitätsstatistik	
	Regressionskoeffizient B	Standardfehler	Beta			Toleranz	VIF
(Konstante)	3,994	,457		8,737	,000		
SMP gesamt	,248	,072	,171	3,443	,001	,792	1,262
Regulationsbehinderungen	-,063	,058	-,055	-1,097	,273	,785	1,273
Gratifikationskrise	-,423	,056	-,412	-7,508	,000	,645	1,550
Fehlbeanspruchung gesamt	-,197	,069	-,145	-2,862	,005	,754	1,325
Soziale Unterstützung Summe	,021	,057	,020	,374	,709	,689	1,450
Soziale Belastungen	,129	,063	,103	2,041	,042	,759	1,317
Physikalische Umgebungsbedingungen	-,026	,045	-,030	-,577	,564	,734	1,363
Fuehrung gesamt	,107	,049	,122	2,203	,028	,638	1,567

a. Abhängige Variable: Commitment

Tab. 26: Ergebnisse der Multiplen linearen Regression auf *Commitment*

Mit einem R^2 von .40 zeigt sich, dass 40% der AV-Varianz über die in die Gleichung eingebrachten Skalen erklärt werden kann. Auch hier liegen keine Hinweise auf Autokorrelation der Residuen und Kollinearität vor.

Als wenig hilfreich für die Vorhersage des *Commitment* erweisen sich die Skalen *Regulationsbehinderungen, Soziale Unterstützung Summe* und *Physikalische Umgebungsbedingungen. Gratifikationskrise* erreicht auch bei diesem zusammengesetzten Wert den stärksten B-Koeffizienten.

Tabelle 27 zeigt die Ergebnisse zur Vorhersage der nicht (primär) affektiven AV *Allgemeines körperliches Wohlbefinden*.

Auch bei der nicht affektiven AV wird eine signifikante Vorhersagbarkeit von 27% der Varianz belegt. Auch hier finden sich keine Hinweise auf Autokorrelation der Residuen oder Kollinearität.

Die mit dem körperlichen Wohlbefinden zusammenhängenden unabhängigen Variablen sind jetzt eher solche, die mit den zuvor genannten affektiven Ergebnisgrößen weniger Zusammenhang zeigten: *Fehlbeanspruchung, Soziale Belastungen und Physikalische Umgebungsbedingungen.* Auch hier ist Gratifikationskrise auf 5%-Niveau signifikant, und SMP gesamt und Führung erreichen Signifikanz zumindest auf Trend-Niveau (r < .10). *Regulationsbehinderungen* und *Soziale Unterstützung gesamt* werden nicht signifikant und somit aus weiteren Detailanalysen zu dieser AV nicht mehr mit aufgenommen.

Modellzusammenfassung[b]

Modell	R	R-Quadrat	Korrigiertes R-Quadrat	Standardfehler des Schät-zers	Änderungsstatistiken					Durbin-Watson-Statistik
					Änderung in R-Quadrat	Änderung in F	df1	df2	Sig. Änderung in F	
1	,536[a]	,288	,270	,65896	,288	16,109	8	319	,000	1,913

a. Einflussvariablen: (Konstante), Fuehrung gesamt, Fehlbeanspruchung gesamt, SMP gesamt, Regulationsbehinderungen, Soziale Belastungen, Physikalische Umgebungsbedingungen, Soziale Unterstützung Summe, Gratifikationskrise

b. Abhängige Variavble: Allgemeines körperliches Wohlbefinden

Aufgenommene Variablen	Nicht standardisierte Koeffizienten		Standardisierte Koeffiziente n	T	Sig.	Kollinearitätsstatistik	
	Regression skoeffizient B	Standardfehler	Beta			Toleranz	VIF
(Konstante)	4,626	,490		9,435	,000		
SMP gesamt	,124	,077	,085	1,610	,108	,792	1,262
Regulationsbehinderungen	,014	,062	,012	,232	,817	,785	1,273
Gratifikationskrise	-,119	,060	-,116	-1,977	,049	,645	1,550
Fehlbeanspruchung gesamt	-,161	,071	,110	2,186	,030	,754	1,325
Soziale Unterstützung Summe	-,044	,061	-,041	-,726	,468	,689	1,450
Sozlale Belastungen	-,168	,068	-,134	-2,480	,014	,759	1,317
Physikalische Umgebungsbedingungen	-,237	,048	-,274	-4,966	,000	,734	1,363
Fuehrung gesamt	,088	,052	,100	1,699	,090	,638	1,567

Tab. 27: Ergebnisse der Multiplen linearen Regression auf *Allgemeines körperliches Wohlbefinden*

Als „stärkste" UV in der Regression auf die affektiven Variablen hat sich also die *Gratifikationskrise* erwiesen, und die UV *Physikalische Umgebungsbedingungen* weist die stärksten Zusammenhänge mit der AV *Allgemeines Wohlbefinden* auf. In einem nächsten Schritt wurde der Einfluss der anderen signifikanten unabhängigen Variablen überprüft, indem diese in einer <u>multiplen hierarchischen Regressionsanalyse</u> als zweiter Block nach Berücksichtigung der jeweils stärksten UV im ersten Block in die Regressionsgleichung aufgenommen wurden. Die Zunahme der erklärten Varianz R^2 von Block 1 auf Block 2 ist ein Hinweis darauf, ob die zusätzlichen Variablen über den Einfluss der Variable in Block 1 hinausgehende Vorhersagekraft für die AV besitzen (Bühner & Ziegler, 2009). Durch diese Methode wird – ähnlich der Methode der partiellen Korrelation - der Einfluss der stärksten Variablen kontrolliert bzw. konstant gehalten (Bortz, 2010).

Tabelle 28 zeigt das Ergebnis der multiplen hierarchischen Regression auf *Arbeitszufriedenheit*.

Die Aufnahme der zusätzlichen Variablen erhöht die erklärte AV-Varianz um ca. 6%, die entsprechende Änderung in F ist hoch signifikant. Da sowohl *Gratifikationskrise* als auch *SMP gesamt* heterogene, d. h. voneinander gut unterscheidbare Inhalte aufweisen, werden die Zusammenhänge zur AV *Arbeitszufriedenheit* auf dem Niveau der einzelnen Items (*Gratifikationskrise* - Tabelle 29) bzw. Subskalen (*SMP gesamt* – Tabelle 30) analysiert.

Modellzusammenfassung[c]

Modell	R	R-Quadrat	Korrigiertes R-Quadrat	Standardfehler des Schätzers	Änderungsstatistiken					Durbin-Watson-Statistik
					Änderung in R-Quadrat	Änderung in F	df1	df2	Sig. Änderung in F	
1	,451[a]	,203	,201	,69425	,203	82,998	1	325	,000	
2	,520[b]	,270	,259	,66864	,067	7,345	4	321	,000	2,093

a. Einflußvariablen : (Konstante), Gratifikationskrise

b. Einflußvariablen : (Konstante), Gratifikationskrise, Fehlbeanspruchung gesamt, SMP gesamt, Soziale Belastungen, Soziale Unterstützung Summe

c. Abhängige Variable: Arbeitszufriedenheit

Koeffizienten[a]

Modell		Nicht standardisierte Koeffizienten		Standardisierte Koeffizienten	T	Sig.	Kollinearitätsstatistik	
		Regressionskoeffizient B	Standardfehler	Beta			Toleranz	VIF
1	(Konstante)	5,307	,163		32,497	,000		
	Gratifikationskrise	-,466	,051	-,451	-9,110	,000	1,000	1,000
2	(Konstante)	3,964	,460		8,609	,000		
	Gratifikationskrise	-,347	,058	-,336	-5,963	,000	,717	1,396
	Fehlbeanspruchung gesamt	-,213	,072	-,155	-2,965	,003	,827	1,209
	Soziale Belastungen	,101	,068	,080	1,491	,137	,780	1,283
	SMP gesamt	,231	,077	,158	3,002	,003	,823	1,216
	Soziale Unterstützung Summe	,122	,059	,113	2,076	,039	,772	1,295

a. Abhängige Variable: Arbeitszufriedenheit

Tab. 28: Multiple hierarchische Regression auf *Arbeitszufriedenheit*

	Nicht standardisierte Koeffizienten		Standardisierte Koeffizienten	T	Sig.	Kollinearitätsstatistik	
	Regressionskoeffizient B	Standardfehler	Beta			Toleranz	VIF
(Konstante)	5,392	,176		30,576	,000		
GK1	-,065	,033	-,107	-1,988	,048	,886	1,129
GK2	-,161	,040	-,237	-4,075	,000	,761	1,315
GK3	-,074	,042	-,105	-1,772	,077	,727	1,375
GK4	-,162	,041	-,217	-3,948	,000	,848	1,180
GK5	-,039	,036	-,057	-1,067	,287	,900	1,111

a. Abhängige Variable: Arbeitszufriedenheit

Tab. 29: Multiple lineare Regression Gratifikationskrise-Items auf *Arbeitszufriedenheit*

Tabelle 29 ist zu entnehmen, dass Item GK1 (*„Ich habe den Eindruck, dass auch die größte Anstrengung hier nicht anerkannt und belohnt wird“*) einen auf 5%-Niveau signifikanten Zusammenhang mit Arbeitszufriedenheit aufweist. Hoch signifikant sind die Werte für GK2 (*„Mein Arbeitseinsatz und das, was ich dafür bekomme, stimmen gut überein“*) und GK4 (*„Ich glaube, mein Arbeitsplatz ist sicher“*), während GK3 (*„Bei Beförderungen werden diejenigen*

	Nicht standardisierte Koeffizienten		Standardisierte Koeffizienten	T	Sig.	Kollinearitätsstatistik	
	Regressionskoeffizient B	Standardfehler	Beta			Toleranz	VIF
(Konstante)	2,167	,307		7,056	,000		
SMP Anforderungsvielfalt	,077	,061	,083	1,255	,211	,616	1,624
SMP Bedeutsamkeit	,174	,075	,153	2,325	,021	,621	1,609
SMP Vollständigkeit	,124	,047	,151	2,649	,008	,832	1,202
SMP Partizipation	,171	,047	,202	3,675	,000	,890	1,124
SMP Autonomie	-,021	,058	-,024	-,359	,720	,589	1,697
SMP Feedback	-,023	,072	-,019	-,323	,747	,753	1,328

a. Abhängige Variable: Arbeitszufriedenheit

Tab. 30: Multiple lineare Regression SMP-Subskalen auf *Arbeitszufriedenheit*

berücksichtigt, die sich stark für ihre Arbeit einsetzen") und GK5 (*„Ich habe neben meinen Verpflichtungen noch genügend Zeit für mich selbst und das, was mir Spaß macht"*) am 5%-Niveau scheitern.

Tabelle 30 zeigt, dass die *Partizipation* als Element des *salutogenetischen Motivationspotentials SMP* den stärksten Zusammenhang zur Arbeitszufriedenheit aufweist. Die *Vollständigkeit der Tätigkeit* erreicht Signifikanz auf 1%-Niveau, die *Bedeutsamkeit der Tätigkeit* auf 5%-Niveau. Keinen signifikanten Vorhersagewert haben *Anforderungsvielfalt* und *Feedback aus der Tätigkeit selbst.*

Tabelle 31 zeigt die Ergebnisse der multiplen hierarchischen Regression auf die AV *Engagement*, wobei in Schritt 1 wieder *Gratifikationskrise* aufgenommen wird, und in Schritt 2 die UVn, die sich in Tabelle 26 als signifikante Prädiktoren erwiesen haben.

Modellübersicht[c]

Modell	R	R-Quadrat	Angepasstes R-Quadrat	Standardfehler der Schätzung	Änderungsstatistik					Durbin-Watson
					Änderung R-Quadrat	Änderung in F	df1	df2	Sig. Änderung in F	
1	,542[a]	,294	,291	,87666	,294	135,117	1	325	,000	
2	,610[b]	,372	,364	,83075	,078	13,305	3	322	,000	1,949

a. Prädiktoren: (Konstante), GFK

b. Prädiktoren: (Konstante), GFK, ReguBehind, SMP gesamt, Fuehrung gesamt

c. Abhängige Variable: Engagement

Koeffizienten[a]

Modell		Nicht standardisierte Koeffizienten		Standardisierte Koeffizienten	t	Sig.	Kollinearitätsstatistik	
		B	Standardfehler	Beta			Toleranz	VIF
1	(Konstante)	5,412	,206		26,245	,000		
	GFK	-,751	,065	-,542	-11,624	,000	1,000	1,000
2	(Konstante)	3,708	,526		7,050	,000		
	GFK	-,527	,071	-,380	-7,444	,000	,748	1,336
	SMP gesamt	,277	,096	,141	2,879	,004	,814	1,229
	ReguBehind	-,235	,075	-,150	-3,126	,002	,852	1,174
	Fuehrung gesamt	,185	,060	,156	3,070	,002	,759	1,317

a. Abhängige Variable: Engagement

Tab. 31: Multiple hierarchische Regression auf *Engagement*

Die Aufnahme der UVn in Schritt 2 führt zu hoch signifikanten 7% zusätzlich aufgeklärter Varianz R^2. Alle UVn erreichen auf mindestens 1%-Niveau signifikante B-Koeffizienten.

Auch für die AV *Engagement* wurden Detailanalysen zum Einfluss der Items bzw. Subskalen der theoretisch hoch relevanten Konstrukte *Gratifikationskrise* und *salutogenetisches Motivationspotential SMP* durchgeführt, deren Ergebnisse in der Tabellen 32 und 33 dargestellt werden.

Es zeigen sich auf 5%-Niveau sowie auf 1%-Niveau signifikante Regressionskoeffizienten für alle Items der Skala *Gratifikationskrise.* Beim *salutogenetischen Motivationspotential SMP* erweisen sich *Vollständigkeit* und *Partizipation* als Prädiktoren des Engagements.

Auch für die zusammengesetzte affektive AV *Commitment* (bestehend aus *Arbeitszufriedenheit* und *Engagement*) wurde eine multiple hierarchische Regressionsanalyse durchgeführt, und auch bei dieser wurde der zur *Gratifikationskrise* inkrementelle Effekt der signifikanten UVn aus Tabelle 26 analysiert (Tabelle 34).

	Nicht standardisierte Koeffizienten		Standardisierte Koeffizienten	T	Sig.	Kollinearitätsstatistik	
	Regressionskoeffizient B	Standardfehler	Beta			Toleranz	VIF
(Konstante)	5,551	,224		24,769	,000		
GK1	-,202	,042	-,247	-5	,000	,886	1,129
GK2	-,131	,050	-,144	-3	,010	,761	1,315
GK3	-,119	,053	-,126	-2	,026	,727	1,375
GK4	-,216	,052	-,217	-4	,000	,848	1,180
GK5	-,133	,046	-,145	-2,870	,004	,900	1,111

a. Abhängige Variable: Engagement

Tab. 32: Multiple lineare Regression Gratifikationskrise-Items auf *Engagement*

Wieder zeigt sich eine hoch signifikante Zunahme der erklärten Varianz um ca. 9%, und von den in Schritt 2 aufgenommenen UVn erreichen nur die *Sozialen Belastungen* nicht das 5%-Niveau.

Bei der Vorhersage der AV *Allgemeines körperliches Wohlbefinden* hatten die *Physikalischen Umgebungsbedingungen* das größte Gewicht, aber auch drei weitere UVn wiesen Regressionskoeffizienten auf 5%-Signifikanzniveau auf, und für Führung lag zumindest eine Tendenz mit 9% vor (siehe Tabelle 27). Auch für diese AV wurde eine multiple hierarchische Regression durchgeführt, indem in Schritt 1 die *Physikalischen Umgebungsbedingungen* aufgenommen wurden und anschließend vier weitere UVn (Tabelle 35).

Die *Physikalischen Umgebungsbedingungen* erklären 19,5% der Varianz der AV, und die Aufnahme der zusätzlichen UVn erhöht diesen Wert noch einmal um ca. 9%, was eine hoch signifikante Änderung des F-Wertes darstellt. Alle UVn erreichen hierbei Regressionskoeffizienten, die zumindest auf 5%-Niveau signifikant sind.

Wegen der auch inhaltlich interessanten Zusammenhänge zwischen Belastungsfaktoren auf der einen und somatischen Beschwerden auf der anderen Seite – hier sei besonders an Hinweise zur ergonomischen Optimierung und präventiven Arbeitsgestaltung gedacht – wurde das *Allgemeine körperliche Wohlbefinden* auf die acht Items der *Physikalischen Umgebungsbedingungen* regrediert, die ja jeweils deutlich eigene, voneinander abgrenzbare Belastungsfaktoren darstellen (Tabelle 36).

	Nicht standardisierte Koeffizienten		Standardisierte Koeffizienten	T	Sig.	Kollinearitätsstatistik	
	Regressionskoeffizient B	Standardfehler	Beta			Toleranz	VIF
(Konstante)	,772	,399		1,935	,054		
SMP Anforderungsvielfalt	,138	,079	,112	1,742	,082	,616	1,624
SMP Bedeutsamkeit	,104	,097	,068	1,072	,285	,621	1,609
SMP Vollständigkeit	,159	,061	,144	2,617	,009	,832	1,202
SMP Partizipation	,384	,061	,338	6,340	,000	,890	1,124
SMP Autonomie	-,080	,075	-,070	-1,065	,288	,589	1,697
SMP Feedback	,026	,093	,016	,278	,781	,753	1,328

a. Abhängige Variable: Engagement

Tab. 33: Multiple lineare Regression SMP-Subskalen auf *Engagement*

Bis auf PB1 *Lärm* und PB3 *Unangenehme Temperatur* weisen alle Items erwartungsgemäß negative Regressionskoeffizienten auf, wobei die positiven Koeffizienten bei Weitem nicht signifikant sind. Auf 1%-Niveau signifikant ist der Koeffizient für PB8 *Bewegen, Tragen, Heben schwerer Lasten*. PB2 *Ungünstige Beleuchtung* erreicht 5%-Niveau, und PB4 *Klimaanlage*, PB6 *Arbeitshaltung* und PB7 *Zeitdruck* liegen statistische Tendenzen ($p < .10$) vor.

Modellzusammenfassung[c]

Modell	R	R-Quadrat	Korrigiertes R-Quadrat	Standardfehler des Schätzers	Änderungsstatistiken					Durbin-Watson-Statistik
					Änderung in R-Quadrat	Änderung in F	df1	df2	Sig. Änderung in F	
1	,562[a]	,316	,314	,63789	,316	143,575	1	311	,000	
2	,636[b]	,405	,395	,59878	,089	11,488	4	307	,000	2,128

a. Einflußvariablen : (Konstante), Gratifikationskrise

b. Einflußvariablen : (Konstante), Gratifikationskrise, Fehlbeanspruchung gesamt, SMP gesamt, Soziale Belastungen, Fuehrung gesamt

c. Abhängige Variable: Commitment

	Nicht standardisierte Koeffizienten		Standardisierte Koeffizienten	T	Sig.	Kollinearitätsstatistik	
	Regressionskoeffizient B	Standardfehler	Beta			Toleranz	VIF
(Konstante)	5,375	,153		35,045	,000		
Gratifikationskrise	-,576	,048	-,562	-11,982	,000	1,000	1,000
(Konstante)	3,894	,405		9,610	,000		
Gratifikationskrise	-,445	,053	-,434	-8,445	,000	,733	1,365
SMP gesamt	,252	,071	,173	3,536	,000	,806	1,241
Fehlbeanspruchung gesamt	-,220	,066	-,163	-3,331	,001	,814	1,229
Soziale Belastungen	,117	,062	,094	1,884	,060	,780	1,282
Fuehrung gesamt	,124	,045	,142	2,775	,006	,744	1,344

a. Abhängige Variable: Commitment

Tab. 34: Multiple hierarchische Regression auf *Commitment*

Modell	R	R-Quadrat	Korrigiertes R-Quadrat	Standardfehler des Schätzers	Änderungsstatistiken					Durbin-Watson-Statistik
					Änderung in R-Quadrat	Änderung in F	df1	df2	Sig. Änderung in F	
1	,442[a]	,195	,193	,69298	,195	79,454	1	328	,000	
2	,530[b]	,281	,270	,65884	,086	9,720	4	324	,000	1,940

a. Einflußvariablen : (Konstante), Physikalische Umgebungsbedingungen

b. Einflußvariablen : (Konstante), Physikalische Umgebungsbedingungen, Soziale Belastungen, Fehlbeanspruchung gesamt, Fuehrung gesamt, Gratifikationskrise

c. Abhängige Variable: AWB

Koeffizienten[a]

Modell		Nicht standardisierte Koeffizienten		Standardisierte Koeffizienten	T	Sig.	Kollinearitätsstatistik	
		Regressionskoeffizient B	Standardfehler	Beta			Toleranz	VIF
1	(Konstante)	4,584	,132		34,641	,000		
	Physikalische Umgebungsbedingungen	-,383	,043	-,442	-8,914	,000	1,000	1,000
2	(Konstante)	4,961	,340		14,608	,000		
	Physikalische Umgebungsbedingungen	-,236	,047	-,273	-4,973	,000	,739	1,354
	Gratifikationskrise	-,129	,057	-,126	-2,281	,023	,727	1,375
	Fehlbeanspruchung gesamt	-,168	,071	-,124	-2,352	,019	,803	1,245
	Soziale Belastungen	-,155	,067	-,124	-2,327	,021	,775	1,290
	Fuehrung gesamt	,094	,048	,106	1,964	,050	,756	1,324

Tab. 35: Multiple hierarchische Regression auf *Allgemeines körperliches Wohlbefinden*

	Nicht standardisierte Koeffizienten		Standardisierte Koeffizienten	T	Sig.	Kollinearitätsstatistik	
	Regressionskoeffizient B	Standardfehler	Beta			Toleranz	VIF
(Konstante)	5	0,152		30,027	0,000		
PB1	,031	,037	,055	,845	,399	,616	1,623
PB2	-,087	,039	-,139	-2,239	,026	,668	1,497
PB3	,012	,041	,019	,285	,776	,576	1,735
PB4	-,062	,034	-,116	-1,847	,066	,652	1,533
PB5	-,042	,033	-,081	-1,269	,205	,638	1,567
PB6	-,074	,039	-,119	-1,905	,058	,658	1,519
PB7	-,079	,041	-,112	-1,896	,059	,739	1,353
PB8	-,111	,038	-,185	-2,951	,003	,655	1,527

Tab. 36: Multiple lineare Regression Items *Physikalische Umgebungsbedingungen* auf *Allgemeines körperliches Wohlbefinden*

4.2.5 Ergebnisse der Mediatoranalysen zur Wirkung der Führung

Wie im Theorieteil ausführlich dargelegt, können wir davon ausgehen, dass Führung sowohl direkt als auch über Mediatorvariablen vermittelt auf abhängige Größen wie Arbeitszufriedenheit, Engagement und Allgemeines körperliches Wohlbefinden wirkt: zum einen ist die Führungskraft Teil der Arbeitsbedingungen ihrer Mitarbeiter, und diese reagieren unmittelbar (emotional, bewertend, wertschätzend etc.) auf dessen Führungsverhalten. Zum anderen gestalten Führungskräfte die Arbeits- und Kooperationsbedingungen ihrer Teams, indem sie Ziele setzen, Prozesse und Abläufe organisieren, bei Konflikten mehr oder weniger regulierend eingreifen etc. (siehe hierzu auch Wieland, Winizuk & Hammes, 2009; Vincent, 2011; Spieß & Stadler, 2007; Schmidt, 2011; Pelster, 2011).

Mit Hilfe der Methode der Multiplen linearen Regression können solche direkten und indirekten Wirkungen einer UV auf eine AV untersucht werden. Die Variable, über welche die UV auf die AV wirkt, wird *Mediatorvariable* genannt. Ähnlich wie bei der verwandten Methode der Pfadanalyse (Langer, 2002; Bortz & Schuster, 2010) ist jedoch zu beachten, dass es sich bei den Beziehungen zwischen den Variablen – mathematisch-logisch gesehen – nicht um Kausalitätsbeziehungen handelt! Grundlage beider Rechenmodelle sind immer die Korrelationsmatrizen der Variablen, und Korrelationen sind Maße des linearen Zusammenhangs. Kausalität setzt nicht nur ein theoretisch abzuleitendes Ursache-Wirkungsverhältnis zwischen den Variablen voraus, sondern auch eine unterschiedliche Positionierung auf der Zeitdimension. Ursachen von Effekten müssen zwingend vor diesen Effekten erfolgen, und Querschnittuntersuchungen können im Gegensatz zu Längsschnittuntersuchungen oder Experimenten mit kontrollierter Variation der UV keine Ursache-Wirkungs-Beziehungen beweisen. Da die Beziehungen zwischen den Variablen der hier vorliegenden Untersuchungen aber zumindest theoretisch sauber hergeleitet wurden und alle Hypothesen à priori aufgestellt wurden und auf ex-post-facto Analysen verzichtet wurde, werden diese Kausalität zumindest „naiv“ unterstellenden Auswertungen hier vorgestellt.

Die Durchführung einer Mediatoranalyse erfolgt auf der Basis multipler linearer Regressionsgleichungen. Das zugrundeliegende Variablenmodell wird in Abbildung 24 dargestellt.

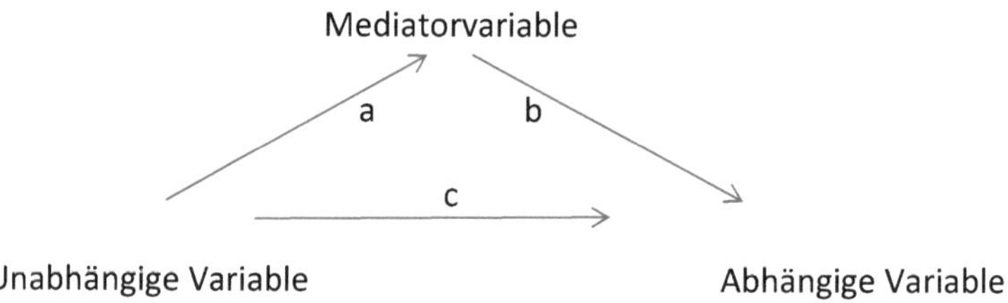

Abb. 24: Beziehungsgefüge zwischen UV, AV und Mediatorvariable MV

Die Stärke der Beziehungen zwischen den Variablen – also die „Stärke" der Pfeile – wird über die nicht-standardisierten Regressionskoeffizienten aus einer Regressionsanalyse ermittelt. Hierbei wird zunächst die AV auf die UV regrediert. Der entsprechende Koeffizient weist die Stärke des Gesamtzusammenhangs zwischen UV und AV aus, wobei in diesen Wert der über die MV vermittelte Anteil eingeht. Anschließend erhält man den Zusammenhang zwischen UV und MV, indem die MV auf die UV regrediert wird. Der Pfeil zwischen MV und AV wiederum entspricht dem Koeffizienten für MV, wenn diese in einer multiplen Regression im Einschlussverfahren auf UV und MV gleichzeitig regrediert wird. Hier entspricht der Zusammenhang dem Koeffizienten zwischen MV und AV. Die Signifikanz des indirekten Pfades „UV prädiziert AV via Mediator" wird mit Hilfe des Sobel-Tests überprüft:

$$z = \frac{a\,x\,b}{\sqrt{(b^2 x\, s^2{}_a + a^2\, x\, s^2{}_b + s^2{}_a\, x\, s^2{}_b)}}$$

mit s = Standardfehler des indizierten Koeffizienten. Die Signifikanz des z-Wertes, der dem *standardized score* z = (X – M)/S (Hays, 1973) entspricht, kann anhand der z-Werte-Tabelle abgelesen werden. Werte > 1,96 sind zumindest auf 5%-Niveau signifikant (Wentura, 2006).

Nachfolgend werden die Ergebnisse der Mediatoranalysen für den Zusammenhang von *Führung* und die drei AVn *Arbeitszufriedenheit (AZ)*, *Engagement (Eng)* und *Allgemeines körperliches Wohlbefinden (AWB)* dargestellt, wobei für jede dieser AVn die folgenden Mediatorvariablen berücksichtigt werden: *SMP gesamt (SMP)*, *Gratifikationskrise (GFK)*, *Fehlbeanspruchung* und *Soziale Unterstützung Summe (SozUnt)*.

Die Mediatoranalyse zeigt für fast alle Mediationen signifikante indirekte Beziehungen zwischen *Führung* und den drei abhängigen Variablen. Lediglich für die Beziehungen über *Fehlbeanspruchung* zur *Arbeitszufriedenheit*, über *Soziale Unterstützung gesamt* zum *Engagement* sowie zum *Allgemeinen körperlichen Wohlbefinden* bleibt der z-Wert unter der 5%-Signifikanzgrenze.

Dieser Zusammenhang zwischen Führung und der Ausgestaltung der Arbeits- und sozialen Bedingungen zeigt sich auch in Tabelle 37, der eine einfaktorielle Varianzanalyse ANOVA mit *Führungsqualität* in den Ausprägungen gering, mittel und hoch als Faktor zugrunde liegt.

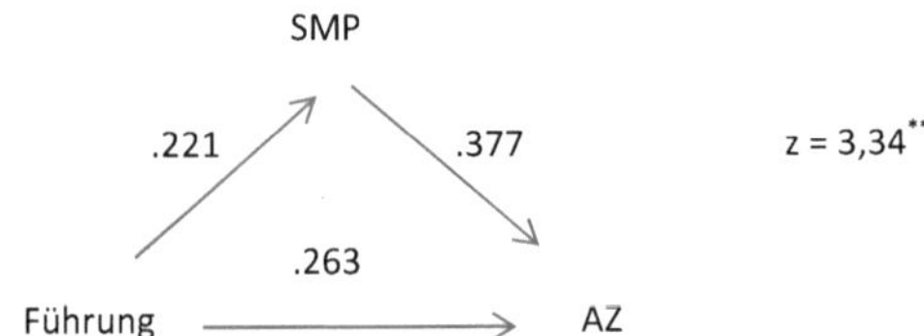

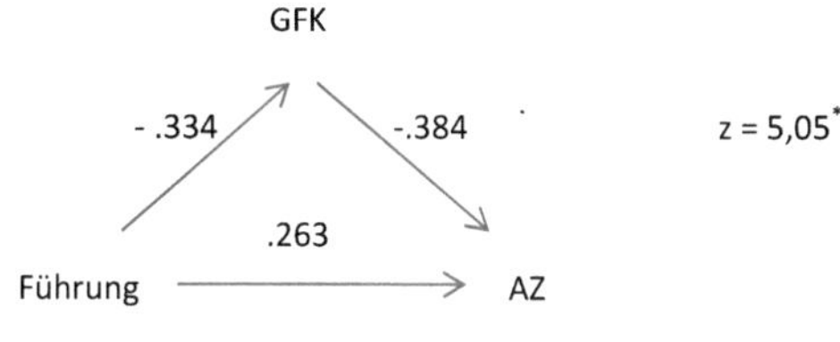

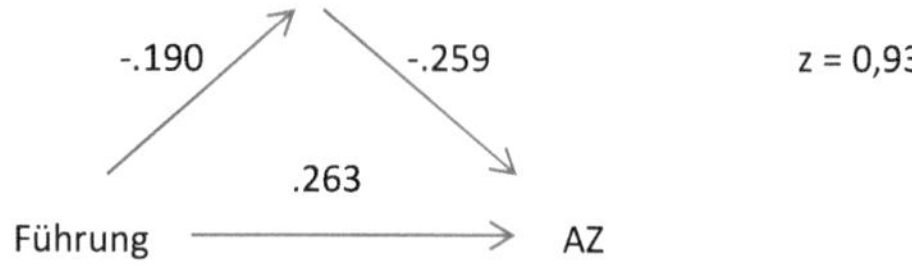

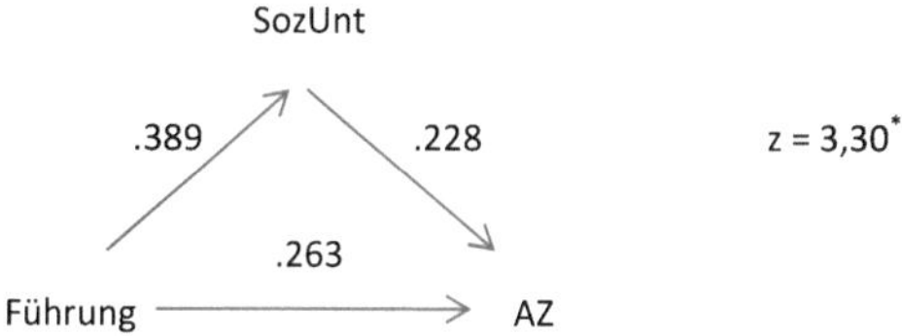

Abb. 25: Mediatoranalysen für den Zusammenhang zwischen *Führung* und *Arbeitszufriedenheit*

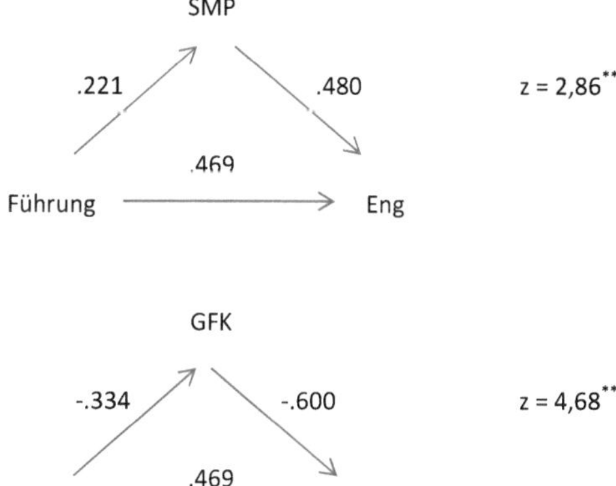

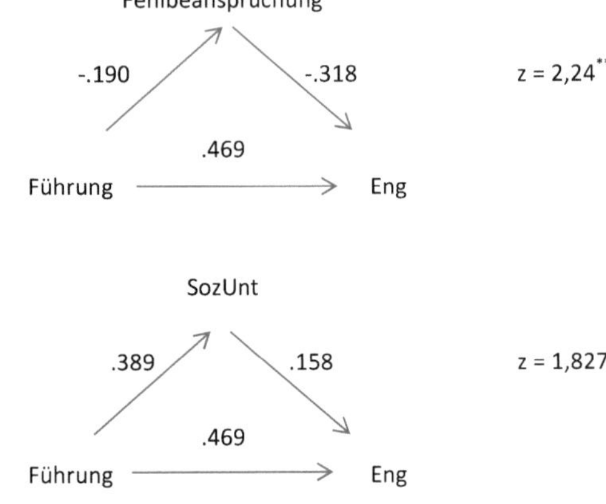

Abb. 26: Mediatoranalysen für den Zusammenhang zwischen *Führung* und *Engagement*

Abbildung 28 zeigt den typischen Zusammenhang zwischen der Führungsqualität und anderen Bedingungen der Arbeit für die UV *Fehlbeanspruchung gesamt* exemplarisch: „gute Führung" geht mit besseren Arbeitsbedingungen einher. Dieser Zusammenhang gilt auch für die subjektive Einschätzung der *Physikalischen Umgebungsbedingungen*.

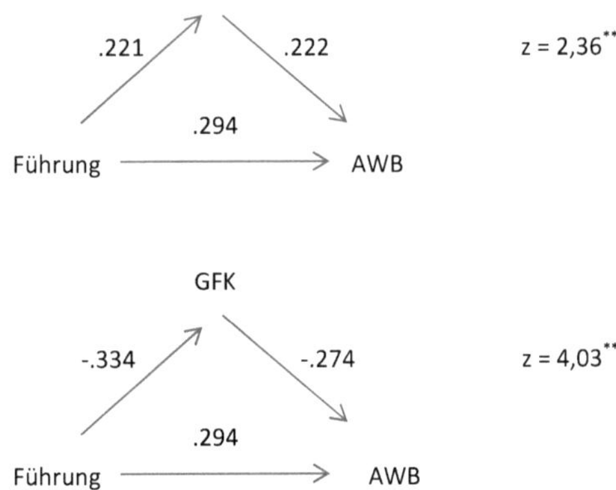

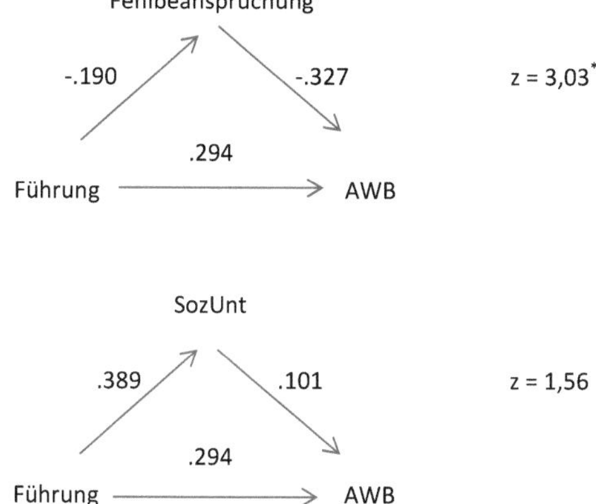

Abb. 27: Mediatoranalysen für den Zusammenhang zwischen *Führung* und *Allgemeines körperliches Wohlbefinden*

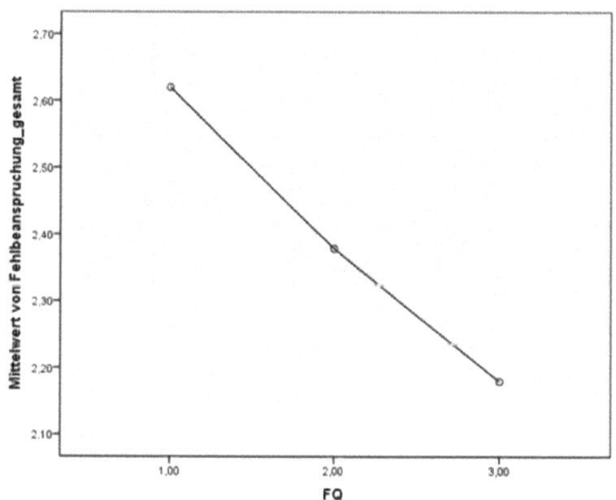

Abb. 28: Zusammenhang zwischen *Führungsqualität* und *Fehlbeanspruchung gesamt*

ONEWAY ANOVA

		Quadratsumme	df	Mittel der Quadrate	F	Signifikanz
SMP gesamt	Zwischen den Gruppen	11,268	2	5,634	22,621	,000
	Innerhalb der Gruppen	82,190	330	,249		
	Gesamt	93,457	332			
Regulations-behinderungen	Zwischen den Gruppen	11,719	2	5,859	14,450	,000
	Innerhalb der Gruppen	132,593	327	,405		
	Gesamt	144,311	329			
Gratifikationskrise	Zwischen den Gruppen	27,953	2	13,976	28,920	,000
	Innerhalb der Gruppen	159,481	330	,483		
	Gesamt	187,434	332			
Fehlbeanspruchung gesamt	Zwischen den Gruppen	9,804	2	4,902	16,623	,000
	Innerhalb der Gruppen	97,308	330	,295		
	Gesamt	107,112	332			
Soziale Unterstützung Kollegen	Zwischen den Gruppen	23,699	2	11,849	21,718	,000
	Innerhalb der Gruppen	179,501	329	,546		
	Gesamt	203,199	331			
Soziale Unterstützung gesamt	Zwischen den Gruppen	32,510	2	16,255	38,895	,000
	Innerhalb der Gruppen	137,917	330	,418		
	Gesamt	170,427	332			
Soziale Belastungen	Zwischen den Gruppen	11,886	2	5,943	17,105	,000
	Innerhalb der Gruppen	114,316	329	,347		
	Gesamt	126,203	331			
Physikalische Umgebungs-bedingungen	Zwischen den Gruppen	29,941	2	14,971	21,203	,000
	Innerhalb der Gruppen	232,293	329	,706		
	Gesamt	262,234	331			
Summe Belastungen	Zwischen den Gruppen	22,865	2	11,433	29,160	,000
	Innerhalb der Gruppen	128,991	329	,392		
	Gesamt	151,857	331			

Tab. 37: Ergebnisse der Varianzanalyse mit *Führungsqualität* als Faktor

4.2.6 Ergebnisse zur Moderatorwirkung der *Sozialen Unterstützung*

In Kapitel 2.3.2.3 wurde die u. a. von Karasek & Theorell postulierte Moderatorwirkung der *Sozialen Unterstützung* ausführlich beschrieben. Im Rahmen der vorliegenden Untersuchung wurde deren Effekt durch Anwendung des Allgemeinen linearen Modells (ALM) untersucht. Diese SPSS-Routine kombiniert varianzanalytische mit korrelations- und regressionsmathematischen Methoden (Bortz & Schuster, 2010). Für die vorliegende Analyse der Moderatorwirkung der *sozialen Unterstützung* wurden deren Werte sowie die Werte für die jeweilige UV durch Aufteilung am Median dichotomisiert, also in zwei Gruppen mit der Ausprägung „niedrig" (bzw. „1") und „hoch" (bzw. „2") aufgeteilt. Diese kategorisierten Variablen gingen in das ALM als Faktoren ein, und die AVn *Arbeitszufriedenheit*, *Engagement* und *Allgemeines körperliches Wohlbefinden* dienten als vorherzusagende abhängige Größen. Eine Moderation der Beziehung zwischen UV und AV liegt dann vor, wenn ein statistischer Interaktionseffekt zwischen den Faktoren vorliegt, unabhängig davon, ob einer oder beide Faktoren einen signifikanten Haupteffekt produzieren. Gemäß der Theorie soll soziale Unterstützung eine „Pufferwirkung" haben, indem widrige Bedingungen der Arbeit in ihrer Wirkung abgemildert werden. Es müsste also ein signifikanter Interaktionseffekt vorliegen, und die AVn müssten im Falle guter sozialer Unterstützung günstigere Ausprägungen haben als im Falle fehlender bzw. weniger stark gewährleisteter sozialer Unterstützung.

Bei allen nachfolgend dargestellten Ergebnissen waren die Voraussetzungen zur Durchführung einer ALM-Analyse erfüllt: a) kein Hinweis auf Ungleichheit der Kovarianzen im Box-Test b) kein Hinweis auf Ungleichheit der Fehlervarianzen im Levene-Test (Brosius, 2011).

Abbildung 29 stellt den Zusammenhang zwischen den Variablen in einer moderierten Beziehung noch einmal dar.

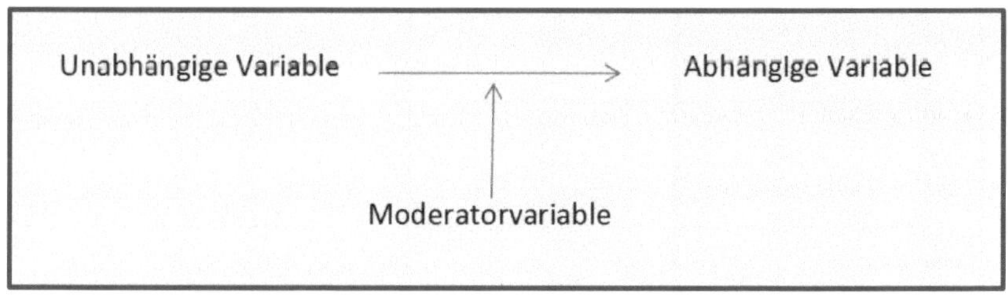

Abb. 29: Moderierte Beziehung zwischen UV und AV

Tabelle 38 zeigt die Ergebnisse der Analyse für die UV *Regulationsbehinderungen*.

Während die Haupteffekte für beide Faktoren signifikant bzw. hoch signifikant sind, liegen signifikante Interaktionseffekte für die abhängigen Größen *Arbeitszufriedenheit* und *Engagement* vor. Für die AV *Allgemeines körperliches* Wohlbefinden wird das 10%-Niveau, ab dem man von einer statistischen Tendenz unterhalb des Niveaus einer Signifikanz spricht, knapp verfehlt. Die Abbildungen 30 bis 32 zeigen, dass die Werte in der erwarteten Richtung liegen, was ein Hinweis auf die theoretisch postulierte Pufferwirkung der sozialen Unterstützung ist.

Tests der Zwischensubjekteffekte

Quelle		Typ III Quadratsumme	df	Quadratischer Mittelwert	F	Sig.
Korrigiertes Modell	AWB	15,959[a]	3	5,320	9,790	,000
	Engagement	47,258[b]	3	15,753	16,573	,000
	Arbeitszufriedenheit	19,735[c]	3	6,578	11,920	,000
Konstanter Term	AWB	3535,696	1	3535,696	6506,880	,000
	Engagement	2824,261	1	2824,261	2971,390	,000
	Arbeitszufriedenheit	4476,307	1	4476,307	8110,851	,000
Regulationsbehinderungen	AWB	4,885	1	4,885	8,990	,003
	Engagement	17,772	1	17,772	18,698	,000
	Arbeitszufriedenheit	3,054	1	3,054	5,534	,019
Soziale Unterstützung gesamt	AWB	6,682	1	6,682	12,298	,001
	Engagement	15,184	1	15,184	15,975	,000
	Arbeitszufriedenheit	12,649	1	12,649	22,919	,000
Regulationsbehinderungen * Soziale Unterstützung gesamt	AWB	1,335	1	1,335	2,456	,118
	Engagement	7,502	1	7,502	7,893	,005
	Arbeitszufriedenheit	2,310	1	2,310	4,186	,042
Fehler	AWB	173,881	320	,543		
	Engagement	304,155	320	,950		
	Arbeitszufriedenheit	176,605	320	,552		
Gesamtsumme	AWB	4072,746	324			
	Engagement	3425,500	324			
	Arbeitszufriedenheit	5033,028	324			
Korrigierter Gesamtwert	AWB	189,840	323			
	Engagement	351,414	323			
	Arbeitszufriedenheit	196,340	323			

a. R-Quadrat = ,084 (Angepasstes R-Quadrat = ,075)

b. R-Quadrat = ,134 (Angepasstes R-Quadrat = ,126)

c. R-Quadrat = ,101 (Angepasstes R-Quadrat = ,092)

Tab. 38: Ergebnisse der ALM-Analyse zum Moderatoreffekt *Soziale Unterstützung* auf die Beziehung zwischen *Regulationsbehinderungen* und den AVn

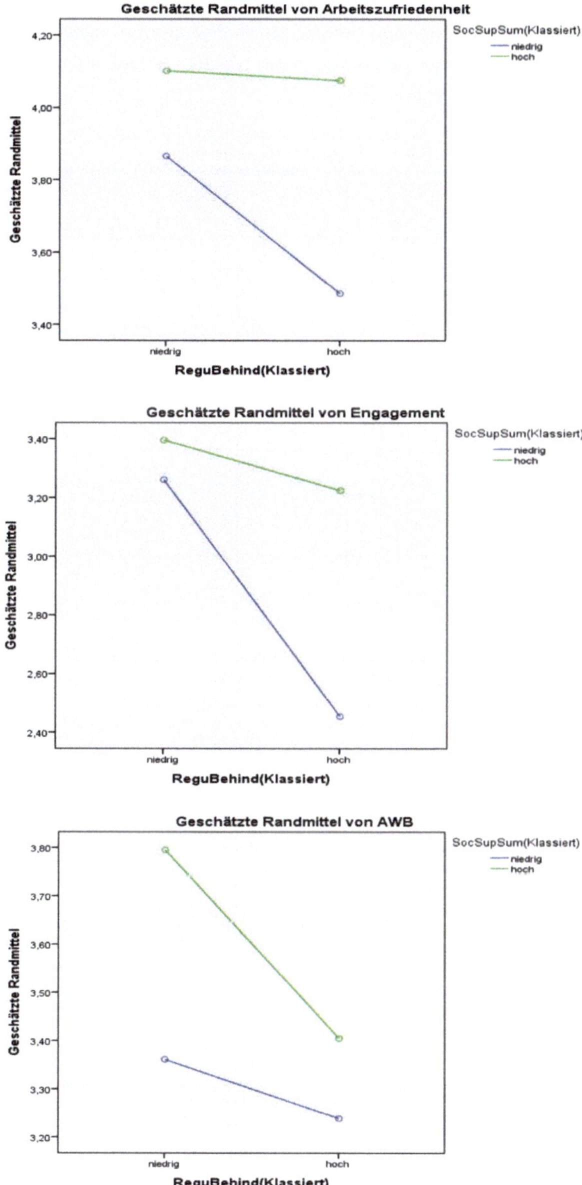

Abb. 30, 31, 32: Zusammenhang zwischen *Regulationsbehinderungen*, *Sozialer Unterstützung* und AVn

Tabelle 39 zeigt die Ergebnisse der Moderatoranalyse für die UV *Fehlbeanspruchung*. Auch hier zeigen sich hoch signifikante Haupteffekte für beide Faktoren, signifikante Interaktionseffekte sind aber nicht nachweisbar. Dasselbe gilt für die UV *Physikalische Umgebungsbedingungen*, wie in Tab. 40 dargestellt wird.

Tests der Zwischensubjekteffekte

Quelle		Typ III Quadratsumme	df	Quadratischer Mittelwert	F	Sig.
Korrigiertes Modell	AWB	21,663[a]	3	7,221	13,770	,000
	Engagement	37,148[b]	3	12,383	12,635	,000
	Arbeitszufriedenheit	22,502[c]	3	7,501	13,792	,000
Konstanter Term	AWB	3720,210	1	3720,210	7097,105	,000
	Engagement	2919,899	1	2919,899	2979,288	,000
	Arbeitszufriedenheit	4596,500	1	4596,500	8451,493	,000
Soziale Unterstützung gesamt	AWB	6,811	1	6,811	12,994	,000
	Engagement	9,678	1	9,678	9,874	,002
	Arbeitszufriedenheit	8,873	1	8,873	16,315	,000
Fehlbeanspruchung gesamt	AWB	9,235	1	9,235	17,618	,000
	Engagement	20,156	1	20,156	20,566	,000
	Arbeitszufriedenheit	9,021	1	9,021	16,587	,000
Soziale Unterstütrung gesamt * Fehlbeanspruchung gesamt	AWB	,849	1	,849	1,620	,204
	Engagement	,452	1	,452	,461	,497
	Arbeitszufriedenheit	,104	1	,104	,191	,663
Fehler	AWB	168,264	321	,524		
	Engagement	314,601	321	,980		
	Arbeitszufriedenheit	174,582	321	,544		
Gesamtsumme	AWB	4082,773	325			
	Engagement	3431,750	325			
	Arbeitszufriedenheit	5042,028	325			
Korrigierter Gesamtwert	AWB	189,927	324			
	Engagement	351,749	324			
	Arbeitszufriedenheit	197,084	324			

a. R-Quadrat = ,114 (Angepasstes R-Quadrat = ,106)

b. R-Quadrat = ,106 (Angepasstes R-Quadrat = ,097)

c. R-Quadrat = ,114 (Angepasstes R-Quadrat = ,106)

Tab. 39: Ergebnisse der ALM-Analyse zum Moderatoreffekt *Soziale Unterstützung* auf die Beziehung zwischen *Fehlbeanspruchung* und den AVn

Quelle		Typ III Quadratsumme	df	Quadratischer Mittelwert	F	Sig.
Korrigiertes Modell	AWB	29,529[a]	3	9,843	19,767	,000
	Engagement	34,742[b]	3	11,581	11,683	,000
	Arbeitszufrie-denheit	19,213[c]	3	6,404	11,566	,000
Konstanter Term	AWB	3507,532	1	3507,532	7043,846	,000
	Engagement	2794,402	1	2794,402	2819,183	,000
	Arbeitszufrie-denheit	4435,831	1	4435,831	8011,196	,000
Soziale Unterstützung gesamt	AWB	4,075	1	4,075	8,184	,005
	Engagement	9,074	1	9,074	9,154	,003
	Arbeitszufrie-denheit	8,758	1	8,758	15,818	,000
Physikalische Umgebungsbedingungen	AWB	19,482	1	19,482	39,124	,000
	Engagement	17,402	1	17,402	17,557	,000
	Arbeitszufrie-denheit	5,851	1	5,851	10,566	,001
Soziale Unterstützung gesamt * Physikalische Umgebungsbe-dingungen	AWB	,964	1	,964	1,935	,165
	Engagement	1,112	1	1,112	1,122	,290
	Arbeitszufrie-denheit	,280	1	,280	,506	,477
Fehler	AWB	159,844	321	,498		
	Engagement	318,178	321	,991		
	Arbeitszufrie-denheit	177,739	321	,554		
Gesamtsumme	AWB	4072,996	325			
	Engagement	3436,000	325			
	Arbeitszufrie-denheit	5039,965	325			
Korrigierter Gesamtwert	AWB	189,373	324			
	Engagement	352,920	324			
	Arbeitszufrie-denheit	196,952	324			

a. R-Quadrat = ,156 (Angepasstes R-Quadrat = ,148)

b. R-Quadrat = ,098 (Angepasstes R-Quadrat = ,090)

c. R-Quadrat = ,098 (Angepasstes R-Quadrat = ,089)

Tab. 40: Ergebnisse der Analyse zum Moderatoreffekt *Soziale Unterstützung* auf die Beziehung zwischen *Physikalische Umgebungsbedingungen* und den AVn

4.2.7 Ergebnisse zur Moderatorwirkung des *Bedürfnisses nach Selbstentfaltung*

Das in Kapitel 2.3.5 dargestellte *Job Characteristics Modell* von Hackman & Oldham postuliert eine zweifache Moderatorwirkung der Motiv-Variablen *Bedürfnis nach Selbstentfaltung* (*Growth need strength*). Zum einen soll diese Größe den Zusammenhang zwischen den *Job Characteristics* und den *critical psychological states* beeinflussen, zum anderen auch die weitergehende Wirkungskette von den *critical psychological states* auf deren Outcomes wie *Arbeitszufriedenheit, intrinsische Arbeitsmotivation* etc. Nach Hackman & Oldham sollen die Zusammenhänge zwischen diesen drei Modellebenen umso stärker sein, je höher das Bedürfnis nach Selbstentfaltung ausgeprägt ist.

Im Rahmen der vorliegenden Arbeit postuliert Hypothese H9 eine entsprechende Moderatorwirkung auf die Beziehung zwischen dem *Salutogenetischen Motivationspotential der Arbeit* (*SMP gesamt*) und den abhängigen Variablen.

Tab. 41 zeigt das Ergebnis des Allgemeinen linearen Modells, das für alle drei UV-AV - Beziehungen Interaktionseffekte aufweist, die auf 5%-Niveau signifikant sind.

Die Abbildungen 33 bis 35 zeigen deutlich, dass die Effekte in der theoretisch abgeleiteten Richtung liegen: je starker das Bedürfnis ausgeprägt ist, desto größere Wirkung zeigt das Motivationspotential auf die abhängigen Größen (wobei der Begriff „Wirkung" aus bereits dargelegten Gründen auf der Grundlage von Querschnittuntersuchungen eigentlich nicht anwendbar ist).

Tests der Zwischensubjekteffekte						
Quelle		Typ III Quadratsumme	df	Quadratischer Mittelwert	F	Sig.
Korrigiertes Modell	AWB	10,273[a]	3	3,424	6,114	,000
	Engagement	29,985[b]	3	9,995	9,920	,000
	Arbeitszufriedenheit	14,518[c]	3	4,839	8,543	,000
Konstanter Term	AWB	3741,755	1	3741,755	6680,963	,000
	Engagement	2936,547	1	2936,547	2914,412	,000
	Arbeitszufriedenheit	4644,390	1	4644,390	8198,644	,000
Bedürfnis nach Selbstentfaltung	AWB	2,424	1	2,424	4,329	,038
	Engagement	,004	1	,004	,004	,951
	Arbeitszufriedenheit	,591	1	,591	1,043	,308
SMP gesamt	AWB	5,581	1	5,581	9,965	,002
	Engagement	27,341	1	27,341	27,135	,000
	Arbeitszufriedenheit	11,892	1	11,892	20,994	,000
Bedürfnis nach Selbstentfaltung * SMP gesamt	AWB	2,254	1	2,254	4,024	,046
	Engagement	5,745	1	5,745	5,702	,018
	Arbeitszufriedenheit	2,796	1	2,796	4,936	,027
Fehler	AWB	179,780	321	,560		
	Engagement	323,438	321	1,008		
	Arbeitszufriedenheit	181,841	321	,566		
Gesamtsumme	AWB	4081,746	325			
	Engagement	3445,750	325			
	Arbeitszufriedenheit	5049,028	325			
Korrigierter Gesamtwert	AWB	190,053	324			
	Engagement	353,423	324			
	Arbeitszufriedenheit	196,360	324			

a. R-Quadrat = ,054 (Angepasstes R-Quadrat = ,045)

b. R-Quadrat = ,085 (Angepasstes R-Quadrat = ,076)

c. R-Quadrat = ,074 (Angepasstes R-Quadrat = ,065)

Tab. 41: Ergebnisse der Analyse zum Moderatoreffekt *Bedürfnis nach Selbstentfaltung* auf die Beziehung zwischen dem *Salutogenetischen Motivationspotential der Arbeit* und den AVn

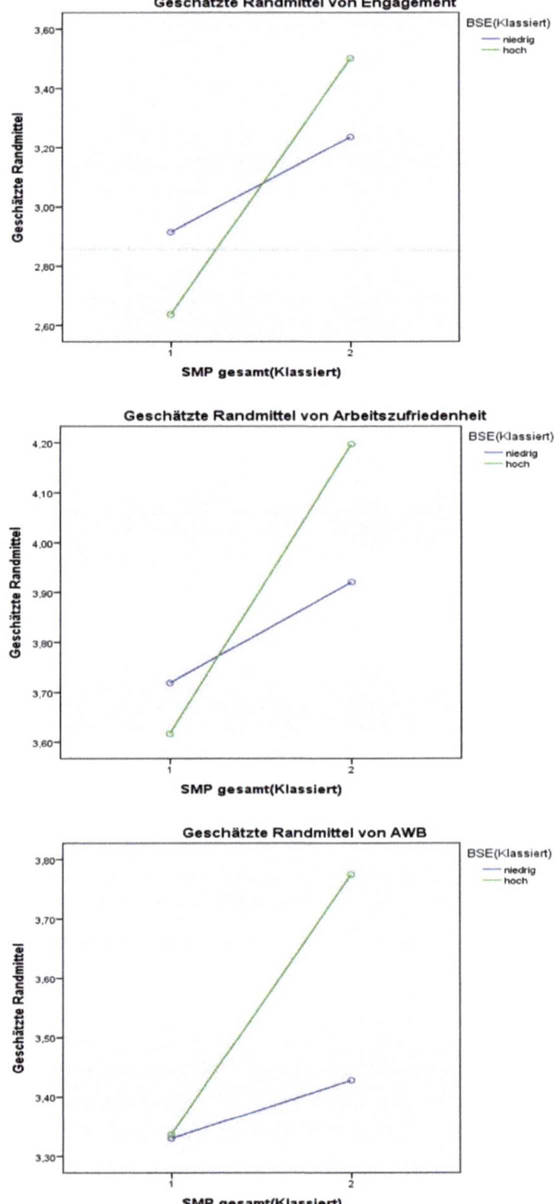

Abb. 33, 34, 35: Zusammenhang zwischen dem *Salutogenetischen Motivationspotential der Arbeit*, *Bedürfnis nach Selbstentfaltung* und den AVn

4.2.8 Ergebnisse zum Gesundheitsverhalten und zur Teilnahme am BGM-Programm

Die Hypothese H14 postuliert einen positiven linearen Zusammenhang zwischen *Gesundheitsverhalten* und dem *Allgemeinen körperlichen Wohlbefinden*. Die Korrelationsanalyse ergab einen Spearman Rho-Wert von r = .174**, der auf 1%-Niveau signifikant ist, was aber lediglich einer gemeinsamen Varianz R^2 von unter 3% entspricht.

Hypothese H15 geht von einem positiven Zusammenhang zwischen dem *Gesundheitsverhalten* (operationalisiert als: *Rauchen invertiert* und *aktiv Sport treiben*) und der *Teilnahme am BGM-Programm* aus. Spearman Rho beträgt r = .215** für *BGM-Sport* und r = .164* für *BGM-Nichtrauchen.* Hypothese H16 postuliert einen positiven Zusammenhang zwischen *Teilnahme am BGM-Programm* und dem *Allgemeinen körperlichen Wohlbefinden*. Spearman Rho beträgt r = .061, das Ergebnis ist nicht signifikant.

Die Hypothesen H14 und H15 finden also Bestätigung, die für H16 jedoch ausbleibt.

Zur Bewertung des Wirkungsgrades des BGM-Programms erfolgte auch eine Analyse der hierarchischen Positionierung der Teilnehmer an den verschiedenen Modulen. Das Ergebnis zeigt Tabelle 42.

Level	N	keine Teilnahme	nur GT	GT u. a.	Teilnahme
Operator	158	86,70%	8,80%	4,40%	13,30%
SB/FB/Spezialist	107	65,40%	14,00%	20,50%	34,60%
Meister	15	53,30%	13,30%	33,30%	46,70%
AL/BL	16	37,50%	12,50%	50,00%	62,50%
keine Angaben	26	61,50%	26,90%	11,50%	38,50%

GT: Gesundheitstage SB: Sachbearbeiter FB: Facharbeiter AL: Abteilungsltr. BL: Bereichsltr.

Tab. 42: Hierarchische Positionierung der Teilnehmer am BGM-Programm

In Anlehnung an Wieland und Hammes (2008) weist die über die verschiedenen Levels – und somit auch Qualifikationsgrade – hinweg unausgewogene Verteilung der Teilnahme auch auf bildungsabhängige Unterschiede in der Gesundheitskompetenz der Mitarbeiter hin, und der Befund zeigt nachdrücklich auf Kastners Forderung: „Wir müssen die Heiden in die Kirche locken, die Frommen sitzen dort allemal!“

Der Mittelwertvergleich mit ANOVA zeigt signifikante Mittelwertunterschiede auf den Variablen *Gesundheitsverhalten* und *Allgemeines körperliches Wohlbefinden* über die verschiedenen hierarchischen Niveaus (Tabellen 43 und 44). Die wenig ausbalancierte Besetzung der Zellen gemahnt jedoch zu vorsichtiger Interpretation der Ergebnisse. Insgesamt lässt sich aber konstatieren: je höher in der Hierarchie, desto ausgeprägter sind Gesundheitsverhalten und körperliches Wohlbefinden.

Level	Allgem. Körperl. Wohlbefinden	Gesundheitsverhalten
Operator/Maschinenführer	3,25	7,48
Sach-/Facharbeiter/techn. Spezialist	3,60	8,54
Meister	3,83	9,87
Abteilungs-/Bereichsleiter	4,00	11,06
keine Angabe	3,52	8,93
Gesamtsumme	3,45	8,24

		Quadratsumme	df	Quadratischer Mittelwert	F	Sig.
Allgem. Körperl. Wohlbefinden * Level	Zwischen Gruppen (Kombiniert)	15,910	4	3,978	7,188	,000
	Innerhalb der Gruppen	180,949	327	,553		
	Gesamtsumme	196,859	331			
Gesundheitsverhalten * Level	Zwischen Gruppen (Kombiniert)	283,292	4	70,823	9,840	,000
	Innerhalb der Gruppen	2346,327	326	7,197		
	Gesamtsumme	2629,619	330			

Tab. 43, 44: Mittelwertvergleich *Gesundheitsverhalten* und *Allgemeines körperliches Wohlbefinden* über verschiedene hierarchische Niveaus

4.3 Ergebnisse der Studie 2

4.3.1 Änderungen gegenüber 2011

Während die Durchführungsmodalitäten mit denen der 2011er Befragung identisch waren (siehe Kapitel 4.1.2), erfolgten einige Änderungen auf Skalen bzw. Item Niveau:

- Das Item *Wohnstatus* wurde aus den biografischen Variablen gestrichen

- Aufnahme zweier zusätzlicher Items auf der Skala *SMP Autonomie* (Items 36, 37, siehe Anhang M)
- Auf Grundlage der faktorenanalytischen Untersuchung 2011 wurden die Items des Faktors *Unterforderung* nicht mehr in invertiertem Format auf *Überforderung* verrechnet, sondern sie bildeten eine eigenständige Subskala *Unterforderung* als Teil der Skala *Fehlbeanspruchung gesamt*
- Aufnahme eines zusätzlichen Items auf der Skala *Soziale Belastungen*, um auch Belastungen durch Konflikte mit anderen Abteilungen zu erfassen (Item 45, siehe Anhang M)
- Aufnahme der Skalen *Teilnahme Evita* und *Nutzen Evita* zur Evaluation des BGM-Programms (Items 65 – 76, siehe Anhang M)
- Komplette Eliminierung der Skala *Bedürfnis nach Selbstentfaltung*
- Aufnahme der Skala *Berufliche Selbstwirksamkeit* zur Überprüfung möglicher Haupt- und Moderatoreffekte dieses Konstrukts (Items 83 – 87, siehe Anhang M)
- Kürzung der Skala *Führung* um 9 auf insgesamt 25 Items (Items 88 – 112, siehe Anhang M)

Die deutliche Ein-Faktorenstruktur der Skala *Führung*, die Ergebnis der Faktorenanalyse der 2011er Erhebung war, legte es nahe, dieses Konstrukt „sparsamer" zu erfassen und Redundanzen zu eliminieren. Die Selektion der Items erfolgte auf der Grundlage der Trennschärfe-Indizes 2011.

Die Item-Skalen-Zuordnung befindet sich in Anhang N.

4.3.2 Deskriptive Statistiken, Verteilungsmaße und interne Konsistenz der Skalen

An der Datenerhebung beteiligten sich N = 275 Mitarbeiter, was 50% der zur Teilnahme eingeladenen Mitarbeitergruppe entspricht. Tabelle 45 zeigt die biografische Struktur der Stichprobe.

Insgesamt entspricht die Struktur überwiegend der Struktur der Studie 1, und sie spiegelt recht genau die Struktur der Werkspopulation bezüglich Funktion, Bildungsgrad, Geschlechterverteilung etc. wider. Leider war es nicht gelungen, einen ähnlich hohen Beteiligungsgrad wie 2011 zu erreichen (61%). Über mögliche Gründe hierfür wird in den Kapiteln 5.1.1 und 7.4 näher eingegangen.

Variable		Häufigkeit	Prozent	kum. Prozent
Alter	< 30	34	12,4	13,2
	31-40	59	21,5	36
	41-50	110	32,8	77,9
	> 50	55	16,4	100
	missing value	17	6,2	
	Gesamt	275	100	
Geschlecht	männlich	191	69,5	74,6
	weiblich	65	23,6	100
	missing value	19	6,9	
	Gesamt	275	100	
Qualifikation	angelernt	86	31,3	35,8
	Berufsausbildung	101	36,7	77,9
	Techniker/Meister/ Betriebswirt (BA)	28	10,2	89,6
	Uni-/FH-Studium	25	9,1	100
	missing value	35	12,7	
	Gesamt	275	100	
Level	Operator/ Maschinenführer	130	47,3	52,4
	Sach-/Facharbeiter/ techn. Spezialist	89	32,4	88,3
	Meister	16	5,8	94,8
	Abteilungs- /Bereichsleiter	13	4,7	100
	missing value	27	9,8	
	Gesamt	275	100	
Arbeitszeitsystem	Gleitzeit	46	16,7	17,9
	Tagschicht	22	8	26,5
	F/S ohne WE	32	11,6	38,9
	F/S mit WE	15	5,5	44,7
	F/S/N ohne WE	19	6,9	52,1
	F/S/N mit WE	117	42,5	97,7
	Sonstiges	6	2,2	100
	missing value	18	6,5	
	Gesamt	335	100	

F/S/N = Früh-/Spät-/Nachtschicht. WE = Wochenendschicht

Tab. 45: Biografische Struktur der Stichprobe

	N	Minimum	Maximum	Mittelwert	Standardabweichung	Schiefe		Kurtosis	
	Statistik	Statistik	Statistik	Statistik	Statistik	Statistik	Standardfehler	Statistik	Standardfehler
SMP Anforderungsvielfalt	273	1,25	5,00	3,81	0,82	-,494	,147	-,351	,294
SMP Bedeutsamkeit	273	1,00	5,00	3,95	0,71	-,760	,147	1,112	,294
SMP Vollständigkeit	270	1,00	5,00	3,65	0,95	-,394	,148	-,223	,295
SMP Partizipation	272	1,00	5,00	2,75	0,89	,110	,148	-,299	,294
SMP Autonomie	271	1,00	5,00	3,51	0,83	-,397	,148	,019	,295
SMP Feedback	274	1,00	5,00	4,10	0,68	-,813	,147	1,231	,293
SMP gesamt	275	1,63	5,42	3,64	0,58	-,284	,147	,591	,293
Regulationsbehinderungen	272	1,00	4,25	2,64	0,60	-,008	,148	,197	,294
Gratifikationskrise	271	1,00	5,00	2,94	0,64	,186	,148	,728	,295
Überforderung quantitativ	271	1,00	5,00	2,59	0,78	,186	,148	,146	,295
Überforderung qualitativ	271	1,00	5,00	2,01	0,73	,568	,148	,397	,295
Ueberforderung gesamt	272	1,00	4,50	2,30	0,64	,248	,148	,155	,294
Unterforderung	267	1,00	5,00	2,30	0,87	,603	,149	-,038	,297
Fehlbeanspruchung gesamt	272	1,00	4,50	2,31	0,55	,240	,148	,693	,294
Soziale Unterstützung Kollegen	271	1,25	5,00	3,47	0,77	-,067	,148	-,257	,295
Soziale Unterstützung gesamt	272	1,50	5,00	3,57	0,69	-,167	,148	,014	,294
Soziale Belastungen	271	1,00	4,00	1,94	0,55	,351	,148	,010	,295
Physikal. Umgebungsbedingungen	271	1,00	5,00	2,82	0,86	,097	,148	-,340	,295
Summe Belastungen	272	1,00	5,00	2,52	0,64	,274	,148	,428	,294
Allg. körperl. Wohlbefinden	274	1,00	5,00	3,40	0,79	-,177	,147	-,470	,293
Gesundheitsverhalten	271	1,00	5,00	2,81	0,96	,133	,148	-,309	,295
Berufliche Selbstwirksamkeit	267	1,40	5,00	3,79	0,52	-,487	,149	2,077	,297
Engagement	271	1,00	5,00	3,23	0,92	-,291	,148	-,313	,295
Arbeitszufriedenheit	271	1,50	5,00	3,89	0,83	-,721	,148	-,092	,295
Commitment	272	1,33	5,00	3,65	0,77	-,593	,148	,018	,294
Führung Charisma	268	1,17	5,00	3,74	0,75	-,885	,149	,973	,297
Führung Resultat- und Leist.orient.	267	1,33	5,00	3,71	0,77	-,832	,149	,515	,297
Führung Coaching	267	1,20	5,00	3,80	0,77	-,766	,149	,324	,297
Führung Soziale Unterstützung	264	1,00	5,00	3,62	0,92	-,703	,150	,136	,299
Führung gesamt	268	1,20	5,00	3,74	0,75	-,827	,149	,498	,297
Gültige Anzahl (listenweise)	230								

Tab. 46: Deskriptive Statistiken der Gesamtdaten

Tests auf Normalverteilung

	Kolmogorow-Smirnow[a]		
	Statistik	df	Sig.
SMP Anforderungsvielfalt	,107	273	,000
SMP Bedeutsamkeit	,120	273	,000
SMP Vollständigkeit	,125	270	,000
SMP Partizipation	,083	272	,000
SMP Autonomie	,091	271	,000
SMP Feedback	,205	274	,000
SMP gesamt	,064	275	,009
Regulationsbehinderungen	,093	272	,000
Gratifikationskrise	,085	271	,000
Ueberforderung quantitativ	,102	271	,000
Ueberforderung qualitativ	,117	271	,000
Ueberforderung gesamt	,067	272	,005
Unterforderung	,133	267	,000
Fehlbeanspruchung gesamt	,063	272	,010
Soziale Unterstützung Kollegen	,073	271	,001
Soziale Unterstützung gesamt	,055	272	,049
Soziale Belastungen	,103	271	,000
Physikalische Umgebungsbedingungen	,039	271	,200*
Summe Belastungen	,048	272	,200*
Allgemeines körperliches Wohlbefinden	,048	274	,200*
Gesundheitsverhalten	,085	271	,000
Berufliche Selbstwirksamkeit	,119	267	,000
Engagement	,150	271	,000
Arbeitszufriedenheit	,121	271	,000
Commitment	,097	272	,000
Charisma gesamt	,124	268	,000
RLO gesamt	,133	267	,000
Coaching gesamt	,113	267	,000
Soziale Unterstützung gesamt	,143	264	,000
Fuehrung gesamt	,106	268	,000

*. Dies ist eine Untergrenze der tatsächlichen Signifikanz.

a. Signifikanzkorrektur nach Lilliefors

Tab. 47: Ergebnisse der Tests auf Normalverteilung

Tabelle 46 zeigt die Verteilungsmerkmale aus der SPSS-Prozedur *Deskriptive Statistik* auf Skalen- und Subskalenniveau. Inhaltlich zusammengehörende Skalen – dies sind Subskalen, die zu den ebenfalls aufgeführten Skalen aggregiert werden – sind optisch durch Trennstriche zusammengefasst.

Eine Analyse der Schiefe und des Exzesses der meisten Skalen sowie die in Tabelle 47 dargestellten Ergebnisse des Kolmogorov-Smirnov-Tests auf Normalverteilung zeigen ein ähnliches Bild wie die 2011er Stichprobe. Die überwiegend hoch signifikante Verletzung der Normalverteilungsvoraussetzung zwang zur erneuten Verwendung non-parametrischer Korrelationsverfahren (Spearmans Rho Rangkorrelationskoeffizient).

Die interne Konsistenz der Skalen und Subskalen wurde abermals über den Cronbachs Alpha-Koeffizienten ermittelt, und auch hier bestätigen sich die Befunde aus 2011. Die Skalen weisen meist befriedigende bis gute interne Konsistenz auf, wobei einige Dimensionen sich wiederum als sehr heterogen und von entsprechend niedriger Konsistenz erweisen: hier sind *Regulationsbehinderungen, Soziale Belastungen* und *Gesundheitsverhalten* zu nennen. Auch hier gilt die bereits in Kapitel 4.1.5.1 gemachte Aussage, dass diese Skalen „natürliche" inhaltliche Heterogenität aufweisen, da die Quellen von z. B. Regulationsbehinderungen, die in den Items abgefragt werden, tatsächlich nicht miteinander zusammenhängen müssen: das Warten auf Ersatzteile ist eine typischerweise im betrieblichen Alltag der „blue collar workers" auftretende Behinderung, während das dauernde unterbrochen werden durch Kunden oder Kollegen eher die Servicetätigkeiten typischer „white collars" prägt. Gleichwohl müssen wir davon ausgehen, dass eine Häufung von Unterbrechungen auch unterschiedlicher Genese einen kumulativen Effekt auf Engagement, Arbeitszufriedenheit und körperliches Wohlbefinden hat, weshalb die Zusammenfassung auf nur einer Skala inhaltlich gerechtfertigt ist.

(Sub-)Skala	Anzahl Items	N	Cron-bachs Alpha	Trennschärfe (Min/Max)
SMP Anforderungsvielfalt	4	252	.766	.53/.60
SMP Bedeutsamkeit	3	252	.568	.34/.50
SMP Vollständigkeit	2	248	.639	.47
SMP Partizipation	3	263	.724	.46/.61
SMP Autonomie	4	253	.741	.43/.65
SMP Feedback	3	262	.654	.42/.51
SMP gesamt	19	224	.810	.02/.62
Regulationsbehinderungen	4	249	.262	.01/.26
Gratifikationskrise	5	228	.523	.18/.43
Überforderung quantitativ	3	254	.637	.34/.51
Überforderung qualitativ	3	260	.626	.36/.50
Überforderung gesamt	6	252	.721	.25/.57
Unterforderung	3	251	.735	.48/.61
Fehlbeanspruchung gesamt	9	240	.661	.13/.49
Soziale Unterstützung Kollegen	4	261	.757	.51/.62
Soziale Unterstützung gesamt	6	254	.737	.27/.58
Soziale Belastungen	4	261	.491	.07/.43
Physikal. Umgebungsbedingungen	8	234	.801	.39/.63
Summe Belastungen	12	233	.772	.06/.61
Allg. körperl. Wohlbefinden	6	255	.838	.54/.71
Gesundheitsverhalten	3	211	.172	.06/.16
Berufliche Selbstwirksamkeit	5	247	.728	.33/.55
Engagement	2	265	.833	.71
Arbeitszufriedenheit	4	245	.809	.60/.70
Commitment	6	243	.842	.57/.70
Führung Charisma	6	256	.908	.65/.79
Führung Resultat- und Leist.orient.	6	258	.919	.72/.79
Führung Coaching	10	259	.954	.71/.84
Führung Soziale Unterstützung	3	270	.851	.71/.75
Führung gesamt	25	231	.979	.69/.86

Tab. 48: Interne Konsistenz und Trennschärfe-Kennzahlen der Skalen

4.3.3 Ergebnisse der Korrelationsanalysen

Tabelle 49 zeigt die non-parametrischen Interkorrelationen der abhängigen Variablen.

Spearman-Rho	Allg. körperl. Wohlbefinden	Engagement	Arbeitszufriedenheit	Commitment
Allg. körperl. Wohlbefinden	1,000			
Engagement	,329**	1,000		
Arbeitszufriedenheit	,242**	,517**	1,000	
Commitment	,338**	,796**	,913**	1,000

**. Korrelation ist bei Niveau 0,01 signifikant (zweiseitig).

Tab. 49: Interkorrelationen der AVn

Die hohen Korrelationen zwischen *Engagement*, *Arbeitszufriedenheit* und *Commitment* sind rein mathematisch zwangsläufig, da Commitment sich aus den beiden anderen Variablen errechnet. Engagement und Arbeitszufriedenheit weisen als „affektive Outcomes" R^2 = 25% gemeinsame Varianz auf, und auch die Korrelation zum *Allgemeinen körperlichen Wohlbefinden* ist hoch signifikant.

Tabelle 50 zeigt die Interkorrelationen zwischen den Skalen und Subskalen. Da die Subskalen *Führung* Interkorrelationen von r = .77 bis .88 aufwiesen, also wie in Studie 1 von einem einzigen, nicht näher differenzierten *Faktor Führung* ausgegangen werden muss, werden die Werte nur fur die zusammengesetzte Skala ausgewiesen.

Nicht überraschend sind natürlich auch hier die hohen Korrelationen zwischen den Subskalen und den aggregierten Skalen, auf denen sie verrechnet werden. Insgesamt zeigen sich zahlreiche gleichartige Ausprägungen von ungünstigen bzw. günstigen Arbeitsbedingungen: liegen z. B. hohe physikalische Belastungen vor, geht dies auch signifikant mit erlebter *Gratifikationskrise, Fehlbeanspruchung* und einem Mangel an *Sozialer Unterstützung* einher. *Führung* korreliert durchweg positiv mit den positiv bewerteten Bedingungen der Arbeit und negativ mit den als ungünstig erlebten Bedingungen wie *Gratifikationskrise* und *Unterforderung*. Auch die Korrelation mit den belastenden *Physikalischen Umgebungsbedingungen* ist negativ: je höher die Führungsleistung bewertet wird, desto geringer werden die Belastungen durch Lärm, Hitze, ungünstige Körperhaltung usw. eingeschätzt.

Spearman-Rho	SMP gesamt	Regulations-behinderungen	Gratifikationskrise	Unterforderung	Ueberforderung gesamt	Fehlbeanspru-chung gesamt	Soziale Unterstüt-zung gesamt	Soziale Belastungen	Physikalische Umgebungs-bedingungen	Belastungen gesamt	Führung gesamt
SMP gesamt	1,000										
Regulationsbehinderungen	-,092	1,000									
Gratifikationskrise	-,310**	,294**	1,000								
Unterforderung	-.357**	.176**	.289**	1,000							
Ueberforderung gesamt	-,008	,374**	,141*	.122*	1,000						
Fehlbeanspruchung gesamt	-.203	.394**	.324**	.639**	,820**	1,000					
Soziale Unterstützung gesamt	,235**	-,094	-,445**	-.179**	-,184**	-.275**	1,000				
Soziale Belastungen	-,153*	,355**	,336**	.178**	,227**	.305**	-,231**	1,000			
Physikalische Umgebungsbedingungen	-,141*	,238**	,402**	.300**	,349**	.447**	-,355**	,158**	1,000		
Belastungen gesamt	-,163**	,317**	,452**	.307**	,364**	.476**	-,379**	,423**	,949**	1,000	
Führung gesamt	,295**	-,123*	-,352**	-.254**	-,188**	-.301	,375**	-,140*	-,230**	-,237**	1,000

**. Korrelation ist bei Niveau 0,01 signifikant (zweis

*. Korrelation ist bei Niveau 0,05 signifikant (zweise

Tab. 50: Interkorrelationen der UVn auf Skalen und Subskalen-Niveau

Tabelle 51 zeigt die Korrelationen zwischen den unabhängigen und den abhängigen Variablen.

Insgesamt weisen *Gratifikationskrise* und *Fehlbeanspruchung gesamt* die stärksten Zusammenhänge mit allen abhängigen Größen auf, sowohl den affektiven als auch dem *Allgemeinen körperlichen Wohlbefinden. SMP gesamt, Regulationsbehinderungen, Soziale Unterstützung gesamt, Soziale Belastungen* und Belastungen durch die *Physikalischen Umgebungsbedingungen* sowie *Führung gesamt* weisen ebenfalls hoch signifikante Korrelationen mit den AVn auf.

Das *Allgemeine körperliche Wohlbefinden* zeigt die stärksten Zusammenhänge zum Summenmaß der *Fehlbeanspruchung* sowie den *Physikalischen Umgebungsbedingungen* und dem Summenmaß der *Belastungen.*

Innerhalb des *Salutogenetischen Motivationspotentials der Arbeit* zeigen die erlebte *Anforderungsvielfalt* und *Autonomie* den schwächsten Zusammenhang zum affektiven *Commitment*. Insgesamt zeigt der *SMP gesamt*-Wert aber signifikante Zusammenhänge zu den AVn.

Spearman-Rho	Engagement	Arbeitszu-friedenheit	Commitment	Allg. körperl. Wohlbe-finden
SMP Anforderungsvielfalt	,174**	,133*	,176**	,238**
SMP Bedeutsamkeit	,279**	,301**	,324**	,119*
SMP Vollständigkeit	,284**	,322**	,364**	,182**
SMP Partizipation	,325**	,281**	,338**	,258**
SMP Autonomie	,051	,159**	,142*	,125*
SMP Feedback	,157**	,220**	,234**	,137*
SMP gesamt	,269**	,306**	,339**	,256**
Regulationsbehinderungen	-,322**	-,235**	-,297**	-,199**
Gratifikationskrise	-,545**	-,358**	-,485**	-,366**
Ueberforderung quantitativ	-,326**	-,359**	-,382**	-,310**
Ueberforderung qualitativ	-,248**	-,213**	-,278**	-,264**
Ueberforderung gesamt	-,333**	-,323**	-,382**	-,329**
Unterforderung	-,285**	-,129*	-,221**	-,287**
Fehlbeanspruchung gesamt	-,441**	-,342**	-,439**	-,410**
Soziale Unterstützung Kollegen	,302**	,279**	,325**	,337**
Soziale Unterstützung gesamt	,314**	,286**	,323**	,347**
Soziale Belastungen	-,235**	-,218**	-,247**	-,241**
Physikalische Umgebungsbedingungen	-,372**	-,260**	-,352**	-,513**
Belastungen gesamt	-,392**	-,301**	-,383**	-,513**
Gesundheitsverhalten	,083	,106	,111	,135*
Charisma gesamt	,348**	,266**	,329**	,326**
RLO gesamt	,330**	,279**	,330**	,311**
Coaching gesamt	,297**	,240**	,290**	,292**
Soziale Unterstützung gesamt	,287**	,285**	,320**	,279**
Führung gesamt	,329**	,273**	,328**	,319**

**. Korrelation ist bei Niveau 0,01 signifikant (zweiseitig).

*. Korrelation ist bei Niveau 0,05 signifikant (zweiseitig).

Tab. 51: Korrelationen zwischen UVn und AVn

4.3.4 Ergebnisse der Diskriminanzanalysen

Bei der Methode der Diskriminanzanalyse wird eine kategoriale abhängige Variable durch eine oder mehrere unabhängige Variablen erklärt. Einer Regressionsanalyse ähnlich, wird hierbei eine Diskriminanzfunktion erstellt, in der die Gewichtung jeder UV zur Vorhersage der AV in Form von (sowohl unstandardisierten als auch Fisher-Z-transformierten) Diskriminanzfunktionskoeffizienten angegeben wird. Auch bei dieser Rechenprozedur ist es möglich, für die Aufnahme der in die Gleichung eingehenden UVn die Methoden „Einschluss“ und „schrittweise“ zu wählen. Bei der schrittweisen Selektionsmethode wird zunächst die Variable mit der höchsten Prädiktionskraft aufgenommen, anschließend die Variable mit der höchsten Prädiktionskraft aus der Gruppe der verbliebenen Variablen etc. Wenn kein signifikanter inkrementeller Erklärungsbeitrag mehr zu erwarten ist, wird der Prozess abgeschlossen, und die verbliebenen Variablen werden aus der Analyse ausgeschlossen. Der SPSS-intern voreingestellte Mindest-F-Wert für die Aufnahme einer Variablen in die Diskriminanzfunktion beträgt 3,84. An diesem relativ konservativen Kriterium wurde bewusst festgehalten, um die „Verwässerung“ des Ergebnisses durch zu tolerante Kriterien zu vermeiden. Dies hat auf der anderen Seite natürlich zur Folge, dass Variablen, die mit dem Kriterium weniger stark kovariieren, evtl. keine Berücksichtigung finden. Da die Korrelationsanalyse aber ebenfalls vorliegt, wird dies in Kauf genommen.

Vor Berechnung der Diskriminanzfunktion führt SPSS eine einfaktorielle ANOVA für jede der unabhängigen Variablen durch, in der die Gruppenmittelwerte für die Extremgruppen der AV auf Gleichheit geprüft werden.

Die Werte, mit denen die Güte des Modells abgeschätzt werden kann, sind die rechnerisch voneinander abhängigen Maße *Wilks' Lambda* und der *Kanonische Korrelationskoeffizient* (Wilks' Lambda = 1 - [Kanonischer Korrelationskoeffizient]^2), wobei die kanonische Korrelation die Strenge des Zusammenhangs zwischen den Funktionswerten der Diskriminanzfunktion und den Gruppen der AV beschreibt (Brosius, 2011; Bortz & Schuster, 2010).

Die Treffsicherheit der Diskriminanzfunktion wird in einer Tabelle dargestellt, in der die tatsächliche AV-Gruppenzugehörigkeit der auf Grundlage der Funktion geschätzten gegenübergestellt wird.

Zur Erstellung der Diskriminanzanalyse wurden die Fälle der Stichprobe am jeweiligen Median der abhängigen Variablen *Engagement*, *Arbeitszufriedenheit*, *Commitment* und *Allgemeines körperliches Wohlbefinden* unterteilt, wodurch die jeweiligen Extremgruppen „niedrig“ und „hoch“ entstanden.

Die Tabellen 52 bis 55 zeigen die Ergebnisse der Diskriminanzanalyse für die AV *Engagement.*

Tabelle 53 zeigt, dass sich alle Mittelwerte der in die Analyse aufgenommenen unabhängigen Variablen zwischen den Extremgruppen *Engagement niedrig* und *Engagement hoch* signifikant unterscheiden, was aufgrund der hohen Korrelationen zwischen UVn und AVn auch nicht überrascht. *Wilks' Lambda* beträgt .703, was auf 1‰-Niveau signifikant ist. Die kanonische Korrelation beträgt .545. Den Tabellen 53 und 54 ist zu entnehmen, dass nur drei der insgesamt acht eingegebenen UVn in die Diskriminanzanalyse einbezogen wurden, da der inkrementelle Erklärungsgewinn ab dem vierten Schritt nicht mehr bedeutsam war. Allerdings verpasst *SMP gesamt* mit einem F-Wert von 3,491 nur recht knapp die voreingestellte

Tests auf Gleichheit der Gruppenmittelwerte

	Wilks-Lambda	F	df1	df2	Sig.
SMP gesamt	,924	21,249	1	259	,000
Regulationsbehinderungen	,947	14,438	1	259	,000
Gratifikationskrise	,789	69,418	1	259	,000
Soz. Unterstütz. gesamt	,923	21,676	1	259	,000
Soziale Belastungen	,969	8,284	1	259	,004
Physikalische Umgebungs.	,848	46,327	1	259	,000
Führung gesamt	,924	21,414	1	259	,000
Fehlbeanspruchung gesamt	,838	50,042	1	259	,000

Eingegebene Variablen

Schritt	Eingegeben	Wilks-Lambda							
		Statistik	df1	df2	df3	Exakter F-Wert			
						Statistik	df1	df2	Sig.
1	Gratifikationskrise	,789	1	1	259,000	69,418	1	259,000	,000
2	Fehlbeanspruchung	,720	2	1	259,000	50,117	2	258,000	,000
3	Physik. Umgebungsbed.	,703	3	1	259,000	36,207	3	257,000	,000

Nicht in der Analyse vorhandene Variablen

Schritt		Toleranz	Min. Toleranz	Einzugeben-der F-Quotient	Wilks-Lambda
3	SMP gesamt	,942	,821	3,491	,693
	Regulationsbehinderungen	,857	,793	,009	,703
	Soz. Unterstütz. gesamt	,782	,773	,005	,703
	Soziale Belastungen	,873	,821	,422	,702
	Führung gesamt	,916	,819	1,973	,698

Klassifikationsergebnisse[a]

Engagement_T2(Klassiert)			Gruppenzugehörigkeit		Gesamt-summe
			niedrig	hoch	
Original	Anzahl	niedrig	102	35	137
		hoch	31	98	129
		Ungruppierte	0	1	1
	%	niedrig	74,5	25,5	100,0
		hoch	24,0	76,0	100,0
		Ungruppierte Fälle	0,0	100,0	100,0

a. 75,2% der ursprünglichen gruppierten Fälle ordnungsgemäß klassifiziert.

Tab. 52, 53, 54, 55: Ergebnisse der Diskriminanzanalyse auf die AV *Engagement*

Aufnahmeschwelle von 3,84, wobei die anderen nicht aufgenommenen Variablen deutlich unter diesem Schwellenwert liegen. Tabelle 55 zeigt, dass nur auf Grundlage der Kenntnis der Ausprägungen der drei einbezogenen UVn die Gruppenzugehörigkeit zu den AV-Extremgruppen mit ca. 75% Sicherheit vorgenommen werden kann, wobei die Zuordnung zu beiden Gruppen ungefähr gleich sicher erfolgt. Dieser Zuordnung steht eine auf statistischem Zufallsprinzip basierende Trefferquote von 50% gegenüber – die Kenntnis individueller Ausprägungen auf *Gratifikationskrise*, *Fehlbeanspruchung* und den *Physikalischen Umgebungsbedingungen* resultiert also bei Anwendung der errechneten Diskriminanzfunktion in einer Verbesserung der Vorhersagegenauigkeit von 50%.

Die Ergebnisse der Diskriminanzanalyse für die abhängige Variable *Arbeitszufriedenheit* zeigen die Tabellen 56 bis 59.

Auch für die AV-Extremgruppen *Arbeitszufriedenheit* zeigen sich signifikante bis hoch signifikante Mittelwertunterschiede auf allen UVn (Tabelle 56).

Den Tabellen 57 und 58 ist zu entnehmen, dass wiederum drei Variablen zur Diskrimination der AV-Gruppen herangezogen wurden: *Gratifikationskrise*, *SMP gesamt* und *Regulationsbehinderungen*. *Fehlbeanspruchung* weist zwar hohe Mittelwertunterschiede in den Extremgruppen *Arbeitszufriedenheit* auf (hoher F-Wert!), scheint aber keinen eigenständigen Diskriminationsbeitrag zur Gruppentrennung beizusteuern. Solche Effekte können durch Interkorrelationen zwischen den UVn erklärt werden.

Wilks Lambda beträgt hoch signifikante .859, die *Kanonische Korrelation* für die Diskriminanzfunktion .376. Insgesamt liegen diese Werte deutlich unter denen der Diskriminanzfunktion für die AV *Engagement*, was auch zu einer weniger treffsicheren Gruppenklassifikation führt, wie Tabelle 59 zeigt: diesmal gelingt eine korrekte Zuordnung nur in 65,8% der Fälle gegenüber per Zufall zu erwartenden 50%.

Commitment setzt sich aus den gerade dargestellten Variablen *Engagement* und *Arbeitszufriedenheit* zusammen, kann also nicht als eigenständige abhängige Variable gesehen werden. Die Ergebnisse der Diskriminanzanalyse dieses Maßes sind den Tabellen 60 bis 63 zu entnehmen.

Wilks' Lambda ist mit .731 hoch signifikant, und die *Kanonische Korrelation* für die Diskriminanzfunktion beträgt .519, es gelingt also eine überzufällig genaue Diskrimination der Commitment-Extremgruppen. Auch bei dieser AV spielt die *Gratifikationskrise* wieder eine wesentliche Rolle, und *Fehlbeanspruchung* und *SMP gesamt* waren bereits Bestandteil jeweils einer der Diskriminanzfunktionen für *Engagement* und *Arbeitszufriedenheit*.

Die Klassifikation auf Grundlage der Diskriminanzfunktion erreicht eine zufriedenstellende Höhe von ca. 73,5% korrekter Gruppenzuordnungen.

Tests auf Gleichheit der Gruppenmittelwerte

	Wilks-Lambda	F	df1	df2	Sig.
SMP gesamt	,934	18,276	1	259	,000
Regulationsbehinderungen	,953	12,798	1	259	,000
Gratifikationskrise	,905	27,295	1	259	,000
Soziale Unterstützung gesamt	,958	11,365	1	259	,001
Soziale Belastungen	,983	4,409	1	259	,037
Physikalische Umgebungsbedingungen	,965	9,258	1	259	,003
Führung gesamt	,974	6,880	1	259	,009
Fehlbeanspruchung	,948	14,336	1	259	,000

Eingegebene Variablen

		Wilks-Lambda							
						Exakter F-Wert			
Schritt	Eingegeben	Statistik	df1	df2	df3	Statistik	df1	df2	Sig.
1	Gratifikationskrise	,905	1	1	259,000	27,295	1	259,000	,000
2	SMP gesamt	,876	2	1	259,000	18,240	2	258,000	,000
3	Regulationsbehinderungen	,859	3	1	259,000	14,063	3	257,000	,000

Nicht in der Analyse vorhandene Variablen

Schritt		Toleranz	Min. Toleranz	Einzugebender F-Quotient	Wilks-Lambda
3	Soziale Unterstützung	,808	,738	,786	,856
	Soziale Belastungen	,804	,804	,233	,858
	Physik. Umgebungsbed.	,832	,786	,274	,858
	Führung gesamt	,884	,819	,269	,858
	Fehlbeanspruchung	,818	,818	1,536	,854

Arbeitszufriedenheit_T2(Klassiert)			Vorhergesagte Gruppenzugehörigkeit 1	2	Gesamtsumme
Original	Anzahl	1	101	48	149
		2	43	74	117
		Ungruppierte Fälle	1	3	4
	%	1	67,8	32,2	100,0
		2	36,8	63,2	100,0
		Ungruppierte Fälle	25,0	75,0	100,0

a. 65,8% der ursprünglichen gruppierten Fälle ordnungsgemäß klassifiziert.

Tab. 56, 57, 58, 59: Ergebnisse der Diskriminanzanalyse auf die AV *Arbeitszufriedenheit*

Mit der AV *Allgemeines körperliches Wohlbefinden* liegt ein Maß vor, dass anders als die bisherigen abhängigen Variablen nicht primär affektiven Inhalts ist, sondern sich auf subjektiv erlebte somatische Beschwerden richtet. Die Ergebnisse sind in den Tabellen 64 bis 67 dargestellt.

Tabelle 64 ist zu entnehmen, dass sich die beiden Extremgruppen auf allen unabhängigen Variablen hoch signifikant unterscheiden, mit einer Ausnahme bei *Regulationsbehinderungen*, wo die Signifikanz unter dem 10%-Wert bleibt.

Bei dieser abhängigen Variablen finden die Maße *Physikalische Umgebungsbedingungen* und *Soziale Unterstützung gesamt* zum ersten Mal Aufnahme in die Diskriminanzfunktion. Sie leisten also einen wesentlichen Beitrag bei der korrekten Zuordnung der Stichprobenfälle zu den Extremgruppen des *Allgemeinen körperlichen Wohlbefindens.*

Wilks Lambda erreicht den hoch signifikanten Wert .760, und die *Kanonische Korrelation* beträgt .490. Durch Kenntnis der Werte auf den drei ausgewählten Variablen gelingt es, 72,6% der Stichprobenfälle korrekt zuzuordnen, was ein zufriedenstellendes Ergebnis ist.

Die unabhängigen Variablen, die sich in den vier Diskriminanzanalysen als besonders tauglich zur Vorhersage der Klassenzugehörigkeit erwiesen haben, sind hier noch einmal in der Zusammenfassung herausgestellt:

- *Gratifikationskrise, Fehlbeanspruchung, Physikalische Umgebungsbedingungen, salutogenetisches Motivationspotential der Arbeit* und *Regulationsbehinderungen* für die <u>affektiven Outcomes</u>
- *Physikalische Umgebungsbedingungen, salutogenetisches Motivationspotential der Arbeit* und *soziale Unterstützung* für die mit <u>somatischen Beschwerden</u> einhergehenden Outcomes.

Das *Salutogenetische Motivationspotential der Arbeit* und die *Physikalischen Umgebungsbedingungen* erweisen sich also als Faktoren, die sowohl „affektiv“ als auch „somatisch“ zu differenzieren vermögen.

Tests auf Gleichheit der Gruppenmittelwerte

	Wilks-Lambda	F	df1	df2	Sig.
SMP gesamt	,908	26,347	1	260	,000
Regulationsbehinderungen	,921	22,339	1	260	,000
Gratifikationskrise	,817	58,368	1	260	,000
Soziale Unterstützung	,924	21,462	1	260	,000
Soziale Belastungen	,967	8,912	1	260	,003
Physik. Umgebungsbed.	,883	34,395	1	260	,000
Führung gesamt	,920	22,554	1	260	,000
Fehlbeanspruchung	,853	44,704	1	260	,000

Eingegebene Variablen

		Wilks-Lambda							
						Exakter F-Wert			
Schritt	Eingegeben	Statistik	df1	df2	df3	Statistik	df1	df2	Sig.
1	Gratifikationskrise	,817	1	1	260,000	58,368	1	260,000	,000
2	Fehlbeanspruchung	,751	2	1	260,000	42,910	2	259,000	,000
3	SMP gesamt	,731	3	1	260,000	31,641	3	258,000	,000

Nicht in der Analyse vorhandene Variablen

Schritt		Toleranz	Min. Toleranz	Einzugeben-der F-Quotient	Wilks-Lambda
3	Regulationsbehinderungen	,872	,872	2,899	,723
	Soziale Unterstützung gesamt	,826	,808	,580	,729
	Soziale Belastungen	,874	,857	,099	,731
	Physik. Umgebungsbed.	,799	,799	2,790	,723
	Führung gesamt	,901	,895	2,302	,725

			Vorhergesagte Gruppenzugehörigkeit		Gesamt-summe
Commitment(Klassiert)			niedrig	hoch	
Original	Anzahl	niedrig	97	36	133
		hoch	35	100	135
		Ungruppierte Fälle	2	0	2
	%	niedrig	72,9	27,1	100,0
		hoch	25,9	74,1	100,0
		Ungruppierte Fälle	100,0	0,0	100,0

a. 73,5% der ursprünglichen gruppierten Fälle ordnungsgemäß klassifiziert.

Tab. 60, 61, 62, 63: Ergebnisse der Diskriminanzanalyse auf die AV Commitment

Tests auf Gleichheit der Gruppenmittelwerte

	Wilks-Lambda	F	df1	df2	Sig.
SMP gesamt	,936	17,691	1	260	,000
Regulationsbehinderungen	,989	2,708	1	260	,101
Gratifikationskrise	,923	21,683	1	260	,000
Soziale Unterstützung gesamt	,898	29,271	1	260	,000
Soziale Belastungen	,964	9,461	1	260	,002
Physik. Umgebungsbed.	,803	63,716	1	260	,000
Führung gesamt	,932	18,892	1	260	,000
Fehlbeanspruchung	,894	30,860	1	260	,000

Eingegebene Variablen

		Wilks-Lambda							
						Exakter F-Wert			
Schritt	Eingegeben	Statistik	df1	df2	df3	Statistik	df1	df2	Sig.
1	Physik. Umgebungsbed.	,803	1	1	260,000	63,716	1	260,000	,000
2	SMP gesamt	,775	2	1	260,000	37,538	2	259,000	,000
3	Soziale Unterstützung gesamt	,760	3	1	260,000	27,125	3	258,000	,000

Nicht in der Analyse vorhandene Variablen

Schritt		Toleranz	Min. Toleranz	Einzugebender F-Quotient	Wilks-Lambda
3	Regulationsbehinderungen	,934	,854	,281	,759
	Gratifikationskrise	,751	,751	,214	,760
	Soziale Belastungen	,952	,866	1,225	,757
	Führung gesamt	,867	,813	2,740	,752
	Fehlbeanspruchung	,841	,798	3,511	,750

Klassifikationsergebnisse[a]

Allg. körperl. Wohlbefinden (Klassiert)			Vorhergesagte Gruppenzugehörigkeit: niedrig	Vorhergesagte Gruppenzugehörigkeit: hoch	Gesamtsumme
Original	Anzahl	niedrig	85	30	115
		hoch	44	111	155
	%	niedrig	73,9	26,1	100,0
		hoch	28,4	71,6	100,0

a. 72,6% der ursprünglichen gruppierten Fälle ordnungsgemäß klassifiziert.

Tab. 64, 65, 66, 67: Ergebnisse der Diskriminanzanalyse auf die AV *Allgemeines körperliches Wohlbefinden*

4.3.5 Ergebnisse der Analysen zum Puffereffekt von *Autonomie* und *Soziale Unterstützung*

Wie in Kapitel 2.3.2 ausführlich dargelegt, postuliert das *Demand/Control-Modell* von Karasek & Theorell (1990) einen „Puffereffekt" des Entscheidungsfreiraums (*Control, Decision Latitude, Autonomy* etc.) und der sozialen Unterstützung auf die Wirkung der Arbeitsanforderungen (*Demands*) auf das Individuum. Im Rahmen der vorliegenden Untersuchung wäre ein solcher Effekt eine Moderatorwirkung der Variablen *SMP Autonomie* und *Soziale Unterstützung gesamt* auf die Beziehung zwischen *Überforderung gesamt (*als Operationalisierung des Modellfaktors *Demands*) und die abhängigen Variablen: die negative Wirkung der Überforderung müsste am stärksten sein für solche Fälle, die über geringe Autonomie und soziale Unterstützung verfügen, während dieser Effekt für gut supportierte „autonome Entscheider" deutlich geringer ausgeprägt sein müsste. Im Rahmen einer statistischen Analyse nach dem *Allgemeinen linearen Modell* (*ALM*) müssten bei diesem Effekt signifikante 2- oder 3-fache Interaktionen zwischen den Prädiktoren vorliegen. Signifikante Haupteffekte ohne Interaktionen wären ein Hinweis darauf, dass jede einzelne der unabhängigen Variablen einen eigenständigen Beitrag zur Varianzaufklärung leistet. Tabelle 68 zeigt die Ergebnisse im Überblick.

Der *Levene-Test* zeigte keine signifikanten Abweichungen der Fehlervarianzen über die Gruppen hinweg.

Insgesamt zeigt sich, dass das *Allgemeine Wohlbefinden* die abhängige Variable ist, deren Varianz am besten mit den gewählten unabhängigen Variablen aufgeklärt werden kann, auch wenn dieser Anteil mit einem eta^2 von 18,7% nicht extrem ausfällt.

Autonomie weist signifikante Haupteffekte für die AVn *Allgemeines körperliches Wohlbefinden* und *Arbeitszufriedenheit* auf.

Soziale Unterstützung und *Überforderung* weisen hoch signifikante Haupteffekte für alle AVn vor.

Von den Interaktionen erreicht lediglich *Autonomie * Soziale Unterstützung* für die abhängige Größe *Engagement* Signifikanz auf 5%-Niveau. Dieser Befund wird in Abbildung 36 dargestellt.

Abbildung 36 zeigt einen das Engagement fördernden Effekt für soziale Unterstützung bei gleichzeitigem Vorliegen hoher Autonomie, der bei niedriger Autonomie jedoch entfällt. Überforderung selbst weist auch einen deutlichen Haupteffekt auf.

Tests der Zwischensubjekteffekte

Quelle		Typ III Quadrat-summe	df	Quadrati-scher Mittelwert	F	Sig.	Partielles Eta hoch zwei
Korrigiertes Modell	Allg. körperl. Wohlbef.	30,653[a]	7	4,379	8,426	,000	,187
	Engagement	26,159[b]	7	3,737	4,975	,000	,120
	Arbeitszufriedenheit	17,488[c]	7	2,498	3,986	,000	,098
	Commitment	19,263[d]	7	2,752	5,358	,000	,128
Konstanter Term	Allg. körperl. Wohlbef.	2887,819	1	2887,819	5556,903	,000	,956
	Engagement	2547,652	1	2547,652	3391,455	,000	,930
	Arbeitszufriedenheit	3733,519	1	3733,519	5957,511	,000	,959
	Commitment	3300,643	1	3300,643	6426,140	,000	,962
Autonomie extrem	Allg. körperl. Wohlbef.	4,261	1	4,261	8,199	,005	,031
	Engagement	,037	1	,037	,050	,824	,000
	Arbeitszufriedenheit	2,953	1	2,953	4,712	,031	,018
	Commitment	1,151	1	1,151	2,241	,136	,009
Soziale Unterstützung extrem	Allg. körperl. Wohlbef.	10,535	1	10,535	20,271	,000	,073
	Engagement	7,426	1	7,426	9,885	,002	,037
	Arbeitszufriedenheit	2,931	1	2,931	4,677	,032	,018
	Commitment	4,444	1	4,444	8,652	,004	,033
Überforderung extrem	Allg. körperl. Wohlbef.	8,240	1	8,240	15,857	,000	,058
	Engagement	9,683	1	9,683	12,890	,000	,048
	Arbeitszufriedenheit	7,179	1	7,179	11,456	,001	,043
	Commitment	8,356	1	8,356	16,268	,000	,060
Autonomie extrem * Soziale Unterstützung extrem	Allg. körperl. Wohlbef.	,013	1	,013	,025	,876	,000
	Engagement	2,948	1	2,948	3,925	,049	,015
	Arbeitszufriedenheit	,480	1	,480	,765	,382	,003
	Commitment	,921	1	,921	1,793	,182	,007
Autonomie extrem * Überforderung extrem	Allg. körperl. Wohlbef.	,185	1	,185	,355	,552	,001
	Engagement	,088	1	,088	,118	,732	,000
	Arbeitszufriedenheit	,008	1	,008	,012	,911	,000
	Commitment	,028	1	,028	,054	,816	,000
Soziale Unterstützung extrem * Ueberforderung_extrem	Allg. körperl. Wohlbef.	1,374	1	1,374	2,643	,105	,010
	Engagement	1,369	1	1,369	1,823	,178	,007
	Arbeitszufriedenheit	,173	1	,173	,275	,600	,001
	Commitment	,415	1	,415	,808	,370	,003
Autonomie extrem * Soziale Unterstützung extrem * Überforderung extrem	Allg. körperl. Wohlbef.	,039	1	,039	,075	,785	,000
	Engagement	,336	1	,336	,448	,504	,002
	Arbeitszufriedenheit	,069	1	,069	,111	,740	,000
	Commitment	,004	1	,004	,007	,931	,000
Fehler	Allg. körperl. Wohlbef.	133,038	256	,520			
	Engagement	192,307	256	,751			
	Arbeitszufriedenheit	160,433	256	,627			
	Commitment	131,489	256	,514			
Gesamtsumme	Allg. körperl. Wohlbef.	3267,956	264				
	Engagement	2987,500	264				
	Arbeitszufriedenheit	4208,194	264				
	Commitment	3718,932	264				
Korrigierter Gesamtwert	Allg. körperl. Wohlbef.	163,691	263				
	Engagement	218,466	263				
	Arbeitszufriedenheit	177,921	263				
	Commitment	150,752	263				

a. R-Quadrat = ,187 (Angepasstes R-Quadrat = ,165)
b. R-Quadrat = ,120 (Angepasstes R-Quadrat = ,096)
c. R-Quadrat = ,098 (Angepasstes R-Quadrat = ,074)
d. R-Quadrat = ,128 (Angepasstes R-Quadrat = ,104)

Tab. 68: Ergebnis der Varianzanalyse (ALM) zur Pufferwirkung von *Autonomie* und *Soziale Unterstützung*

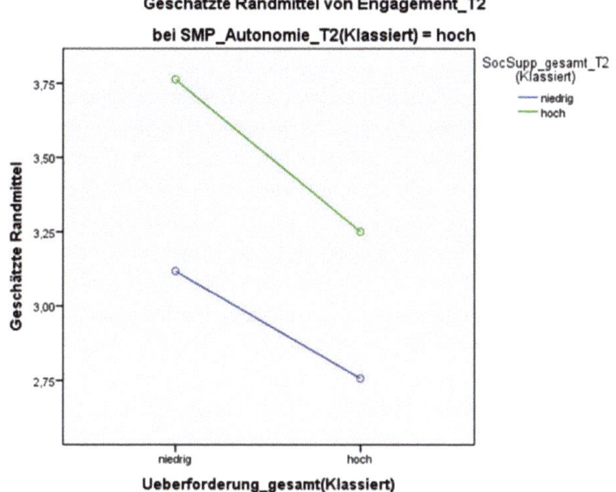

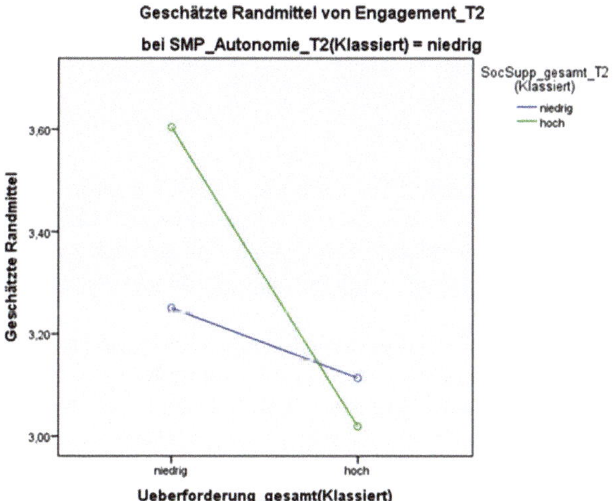

Abb. 36: 2-fach-Interaktion von *Soziale Unterstützung* und *Autonomie* auf das *Engagement*

4.3.6 Ergebnisse zur Moderatorwirkung der *Beruflichen Selbstwirksamkeit*

Im Theorieteil dieser Arbeit erfolgte bereits eine ausführliche Auseinandersetzung mit der Theorie der *Selbstwirksamkeit* (*self efficacy*) und den entsprechenden empirischen Befunden (u. a. Bandura, 1976; Csikszentmihaly, 1997). Dieses Konzept, das einige Parallelen zu dem des *Kohärenzgefühls* von Antonovsky aufweist (siehe Kapitel 2.3.1) – besonders zu dessen Aspekten *Verstehbarkeit* und *Handhabbarkeit* – kann in zweierlei Hinsicht als Moderatorvariable gesehen werden: zum einen für die Abbildung der „objektiven" Arbeitsbedingungen in der Wahrnehmung der Person (Pfeil 1), zum anderen für die individuelle Wirkung dieser subjektiv gespiegelten Arbeitsbedingungen i. S. von Arbeitszufriedenheit, Engagement und Wohlbefinden (Pfeil 2, Abbildung 37).

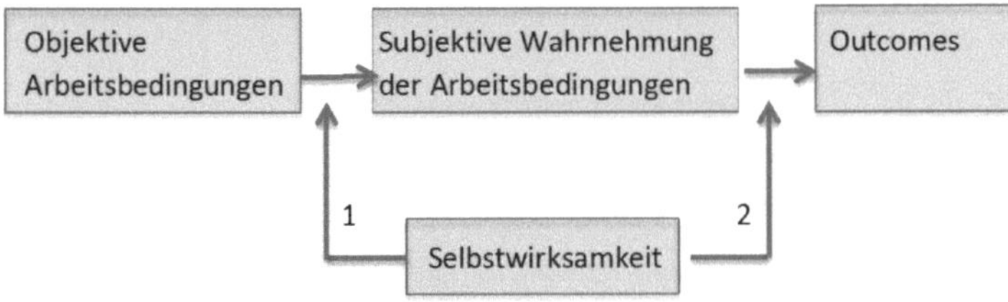

Abb. 37: Moderatorwirkungen der *Selbstwirksamkeit* auf die Beziehung Arbeitsbedingungen – Outcomes

Da in der vorliegenden Untersuchung die objektiven Arbeitsbedingungen – z. B. per Expertenbeurteilung – nicht gemessen wurden – muss sich die Analyse der Moderatorwirkung der Selbstwirksamkeit auf die Beziehung „2" beschränken, also auf die Beeinflussung der Wirkung der subjektiv wahrgenommenen Arbeitsbedingungen durch die Moderatorvariable.

Tabelle 69 zeigt die Ergebnisse des *Allgemeinen linearen Modells* (*ALM*) mit *SMP gesamt* und *Berufliche Selbstwirksamkeit* als Faktoren. Eine Moderatorwirkung setzt eine signifikante Interaktion zwischen diesen Faktoren voraus. Auch hier wurden die Faktorausprägungen „hoch" und „niedrig" durch Teilung des Samples am Median in Extremgruppen realisiert.

Das *Salutogenetische Motivationspotential der Arbeit SMP* weist für alle abhängigen Variablen einen mindestens auf 5%-Niveau signifikanten Haupteffekt vor, und auch die *Berufliche Selbstwirksamkeit BSW* zeigt bei drei AVn einen signifikanten Haupteffekt und einen statistischen Trend ($p < .10$) für die *Arbeitszufriedenheit.* Hierbei sind die Werte für alle AVn positiv mit den Faktoren korreliert, d. h. höhere Werte auf *SMP* und *BSW* gehen mit höheren Werten für Engagement etc. einher. Der Gesamtanteil der erklärten Varianz der Outcomes durch diese beiden unabhängigen Variablen ist mit R^2-Werten zwischen 3,7 und 7,7% allerdings recht niedrig. Signifikante Interaktionseffekte als Hinweise auf die Moderatorwirkung von

BSW liegen nicht vor. Abbildung 38 zeigt das Interaktionsergebnis für die AV *Commitment* (p = .154).

Tests der Zwischensubjekteffekte

Quelle		Typ III Quadratsumme	df	Quadratischer Mittelwert	F	Sig.	Partielles Eta hoch zwei
Korrigiertes Modell	Allg. körperl. Wohlbefinden	8,166[a]	3	2,722	4,414	,005	,048
	Engagement	14,415[b]	3	4,805	6,033	,001	,065
	Arbeitszufriedenheit	12,262[c]	3	4,087	6,515	,000	,069
	Commitment	13,311[d]	3	4,437	8,385	,000	,088
Konstanter Term	Allg. körperl. Wohlbefinden	2799,749	1	2799,749	4539,816	,000	,945
	Engagement	2490,046	1	2490,046	3126,184	,000	,923
	Arbeitszufriedenheit	3616,295	1	3616,295	5763,979	,000	,957
	Commitment	3205,664	1	3205,664	6057,944	,000	,959
SMP_extrem	Allg. körperl. Wohlbefinden	2,837	1	2,837	4,600	,033	,017
	Engagement	6,665	1	6,665	8,368	,004	,031
	Arbeitszufriedenheit	7,328	1	7,328	11,681	,001	,043
	Commitment	7,409	1	7,409	14,001	,000	,051
BSW_extrem	Allg. körperl. Wohlbefinden	2,943	1	2,943	4,772	,030	,018
	Engagement	3,616	1	3,616	4,540	,034	,017
	Arbeitszufriedenheit	1,863	1	1,863	2,969	,086	,011
	Commitment	2,440	1	2,440	4,611	,033	,017
SMP_extrem * BSW_extrem	Allg. körperl. Wohlbefinden	,013	1	,013	,022	,883	,000
	Engagement	1,508	1	1,508	1,894	,170	,007
	Arbeitszufriedenheit	1,043	1	1,043	1,663	,198	,006
	Commitment	1,083	1	1,083	2,047	,154	,008
Fehler	Allg. körperl. Wohlbefinden	161,578	262	,617			
	Engagement	208,686	262	,797			
	Arbeitszufriedenheit	164,378	262	,627			
	Commitment	138,642	262	,529			
Gesamtsumme	Allg. körperl. Wohlbefinden	3280,234	266				
	Engagement	3016,500	266				
	Arbeitszufriedenheit	4247,368	266				
	Commitment	3754,133	266				
Korrigierter Gesamtwert	Allg. körperl. Wohlbefinden	169,744	265				
	Engagement	223,102	265				
	Arbeitszufriedenheit	176,640	265				
	Commitment	151,953	265				

a. R-Quadrat = ,048 (Angepasstes R-Quadrat = ,037)
b. R-Quadrat = ,065 (Angepasstes R-Quadrat = ,054)
c. R-Quadrat = ,069 (Angepasstes R-Quadrat = ,059)
d. R-Quadrat = ,088 (Angepasstes R-Quadrat = ,077)

Tab. 69: Ergebnis der Varianzanalyse (ALM) zur Moderatorwirkung von *Berufliche Selbstwirksamkeit* auf die Beziehung zwischen *SMP gesamt* und den AVn

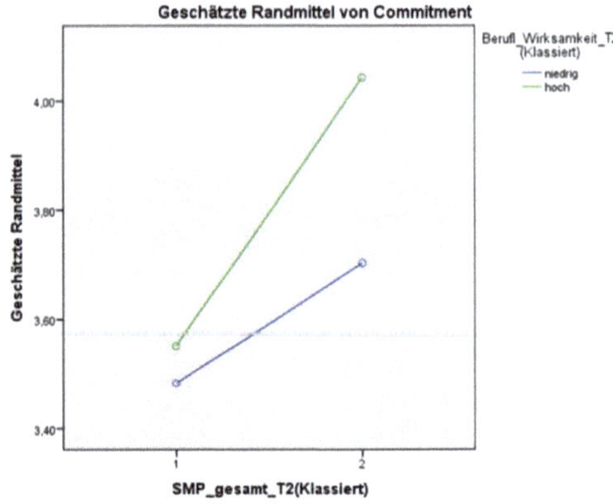

Abb. 38: 2-fach-Interaktion von *SMP gesamt* und *Berufliche Selbstwirksamkeit* auf das *Commitment*

Weiterhin wurde die Beziehung zwischen *Unterforderung* und den abhängigen Variablen auf eine Moderatorwirkung der *Beruflichen Selbstwirksamkeit* untersucht, die theoretisch logisch ableitbar ist: je mehr ich mir zutraue und je selbstbewusster ich bezüglich meiner Fähigkeiten bin, desto stärker sollte mich eine Nicht-Nutzung dieser Fähigkeiten durch Unterforderung belasten. Tabelle 70 zeigt das Ergebnis der Varianzanalyse mit dem ALM.

Die *Berufliche Selbstwirksamkeit BSW* zeigt signifikante Haupteffekte für alle abhängigen Variablen. *Unterforderung* weist hoch signifikante Haupteffekte für das *Allgemeine körperliche Wohlbefinden* sowie *Engagement* auf und einen auf 5%-Niveau signifikanten Haupteffekt für *Commitment*. Dieses Ergebnis für die zusammengesetzte Variable speist sich primär aus dem Zusammenhang mit dem *Engagement*, da für *Arbeitszufriedenheit* kein signifikanter Haupteffekt vorliegt. Abbildung 39 visualisiert den statistischen Trend für die Interaktion von *Unterforderung* und *BSW* für diese AV (p = .067). Dieser Interaktionseffekt ist ein Hinweis auf eine moderierende Wirkung von BSW: während Unterforderung für die Gruppe mit schwach ausgeprägter Selbstwirksamkeit sogar in einem (wenn auch kleinen) Anstieg der Arbeitszufriedenheit resultiert, reduziert sich die Arbeitszufriedenheit der Probanden mit hoher Merkmalsausprägung in dieser Arbeitsbedingung.

Der *Levene-Test* zeigte für beide ALM-Analysen keine signifikanten Abweichungen der Fehlervarianzen über die Gruppen hinweg.

Tests der Zwischensubjekteffekte

Quelle		Typ III Quadratsumme	df	Quadratischer Mittelwert	F	Sig.	Partielles Eta hoch zwei
Korrigiertes Modell	Allg. körperl. Wohlbefinden	11,555[a]	3	3,852	6,562	,000	,071
	Engagement	16,953[b]	3	5,651	7,267	,000	,078
	Arbeitszufriedenheit	6,848[c]	3	2,283	3,529	,015	,040
	Commitment	8,915[d]	3	2,972	5,455	,001	,060
Konstanter Term	Allg. körperl. Wohlbefinden	2878,902	1	2878,903	4904,543	,000	,950
	Engagement	2561,878	1	2561,879	3294,425	,000	,928
	Arbeitszufriedenheit	3710,900	1	3710,900	5737,238	,000	,957
	Commitment	3294,060	1	3294,060	6047,252	,000	,959
BSW_extrem	Allg. körperl. Wohlbefinden	2,464	1	2,465	4,199	,041	,016
	Engagement	3,273	1	3,273	4,209	,041	,016
	Arbeitszufriedenheit	3,403	1	3,403	5,261	,023	,020
	Commitment	3,345	1	3,345	6,141	,014	,023
Unterforderung_extrem	Allg. körperl. Wohlbefinden	7,177	1	7,177	12,227	,001	,045
	Engagement	10,795	1	10,795	13,882	,000	,051
	Arbeitszufriedenheit	0,791	1	,792	1,224	,270	,005
	Commitment	3,108	1	3,108	5,706	,018	,022
BSW_extrem * Unterforderung_extrem	Allg. körperl. Wohlbefinden	,043	1	,043	,073	,788	,000
	Engagement	1,415	1	1,415	1,820	,179	,007
	Arbeitszufriedenheit	2,184	1	2,184	3,376	,067	,012
	Commitment	1,784	1	1,785	3,277	,071	,013
Fehler	Allg. körperl. Wohlbefinden	150,855	257	,587			
	Engagement	199,854	257	,778			
	Arbeitszufriedenheit	166,230	257	,647			
	Commitment	139,993	257	,545			
Gesamtsumme	Allg. körperl. Wohlbefinden	3240,234	261				
	Engagement	2965,500	261				
	Arbeitszufriedenheit	4163,194	261				
	Commitment	3687,793	261				
Korrigierter Gesamtwert	Allg. körperl. Wohlbefinden	162,410	260				
	Engagement	216,806	260				
	Arbeitszufriedenheit	173,079	260				
	Commitment	148,908	260				

a. R-Quadrat = ,071 (Angepasstes R-Quadrat = ,060)
b. R-Quadrat = ,078 (Angepasstes R-Quadrat = ,067)
c. R-Quadrat = ,040 (Angepasstes R-Quadrat = ,028)
d. R-Quadrat = ,060 (Angepasstes R-Quadrat = ,049)

Tab. 70: Ergebnis der Varianzanalyse (ALM) zur Moderatorwirkung von *Berufliche Selbstwirksamkeit* auf die Beziehung zwischen *Unterforderung* und den AVn

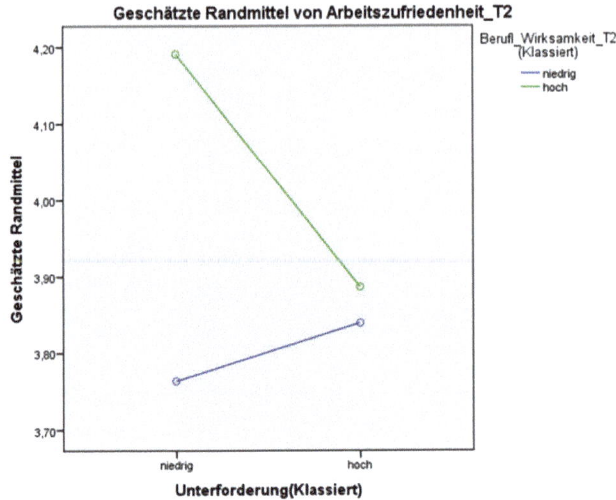

Abb. 39: 2-fach-Interaktion von *Unterforderung* und *Berufliche Selbstwirksamkeit* auf die *Arbeitszufriedenheit*

4.4 Im Längsschnitt: Veränderungen zwischen den Erhebungen - Ergebnisse der einfaktoriellen Varianzanalysen

Tabelle 71 zeigt die Mittelwerte und Standardabweichungen beider Erhebungen für die unabhängigen und abhängigen Variablen sowie den F-Wert der Varianzanalyse, der sich durch den Vergleich der Binnenvarianz (Varianz innerhalb der Gruppen) mit der Zwischenvarianz (Varianz zwischen den Gruppen) ergibt. Des Weiteren ist die Signifikanz dieses F-Wertes angegeben: signifikante F-Werte verwerfen die Hypothese, dass sich die Mittelwerte der Gruppen nicht signifikant unterscheiden.

Zwei von drei Voraussetzungen an die Daten, die in die Varianzanalyse eingehen, wurden z. T. verletzt: die Voraussetzung der Normalverteilung sowie die der Varianzhomogenität für die Variablen *Gratifikationskrise* (p = .002), *Soziale Unterstützung Vorgesetzter* (p = .004) und *Führung gesamt* (p = .000). Da T-Test und Varianzanalyse aber recht robust gegen solche Verletzungen der Voraussetzungen sind, wurde die Analyse dennoch durchgeführt (siehe auch Brosius, 2011). Gleichwohl sei zur vorsichtigen Interpretation der Ergebnisse geraten.

Vier Variablen haben sich signifikant bzw. hoch signifikant in die gewünschte Richtung entwickelt, für drei Variablen liegt ein statistischer Trend vor, und zwei Variablen verpassen diesen Trend nur knapp. Drei Variablen weisen keine signifikante Veränderung auf: *SMP gesamt, Allgemeines körperliches Wohlbefinden* sowie *Arbeitszufriedenheit*.

		H	Mittelwert	Standard-abwei-chung	F-Wert	Sig.
SMP gesamt	2011	333	3,64	0,53	,000	,997
	2013	275	3,64	0,58		
	Summe	608	3,64	0,55		
Gratifikations-krise	2011	333	3,10	0,75	7,508	,006
	2013	271	2,94	0,64		
	Summe	604	3,03	0,71		
Fehlbean-spruchung gesamt	2011	333	2,38	0,56	2,478	,116
	2013	271	2,31	0,51		
	Summe	604	2,34	0,54		
Regulations-behinderungen	2011	330	2,72	0,66	2,861	,091
	2013	272	2,63	0,60		
	Summe	602	2,66	0,63		
Soziale Unterstützung Kollegen	2011	332	3,37	0,78	2,558	,110
	2013	271	3,47	0,77		
	Summe	603	3,42	0,78		
Soziale Unterstützung Vorgesetzter	2011	330	3,36	1,24	10,348	,001
	2013	263	3,67	1,11		
	Summe	593	3,50	1,20		
Soziale Belastungen	2011	332	2,15	0,62	18,705	,000
	2013	271	1,94	0,55		
	Summe	603	2,06	0,60		
Physikalische Umgebungs-bedingungen (Belastungen)	2011	332	2,95	0,89	3,560	,060
	2013	271	2,82	0,86		
	Summe	603	2,89	0,88		
Fuehrung gesamt	2011	332	3,47	0,88	16,270	,000
	2013	268	3,74	0,75		
	Summe	600	3,59	0,83		
Allg. körperl. Wohlbefinden	2011	332	3,45	0,77	,121	,728
	2013	274	3,43	0,89		
	Summe	606	3,44	0,83		
Engagement	2011	329	3,08	1,04	3,104	,079
	2013	271	3,23	0,92		
	Summe	600	3,15	0,99		
Arbeitszufrie-denheit	2011	328	3,86	0,78	,192	,662
	2013	271	3,89	0,83		
	Summe	599	3,87	0,80		

Tab. 71: Mittelwertvergleich der Erhebungen 2011 und 2013 und Ergebnisse der ANOVA einfaktoriellen Varianzanalyse

4.5 Die Ergebnisse im Überblick

Bisher wurden die Ergebnisse beider Datenerhebungen getrennt dargestellt. Wegen der weitgehenden Identität der Messinstrumente und der großen Überlappung der beiden Stichproben ist es interessant und für Projekte der Organisationsentwicklung relevant, die Schnittmenge der Ergebnisse in einer Übersichtsdarstellung auf höherem Abstraktionsniveau zu betrachten. Hierbei erfolgt eine Fokussierung auf die Zusammenhänge zwischen den unabhängigen Variablen und den drei abhängigen Variablen *Engagement*, *Arbeitszufriedenheit* und *Allgemeines körperliches Wohlbefinden*. Es ist zu beachten, dass die Zusammenhangshypothesen in den beiden Untersuchungen mit zwei unterschiedlichen Verfahren getestet wurden: der multiplen hierarchischen Regression und der Diskriminanzanalyse. Während beide Methoden unterschiedliche mathematische Analysewege wählen, sind die Ergebnisse gleichwohl aufeinander abbildbar. Das exaktere Verfahren ist die Regression, da bei dieser Methode die gesamte Varianz der kontinuierlichen intervallskalierten AV-Dimension genutzt wird. Die Diskriminanzanalyse vereinfacht, indem sie die AV in zwei Extremgruppen mit hoher und niedriger AV-Ausprägung unterteilt, was auf der einen Seite einen Verlust an Information bedeutet, auf der anderen aber in einer sehr anschaulichen Tabelle mit Zuordnungsgenauigkeiten resultiert. Beide Methoden haben also eine wissenschaftliche Berechtigung und können als gegenseitige Ergänzungen verstanden werden.

Zum Zwecke der Komplexitätsreduktion und Übersichtlichkeit soll die Überblicksdarstellung diesen Prinzipien folgen:

- UV–AV-Kombinationen, die in beiden Erhebungen hoch signifikante Zusammenhänge bzw. einen hoch signifikanten und einen signifikanten Zusammenhang gezeigt haben, werden als „hoch relevant" gekennzeichnet
- UV-AV-Kombinationen, die in beiden Erhebungen signifikante oder in einer Erhebung hoch signifikante Zusammenhänge gezeigt haben, werden als „relevant" gekennzeichnet
- UV-AV-Kombinationen, die in einer Erhebung einen signifikanten Zusammenhang oder in beiden Erhebungen einen statistischen Trend ($p < .10$) gezeigt haben, werden als „Trend" bezeichnet
- UV-AV-Kombinationen, die in keiner der beiden Erhebungen zumindest einen statistischen Trend aufweisen, werden als „weniger relevant" gekennzeichnet. Gegen eine Kennzeichnung als „irrelevant" sprechen die durchweg signifikanten Korrelationen zwischen den UVn und AVn.
- Die AV *Commitment* wird hier nicht aufgeführt, da sie als errechnete Variable keine eigenständige unabhängige Ergebnisgröße darstellt
- Die Ergebnisse der Mediator- und Moderatoranalysen werden nicht berücksichtigt
- Die Relevanz des UV-AV-Zusammenhangs wird auch farblich visualisiert

Tabelle 72 zeigt die Ergebnisse im Überblick.

Unabhängige Variable	Abhängige Variable		
	Engagement	Arbeits-zufriedenheit	Allg. körperl. Wohlbefinden
SMP gesamt	relevant	hoch relevant	Trend
Gratifikationskise	hoch relevant	hoch relevant	Trend
Fehlbeanspruchung	Trend	hoch relevant	Trend
Regulations-behinderungen	relevant	Trend	weniger relevant
Soziale Unterstützung gesamt	weniger relevant	Trend	Trend
Soziale Belastungen	weniger relevant	Trend	Trend
Physikalische Umgebungsbedingungen	Trend	weniger relevant	hoch relevant
Führung gesamt	relevant	weniger relevant	Trend

Tab. 72: Zusammenhänge zwischen unabhängigen und abhängigen Variablen im Überblick

Gratifikationskrise erweist sich als Variable, die für alle Outcomes Bedeutung hat, und dies mit hoher Relevanz für die affektiven Outcomes. Hierfür erweist sich auch das *Salutogenetische Motivationspotential der Arbeit SMP* als relevante „Stellschraube". Auch die *Fehlbeanspruchung* als über- oder auch unterfordert sein zeigt Zusammenhänge zu den affektiven AVn, hier insbesondere zur *Arbeitszufriedenheit*. Das *Allgemeine körperliche Wohlbefinden* hängt primär mit den *Physikalischen Umgebungsbedingungen* zusammen, die wiederum einen Trend bei der AV *Engagement* aufweisen. *Führung* ist relevant in Bezug auf das *Engagement*, nicht jedoch die *Arbeitszufriedenheit*. Mit dem eher somatischen Outcome weist Führung zumindest einen Trend auf.

Eine differenziertere Analyse auf dem Niveau der Subskalen zeigt, dass die unabhängige Variable *SMP* besonders starke Zusammenhänge zu den AVn *Engagement* und *Arbeitszufriedenheit* auf den Subskalen *Partizipation* und *Vollständigkeit* aufweist. Die *Anforderungsvielfalt* kovariiert mit dem Engagement, und die *Bedeutsamkeit* mit der Arbeitszufriedenheit.

5 Diskussion der Ergebnisse

Die in Kapitel 4 vorgestellten Ergebnisse der beiden Datenerhebungen dienen primär der empirischen Überprüfung des in Kapitel 2.6 entwickelten *Acht-Faktoren-Modells gesunder Führung*. Dieses aus den bekanntesten und am besten überprüften Theorien zum Zusammenhang von *Arbeit, Gesundheit und Wohlbefinden* abgeleitete Modell stellt eine pragmatische Analyse- und Handlungsanleitung für Organisationsentwicklungsmaßnahmen dar, die auf die Verbesserung des Kommitments, der Zufriedenheit und der Leistungsmotivation bzw. des Engagements abzielen.

Um als solche Grundlage zu dienen, müssen die Zusammenhänge zwischen den im Modell definierten Bedingungen des Arbeits- und sozialen Umfelds und diesen o. g. affektiven und verhaltensbezogenen Outcomes nachgewiesen werden.

Wie in Kapitel 4.1.4 dargelegt, soll dieser Nachweis in der vorliegenden Arbeit durch eine Überprüfung der in den Hypothesen H1 bis H8 sowie H14 bis H19 formulierten Zusammenhänge zwischen unabhängigen und abhängigen Variablen erbracht werden (*Zusammenhangshypothesen*).

Aus den ursprünglichen theoretischen Modellen abgeleitete Moderatoreffekte der Variablen *Bedürfnis nach Selbstentfaltung* (Job Characteristics Modell) und *Soziale Unterstützung* sowie *Autonomie (*Demand/Control-Modell*)* wurden in den Hypothesen H9 bis H13 definiert.

Der Interventionseffekt des im Untersuchungsumfeld implementierten BGM-Programms wird für den Faktor *Führung* durch einen Vorher-/Nachher-Vergleich getestet, und hierauf bezieht sich Hypothese H20.

Die Validität der statistisch-empirischen Überprüfung des Acht-Faktoren-Modells findet ihre natürliche Begrenzung in der Qualität der zugrundeliegenden Daten. Aus diesem Grunde beginnt die kritische Diskussion der Ergebnisse mit deren Analyse, bevor im Anschluss die Ergebnisse mit Bezug auf jede einzelne der abhängigen Variablen diskutiert werden. Die hierbei gewonnenen Erkenntnisse werden dann auf die Faktoren des Acht-Faktoren-Modells angewendet, um deren „Haltbarkeit" als Arbeitsbedingungen zu überprüfen, die wichtige Antezedenten von Engagement, Arbeitszufriedenheit und körperlichem Wohlbefinden darstellen. Diese faktorenspezifische Diskussion orientiert sich im Wesentlichen an der in Tabelle 14 vorgenommenen Zuordnung von Faktoren zu Skalen und Subskalen des eingesetzten Fragebogens.

5.1 Diskussion der Durchführungsmodalität und der Messgüte-Indikatoren des Fragebogens

5.1.1 Diskussion der Durchführung, der internen Konsistenz und Trennschärfe

Der in beiden Untersuchungen eingesetzte Fragebogen bestand sowohl aus Items, die bereits bestehenden und veröffentlichten Instrumenten wie dem MLQ oder SALSA entnommen wurden, als auch selbst entwickelten Items (siehe Kapitel 4.1.2).

Die biografische Struktur beider Stichproben (Tabellen 15 und 45) ist vergleichbar, und sie entspricht der biografischen Struktur der Gesamtpopulation der Werksorganisation. Beide Stichproben können also als repräsentativ angesehen werden. Die Teilnahmequote von 61% im Jahr 2011 entspricht in etwa den Standards bei solchen freiwillig erfolgenden Befragungen, während die Quote von 50% im Jahr 2013 für die Untersuchungsleiter enttäuschend war. Gespräche hierüber mit einigen zufällig ausgewählten Teilnehmern und dem Betriebsrat ergaben, dass bei den Mitarbeitern einige Zweifel an der Anonymität der Befragungsergebnisse bestanden. Gerade in kleinen Abteilungen befürchteten die Mitarbeiter, durch ehrliche Beantwortung der biografischen Fragen zu Geschlecht, Altersgruppe, Qualifikation usw. wie bei einer Rasterfahndung eindeutig identifiziert werden zu können. Besonderes Misstrauen bestand auch gegenüber dem personifizierten Code, der aus willkürlich gewählten Buchstaben des Vornamens der Mutter, des Geburtsortes etc. bestand. Aus diesem Grund wiesen wir auch vor der 2. Befragung ausdrücklich darauf hin, dass diese Daten gerne offen gelassen werden könnten. Die *missing values* bei den biografischen Daten entsprechen in 2013 jedoch ungefähr dem 2011er Niveau, d. h. dass die Mitarbeiter, die sich zur Teilnahme entschieden hatten, offenbar nicht allzu misstrauisch an die Befragung herangingen. Es ist jedoch denkbar, dass die „Misstrauischen" der 2. Befragung ganz fern blieben, was den Einbruch um 60 Teilnehmer erklären könnte. Auch die Tatsache, dass die Befragung durch Mitarbeiter der Personalabteilung und keine neutrale externe Partei durchgeführt wurde, kann dieses Ressentiment verstärkt haben. Dieses Argument gilt allerdings auch für die erste Befragung, weshalb es die Unterschiede bei den Quoten nicht hinreichend erklären kann.

Die in beiden Erhebungen vergleichbar vorliegenden Werte für die Schiefe der Skalen (Tabellen 16 und 46) sowie die signifikante Abweichung von der Normalverteilung (Tabellen 17 und 47) ist bei der Verwendung 5-stufiger Antwortskalen recht häufig anzutreffen (Bühner, 2011). Vor einem Einsatz des Fragebogens in größerem Umfang müssten die Item-Schwierigkeiten auf der Grundlage großer Test-Stichproben kritisch analysiert und Items ggf. eliminiert oder neu formuliert werden. Durch die in späteren Auswertungen erfolgende Beschränkung auf non-parametrische Korrelationsverfahren wurden die verteilungsrelevanten statistischen Fehler und Probleme in der vorliegenden Untersuchung jedoch teilweise umgangen.

Bezüglich der Internen Konsistenz der Skalen und Subskalen, bestimmt über den Cronbach Alpha-Wert (Tabellen 18 und 48), zeigt sich ein recht heterogenes Bild zwischen den verschiedenen Skalen, aber eine gute Übereinstimmung zwischen den beiden Erhebungen bezüglich identischer Skalen: die Konsistenzen in Studie 1 konnten also in Studie 2 überwiegend bestätigt werden. Die höchste interne Konsistenz weisen Skala und Subskalen *Führung* auf, mit Werten von durchweg > .90. Auch die abhängigen Variablen *Engagement, Arbeitszufriedenheit, Allgemeines körperliches Wohlbefinden* und *Commitment* erreichen mit Werten zwischen .76 und .87 gute Ergebnisse, ebenso die *Physikalischen Umgebungsbedingungen* mit Werten > .80. Auch die Werte für die Skalen *SMP gesamt* und *Soziale Unterstützung Kollegen* und *Soziale Unterstützung gesamt* erreichen Werte zwischen .73 und .82.

Deutlich unbefriedigende interne Konsistenz weisen die Skalen *Regulationsbehinderungen* und das *Gesundheitsverhalten* auf. Wie bereits an anderer Stelle erwähnt, ist dieser Befund aufgrund der inhaltlichen Heterogenität nicht überraschend und für die weitere inhaltliche Interpretation der Ergebnisse auch nicht schädlich. *Gesundheitsverhalten* z. B. setzt sich aus den Unterelementen *Rauchen, Sport treiben* und *Evita-Teilnahme* zusammen. Zunächst einmal ist es gut denkbar, dass ein Mitarbeiter zwar raucht, aber auch aktiv Sport treibt, nicht aber am BGM-Programm teilnimmt, weil er den privat im Verein betriebenen Sport vorzieht und der Meinung ist, „Gesundheit geht meinen Arbeitgeber nichts an". Hier kann also nicht von einer hohen Item-Interkorrelation ausgegangen werden. Gleichwohl ist es sinnvoll, hohe Skalenwerte zu vergeben, wenn ein Mitarbeiter nicht raucht, jedoch Sport betreibt und auch noch am BGM-Programm teilnimmt! *Gesundheitsverhalten* erreicht in diesem Beispiel einen Maximalwert, was inhaltlich korrekt ist. Genauso sind die einzelnen *Regulationsbehinderungen* inhaltlich unabhängig voneinander: der Materialfluss kann durch schlecht organisierte Prozesse so gestört sein, dass der Mitarbeiter oft auf Ersatzteile warten muss, aber die Aufbauorganisation und die Zuständigkeiten des Betriebs sind ihm gut bekannt. Wenn aber Behinderungen auf mehreren der als Einzelitems formulierten Ebenen existieren, ist es logisch, auch einen entsprechend hohen Skalenwert zu vergeben. Beide genannte Skalen bilden also sehr wohl eine inhaltliche und – so wird postuliert – in ihrer Wirkung auf die Mitarbeiter einheitliche Entität, auch wenn ihre Einzelkomponenten nicht eng verbunden sein müssen (additive Wirkung!).

Alle weiteren Skalen erreichen zumindest akzeptable Konsistenzwerte zwischen .50 und .70.

Die Trennschärfe-Indizes spiegeln die interne Konsistenz wider: die interne Konsistenz basiert ja auf den Item-Interkorrelationen, und je höher diese sind, desto höher fällt automatisch die Korrelation zwischen den Items und der aus den Items zusammengesetzten Skala aus.

Sollte der Fragebogen systematisch und in größerem Umfang eingesetzt werden, müsste zunächst seine gründliche Analyse und Revision auf Item-Niveau stattfinden, und das überarbeitete Instrument müsste vor einem „professionellen Einsatz" z. B. im Rahmen der Unternehmensberatung nach gängigen Prinzipien der Testkonstruktion validiert werden (Bühner, 2011).

5.1.2 Diskussion der Datenstruktur und des Faktors *Führung*

Die Ergebnisse der Faktorenanalyse zur Struktur des Fragebogens (Anhang L und M) zeigen einen starken und eindeutig interpretierbaren Faktor *Führung*, der alleine 27,7% der Gesamtvarianz erklärt (Tabellen 20 und 21), wobei zu berücksichtigen ist, dass dieser Teil mit 32% der Items auch den größten Block repräsentiert. Die hohe interne Konsistenz dieses Faktors und die sehr hohen Interkorrelationen der Führungs-Items legen aber nahe, dass auch mit weniger Items ein ähnlich überzeugender Nachweis der *Führung* als wesentlichem Element des Fragebogens gelungen wäre.

Die Ergebnisse der Faktorenanalyse weisen auf einen einzigen *Faktor Führung* hin, indem es nicht gelingt, die inhaltlich abgeleiteten Unterdimensionen *Charisma, Resultat- und Leistungsorientierung, Coaching* und *Soziale Unterstützung* nachzuweisen. Hier liegt es nahe, das gewählte Antwortformat für dieses Ergebnis verantwortlich zu machen: anders als z. B. im *Fragebogen zur Vorgesetzten-Verhaltensbeschreibung* (FVVB) (Fittkau-Garthe, 1970 in Gebert & von Rosenstiel, 1981) wurden die Mitarbeiter nicht aufgefordert, das Verhalten ihres Vorgesetzten bezüglich seiner Intensität und Häufigkeit – quasi neutral - zu beschreiben. Vielmehr wurden sie aufgefordert, ihren Vorgesetzten auf den beschriebenen Merkmalen zu beurteilen (*„Wie beurteilen Sie Ihre Führungskraft auf den folgenden Merkmalen?“* Antwortformat: von *„sehr schlecht“* bis *„sehr gut“*). Das 1-Faktoren-Ergebnis weist darauf hin, dass Mitarbeiter ihre Führungskraft ganzheitlich beurteilen. Die Führungskraft wird nicht wahrgenommen als eine, die z. B. sehr gut im Bereich der Resultat- und Leistungsorientierung ist, aber weniger gut z. B. als Coach fungiert. Der Mitarbeiter scheint das eher ganzheitliche Urteil „gute Führungskraft“ bzw. „schlechte Führungskraft“ abzugeben!

Dieser Befund ist ein interessanter Hinweis auf die dyadische Führungstheorie von Graen (1976; siehe Kapitel 2.2.2.3), die ja auch nicht nach bestimmten Unterfacetten des Führungsverhaltens differenziert, wie es die Theorien zu Führungsstilen oder das Konzept der transaktionalen und transformationalen Führung tun (siehe Kapitel 2.2.2.2 und 2.2.2.4).
Graen dagegen stellt mit dem LMX-Wert die Qualität der Führungskraft-Mitarbeiter-Dyade in den Vordergrund seines Modells, und so wie es bei ihm je nach instrumentellem Nutzen des Mitarbeiters für die Führungskraft eine „in-group“ und eine „out-group“ mit mehr oder weniger (summarisch) gutem Verhältnis gibt, existiert diese Sichtweise wahrscheinlich auch für die Mitarbeiter: Führungskräfte, mit denen man (summarisch) gut klar kommt und solche, mit denen es (summarisch) mehr Probleme gibt.

Eine nähere Analyse der individuellen bottom-up Rückmeldungsergebnisse für die Führungskräfte zeigt in der Tat, dass die Ergebnisse zumindest bei den Führungskräften, die eine große Anzahl von Rückmeldungen erhalten haben, durchweg stark streuen. Die Führungskraft scheint in diesen Fällen einen „Fan-Club", aber auch eine Gruppe von kritischen Mitarbeitern zu haben, die sie eher negativ bewerten. Die interessante Frage ist die nach den Ursachen dieser Streuung der Urteile. Hier sind drei verschiedene Erklärungsmodelle denkbar:

a) Die Führungskraft verhält sich verschiedenen Mitarbeitern gegenüber unterschiedlich.

   Hier liegt die Varianzquelle also ausschließlich im Verhalten der Führungskraft. Ein solcher Befund wäre ein Indiz für die Gültigkeit der Graen'schen Theorie: die Führungskraft differenziert zwischen denen, die sie in ihrer eigenen Zielerreichung unterstützen und denen, die hier keinen hilfreichen Beitrag leisten oder sogar störend wirken.

b) Die Führungskraft verhält sich verschiedenen Mitarbeitern gegenüber relativ konstant, aber die Ansprüche der Mitarbeiter an dieses Verhalten sind unterschiedlich.

   Hier liegt die Varianzquelle ausschließlich bei den Mitarbeitern, die z. B. durch unterschiedliche Ansprüche an die Autonomie, mit der sie arbeiten dürfen, an den Schwierigkeitsgrad der Aufgaben, die sie übertragen bekommen auf das interindividuell konstante Verhalten ihres Vorgesetzten unterschiedlich reagieren. Ein solches pauschales und nicht nach den Bedarfen unterschiedlicher Mitarbeiter differenzierendes Verhalten wäre Interventionsinhalt von Trainings zum *situativen Führen* (siehe Kapitel 2.2.2.2).

c) Die Führungskraft behandelt Mitarbeiter unterschiedlich, und diese haben unterschiedliche Ansprüche an das Geführt-werden.

   Hier liegt eine Kombination der Varianzquellen *Führungskraft* und *Mitarbeiter* vor, und varianzanalytisch müssten sich zumindest zwei Haupteffekte, wahrscheinlich aber auch ein Interaktionseffekt zeigen.

Eine Detailanalyse dieser drei unterschiedlichen Wirkmechanismen ist nicht Inhalt dieser Arbeit. Eine entsprechende Untersuchung hätte die zwingende Voraussetzung, zwischen dem Verhalten der Führungskraft, dessen Bewertung durch den Mitarbeiter und den relevanten Dispositionen und Erwartungen der Mitarbeiter zu unterscheiden und diese Größen unabhängig voneinander zu operationalisieren. Hier wäre auch eine Unterscheidung zwischen objektiv erfasstem Verhalten der Führungskraft – z. B. durch Expertenurteil in einer teilnehmenden Beobachtungssituation – dessen subjektiver Wahrnehmung durch den Mitarbeiter und den weiteren Folgen nötig, wodurch das in Abbildung 40 dargestellte Wirkungsgefüge überprüfbar würde.

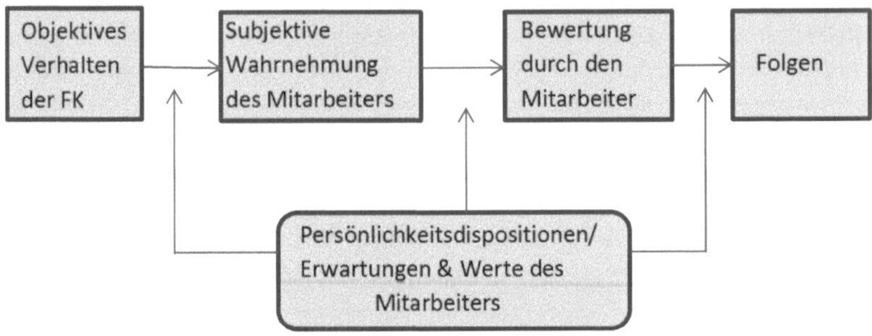

Abb. 40: Interaktionsmodell zwischen Führungsverhalten und dessen Folgen

In der vorliegenden Untersuchung war eine bewusste Entscheidung für die Verwendung der subjektiven Variablen *Bewertung der Führungskraft* an Stelle der *Beschreibung des Führungsverhaltens* erfolgt, da diese Bewertung – wie in Abbildung 40 ersichtlich – näher an den hier interessierenden *Folgen* wie Engagement, Arbeitszufriedenheit und Allgemeinem körperlichen Wohlbefinden liegt. Die Analysen der Zusammenhangshypothesen beziehen sich also auf den rechten oberen Pfeil des Modells, der die Bewertung mit den Folgen verbindet. Die Moderatoreinflüsse der interindividuellen Differenzen wie Dispositionen etc. wurde hier genauso wenig untersucht wie das objektive, durch neutrale Dritte eingeschätzte Führungsverhalten.

Die weiteren Ergebnisse der Faktorenanalyse weisen außer dem dominierenden Faktor *Führung* noch vier weitere Faktoren auf, die jeweils über 3% der Gesamtvarianz aufklären: *Anforderungsvielfalt*, der auch Autonomie beim Treffen arbeitsrelevanter Entscheidungen beinhaltet, *Physikalische Belastungen*, die affektiven Outcomes *Commitment* sowie *Gesundheitliche Beschwerden*.

Die Faktoren *Überforderung* und *Unterforderung* erweisen sich als recht unabhängige Faktoren, weshalb die Unterforderung auch als eigenständige Subskala der *Fehlbeanspruchung* in der Studie 2 behandelt wurde und nicht mit invertierten Werten in der *Überforderung* aufging.

Insgesamt zeigt sich, dass die Faktorenstruktur in einigen Elementen von der inhaltlichen Skalenstruktur des Fragebogens abweicht, indem sich Items zu Faktoren gruppieren, die als solche keine Skala bilden (z. B. *Angst um den Arbeitsplatz*), zum anderen die Items einer Skala wie *Gratifikationskrise* sich auf verschiedene Faktoren verteilen bzw. auf keinem der extrahierten Faktoren eine hinreichend bedeutsame Ladung aufweisen, somit also aus der Analyse herausgenommen wurden.

Da die Konstruktionsintention des Fragebogens aber überwiegend theoriegeleiteten inhaltlichen Prinzipien folgte, wird diese unvollständige Faktorenreplikation in Kauf genommen, da ansonsten inhaltlich zusammengehörende, aber doch untereinander heterogene Items wir die der Gratifikationskrise oder der Regulationsbehinderungen nicht zur Erfassung dieser theoretisch relevanten Konstrukte hätten verwendet werden können. Des Weiteren muss bedacht werden, dass es bei der vorliegenden Arbeit nicht um die Entwicklung und Überprüfung eines einzelnen Konstruktes geht, innerhalb derer die Faktorenanalyse einen wichtigen Beitrag zur Überprüfung der Konstruktvalidität liefern müsste. Vielmehr geht es um das hoch komplexe Umfeld der täglichen Arbeit, und aus diesem Feld die Heterogenität „faktorenanalytisch herauszurechnen“ wäre eine unzulässige Anwendung der Methode.

In einer Folgeuntersuchung könnte es sinnvoll sein, die Komplexität des Variablenfeldes einzuschränken und auf einen Ausschnitt besonders relevanter Zusammenhänge zu fokussieren. In diesem Fall könnten die relevanten Dimensionen auch mit einer größeren Anzahl von Items erfasst werden, was zum einen die Reliabilität der Messungen erhöhen, zum anderen der inhaltlichen Komplexität z. B. eines Konstrukts wie *Gratifikationskrise* besser gerecht würde. Diese explorative und auf die Detektion von Interventionsansätzen ausgerichtete Untersuchung musste Kompromisse bezüglich der Maximalzahl eingesetzter Items machen, um die Durchführbarkeit der Erhebung im laufenden Produktionsbetrieb sicherzustellen.

5.2 Diskussion der Zusammenhänge zwischen den Arbeitsbedingungen und dem *Engagement*

Die abhängige Variable *Engagement* weist durchweg signifikante oder hoch signifikante korrelative Zusammenhänge zu allen Skalen und Subskalen auf (Tabellen 22 und 51). Besonders stark ist der lineare Zusammenhang zur *Gratifikationskrise*, der in beiden Untersuchungen Werte um $r = -.55$ erreicht, das heißt, dass beide Variablen ca. 30% gemeinsame Varianz aufweisen. Alle Korrelationen entsprechen bezüglich der positiven/negativen Werte den Erwartungen, d. h. dass „günstige“ Arbeitsbedingungen mit hohen Engagement-Werten einhergehen und „ungünstige“ wie z. B. *Regulationsbehinderungen* mit niedrigeren Werten.

Hypothese H1b postuliert positive lineare Zusammenhänge zwischen allen Subskalen sowie dem Gesamtwert des *Salutogenetischen Motivationspotentials*. In der 1. Studie wird dieser Zusammenhang auf Basis der Korrelationen voll bestätigt. In der 2. Studie verfehlt nur die Unterskala *SMP Autonomie* die Signifikanz. Insgesamt zeigt diese Unterskala sowie *SMP Feedback* die schwächsten korrelativen Zusammenhänge mit Engagement. Die Hypothesen H2b bis H7b finden auf der Ebene der Korrelationsanalysen Bestätigung.

Aus den Tabellen 23 und 50 gehen die hohen Interkorrelationen zwischen den Arbeitsbedingungen hervor. Diese gemahnen zu vorsichtiger Interpretation von Analysen, die sich rein auf Korrelationskoeffizienten stützen. Interessanter als die isolierte Betrachtung jeder einzelnen Variablen ist die Überprüfung des inkrementellen Erklärungsgewinns, den diese Variable gegenüber anderen Variablen bewirkt. Dies wurde in der 1. Studie mit der Methode der multiplen linearen sowie der multiplen hierarchischen Regression untersucht.

Die Ergebnisse der multiplen linearen Regression, bei der alle unabhängigen Variablen gleichzeitig als Prädiktoren der abhängigen Variable *Engagement* in die Gleichung aufgenommen wurden, zeigt Tabelle 25. Hier zeigen sich signifikante Zusammenhänge für *SMP gesamt, Regulationsbehinderungen, Gratifikationskrise* und *Führung gesamt. Fehlbeanspruchung, Soziale Unterstützung, Soziale Belastungen* und *Physikalische Umgebungsbedingungen* leisteten keinen signifikanten Erklärungsbeitrag.

In der anschließenden multiplen hierarchischen Regression auf Engagement wurden die signifikanten Prädiktoren in zwei Schritten in die Gleichung aufgenommen, mit der starken Variablen *Gratifikationskrise* in Schritt 1. Hierbei zeigte sich, dass die Aufnahme der anderen Prädiktoren zu einer signifikanten Steigerung der Varianzklärung beitragen konnte (Tabellen 30 und 31). Eine Detailanalyse der jeweiligen Items der *Gratifikationskrise* zeigte keinen eindeutigen Schwerpunkt – alle Unteraspekte dieses Konstrukts tragen signifikant zur Gratifikationskrise bei (Tabelle 32). Dieselbe Detailanalyse für die Subskalen des *SMP* zeigt die Bedeutung der Aspekte *Anforderungsvielfalt, Vollständigkeit der Aufgabe* und *Partizipation. Bedeutsamkeit* und *Autonomie* erreichten keine Signifikanz (Tabelle 33).

In der 2. Studie wurde der Zusammenhang zwischen Arbeitsbedingungen und Engagement mit der Methode der Diskriminanzanalyse untersucht. Auch hier bestätigt sich die *Gratifikationskrise* als wichtigste Variable zur Trennung der Engagement-Extremgruppen. *SMP* verpasst hier die Aufnahme in die Gleichung nur knapp, während mit *Fehlbeanspruchung* und den *Physikalischen Umgebungsbedingungen* zwei signifikante Prädiktoren auftauchen, die in der 1. Studie nicht im Vordergrund standen (Tabellen 52 – 55).

Insgesamt unterstützen diese Ergebnisse zum *Engagement* und seinen Antezedenten stark das Modell der Gratifikationskrise von Siegrist (siehe Kapitel 2.3.3). Die Wahrnehmung eines gerechten Austauschverhältnisses zwischen Einsatz und Ertrag beeinflusst deutlich die Bereitschaft der Mitarbeiter, sich in besonderem, über das „normale" Maß hinausgehend für ihre Arbeit einzusetzen.

Auch das *Salutogenetische Motivationspotential der Arbeit* kann als wichtige Voraussetzung für Engagement bestätigt werden, wenn auch die Extremgruppendifferenzierung in Studie 2 mit dieser Größe knapp die Signifikanz verfehlt. Die hier aussagekräftigere Regressionsanalyse unterstützt die Grundannahmen des Job Characteristics Modells von Hackman & Oldham, und aus arbeitsgestalterischer Sicht bietet dieser Befund einen klaren Hinweis auf mögliche Interventionsansatzpunkte zur Optimierung des Arbeitsumfeldes. Interessant ist hier die hohe Bedeutung der Subskala *Partizipation*, die deutlich stärkere Zusammenhänge zum Engagement zeigt als die *Autonomie*. Während sich die Autonomie auf die unmittelbare Arbeitstätigkeit selbst richtet, also die Freiheit, über das „wann" und das „wie" der Ausführung zu entscheiden, misst Partizipation den Einbezug in die „größeren Bezüge", innerhalb derer die Tätigkeit stattfindet: wird der Mitarbeiter gefragt, wenn etwas Neues eingeführt wird? Kann er seine Verbesserungsideen vorbringen, und werden diese gehört und umgesetzt? Partizipation operationalisiert also den Einbezug des Mitarbeiters in Problemlösungen, die über seinen unmittelbaren Arbeitsplatz hinausgehen.

Auch der Faktor *Führung* erweist sich als relevant, zumindest in der Regressionsanalyse. Das er in der Diskriminanzanalyse keinen eigenständigen Beitrag zur Trennung der Extremgruppen leistet, kann über seine vielfältigen Verknüpfungen mit den anderen Prädiktoren erklärt werden, der in der Pfadanalyse (Abbildung 26) nachgewiesen wurde: Führung wirkt nicht nur „direkt", sondern über die Beeinflussung der sonstigen Arbeitsbedingungen durch die Führungskraft vermittelt. So „steckt" in der Gratifikationskrise ein signifikanter Anteil von Führungsverhalten – fehlende Wertschätzung für die eigene Arbeit durch die Führungskraft ist eine Facette der Gratifikationskrise, neben der wahrgenommenen Gehaltsungerechtigkeit (die der Organisation, weniger dem direkten Vorgesetzten zugeschrieben wird) oder der Befürchtung, der Arbeitsplatz sei gefährdet.
Insgesamt werden die Zusammenhangshypothesen H1b – H8b bestätigt, wenn auch die Bedeutung der einzelnen Arbeitsbedingungen für die abhängige Größe *Engagement* differiert.

5.3 Diskussion der Zusammenhänge zwischen den Arbeitsbedingungen und der *Arbeitszufriedenheit*

Eine Analyse der Korrelationsmatrizen in Tabelle 22 und 51 zeigt durchweg signifikante und hoch signifikante Werte. In dieser Hinsicht ähneln sich die Ergebnisse für die affektiven Outcomes *Engagement* und *Arbeitszufriedenheit*. Allerdings zeigen sich für diese abhängige Variable weniger deutliche Zusammenhangsschwerpunkte, als dies für Engagement mit der *Gratifikationskrise* der Fall war. Zwar ist diese Korrelation auch für Arbeitszufriedenheit in beiden Studien die stärkste mit Werten von r = -.46 bzw. -.35, dies entspricht 21% bzw. 12% gemeinsamer Varianz. Insgesamt aber scheint die Arbeitszufriedenheit breiter determiniert zu sein.

Die multiple lineare Regression (Tabelle 24) mit gleichzeitiger Aufnahme aller Prädiktoren ergibt signifikante Ergebnisse für drei Variablen: *SMP gesamt, Gratifikationskrise* und *Fehlbeanspruchung gesamt. Soziale Unterstützung gesamt* und *Soziale Belastungen* weisen einen statistischen Trend (p = .10) auf. Die anschließend gerechnete multiple hierarchische Regression bestätigt eine inkrementelle Varianzklärung von ca. 7% durch die Aufnahme dieser vier Variablen in Schritt 2, nachdem die Gratifikationskrise in Schritt 1 bereits 20% der Gesamtvarianz erklärt hat. Von den Trend-Variablen leistet nur die *Soziale Unterstützung* einen signifikanten Beitrag, die *Sozialen Belastungen* verfehlen die Signifikanz.

Eine Regression der einzelnen Gratifikationskrise-Items auf die Arbeitszufriedenheit zeigt ein differenziertes Ergebnis: signifikante Ergebnisse für die Items, die mit dem gerechten Austauschverhältnis „Einsatz gegen Bezahlung, Beförderung und Arbeitsplatzsicherheit" zu tun haben, jedoch kein signifikantes Ergebnis für das Item, das die Konstrukt-Facette „Verausgabungsneigung - Overcommitment" abdeckt (siehe Kapitel 2.3.3.1).

Bei einer Detailanalyse des Zusammenhangs zwischen *SMP* und *Arbeitszufriedenheit* auf dem Niveau der Subskalen erweist sich – wie auch beim Engagement – die *Partizipation* als bedeutsamste Variable, und auch die *Vollständigkeit der Aufgabe* und deren erlebte *Bedeutsamkeit* erweisen sich als relevant. Für *Anforderungsvielfalt, Autonomie* und *Feedback* liegt keine Signifikanz vor.

Die Ergebnisse der Diskriminanzanalyse in Studie 2 bestätigen den o. a. Befund für die unabhängigen Variablen *Gratifikationskrise* und *SMP*, durch die sich in Verbindung mit den *Regulationsbehinderungen* als dritter Variable eine Extremgruppenzuordnung mit 65,8% Trefferquote ergab. *Fehlbeanspruchung* konnte in dieser Studie und mit dieser Methode nicht als wirkungsvoller Prädiktor bestätigt werden. Insgesamt zeigt auch die weniger genaue Extremgruppenzuordnung, dass die Determinanten der Arbeitszufriedenheit nicht so eindeutig sind wie die des Engagements. Hier kann nicht DER EINE wichtigste Faktor angeführt werden, sondern die Zufriedenheit hängt von zahlreichen Einflussfaktoren ab.

Auch die Ergebnisse für Arbeitszufriedenheit bestätigen die Annahmen des Konzepts der Gratifikationskrise. Nicht nur das motivational geprägte und aktive Engagement findet in dem Gefühl des gerechten Austauschverhältnisses seine stärkste Determinante, auch die eher statisch-passive Arbeitszufriedenheit weist starke Zusammenhänge hierzu auf.

Die Tatsache, dass *Führung* kein signifikanter Prädiktor der Arbeitszufriedenheit ist – und hierin unterscheidet sich das Ergebnis von dem für Engagement – ist zunächst überraschend. Ein Vergleich der Tabellen 25 und 26 zur Mediatorwirkung der Führung zeigte aber bereits, dass die Verbindungspfade durchaus unterschiedlich stark ausgeprägt sind, und auch die korrelativen Zusammenhänge sind ja deutlicher zwischen Führung und Engagement. Wenn man nun in die Inhalte der beiden Skalen schaut, wird dieses Ergebnis erklärbar.

Die Operationalisierung von *Engagement* stellt zwar auch Bedingungen in den Vordergrund, welche das Unternehmen und nicht die einzelne Führungskraft betreffen (*„Meine Firma motiviert mich..."*). Auf das Vorhandensein oder Nichtvorhandensein solcher leistungsanregender Bedingungen hat die Führungskraft allerdings unmittelbaren Einfluss: sie kann Motivator sein, erreichbare, aber anspruchsvolle Ziele setzen, gute Leistung immateriell honorieren, insgesamt ein leistungsfreundliches und anregendes Klima schaffen.

Die Items zur Erfassung der *Arbeitszufriedenheit* betreffen eher die Firma als Ganzes. So ist die Frage, ob ich *„...die Firma einem Freund empfehlen würde, der eine Arbeit sucht"*, sicher von solchen Faktoren wie Gehaltsniveau, Unternehmenskultur allgemein, Arbeitsplatzsicherheit etc. abhängig. Der unmittelbare Vorgesetzte hat hier weniger unmittelbaren Einfluss – „gute personelle Führung“ kann in einem ungünstigen Unternehmensumfeld, das ich meinen Freunden „nicht antun“ würde, sehr wohl vorkommen, so wie auch ein kritisches Verhältnis zum eigenen Vorgesetzten in einem eigentlich günstigen Unternehmensumfeld möglich ist.

Die *Fehlbeanspruchung* in Form von qualitativer und quantitativer Überforderung sowie Unterforderung beeinflusst die Arbeitszufriedenheit, nicht aber das Engagement. Dieser Befund kann Ausdruck eines Prozesses sein: ich bin mit den Aufgaben überfordert, und - zumindest im Falle subjektiver Selbstwirksamkeit und leistungsthematischer Erfolgszuversicht – versuche ich zunächst, sie durch erhöhten Einsatz zu bewältigen. Wenn hier der Erfolg ausbleibt, stelle ich mein Engagement ein – was sogar eine die Gesundheit schützende Reaktion sein kann, die ein ansonsten drohendes Burnout durch erfolgloses „gegen Windmühlenflügel kämpfen“ verhindert. Eine Datenerhebung an einem einzigen Zeitpunkt erreicht Mitarbeiter, die in diesem Anpassungsprozess unterschiedlich weit sind: die einen sind noch im aktiven Prozess der Bewältigung und zeigen erhöhtes Engagement, die anderen befinden sich bereits in der Phase der Resignation, was zu fehlender Linearität des Zusammenhangs führen würde. Ein solcher Adaptationsvorgang kann aber nur aus der Längsschnitt-Perspektive mit mehreren Erhebungszeitpunkten und idiografischer Herangehensweise, z. B. in Form von individuellen Tiefeninterviews – analysiert werden. Die vorliegende Untersuchung bietet hierfür keinen Ansatzpunkt.

Die Arbeitszufriedenheit wird jedoch durch das Fortbestehen der Über-/Unterforderungssituation negativ beeinflusst. Dies legt nahe – wenn man das oben beschriebene Bild des Phasenverlaufs weiter anwenden will - dass Fehlbeanspruchung in allen Phasen der Auseinandersetzung zu geringerer Zufriedenheit führt.

Der nachweisbare Einfluss der Skala *SMP* und der meisten ihrer Subskalen unterstützt wiederum das Job Characteristics Modell. Der Zusammenhang zwischen dem Motivationspotential der Arbeit und gerade der subjektiv-affektiven Variablen *Arbeitszufriedenheit* ist ein ja häufig replizierter Befund (siehe Kapitel 2.3.5.3).

Insgesamt werden die Zusammenhangshypothesen H1c bis H8c durch die Korrelationsanalysen bestätigt, gleichwohl zeigen die differenzierteren Analysen – wie auch für *Engagement* – durchaus unterschiedliche Bedeutung der verschiedenen Arbeitsbedingungen.

5.4 Diskussion der Zusammenhänge zwischen den Arbeitsbedingungen und dem *Allgemeinen körperlichen Wohlbefinden*

Die Skala *Allgemeines körperliches Wohlbefinden* erfasst fünf somatische Beschwerden, von denen bekannt ist, dass sie häufig als Begleiterscheinung lange anhaltender psychischer Belastungs- und Konfliktsituationen auftreten, wie Ein- und Durchschlafschwierigkeiten, Kopfschmerzen, Rückenschmerzen (Orthmann & Otte, 2011; Lütz, 2011; Faltermaier, 2005; Schmidt, 1984). Auch beim Vorliegen einer klinisch relevanten, also „echten" Depression (in Abgrenzung zur von äußeren Ereignissen bedingten Trauerreaktion oder auch der zeitlich eng begrenzten depressiven Verstimmung) sind solche körperlichen Symptome häufig der Grund, warum die Erkrankten zunächst von einem somatisch orientierten Mediziner zum nächsten ziehen, ohne dass organische Ursachen für die Leiden diagnostiziert werden (Lütz, 2011).

Ein sechstes Item fordert zur summarischen Einschätzung des eigenen Gesundheitszustands auf.

Selbstverständlich sind die Inhalte der Skala nicht ausschließlich oder primär als Korrelate psychosozialen Stresses zu sehen. Auch ein Zusammenhang mit den ergonomischen Arbeitsbedingungen ist hoch wahrscheinlich, besonders Beschwerden im Rücken-, Nacken- und Schulterbereich durch einseitige Belastungen und Zwangshaltung beim Tragen und Bewegen von Lasten und bei Bildschirmarbeit.

Ein Vergleich der Tabellen 22 und 51 mit den UV-AV-Korrelationen zeigt einen interessanten Unterschied zwischen den beiden Studien. Während die Koeffizienten für die affektiven Outcomes in beiden Erhebungen vergleichbares Niveau erreichen, erweisen sich die linearen Zusammenhänge des *Allgemeinen körperlichen Wohlbefindens* mit den Arbeitsbedingungen in 2013 als wesentlich deutlicher. Die Verteilungsparameter dieser Skala unterscheiden sich zwischen den Messzeitpunkten nicht.

Eine mögliche Erklärung für diese Entwicklung in der Längsschnitt-Betrachtung setzt am Zeitverlauf der Symptomausbildung an. Wie im Kapitel 3.1 beschrieben, stellte das Jahr 2011 einen Wendepunkt in der jüngeren Vergangenheit des Standortes dar – zum ersten Mal seit vielen Jahres steter Aufwärtsentwicklung der Produktionsmengen erfolgte ein Einbruch des Volumens, in dessen Folge für die Mitarbeiter schmerzliche Entgeltanpassungen vorgenommen wurden. In den vergangenen Kapiteln wurde der starke Einfluss der *Gratifikationskrise* auf das affektive Befinden der Mitarbeiter deutlich. Diese effort/reward – Balancestörung erhielt durch dieses Vorgehen natürlich Nahrung – größere individuelle Arbeitsbelastung durch Personalabbau für weniger Geld, darüber hinaus die erlebte Gefährdung des bis dahin sicher geglaubten Arbeitsplatzes! Es ist nun denkbar, dass die auch zuvor schon vorhandenen somatischen Beschwerden eine stärkere Koppelung an die Arbeitsbedingungen erfuhren – also quasi die „somatische Sensibilität" stärker auf die Arbeitsbedingungen ausgerichtet wurden. Dies würde erklären, warum die Korrelationen zwischen diesen Variablen knapp zwei Jahre nach der ersten Studie deutlich höhere Werte erreichen.

Eine andere Erklärung könnte in einer Änderung der Kausalattribuierung für somatische Beschwerden liegen: unter dem Einfluss des BGM-Programms und der Thematisierung z. B. des Krankenstands und seiner Ursachen auf Betriebsversammlungen kann es passieren, dass die Mitarbeiter eine – valide oder auf einem Beurteilungs-Bias beruhende – Zuordnung von Arbeitsbedingungen zu ihren Beschwerden vornehmen: „Ich habe Rückenschmerzen, also habe ich auch ungünstige Arbeitsbedingungen" oder „Ich fühle mich ungerecht behandelt, also leide ich auch somatisch".

Valide sind diese Erklärungsansätze ex-post facto nicht zu überprüfen. Letztendlich unterstützen aber die in den Jahren 2011 – 2013 gestiegenen Krankenstände als objektive Daten die Hypothese der stärkeren Koppelung somatischer Beschwerden an die Arbeitsbedingungen, die sich objektiv zu Ungunsten der Mitarbeiter verändert haben.

Das in Tabelle 27 dargestellte Ergebnis der *multiplen linearen Regression* zeigt signifikante Zusammenhänge zu den Skalen *Gratifikationskrise, Fehlbeanspruchung gesamt, Soziale Belastungen* und *Physikalische Umgebungsbedingungen*. Zur Variablen *Führung gesamt* zeigt sich ein statistischer Trend ($p = .09$). Die in Tabelle 35 dargestellte hierarchische Regression zeigt, dass die *Physikalischen Umgebungsbedingungen* fast 20% der Varianz der abhängigen Variable erklären ($R^2 = .195$). Die Aufnahme der anderen vier Variablen erhöht diesen Wert noch einmal um 8,6%. Somit sind die *Regulationsbehinderungen* und die *Sozialen Belastungen* die einzigen Größen der Studie 1, die keinen Erklärungszuwachs bringen.

Die Ergebnisse der Diskriminanzanalyse der Studie 2 bestätigen die große Bedeutung der *Physikalischen Umgebungsbedingungen* als Einflussfaktor, und durch die zusätzliche Aufnahme der Variablen *SMP gesamt* und *Soziale Unterstützung gesamt* gelingt eine Extremgruppentrennung mit einer zufriedenstellenden Trefferquote von 72,6%.
Interessant ist hier, dass die *Gratifikationskrise* trotz einer hoch signifikanten Korrelation von $r = -.366$ keinen eigenständigen Beitrag zur Trennung der Gruppen beiträgt. Dies kann an den hohen Interkorrelationen zu den physikalischen Arbeitsbedingungen liegen, die mit $r = .402$ auf 1%-Niveau signifikant ausfällt (siehe Tabelle 50). Da die o. a. Entgeltreduktion ausschließlich Mitarbeiter in vollkontinuierlicher Schichtarbeit betraf, ist es naheliegend, dass bei diesen ein höherer Wert der Gratifikationskrise vorliegt. Diese Schichtarbeitsplätze sind aber auch die Arbeitsplätze mit den höchsten physikalischen Belastungen durch Lärm, ungünstige Beleuchtung, schwer Tragen und Heben etc. Hier ist eine hohe Interkorrelation der drei Variablen also zwangsläufig gegeben. Dem entsprechend kann das Ergebnis der Diskriminanzanalyse auch nicht als Indiz gegen das Konzept der Gratifikationskrise gesehen werden – hierfür ist die Interkorrelation zu hoch, und eine saubere Trennung der (interkorrelierten) Einflüsse auf die abhängige Variable ist im Querschnitt und ohne bewusste Manipulation der unabhängigen Größen kaum möglich.

Die Hypothesen H1a bis H8a finden zumindest in der Korrelationsanalyse der Studie 2 Bestätigung, wobei Studie 1 den Nachweis für 13 der 23 Subskalen verfehlt. Insgesamt erweisen sich das physikalische Arbeitsumfeld und die ergonomischen Gestaltungsbedingungen der Arbeit als entscheidende Einflussfaktoren, und dies ist ein deutlicher Hinweis darauf, neben den psychosozialen Risikofaktoren auch immer noch ergonomische Bedingungen zu analysieren und zu optimieren, auch wenn die anderen Arbeitsbedingungen – wie auch Tabelle 72 im Überblick zeigt – eine wenn auch weniger signifikante Rolle als Korrelate des körperlichen Wohlbefindens spielen.

5.5 Diskussion der Moderatorwirkung des *Bedürfnisses nach Selbstentfaltung*

Aus dem *Job Characteristics Modell* von Hackman & Oldham (siehe Kapitel 2.3.5) ist eine Moderatorwirkung des *Bedürfnisses nach Selbstentfaltung* auf den Zusammenhang zwischen dem Motivationspotential der Arbeit (hier: *SMP gesamt*) und den abhängigen Variablen ableitbar. Dieser Effekt wurde in Form signifikanter Interaktionen im Allgemeinen linearen Modell für alle drei abhängigen Größen nachgewiesen (siehe Tabelle 41 und Abbildungen 33 - 35).

Während *Engagement, Arbeitszufriedenheit* und *Allgemeines körperliches Wohlbefinden* in einer anregenden Arbeitsbedingung mit hohen Anforderungen, Autonomie, Partizipation etc. allgemein höher ausgeprägt sind als in weniger anregenden Tätigkeiten, ist dieser Effekt für Personen mit starker Bedürfnisausprägung signifikant stärker als für Personen mit geringer Bedürfnisstärke. Dieser Befund bestätigt zahlreiche Befunde, die in Kapitel 2.3.5.3 zitiert werden, wodurch die Belastbarkeit des Modells in diesem Punkt erneut gefestigt wird.

Für die Arbeitsgestaltung im Betrieb bedeutet das, gerade bei Mitarbeitergruppen, denen die Weiterentwicklung ihrer Fähigkeiten und Kenntnisse besonders wichtig ist, auf eine anregende Gestaltung der Tätigkeiten zu achten und sie bei dieser Gestaltung möglichst partizipativ einzubeziehen – weiter oben wurde deutlich, wie wichtig Partizipation für die Entstehung von Engagement ist.

Die Tatsache, dass die Arbeitsbedingungen einen signifikanten Haupteffekt für alle AVn vorweisen, sollte die entsprechend anregende Aufgabengestaltung natürlich nicht nur auf die Mitarbeiter mit starker Bedürfnisausprägung beschränken. Gleichwohl ist es sicher sinnvoll, im Sinne eines guten Person-Environment-Fit (Caplan, 1975, zitiert in Pfaff, 1981) die Motivausprägung der Mitarbeiter bei einer Platzierungsentscheidung zu erfassen. „One size fits all" funktioniert hier nicht!

Hypothese H9 findet durch diesen Befund Bestätigung.

5.6 Diskussion der Moderatorwirkung der Variablen *Berufliche Selbstwirksamkeit*

Die Ergebnisse zur Moderation der Beziehung zwischen den subjektiv wahrgenommenen Arbeitsbedingungen – operationalisiert über die Skala *SMP gesamt* - und den abhängigen Variablen durch die *Berufliche* Selbstwirksamkeit verfehlen den Nachweis eines solchen Effektes. Dagegen zeigt sich ein signifikanter Haupteffekt für die Selbstwirksamkeit: je stärker diese ausgeprägt ist, desto engagierter und zufriedener sind die Mitarbeiter, und desto besser ist deren körperliches Wohlbefinden. Die Interaktionsterme sind jedoch alle nicht signifikant.

Eine Variable, die inhaltlich noch unmittelbarer mit der Selbstwirksamkeit – also dem Selbstvertrauen, schwierige Aufgaben meistern zu können – zusammenhängt, ist die *Unterforderung* als Subskala der *Fehlbeanspruchung*. Diese bringt die Elemente auf den Punkt, die für Personen mit hoher Selbstwirksamkeit aversiv sein können – die Tatsache, dass ihre Fähigkeiten nicht gefordert werden und somit „verkümmern“ könnten. Ein solcher Moderationseffekt konnte für die Beziehung zwischen *Unterforderung* und *Arbeitszufriedenheit* tatsächlich nachgewiesen werden: während Mitarbeiter mit gering ausgeprägter Selbstwirksamkeitsüberzeugung in Arbeitsbedingungen, die durch Unterforderung geprägt sind, sogar zufriedener sind als in nicht unterfordernden Bedingungen, ist für die Mitarbeiter mit hoher Selbstwirksamkeitsüberzeugung das Gegenteil der Fall: ihre Arbeitszufriedenheit sinkt signifikant!

Dieser Befund kann motivationspsychologisch mit dem leistungsthematischen Konzept „Hoffnung auf Erfolg“ versus „Furcht vor Misserfolg“ erklärt werden, wobei unterstellt wird, dass Personen mit gering ausgeprägter Selbstwirksamkeitsüberzeugung die Wahrscheinlichkeit eines Misserfolgs für hoch halten, diesen wegen seiner negativen Selbst- und Fremdbewertungskonsequenzen aber befürchten (Heckhausen, 1980; Rheinberg & Vollmeyer, 2012). Unter der Arbeitsbedingung der Unterforderung droht kein solcher Misserfolg, die Arbeit wird also nicht zum psychosozialen Stressor.

Personen mit Erfolgszuversicht (Hoffnung auf Erfolg), die aus vergangener Erfahrung von ihrer Selbstwirksamkeit überzeugt sind und eine leistungsthematische Herausforderung und Bestätigung suchen, müssen eine Situation der Unterforderung als unattraktiv erleben.

Hypothese H10 findet für die unabhängige Variable *SMP gesamt* also keine Bestätigung, die Beziehungsmoderation wird jedoch für die Variable *Unterforderung* erbracht.

5.7 Diskussion des Puffereffekts von *Autonomie* und *Soziale Unterstützung*

Die Ergebnisse zu dem auf dem *Demand/Control-Modell* von Karasek & Theorell (1990; siehe auch Kapitel 2.3.2) basierenden Puffereffekt sowohl der Autonomie als auch der sozialen Unterstützung auf die Beziehung zwischen hohen Arbeitsanforderungen und den abhängigen Variablen bieten keine Unterstützung des Modells in diesem Aspekt.

Wie auch in zahlreichen anderen Untersuchungen bestätigt, zeigen sowohl die *Autonomie* als Teil der Modell-Dimension *Control*, *Überforderung* als Operationalisierung der Modell-Dimension *Demand*, als auch die *Soziale Unterstützung* signifikante Haupteffekte. Als singulärer Befund der vorliegenden Untersuchung könnten deren Beschränkungen (Art der Operationalisierung, Größe und Zusammensetzung der Stichprobe, eingesetzte statistische Verfahren etc.) noch zur „Verteidigung" des Modells angeführt werden. Es ist jedoch aus der in Kapitel 2.3.2.1 dargestellten empirischen Befundlage ersichtlich, dass die Pufferhypothese, die ja wesentliches Element des Modells ist, bisher wenig Bestätigung auch in methodisch herausragenden Längsschnittuntersuchungen gefunden hat (de Lange et al., 2003).

Die einzige signifikante 2-fach-Interaktion der vorliegenden Untersuchung ist die zwischen *Autonomie* und *soziale Unterstützung* auf das *Engagement* als abhängiger Größe, und dieser Befund ist dem Modell widersprechend: in der Arbeitsbedingung „niedrige Autonomie" ist das Engagement bei niedriger Überforderung für die Probanden mit hoher sozialer Unterstützung besser als bei solchen mit geringer sozialer Unterstützung. Dieser Zusammenhang ist aus dem Modell noch ableitbar. Unter der Bedingung „hohe Überforderung" kehrt sich das Verhältnis jedoch um: hier zeigen die Probanden mit guter sozialer Unterstützung geringeres Engagement als die weniger gut unterstützten. Allerdings ist der über das gesamte Modell erklärte Varianzanteil von Engagement mit einem angepassten R^2 = 9,6% auch recht bescheiden, so dass dem Befund keine wirklich große Bedeutung beigemessen werden sollte.

Hypothese H11 findet also keine Bestätigung.

5.8 Diskussion der Wirkung der Interventionsmaßnahmen auf den Faktor *Führung*

Auch wenn eine Evaluation des BGM-Programms *Evita* nicht Ziel und Inhalt dieser Arbeit sein soll, ist es aus Sicht der „organischen Forschung" sensu Argyris interessant zu sehen, ob die Organisationsentwicklungsbemühungen erfolgreich waren. Eine solche Betrachtung muss stets im Sinn behalten, dass eine wissenschaftlich saubere Effektgrößenabschätzung im vorliegenden Untersuchungs-Setting seriös kaum möglich ist: die z. T. massiven organisatorischen Veränderungen, die sich im Untersuchungszeitraum unabhängig von den bewussten OE-Bemühungen der „Interventionisten" ereigneten, waren überwiegend durch wirtschaftlichen Druck bestimmt und in ihrer Stärke nicht trennbar oder herauszupartialisieren. Man kann davon ausgehen, dass solche schwer kontrollierbaren Einflüsse im Wesentlichen Einfluss auf die affektiven Variablen *Engagement* und *Arbeitszufriedenheit* haben, sich aber auch bei den psychosomatischen Effektorganen in Form veränderten *Allgemeinen körperlichen Wohlbefindens* bemerkbar machen.

Eindeutiger können Veränderungen im Längsschnitt interpretiert werden, wenn sie durch gezielte Intervention intendiert waren und sich in den Faktoren widerspiegeln, denen die Intervention galt. Im Falle der vorliegenden Untersuchung sind dies die als unabhängige Variablen definierten Arbeitsbedingungen incl. sozialer Bedingungen wie *Soziale Belastungen* und *Soziale* Unterstützung. Die wesentlichen Interventionsansätze des BGM-Programms betrafen bisher den Bereich *Führung*, da von dieser breite direkte als auch indirekte Wirkung – theoretisch begründbar – unterstellt wird (siehe Kapitel 3.2).

Insgesamt sind die Ergebnisse des Vergleichs 2011 versus 2013 durchaus erfreulich. Als gelungen können die Effekte bei *Führung* und den (u. a. durch Führung beeinflussten) sozialen Arbeitsbedingungen gesehen werden, die durchweg hoch signifikante Verbesserungen vorweisen: *Gratifikationskrise, Soziale Unterstützung Vorgesetzter* und *Soziale Belastungen*. Da die Interventionsbemühungen zur Optimierung der Führung die Themen Gratifikationskrise, soziale Unterstützung und Konfliktmanagement (als Mittel zur Reduzierung sozialer Belastungen) explizit mit umfassten, sind die Verbesserungen auf gerade diesen Variablen ein Indiz für die Wirksamkeit der Intervention.

Keine Veränderung zeigt sich beim *salutogenetischen Motivationspotential der Arbeit SMP*. Da dieses aber bereits in der Studie 1 ein gutes Niveau erreichte und der Anregungsgehalt der internen Tätigkeiten nicht als kritisch beurteilt wurde, war es auch kein Ziel von bewussten Interventionsmaßnahmen.

Außer dem *SMP* und dem *Allgemeinen körperlichen Wohlbefinden* haben sich alle Variablen positiv entwickelt, auch wenn keine Signifikanz erreicht wurde. Die Steigerung des *Engagements*, das zumindest einen statistischen Trend aufweist, ist bei dem weiter oben beschriebenen Zusammenhang dieses Outcomes mit der *Gratifikationskrise*, den *Regulationsbehinderungen* und der *Führung* nicht überraschend.

Hypothese H20 findet Bestätigung.

5.9 Diskussion des Effekts der *common method variance* (Varianz gemeinsamer Methoden)

Wie im Theorieteil ausführlich und an mehreren Stellen beschrieben, bezieht sich ein Großteil der Kritik an der Verwendung subjektiver Variablen in Querschnitt-Untersuchungen auf die Fehlerquelle der *Varianz gemeinsamer Methoden*. Wenn sowohl abhängige als auch unabhängige Variablen rein subjektiv durch Befragung derselben Probanden erhoben werden, besteht die Gefahr, dass Persönlichkeitsdispositionen wie z. B. positive/negative Affektivität oder allgemeine Einstellungen der Person als Varianzquelle für alle oder mehrere Variablen dienen. Ein Beispiel: ein „pessimistischer" Mitarbeiter, der sich habituell viele Sorgen macht und darüber hinaus überzeugt ist, dass Mitarbeiter von ihrem Unternehmen allemal nur „ausgebeutet" werden, beurteilt seine Arbeitsplatzsicherheit als gering, aber auch seine Arbeitszufriedenheit und sein Engagement. Die hierbei erfolgende Konkordanz der Einstufungen der unabhängigen Größe „Arbeitsplatzsicherheit" (als Element der Gratifikationskrise) und der abhängigen Variablen Zufriedenheit und Engagement gehen auf Drittvariablen zurück, die im Versuchsdesign wahrscheinlich nicht kontrolliert werden: Pessimismus/negative Affektivität und Kapitalismuskritik. Der rechnerisch analysierte Zusammenhang zwischen UV und AV wird also durch nicht erfasste Mediatorvariablen beeinflusst und somit eventuell überschätzt.

Den Tabellen 23 und 50 sind die hohen Interkorrelationen zwischen den Variablen dieser Untersuchung zu entnehmen.
Die Hypothesen H17 und H18 fordern Nicht-Linearität der Beziehungen zwischen *sozialer Unterstützung* und den *Physikalischen Umgebungsbedingungen* sowie *Führung* und den *Physikalischen Umgebungsbedingungen*. Tatsächlich sind alle diese Beziehungen mit Werten zwischen $r = -.23$ und $-.35$ hoch signifikant. Also kann der Nachweis des Nicht-Vorhandenseins von Varianz gemeinsamer Methoden nicht erbracht werden. Doch auch das positive Vorliegen dieser Fehlerquelle kann nicht bewiesen werden, da lineare Zusammenhänge auch auf eine wahre Kovarianz zurückgehen können: der Grad sozialer Unterstützung zwischen den Mitarbeitern kann in dem „rauen Umfeld" harter Produktionsbedingungen im Werk eventuell geringer sein, da hier vermehrt Einzelarbeitsplätze vorkommen mit reduzierten Kontaktmöglichkeiten oder Mitarbeiter durch hohe Akkordanforderungen wenig Möglichkeiten zum gegenseitigen Austausch haben.

Eine wirkliche Kontrolle der Varianz gemeinsamer Methoden setzt ein Untersuchungsdesign voraus, dass unabhängige Variablen aus objektiver Quelle erfasst bzw. die relevanten Variablen sowohl objektiv als auch subjektiv erhebt. Durch diesen Ansatz können auch Merkmale der Person und der Situation erkannt werden, die die subjektive Projektion objektiver Bedingungen beeinflussen. Diese Möglichkeit wurde in der vorliegenden Untersuchung nicht genutzt, stellt also eine wichtige Optimierungsmöglichkeit bei Folgeuntersuchungen dar.

5.10 Die Relevanz der empirischen Ergebnisse für das Acht-Faktoren-Modell gesunder Führung

In Kapitel 2.6 wurde ein acht Faktoren umfassendes Modell beschrieben, das aus umfassenden Theorien des Zusammenhangs von Arbeit und Gesundheit abgeleitet wurde, und das wesentliche Antezedenten von Engagement, Zufriedenheit und allgemeinem Wohlbefinden benennt. Da diese Arbeit *Führung* nicht nur in ihrer personalen, sondern auch ihrer organisationalen Erscheinungsform beschreibt, und da Gesundheit deutlich über den pathogenetischen Begriff des „nicht krank seins“ hinaus verstanden wird, erhielt das Modell das Label „Acht-Faktoren-Modell gesunder Führung“.

Die empirischen Studien, deren Ergebnisse in den vergangenen Kapiteln beschrieben und diskutiert wurden, sollen die Gültigkeit der im Modell vorgenommenen Auswahl relevanter Faktoren überprüfen: theoretisch abgeleitete Statements sollen empirisch bestätigt werden. In Tabelle 14 erfolgte eine Zuordnung der Skalen und Subskalen des Fragebogens zu den acht Faktoren des Modells. Hierbei war keine eindeutige Zuordnung möglich: so „lädt“ die Skala *Soziale Unterstützung* auf mehreren Faktoren, *ebenso das salutogenetische Motivationspotential der Arbeit* und *Führung*. Gerade Führung wirkt ja in vielfacher Weise, wie die Mediatoranalysen in Kapitel 4.2.5 gezeigt haben, und soziale Unterstützung ist zum einen ein Element der Wertschätzung (Faktor 4), aber auch eine Bewältigungsressource bzw. ein Puffer (Faktor 5). Die empirisch-statistische Bestätigung einer Skala bezieht sich somit u. U. auf mehrere Faktoren, so wie die Gültigkeit einzelner Faktoren durch Rückgriff auf mehrere Skalen überprüft wird. Nachfolgend werden die Faktoren und die jeweiligen skalenspezifischen Ergebnisse einzeln untersucht.

Faktor 1: Anregende und bewältigbare Tätigkeit

Dieser Faktor wurde durch die Skalen *SMP* und *Fehlbeanspruchung* operationalisiert.

Das Motivationspotential der Arbeit weist starke Zusammenhänge sowohl mit dem Engagement als auch der Arbeitszufriedenheit auf, und auch zum allgemeinen körperlichen Wohlbefinden bestehen Beziehungen, auch wenn diese die statistische Signifikanz verfehlen. Besonderes Gewicht hierbei haben die Unterskalen *Anforderungsvielfalt, Bedeutsamkeit, Vollständigkeit der Tätigkeit* und *Partizipation*. Wir können also davon ausgehen, dass die Gestaltung einer anregenden Tätigkeit ein affektiv relevantes Merkmal gesunder Führung ist.

Die Bewältigbarkeit der Arbeit wurde mit *Fehlbeanspruchung* als fehlender Passung zwischen individuellen Bewältigungsressourcen und situativen Anforderungen in ihrer negativen Ausprägung erfasst. Der deutliche Einfluss auf die Arbeitszufriedenheit konnte nachgewiesen werden, und auch zum Engagement und körperlichen Wohlbefinden zeigten sich überzufällige Zusammenhänge.

Insgesamt bestätigen die vorliegenden empirischen Ergebnisse die Relevanz und Gültigkeit des Faktors. *Gesunde Führung* sollte also für anregende und herausfordernde, aber bewältigbare Tätigkeiten sorgen.

Faktor 2: Autonomie und Entscheidungsfreiraum

Dieser Faktor wurde über die SMP-Subskalen *Autonomie* und *Partizipation* abgebildet. Die Ergebnisse unterstützen das Element der Partizipation deutlich, nicht jedoch die Autonomie als Kompetenz, innerhalb der eigenen Arbeitstätigkeit Entscheidungen zu treffen. Die Arbeitszufriedenheit wurde in den vorliegenden Untersuchungen also durch den Einbezug des Mitarbeiters in sein weiteres Arbeitsumfeld beeinflusst, indem seine Ideen angehört werden, er bei anstehenden Veränderungen aktiv mit einbezogen und informiert wird.

Vergleicht man die Verteilungswerte der beiden Subskalen in den Tabellen 16 und 46, erkennt man, dass die Partizipation deutlich geringer ausgeprägt ist als die Autonomie (Mittelwerte: 2,61 versus 3,78 in Tab. 16) und sich auch die Verteilungsformen unterscheiden: Partizipation ist linkssteil, Autonomie rechtssteil. Offenbar besteht eine hohe Übereinstimmung bei den Befragten, dass die Arbeit ein hohes Maß an Autonomie bietet, aber ein geringer partizipativer Einbezug in Angelegenheiten, die über die unmittelbare Tätigkeit hinausgehen. Hier könnte ein „psychologischer Deckeneffekt" vorliegen: das Element, das in hinreichendem Maße gegeben ist, wird als selbstverständlich angesehen, und durch zu wenige Fälle nicht vorhandener Autonomie wird die Kovariation mit den abhängigen Größen schon rein rechnerisch eingeschränkt. Die in deutlich geringerem Maße gegebene Partizipation kovariiert jedoch deutlich mit der Zufriedenheit: ein „Mangelelement" erhält eine hohe Wertigkeit gerade durch die Seltenheit, in der es gegeben ist.

Dieser Befund erinnert an Kernaussagen von Herzbergs Zwei-Faktoren-Theorie der Arbeitsmotivation, die ja explizit sogenannte *Motivatoren* von *Hygienefaktoren* unterscheidet (Herzberg et al., 1959, zitiert in Gebert & von Rosenstiel, 1981). Hiernach sind Hygienefaktoren solche Bedingungen der Arbeit, die im Falle geringer Ausprägung zu Unzufriedenheit und Demotivation führen, im Falle hoher Ausprägung jedoch nicht zu Zufriedenheit und Motivation, sondern lediglich zu einem quasi „neutralen" Zustand, der weder positive noch negative Ausprägung erreicht (also z. B. „Nicht-Unzufriedenheit"). Motivatoren wiederum wirken komplementär: eine geringe Ausprägung führt nicht zu negativen Konsequenzen wie Demotivation oder Unzufriedenheit, ihre positive Ausprägung resultiert aber in Arbeitszufriedenheit und hoher Motivation.

Übertragen auf den vorliegenden Befund zur *Autonomie* bedeutet dies, dass diese als „selbstverständlich" erlebt wird und – wenn sie positiv ausgeprägt gegeben ist – nicht zu hoher Zufriedenheit führt. Die in geringerem Maße gewährleistete *Partizipation* wird als Mangel erkannt, negativ bewertet und geht mit geringerem Engagement und Arbeitszufriedenheit einher.

Tatsächlich ordnet Herzberg die Arbeitsbedingungen einschließlich Autonomie den Hygienefaktoren zu, was den vorliegenden Befund erklären würde. Autonomie und Partizipation wären in seinem Modell also keine Arbeitsbedingungen, die zu hohem Engagement und Zufriedenheit führen, deren Vorliegen aber zumindest verhindern würde, dass die Mitarbeiter sich über ihre Arbeit beschweren und sie negativ bewerten.

Die vorliegenden Befunde reichen jedoch nicht aus, über die Anwendbarkeit der Zwei-Faktoren-Theorie seriöse Aussagen zu treffen. Es ist auch zu berücksichtigen, dass diese Theorie inzwischen als überholt gilt und einige Kernaussagen einer kritischen Überprüfung nicht standhalten. So liegen inzwischen eindeutige Befunde vor, dass sogenannte Hygienefaktoren zu Zufriedenheit und Motivation führen, und dass sogenannte Motivatoren mit Unzufriedenheit und Demotivation einhergehen (Semmer & Udris, 2007).

Der Faktor 2 erhält partielle Bestätigung.

Faktor 3: Transparenz der Ziele und des Umfelds sowie Feedback

Dieser Faktor wurde in den Studien nur unzureichend operationalisiert. Seine Inhalte finden sich in der Skala *Regulationsbehinderungen* in den Items RB2 und RB3 wieder, und die SMP Subskala *Feedback* bezieht sich auf die Rückmeldung über die Arbeitsergebnisse aus der Tätigkeit selbst. Eine seriöse Aussage zur Gültigkeit dieses Faktors sollte auf einer breiteren Operationalisierung basieren, die Elemente wie die Transparenz von Unternehmenszielen, die Entwicklung der eigenen Abteilung und den Einbezug des Unternehmens in die Konzernstrategie erhebt. Der eingesetzte Fragebogen musste einen Kompromiss zwischen den Zielen Breite, Tiefe und Zeiteffizienz finden, und hierbei ist der Faktor *Transparenz* vernachlässigt worden.

Die *Regulationsbehinderungen* erweisen sich als relevante Korrelate des Engagements, und auch zur Arbeitszufriedenheit bestehen überzufällige Zusammenhänge.

Das *Feedback aus der Tätigkeit heraus* ist das SMP-Element, das die geringsten Zusammenhänge mit den abhängigen Variablen vorweist. Den Tabellen 16 und 46 ist zu entnehmen, dass hier ein ähnlicher Effekt wie bei *Autonomie* vorliegen könnte: mit Mittelwerten um 4,1 und einer deutlichen Rechtssteilheit liegt hier ein Deckeneffekt vor, der in einer rechnerischen Begrenzung der Korrelation mit den abhängigen Variablen resultieren kann. Ebenso ist es denkbar, dass auch dieser Faktor als selbstverständlich vorausgesetzt wird und lediglich seine geringe Ausprägung mit Unzufriedenheit und fehlendem Engagement einhergeht.

Für einen empirisch belastbaren Nachweis des Faktors 3 ist die Datengrundlage der vorliegenden Untersuchung also unzureichend, jedoch kann der positive Befund für *Regulationsbehinderungen* zumindest als bestätigender Hinweis auf die Relevanz dieses Faktors gesehen werden.

Faktor 4: Wertschätzung

Wertschätzung ist ein Faktor, der über verschiedene Skalen erfasst wird. Zum einen kann sie eine *Gratifikationskrise* bewirken, wenn sie aus subjektiver Sicht des Mitarbeiters ausbleibt: das wertgeschätzt sein ist ja ein wichtiges Element der immateriellen *rewards* in der *effort/reward-balance,* die das Kernelement des Konzepts bildet.

Auch *personale Führung* kann eine wertvolle Quelle der Wertschätzung sein, aber durch destruktives, nicht unterstützendes oder gar verachtendes Verhalten dem Mitarbeiter gegenüber das Gegenteil bewirken – das Gefühl und die Überzeugung, als Person „wenig wert zu sein".

Soziale Belastungen können das Gefühl der Wertschätzung erschweren, wenn sie in Form ausgrenzenden Verhaltens erscheinen, indem z. B. die Integration ins Kollegenteam verweigert wird, mit offenen oder – was häufiger geschieht – subtilen Mitteln, die vom Ausgeschlossenen häufig als *Mobbing* beklagt werden. Der Ausschluss aus einem sozialen System bedeutet einen der stärksten psychosozialen Stressoren überhaupt, auch weil – phylogenetisch gesehen und mit einem rückwärtigen Blick auf die Frühformen menschlichen Zusammenlebens – der Ausschluss aus dem Kollektiv in Stammesgesellschaften die Überlebenswahrscheinlichkeit in einer „feindlichen Umgebung" drastisch reduzierte.

Dem entgegen steht der positive Effekt der *Sozialen Unterstützung,* aus welchen beruflichen oder privaten Quellen auch immer diese geleistet wird. Soziale Unterstützung durch andere Menschen setzt Wertschätzung für die unterstützte Person voraus, und man kann davon ausgehen, dass sie von den Unterstützten auch als Zeichen der Wertschätzung erlebt wird.

Die Elemente einer *Gratifikationskrise* haben sich in beiden Studien dieser Arbeit als wichtigstes Korrelat des Engagements und der Arbeitszufriedenheit erwiesen. In Studie 2 zeigt sich auch eine hoch signifikante Korrelation zum *Allgemeinen körperlichen Wohlbefinden*. Wenn es ein Interventionsziel der Erhöhung des Engagements und der Zufriedenheit gibt, sollten die Bedingungen, die zu dem subjektiven Empfinden von Austauschgerechtigkeit führen, also vorrangig untersucht werden.

Auch die *Führung* „macht den Unterschied" beim Engagement aus, und sie zeigt auch Zusammenhänge zum körperlichen Wohlbefinden.

Soziale Belastungen und *Soziale Unterstützung* wiesen ihre Kovariation sowohl mit Arbeitszufriedenheit als auch dem körperlichen Wohlbefinden nach.

Insgesamt können wir davon ausgehen, dass der Faktor 4 *Wertschätzung* breite empirische Unterstützung erhält und als wichtiges Element gesunder Führung gelten kann.

Faktor 5: Sicherstellung von Bewältigungsressourcen und –puffern

In diesem Faktor sind die internen (Fähigkeiten, Kenntnisse, Resilienz, Gesundheit etc.) und externen (soziale Unterstützung, Coaching durch den Vorgesetzten, geeignete Arbeitsmittel etc.) Ressourcen und Puffer zusammengefasst, die es ermöglichen, den Herausforderungen der Arbeit erfolgreich zu begegnen. In den vorliegenden Studien wurden sie in den Skalen *Soziale Unterstützung, Führung* und *Fehlbeanspruchung* operationalisiert, wobei Fehlbeanspruchung bei Vorliegen von qualitativer und/oder quantitativer Überforderung invertiert in diesen Faktor eingeht.

Der empirische Nachweis für die Bedeutung der Führung und der sozialen Unterstützung für die abhängigen Variablen wurde bereits im Zusammenhang mit Faktor 4 beschrieben. Die Fehlbeanspruchung als Symptom eines *missfits* zwischen Anforderungen und internen Bewältigungsressourcen erwies sich als hoch relevantes Korrelat der Arbeitszufriedenheit, und ein rechnerischer Zusammenhang mit dem Engagement und dem körperlichen Wohlbefinden wurde ebenfalls sichtbar, wenn auch nicht in derselben überzeugenden Stärke wie zur Arbeitszufriedenheit.

Somit wurde auch für diesen Faktor hinreichende empirische Evidenz geliefert.

Faktor 6: Unterstützendes personales Führungsverhalten

Aus den Mediatorvariablen zur direkten und indirekten Wirkung der personalen Führung wurde bereits deutlich, dass sich diese Wirkung über zahlreiche „Kanäle" entfaltet: Führungskräfte zeigen unterschiedlich bewertete Leistungen in der Gestaltung der Aufgaben (Skala: SMP), in der Sicherstellung eines gerechten Austauschverhältnisses (Skala: Gratifikationskrise), in ihrem Bemühen um ergonomische Optimierung und Bestgestaltung (Skala: Physikalische Umgebungsbedingungen) etc. Somit beeinflussen sie die tätigkeitsbezogenen, materiellen und sozialen Arbeitsbedingungen ihrer Mitarbeiter in erheblichem Maße, und die vorliegenden Studien haben den Nachweis ihres Einflusses auf die abhängigen Variablen auf der Basis der Korrelationsanalysen, aber auch der differenzierteren und kritischeren statistischen Analysen ebenfalls erbracht.

Der Faktor 6 kann also ebenfalls als empirisch bestätigt gelten.

Faktor 7: Gerechtes Austauschverhältnis

Die Skala *Gratifikationskrise* kann als direkte Operationalisierung des subjektiven Gefühls eines gerechten Austauschverhältnisses gelten, und diese Skala hat sich als der (ge)wichtigste Prädiktor der affektiven abhängigen Variablen erwiesen – sie erklärt den bedeutsamsten Varianzanteil sowohl des *Engagements* als auch der *Arbeitszufriedenheit.*

Dieser Befund überrascht nicht, wenn man die breite empirische Evidenz für das Modell der Gratifikationskrise von Siegrist (1996, 2010; siehe auch Kapitel 2.3.3) berücksichtigt, besonders auch dessen mehrfach bestätigte Überlegenheit gegenüber dem Demand/Control-Modell von Karasek & Theorell (1990) im direkten Vergleich (siehe Kapitel 2.3.2 und 2.3.2).

Dieser Befund deckt sich auch mit der Tatsache, dass sich bei der Erarbeitung des Idealbilds der Führung (siehe Kapitel 3.2.3.1) das Führungs-Element *Gerechte Behandlung* zumindest im Paarvergleich als das mit Abstand wichtigste herausstellte. Die subjektive Bedeutung dieses Elements findet also auch in der nachweisbaren Wirkung der Gratifikationskrise als wahrgenommenem Fehlen dieser gerechten Behandlung Bestätigung.

Doch auch auf der Grundlage der vorliegenden Arbeit kann Faktor 7 „einen Haken erhalten".

Faktor 8: Ergonomie & Arbeitssicherheit

Die Skala *Physikalische Umgebungsbedingungen*, mit der sechs physikalische (Lärm, Hitze etc.) und zwei arbeitszeitorganisatorische Belastungen erfasst wurden (Zeitdruck, ungünstige Schichtarbeitszeiten), hat sich eindeutig als wichtigster Prädiktor des *Allgemeinen körperlichen Wohlbefindens* erwiesen. Diese abhängige Größe zeigt zwar konstante, aber deutlich schwächere Zusammenhänge auch zu anderen Arbeitsbedingungen, aber die physikalischen Bedingungen setzten sich in allen statistischen Testverfahren als Hauptfaktor durch.

Ergonomie und Arbeitssicherheit können als eigenständiger Faktor gesunder Führung bestätigt werden, und tatsächlich sollten die Arbeitsbedingungen – bei aller bereits erfolgter technologischer Optimierung dieser Bedingungen und Abbau von körperlichen Belastungsspitzen – bei Arbeitsanalysen und Strukturierungsmaßnahmen immer auch ergonomisch bewertet werden.

So wissen wir ja auch, dass gerade durch Ablaufoptimierungsprozesse wie der Einführung von LEAN-Managementmethoden, deren Ziel auch die Eliminierung „unnötiger", den Prozess verzögernder Bewegungsabläufe ist, neue Gefahren für die Gesundheit entstehen können. Um den negativen Folgen rationalisierungsbedingter Bewegungseinschränkung zu begegnen, fordern moderne Konzepte der Arbeitsgestaltung ja gerade die bewusste Integration von Belastungswechsel ermöglichender Bewegung in den Arbeitsablauf. Dies gilt auch für Büroarbeitsplätze, indem z. B. die am Arbeitsplatz stehenden Drucker und Scanner durch Druckzentren ersetzt werden, die an zentraler Stelle des Bürogebäudes zu finden sind und zu denen der Mitarbeiter laufen muss - unter reinen kurzfristigen Optimierungsgesichtspunkten eigentlich ein „no go" (Braun, 2012).

Zusammenfassende Bewertung

Das aus überprüften Theorien mit jeweils eigenem empirischen Befundstatus abgeleitete Acht-Faktoren-Modell gesunder Führung findet auch in den empirischen Befunden der vorliegenden Arbeit Unterstützung.

Es kann somit als Grundlage für gezielte Analyse- und Interventionsprojekte gesehen werden, deren Ziel es ist, Schwachstellen einer Arbeitsorganisation aufzudecken, Handlungsbedarf zu identifizieren und Hinweise auf Interventions-/Präventionsmöglichkeiten zu geben.

Auf das Konzept der *Systemverträglichen Organisationsentwicklung* von Kastner (siehe Kapitel 2.5.3) übertragen, kann es also als Orientierungshilfe und „Ideengenerator" besonders für die Phasen *Realdiagnose, Strategie* und *Controlling* dienen. Welche und wie viele der Faktoren hierfür herangezogen werden, hängt in hohem Maße von der in der Phase *Idealentwicklung* gewählten Breite des Ansatzes ab – diese ist Entscheidung des Interventionsteams/der Geschäftsführung, und so kann es sinnvoller und gewinnbringender sein, seine immer auch begrenzten Mittel zielgenau auf nur zwei der Faktoren zu fokussieren – z. B. *Führung* (wegen seiner Breitenwirkung) und *Ergonomie & Arbeitssicherheit* (wegen des potentiellen Einflusses auf den nicht motivational bedingten Krankenstand).

6 Entwicklung eines Instruments zum Führungs-Controlling

6.1 Führungs-Controlling als Element des Human Capital Managements

Im Theorieteil dieser Arbeit wurde ausgeführt, dass die theoretischen Erkenntnisse der Literaturrecherche zum Thema *Arbeit, Führung und Gesundheit*, die im Acht-Faktoren-Modell gesunder Führung zusammengefasst und in zwei Studien empirisch überprüft wurden, Grundlage für ein pragmatisches, anwendungsorientiertes Instrument zum Führungs-Controlling bilden sollen. Ein solches Instrument soll das Unternehmen dabei unterstützen, seinen aktuellen Zustand bezüglich personaler und organisationaler Führung zu analysieren, diesen Zustand mit einem zuvor entwickelten Ideal zu vergleichen (Gap-Analyse) und pragmatische Hinweise zur Optimierung des Ist-Zustands zu geben.

Während das Acht-Faktoren-Modell stark inhaltlich ausgerichtet ist – also beschreibt, wie Führung aktuell gestaltet ist bzw. ausgestaltet sein sollte, soll das Controlling-Instrument auch eine Aussage zum Prozess möglich machen, also Informationen geben, mit welchen Mitteln und Instrumenten Führung gestaltet werden kann.

Der hier zugrunde liegende Gedanke ist also, dass Unternehmen sich unterscheiden in der Qualität ihrer inhaltlichen (personalen und organisationalen) Führung, aber auch im Reifegrad der Prozesse, mit denen diese Führung gestaltet wird. Diese Prozesse beschreiben den Weg hin zum gewünschten Resultat, und ein unterstützendes Instrument der Organisationsentwicklung sollte ein solcher Wegweiser sein. Um einen Vergleich aus der Navigation zu nutzen: ein brauchbares Navigationsgerät zeigt nicht nur den aktuellen Standort in Form von Längen- und Breitengrad an, sondern auch, welcher Weg zum Ziel führt.

Führung als wesentliche Voraussetzung von Arbeitszufriedenheit, Engagement, allgemeinem Wohlbefinden und den resultierenden Größen wie Leistung, „Unternehmenstreue“ und Anwesenheitsquote kann als Bestandteil des Humankapitals gesehen werden, in dem das Wissen und der Intellekt der Organisation und ihrer einzelnen Mitglieder, deren Fähigkeiten, Motivation und Innovationsbereitschaft zusammengefasst werden (Scholz, Stein & Bechtel, 2006).

Nach Scholz et al. befasst sich *Human Capital Management* mit der Messung und der Steuerung der *mitarbeitergebundenen immateriellen Vermögenswerte* des Unternehmens, die zusammen mit dem *sonstigen immateriellen Vermögen* und dem *Bilanzvermögen* den Unternehmenswert insgesamt ausmachen (a.a.O., S. 24).

Nachdem die ersten Konzepte dieser Anwendung betriebswirtschaftlicher Denkweisen und Bewertungsmethoden in den USA entwickelt wurden, gewinnt das Thema seit den 1990er Jahren auch in Deutschland zunehmend an Bedeutung (Friederichs, 2004; Friederichs & Sattler, 2004). Im Rahmen des Basel II-Abkommens, in dem der Ausschuss der europäischen Bankenaufsicht Kriterien für die Kreditvergabe an Unternehmen und die durch das Kreditausfallrisiko bestimmte Höhe des Zinssatzes aufgestellt hat, hat das *Human Capital* einen zentralen Stellenwert eingenommen bei der Bewertung der Qualität des Managements und des Personalwesens (Scholz & Stein, 2006).

Scholz et al. (a.a.O.) unterscheiden fünf verschiedene Ansätze zur Bewertung des Human Capital's (HC):

- Marktwert-orientierte Ansätze stützen sich auf den Aktienwert, die Anzahl der gehandelten Aktien und den Buchwert des Unternehmens. Das *Intellectual Capital* wird hier auch berücksichtigt, unterliegt aber teils irrationalen Schwankungen.

- Accounting-orientierte Ansätze – auch *Humanvermögensrechnung* genannt, verwenden buchhalterische Werte wie z. B. Investition in das Personal in Form von Weiterbildung zur Bestimmung des HC

- Indikatoren-basierte Ansätze bemühen sich, relevante Unterkategorien des HC zu benennen und zu quantifizieren, wie *Kompetenzen, Lernbereitschaft, Flexibilität* etc. Zu diesen Ansätzen zählt auch die weit verbreitete *Balanced Scorecard* nach Kaplan & Norton (zitiert a.a.O.) sowie der *Employee-Value-Index* (EVI) von Friederichs (Friederichs & Sattler, 2004), ein Wert, der die Qualität der wertorientierten Führung erfasst, die im Idealfall unmittelbar dem Führungsleitbild des Unternehmens folgt.

- Value Added-Ansätze nutzen Werte, die im internen Rechnungswesen vorliegen, was sie leicht implementierbar macht. Einfachststruktur: Human Capital = Output minus Input.

- Ertragsorientierte Ansätze basieren auf der Ermittlung von Rückflüssen für einen festgelegten Zeitraum, die im Ergebnis monetäre HC-Kennwerte ergeben: HC = Ertragsgröße / Kapitalkostensatz.

Ziel des hier zu entwickelnden Controlling-Instruments ist das Aufzeigen des inhaltlichen und prozessualen Entwicklungsstands des Unternehmens bezüglich „gesunder Führung", und dieser Entwicklungsstand sollte nicht nur ein summarisches Ergebnis liefern, sondern auch über die verschiedenen relevanten Bereiche hinweg differenzierte Aussagen erlauben. Hierdurch wird das Instrument auch zum „Wegweiser", der die Prioritäten für Optimierungsmaßnahmen aufzeigt.

Wie im theoretischen Teil dieser Arbeit ausführlich dargestellt wurde, realisiert sich Führung sowohl in personalen als auch organisationalen Elementen des Verhaltens und der Führungsartefakte. Zu letzteren gehören Unternehmenskultur und Policies, Richtlinien sowie Instrumente der Personalentwicklung, Führungskräftetrainings etc. (siehe Kapitel 2.2.1).

Aus den bisherigen Ausführungen sind folgende Anforderungen an ein aussagefähiges Controlling-Instrument ableitbar:

- Es soll sowohl führungs-relevante Inhalte als auch Prozesse berücksichtigen
- Es soll Elemente personaler und organisationaler Führung erfassen
- Es soll „messen" und bewertbar machen, aber auch Schwerpunkte des Handlungsbedarfs ausweisen

Im folgenden Kapitel wird ein Instrument des Führungs-Controllings entworfen, das diese Bedingungen erfüllt. Das Endprodukt geht jedoch nicht über den Grobentwurf hinaus – eine detaillierte Ausarbeitung der Feinstruktur würde den Rahmen dieser Arbeit sprengen, und sie kann Inhalt einer nachfolgenden Arbeit sein, in der das Instrument auch im Anwendungsfeld auf seine Brauchbarkeit untersucht wird.

6.2 Grobstruktur eines Instruments zum Führungs-Controlling

Übertragen auf die Prozess-Stufen der *systemverträglichen Organisationsentwicklung (SOE)* von Kastner (1998, 2000, 2002; siehe auch Kapitel 2.5.3.1) setzt ein Instrument zum Führungs-Controlling an der Phase der *Diagnose* an. Mit der Erfassung des Ist-Zustands und dem Vergleich mit einem (expliziten oder impliziten) *Ideal* werden die Stellen größten Handlungsbedarfs identifiziert. Somit erfüllt das Instrument auch beide Bedeutungen von *„Controlling"*, nämlich die der *Kontrolle und Überwachung* genauso wie die der *Steuerung* (Wöhe, 1986).

Das nachfolgend skizzierte Instrument berücksichtigt die in der SOE getroffene bewusste Unterscheidung der Analyse- und Interventionsebenen Person (P), Situation (S) und Organisation (O), indem Daten erhoben und quantifiziert werden, die sich mit den Policies & Grundsätzen des Gesamtunternehmens (O) befassen sowie dem Sozialen System und dem Arbeitssystem (S). *Austauschgerechtigkeit* stellt die invertierte Gratifikationskrise dar, und als wesentliche Determinante von Engagement, Arbeitszufriedenheit und allgemeinem körperlichen Wohlbefinden hat sie bezüglich ihrer Zuordnung zu den diagnostischen Ebenen hybriden Charakter: sie entsteht aus einem subjektiven Vergleich individueller Erwartungen und Benchmarks (P) mit materiellen und immateriellen Angeboten der Organisation (O, S). Auch *Training & Intervention* sind zunächst Angebote der Situation, zielen in ihrer Wirkung aber überwiegend auf die Person und deren Fähigkeiten und Kenntnisse.

Jeder der drei Ebenen *Gesamtunternehmen: Policies & Grundsätze, Soziales System* und *Arbeitssystem* werden relevante Indikatoren zugeordnet und Indikatoren-spezifische Datenquellen werden benannt. Des Weiteren werden die verschiedenen Ausprägungsgrade des Indikators als Skalenstufen auf dem Niveau einer Ordinalskala operationalisiert. Das Instrument kann somit den Indikatoren-basierten Ansätzen zur HC-Bewertung zugeordnet werden (s. o.).

Tabelle 73 zeigt die Dimensionen des Instruments im Überblick:

Analyseebene	Indikator
Unternehmens-Policies & Grundsätze	Mission, Vision & Werte
	Gesundheitspolitik
	Betriebliches Gesundheitsmanagement
Soziales System	Führungsgrundsätze
	Beurteilungssystem der Führungsleistung
	Training & Intervention
	Austauschgerechtigkeit
Arbeitssystem	Ergonomie & Physikalische Umgebungsbedingungen
	Persönlichkeitsförderlichkeit

Tab. 73: Struktur des Instruments zum Führungs-Controlling

Nachfolgend werden die einzelnen Indikatoren in ihrer Bedeutung beschrieben, und es werden die Datenquellen zur Erfassung ihrer Ausprägung benannt. Ebenso werden verschiedene Ausprägungsgrade als Skalenstufen beschrieben.

6.2.1 Analyseebene: Unternehmens-Policies und Grundsätze

1. **Unternehmensmission, Vision und Werte (MVW)**

Auf dieser Analyseebene finden sich zunächst die Aussagen des Unternehmens zu seinen eigenen Zielen („Vision" – Wohin wollen wir uns entwickeln? Was wollen wir zukünftig sein?), zum eigentlich Zweck, zur „raison d'être" oder auch zum „Auftrag" des Unternehmens („Mission" – Wofür existieren wir?) und zu den ethischen Grundprinzipien, die das Handeln der Organisation und ihrer Mitglieder steuern sollen („Werte" – die „Leitplanken" des nach innen und außen gerichteten Verhaltens).

Ab einer bestimmten Größe und durch diese bedingten Komplexität der Organisation sind diese Statements eine wichtige Orientierungsgröße für ihre Mitarbeiter, auch wenn Neuberger die ja recht hehren und heroischen Begriffe wie „Mission" in den Bereich der – kritisch gesehenen – narzisstischen Führungspersönlichkeit projiziert (Neuberger, 2002, S. 179). Tatsächlich ist es ein weit verbreitetes Phänomen, dass die blumigen, altruistischen Statements der „Hochglanzbroschüren", in denen Mission, Vision und Werte beschrieben werden, von den Mitarbeitern als Insidern der Organisation als „Märchen und Schönfärberei" erkannt und entsprechend ironisch kommentiert werden. So nennt auch Wehrle (2011) in seiner ironisch-witzigen Darstellung des „Irrenhauses Büroalltag" die *Heuchelei* der Unternehmens-Leitsätze ein hervorstechendes Merkmal heutiger Großunternehmen.

Entscheidend für die positive Wirkung der Sinn stiftenden und Orientierung bietenden Grund- und Leitsätze ist deren Verankerung und Realisierung im wirklichen Unternehmensalltag: handelt es sich um ein Poster an der Wand des Konferenzraums, oder werden die Grundsätze z. B. mit dem Instrument der Balanced Scorecard (Scholz et al., 2006, S. 124 ff.) konsequent auf nachgeordnete Organisationseinheiten heruntergebrochen und für diese handlungsbestimmend?

Datenquellen

Als Datenquellen kommen zum einen Unternehmensdokumente und –broschüren in Frage, die solche Leitlinien i. A. darstellen, wenn sie denn existieren. Ebenso bieten sich strukturierte Interviews mit der Geschäftsführung, dem Betriebsrat, dem Sprecherausschuss der Leitenden Angestellten, anderen Stakeholdern sowie den Mitarbeitern des Unternehmens an.

Skalenstufen

1: Mission, Vision, Werte (MVW) sind weder explizit noch implizit vorhanden

2: MVW sind schriftlich formuliert und den Stakeholdern Management und Betriebsrat bekannt

3: Wie Stufe 2, aber auch die nicht führenden Mitarbeiter des Unternehmens kennen und verstehen MVW

4: MVW sind durch MbO-Prozesse (*Management by Objectives* – eine Methode zur Führung mit definierten und operationalisierten Zielen) oder die Balanced Scorecard top-down mindestens auf die Ebene der Abteilungen heruntergebrochen. Nachgeordnete Ziele leiten sich logisch und für die Beteiligten transparent und verständlich aus den übergeordneten Zielen ab. Die Mitarbeiter kennen und verstehen die Werte des Unternehmens.

2. Gesundheitspolitik

Die Gesundheitspolitik (GP) definiert im Phasenmodell der systemverträglichen Organisationsentwicklung das auf Gesundheit und Leistungsfähigkeit der Organisation und ihrer Mitglieder bezogene Ideal sowie die Aktivitäten, die das Unternehmen verfolgen will, um dieses Ideal zu erreichen oder zu halten. Als solches Ideal ist es Zielvorgabe und die Realität bewertbar machende Richtgröße (Benchmark) in einem. Hiermit wird die Gesundheitspolitik zu einem weiteren Zielsystem, auf das die oben gemachten Aussagen zu Chancen und Risiken des MVW-Systems ebenso anwendbar sind: sie kann eine die Handlungsrichtung sinnvoll bestimmende Größe sein, und wenn sie mehr als ein „Papiertiger" ist, besitzt sie hohen Wert für das Unternehmen und seine Mitarbeiter.

Datenquellen

Wie bei 1.

Skalenstufen

1: GP ist weder explizit noch implizit vorhanden.

2: GP ist schriftlich formuliert und den Stakeholdern Management und Betriebsrat bekannt

3: GP ist schriftlich formuliert und den Stakeholdern Management, Betriebsrat und den Mitarbeitern bekannt. Die GP spiegelt den wissenschaftlichen Erkenntnisstand bezüglich der Determinanten von Gesundheit und Wohlbefinden wider.

4: GP ist schriftlich formuliert und den Stakeholdern Management und Betriebsrat bekannt. Die GP spiegelt den wissenschaftlichen Erkenntnisstand bezüglich der Determinanten von Gesundheit und Wohlbefinden wider. Gesundheit, Leistungsfähigkeit und Wohlbefinden werden in der Geschäftspolitik bzw. der Unternehmensmission als den wirtschaftlichen Zielen gleichwertig definiert.

3. Betriebliches Gesundheitsmanagement (BGM)

Der Nutzen eines gut konzipierten und umfassend eingeführten BGM-Systems ist in Kapitel 2.5 bereits ausführlich beschrieben worden und soll hier nicht noch einmal ausgeführt werden.

Datenquellen

Wie bei 1.

Skalenstufen

1: Es existiert kein BGM, und auch einzelne BGF-Maßnahmen werden nicht durchgeführt.

2: Es gibt einzelne, wenig verbundene Maßnahmen der Gesundheitsförderung, die sich überwiegend auf der Ebene der Verhaltensprävention und –intervention bewegen.

3: Es existiert ein zusammenhängendes BGM-Konzept, das zeitlich nicht begrenzt ist. Es beinhaltet Maßnahmen sowohl zur Verhaltens- als auch zur Verhältnisprävention und –intervention.

4: Es existiert ein zusammenhängendes BGM-Konzept, das zeitlich nicht begrenzt ist. Es beinhaltet Maßnahmen sowohl zur Verhaltens- als auch zur Verhältnisprävention und –intervention. Darüber hinaus sind Messungen des Ist-Zustands und daraus abgeleitete Korrekturmaßnahmen i. S. eines Regelkreises geplant bzw. bereits umgesetzt.

6.2.2 Analyseebene: Soziales System

Auf der Analyseebene, die sich mit dem Sozialen System auseinandersetzt, sind wiederum Grundsätze angesiedelt, aber auch Systeme und Methoden. Diesen gemeinsam ist, dass sie sich auf das wesentliche soziale System des Unternehmens ausrichten, nämlich die Mitarbeiterführung. Hier stehen Elemente der personalen Führung im Vordergrund, wobei der Indikator *Austauschgerechtigkeit* auch aus organisationalen Führungselementen gespeist wird (wie relatives Entgeltniveau, Transparenz der Gründe für Entlohnungsunterschiede etc.).

Sowohl die bisherigen theoretischen Ableitungen als auch die empirischen Befunde dieser vorliegenden Arbeit zeigen die Bedeutung der Führung für Wohlbefinden und Engagement. Ihre Relevanz erhält die Führung durch die Breite ihrer Wirkungsentfaltung: sie wirkt direkt durch die unmittelbare Auseinandersetzung zwischen Führungskraft und Mitarbeitern, aber auch indirekt über arbeitsgestalterische Maßnahmen, Entscheidungen zur Allokation von Aufgaben zu Mitarbeitern mit unterschiedlichen Fähigkeitsvoraussetzungen etc., und durch diese multifaktorielle Wirkung wird Führung zu einem der lohnendsten Analyse- und Interventionsziele.

4. Führungsgrundsätze

Für das Element *Führungsgrundsätze* (FG) gelten alle die Aussagen, die auch zum Indikator 1: MVW gemacht wurden: sie können bei ehrlicher und geschickter Implementierung "Leuchtturm" im Meer der zahllosen Handlungs- und Entscheidungsmöglichkeiten sein, aber auch belächeltes Poster an der Wand, das einen für die Unternehmensrealität völlig utopischen Zustand beschreibt.

Datenquellen

Wie bei 1.

Skalenstufen

1: Es existieren keine Führungsgrundsätze.

2: FG sind explizit formuliert, aber nur wenigen Stakeholdern wie dem Oberen Management bekannt.

3: FG sind explizit formuliert, sie sind im gesamten Unternehmen veröffentlicht und auch den Mitarbeitern bekannt.

4: FG sind explizit formuliert, sie sind im gesamten Unternehmen veröffentlicht und auch den Mitarbeitern bekannt. Sie sind in Trainings/Workshops einstudiert worden, und ein bottom-up Feedback zum Monitoring ist implementiert.

5. Beurteilungssystem zur Führungsleistung

„What you cannot measure, you cannot manage" ist ein alter betriebswirtschaftlicher Leitsatz (siehe auch Scholz & Stein, 2006). Der Autor der vorliegenden Arbeit würde diesen Satz in seiner Absolutheit zwar nicht gelten lassen – er verführt nämlich zu einer möglichen Beschränkung auf das Messbare, unabhängig von dessen Relevanz im Sinne der Organisationsentwicklung: das Wichtige ist leider nur recht unscharf messbar, also kümmern wir uns um das präzise Messbare – auch wenn es uns nicht weiter bringt! Vermeidet man jedoch die durch „Messgläubigkeit" mögliche Ablenkung vom Relevanten, ist der Leitsatz gerade im Bereich betriebswirtschaftlichen Handelns und Entscheidens zu beachten. Zum einen gelingt

es mit Zahlen, Daten, Fakten am ehesten, das Interesse der i. A. betriebswirtschaftlich ausgebildeten und denkenden Stakeholder zu gewinnen, zum anderen zwingt der Messvorgang zur fortwährenden Erfolgskontrolle des Handelns, wodurch dessen Unzulänglichkeit erkennbar und somit korrigierbar wird – ganz im Sinne des SOE-Regelkreises.

Führung als ein (auch emotionales) Kernelement organisationalen Alltags verdient in besonderem Maße, „überwacht" und gesteuert zu werden. Genau dieser Vorgang wird von den Führungskräften, deren Verhalten kritisch analysiert wird, häufig nicht sehr geschätzt. Gerade die Methode des bottom-up Feedbacks durch die eigenen Mitarbeiter wird als Umkehrung des Machtgefüges gesehen, verbunden mit meist diffusen und höchst selten offen artikulierten Befürchtungen des Ansehensverlusts bei negativem Ergebnis. Dies mag auch einer der Gründe sein, warum Organisationsentwicklungsmaßnahmen häufig auf der Ebene des Mittleren Managements scheitern, indem die „von oben" initiierten Aktionen von dieser nicht weiter „nach unten" getragen werden. Je mehr Teilautonomie von Arbeitsteams z. B. ein OE-Prozess anstrebt, desto stärker wird die Autorität der ja teilweise in ihren bisherigen Aufgaben obsolet werdenden Führungskraft in Frage gestellt.

Die erstmalige Einführung einer Aufwärtsbeurteilung der Führungskräfte ist also ein unverzichtbares Instrument im Rahmen der Sicherstellung gesunder Führung. Gleichzeitig muss man aber mit Widerständen rechnen, die nicht immer offen ausgesprochen werden sondern evtl. recht subtil im Sinne „verdeckten Widerstands" erscheinen.

<u>Datenquellen</u>

Wie bei 1.

<u>Skalenstufen</u>

1: Ein Beurteilungssystem zur Führungsleistung existiert nicht.

2: Es existiert ein allgemeines Beurteilungssystem, das die Führungsleistung als eigenständige Dimension enthält.

3: Es existiert ein Beurteilungssystem, das die Führungsleistung als eigenständige Dimension enthält. Dies umfasst mindestens drei der folgenden Elemente: Coaching & Training, soziale Unterstützung der Mitarbeiter, auf Fähigkeiten bezogener Personaleinsatz, Begeistern & Motivieren, Ergebnisrückmeldung geben, Prozesse handlungsregulatorisch günstig gestalten, Fehler konstruktiv nutzen.

4: Es existiert ein Beurteilungssystem, das die Führungsleistung als eigenständige Dimension enthält. Dies umfasst mindestens drei der folgenden Elemente: Coaching & Training, soziale Unterstützung der Mitarbeiter, auf Fähigkeiten bezogener Personaleinsatz, Begeistern & Motivieren, Ergebnisrückmeldung geben, Prozesse handlungsregulatorisch günstig gestalten, Fehler konstruktiv nutzen. Führungsleistung ist bei Beförderungen ein zur Fachleistung gleichwertiges Kriterium. Führungsleistung wird bei Bedarf in einem persönlichen Entwicklungsplan berücksichtigt und dokumentiert.

6. Training und Intervention

Die Führungsleistung kann auf vielfältige Weise beeinflusst und optimiert werden. Klassische Mittel der Personalentwicklung wie Trainings und Schulungen werden zunehmend ergänzt oder gar abgelöst durch Maßnahmen, die *on-the job* erfolgen: Coaching durch den Vorgesetzten, Coaching durch professionelle interne oder externe Coachs, online-gestützte Lernprogramme und –medien, Fachliteratur, Peer-Group-Support, personalentwicklungsorientierter Einsatz in Projekten etc.

Datenquellen

Wie bei 1.

Skalenstufen

1: Es existieren keinerlei auf Führung abzielende Trainings- oder Interventionsansätze.

2: Es werden klassische Führungstrainings für Führungskräfte angeboten.

3: Eine Basisschulung *Führung* für neu berufene Führungskräfte ist verbindlicher Standard. Auch für erfahrene Führungskräfte werden ihrem Erfahrungsgrad entsprechende Training angeboten. Das Personalentwicklungsinstrumentarium umfasst auch mindestens ein weiteres der oben genannten Personalentwicklungsinstrumente.

4: Eine Basisschulung *Führung* für neu berufene Führungskräfte ist verbindlicher Standard. Auch für erfahrene Führungskräfte werden ihrem Erfahrungsgrad entsprechende Trainings angeboten. Das Personalentwicklungsinstrumentarium umfasst auch mindestens drei weitere der oben genannten Personalentwicklungsinstrumente.

7. Austauschgerechtigkeit

Die stark negative Wirkung von fehlender Austauschgerechtigkeit ist in den oben beschriebenen empirischen Ergebnissen deutlich geworden. Die einzelnen Elemente der *effort/reward imbalance* nach Siegrist sind in Kapitel 2.3.3 ausführlich beschrieben worden: ein als ungerecht erlebtes Verhältnis zwischen eigenem Einsatz und dem materiellen sowie immateriellen Ertrag aus diesem Einsatz, die Verausgabungsneigung i. S. des intern oder extern erzeugten *overcommitments*, eine als nicht leistungsgerecht erlebte Beförderungspolitik und die Angst um den Arbeitsplatz.

Da die Wirkung der Gratifikationskrise bzw. – in ihrer positiven Erscheinungsform - *Austauschgerechtigkeit* weniger über die Ausprägung der objektiven Arbeitsbedingungen als durch deren subjektiven Repräsentation im Individuum vermittelt wird, macht es Sinn, dieses Element gesunder Führung auch subjektiv durch Befragung der Mitarbeiter zu erfassen. Darüber hinaus können auch objektive Gegebenheiten erhoben werden, z. B. die Bezahlung gemäß oder unter Tarifvertrag, der Einfluss der Leistungsbeurteilung (sofern vorhanden) auf Beförderungsentscheidungen, die Entwicklung des Personalstands in der Vergangenheit und der nahen Zukunft als objektiver Parameter der Arbeitsplatzsicherheit etc.

Datenquellen

Wie bei 1. sowie Analyse der Gehaltsstruktur und der Entwicklung des Personalstands. Subjektive Befragung der Mitarbeiter mit einem Fragebogen zur Erfassung der *Gratifikationskrise* (invertierte Polung).

Skalenstufen

Vier Parameter mit einem Punktebereich von jeweils 0 bis 2 (daraus resultiert der Summenwertbereich: 0 – 8 Punkte).

Parameter:

- Leistungsgerechte Beförderungspolitik: kein Leistungsbezug = 0; Ansätze von Leistungsbezug = 1; starker Leistungsbezug = 2
- Objektives Gehaltsniveau: unter Tarif- oder Vergleichsniveau = 0; entspricht Tarif- oder Vergleichsniveau = 1; über Tarif- oder Vergleichsniveau = 2
- Arbeitsplatzsicherheit: Personalabbau in unmittelbarer Vergangenheit und Zukunft = 0; konstanter Personalstand in unmittelbarer Vergangenheit und Zukunft = 1; Personalaufbau in unmittelbarer Vergangenheit und Zukunft = 2
- Subjektiv erlebte Austauschgerechtigkeit: unteres Drittel des Punktsummenbereichs des Fragebogens = 0; mittleres Drittel = 1; oberes Drittel = 2

6.2.3 Analyseebene: Arbeitssystem

Die Ausgestaltung des Arbeitsplatzes und der Arbeitsaufgabe hat maßgeblichen Einfluss auf unterschiedliche Aspekte der Leistungsfähigkeit und der Leistungsmotivation. Die physikalischen Umgebungsbedingungen und die ergonomische Gestaltung des Arbeitsplatzes kovariieren deutlich mit dem körperlichen Wohlbefinden, was sowohl in der entsprechenden Literatur als auch den in dieser Arbeit beschriebenen Studienergebnissen ablesbar ist.

8. Ergonomie & Physikalische Umgebungsbedingungen

Die in den hier beschriebenen Studien erfolgte Operationalisierung der Dimension *Physikalische Umgebungsbedingungen* umfasst sowohl die Belastungen, die sich aus solchen Umgebungsbedingungen wie Lärm oder Hitze ergeben, aber auch Belastungen durch unzureichende ergonomische Arbeitsplatzgestaltung, die sich in Items wie „Belastung durch ungünstige Arbeitshaltung" oder „Heben, Tragen, Bewegen schwerer Lasten" wiederfindet.

Für ein rasches Grobscreening der physikalischen und ergonomischen Belastungen kann die im hier verwendeten Fragebogen enthaltene Skala ausreichende Ergebnisse liefern. Ergeben sich bei dieser ersten Analyse Hinweise auf Problembereiche, können diese mit der von der *Bundesanstalt für Arbeitsschutz und Arbeitsmedizin (BAuA)* entwickelten *Leitmerkmalmethode* zielgenau weitergehend analysiert werden (http://www.baua.de/de/Themen-von-A-Z/Physische-Belastung/Gefaehrdungsbeurteilung.html).

Datenquellen

Items der Skala *Physikalische Umgebungsbedingungen* PB1 bis PB8 (siehe Anhang H). Punktebereich je Item: 1 -5. Punktebereich Gesamtskala: 8 – 40.

Skalenstufen

1: Skalensummenwert 33 - 40

2: Skalensummenwert 25 - 32

3: Skalensummenwert 17 - 24

4: Skalensummenwert 8 – 16

9. Persönlichkeitsförderlichkeit

Die *Persönlichkeitsförderlichkeit* bzw. das damit eng verknüpfte *Salutogenetische Motivationspotential der Arbeit* werden sowohl in der Handlungsregulationstheorie (siehe Kapitel 2.3.6.1) als auch ganz besonders im Job Characteristics Modell (siehe Kapitel 2.3.5) als hoch relevante Voraussetzungen von Engagement, Arbeitszufriedenheit, Wohlbefinden und Leistung betont. In den hier beschriebenen eigenen empirischen Studien erwies sich das *SMP* als eine für alle drei abhängigen Variablen relevante Größe, mit Schwerpunktwirkung auf die affektiven Effekt-Variablen.

Datenquellen

Items der Skala *Salutogenetisches Motivationspotential der Arbeit* SMP 1 – 17 (siehe Anhang H). Punktebereich je Item: 1 -5. Punktebereich Gesamtskala: 17 – 85.

Skalenstufen

1: Skalensummenwert 17 – 34

2: Skalensummenwert 35 – 51

3: Skalensummenwert 52 – 68

4: Skalensummenwert 69 – 85

6.3 Anwendung und Nutzen des Instruments zum Führungs-Controlling

Wie bereits oben erwähnt soll ein Controlling-Instrument nicht nur messen, sondern auch steuern, indem es auf die Qualität und Richtung von Korrekturmaßnahmen hinweist.

Das hier skizzierte Instrument kann zum einen eingesetzt werden, um die Gesamtreife des Unternehmens bei der Entwicklung *Gesunder Führung* zu messen. Hiermit wird es zum sinnvollen Instrument in empirischen Studien, die diesen Reife- und Entwicklungsgrad in Relation zu Parametern wie wirtschaftlichem Erfolg, Leistungserbringung, Fluktuation, Fehlzeiten, Engagement und Arbeitszufriedenheit setzen wollen.

Darüber hinaus kann das Instrument aber auch Organisationsentwicklungsprojekte unterstützen, indem es die Stärken und Schwächen der Organisation auf den verschiedenen Regelungsinstanzen *gesunder Führung* Organisation, Situation und Person ausweist. So ist es denkbar, dass die Organisation auf der Ebene *Gesamtunternehmen: Policies & Grundsätze* wenig vorzuweisen hat, sich aber dem Thema Führung intensiv widmet und einiges tut, diesen Bereich auf hohem Niveau zu halten. Dies mag für ein kleines, eigenständiges Unternehmen der richtige Ansatz sein – eine Überfrachtung mit abstrakten Policies würde im überschaubaren Umfeld mit intensivem face-to-face Kontakt zwischen Geschäftsführung, Mittlerem Management und Mitarbeitern eher artifiziell erscheinen. Wenn das Unternehmen jedoch durch Zukäufe wächst und komplexer wird, kann es sinnvoll sein, den neu hinzugekommenen Einheiten durch solche Grundsätze Orientierung im für sie noch intransparenten Umfeld zu verschaffen.

In einem anderen Fallbeispiel ist es denkbar, dass sich ein Unternehmen ergonomisch hoch optimiert hat, hierbei aber durch weitgehende Standardisierung aller Prozesse bis in den Bereich der Bewegungsausführung hinein den Mitarbeitern einen Großteil ihrer Entscheidungs- und Gestaltungsmöglichkeiten genommen hat, was in einem niedrigen Wert für *Persönlichkeitsförderlichkeit* resultieren würde – ein deutlicher Hinweis für einen Ansatzpunkt der Organisationsentwicklung.

Die hier vorgenommene Skizzierung eines Instruments zum Führungs-Controlling hat den Charakter eines Entwurfs. Die detaillierte Ausarbeitung der Analyseinstrumente wir z. B. Leitfäden für die Stakeholder-Interviews wäre die nächste Phase der Entwicklung. Sie sprengt jedoch den Rahmen der Zielsetzung dieser Arbeit, und sie wäre damit Aufgabe eines Nachfolgeprojekts.

Tabelle 74 zeigt das „Cockpit" des Instruments, dem die Stärken und Schwächen der analysierten Organisation auf einen Blick entnommen werden können.

Unternehmen/Bereich:				**Datum:**		**Gesamtwert:**		
Summe: 3-4-5-6-7-8-9-10-11-12			Summe: 4-5-6-7-8-9-10-11-12-13-14-15-16				Summe: 2-3-4-5-6-7-8	
4	4	4	4	4	4	4	4	4
3	3	3	3	3	3	3	3	3
2	2	2	2	2	2	2	2	2
1	1	1	1	1	1	1	1	1
Mission, Vision, Werte	**Gesundheitspolitik**	**Betriebliches Gesundheits-management**	**Führungsgrundsätze**	**Beurteilungssystem der Führungsleistung**	**Training & Intervention**	**Austauschgerechtigkeit**	**Ergonomie & Physikalische Umgebungsbedingungen**	**Persönlichkeits-förderlichkeit**
Unternehmens-Policies und Grundsätze			**Soziales System**				**Arbeitssystem**	

Tab. 74: Cockpit des Instruments zum Führungs-Controlling

7 Kritische Reflexion und Ausblick

Die Erstellung dieser Arbeit erstreckte sich mit den Phasen Theoriestudium, Konzeptionierung und Implementierung des BGM-Programms, Design des Erhebungsinstruments, Durchführung und Auswertung der Datenerhebungen sowie Niederschrift über einen Zeitraum von vier Jahren.

Typisch für eine empirische Arbeit, die nicht im Labor, sondern im Feld ansetzt, ist der iterative Charakter ihrer Entstehung: das frühe Theoriestudium resultiert im Design des BGM-Programms, das wegen des operativen Drucks der „Feldorganisation" rasch implementiert werden soll. Die erste Datenerhebung erfolgt erst nach dem offiziellen Startschuss und der ersten Aktion (= Intervention) des BGM-Programms. Hierdurch ist sie in streng wissenschaftlichem Sinne natürlich keine klassische Ausgangsmessung zu t0. Während die Feldaktivitäten voranschreiten, erreicht auch die Theorieentwicklung ein fortschreitendes Niveau, und diese Erkenntnisse führen wiederum zu Änderungen des BGM-Programms bzw. zur Anpassung des Erhebungsinstruments.

In diesem Prozess erfolgt also eine reziproke Befruchtung jeweils fortschreitender Zustände der Komponenten Theorie und Empirie, die im Sinne einer „lernenden Organisation" auf Basis der organischen Forschung (Argyris, 1973; siehe auch Kapitel 2.7.3) durchaus sinnvoll und angestrebt ist, im Lichte strenger Anforderungen an Forschung, die auf den Beweis der Kausalität ausgerichtet ist, aber „unsauber" ist.

Ebenso kann die Frage auftauchen: wäre das Erhebungsinstrument genau so wie vorliegend gestaltet gewesen, wenn das Theoriestudium zum Zeitpunkt der Erhebung schon seinen finalen Stand erreicht hätte?

Diese Hinweise sollen keine Exkulpierung sein, sondern den nachfolgenden kritischen Rückblick auf die Arbeit einleiten und dort skizzierte Ideen für weitere Forschungsansätze erklären.

Dieser Rück- und Ausblick befasst sich mit den Themenkomplexen:

- Theoretische Fundierung des Acht-Faktoren-Modells
- Operationalisierung der Modell-Parameter
- Der empirische Ansatz
- Durchführung der Datenerhebungen
- Das BGM-Programm
- Das Instrument zum Führungs-Controlling

7.1 Die theoretische Fundierung

Die theoretische Basis des Acht-Faktoren-Modells der Führung bezieht Erkenntnisse und Theorien der Führungsforschung genauso ein wie solche über die arbeitsbezogenen Determinanten von Engagement, Arbeitszufriedenheit und körperlich-geistiges Wohlbefinden. Die in Kapitel 2.6 vorgenommene „Verschmelzung" dieser sechs Theorien zeigt, dass diese stark überlappt sind und entsprechende inhaltliche Schnittmengen aufweisen. Gleichwohl sind sie nicht zueinander redundant, da jede der Theorien auch Elemente enthält, die von anderen Modellen weniger oder gar nicht berücksichtigt werden. Im resultierenden Acht-Faktoren-Modell sind wiederum Elemente zu finden, die gerade in den Führungstheorien zur transaktionalen und transformationalen Führung wesentlich sind, wie *Anregende und bewältigbare Tätigkeiten* (in *Intellectual Stimulation* enthalten), *Unterstützendes personales Führungsverhalten* findet sein Pendant im Verhaltensmerkmal *Individualized Consideration* oder auch im Faktor *Mitarbeiterorientierung* der Ohio-Studien (Bass & Aviolo, 1990, 1994; Hemphill & Coons, 1957, zitiert in Vroom, 1976; siehe auch Kapitel 2.2.2.2 und 2.2.2.4).

Insgesamt kann das theoretische Fundament des Modells als breit abgesichert und empirisch fundiert gesehen werden. Selbstverständlich besteht Spielraum in der Zusammenfassung und „Verschmelzung" einzelner Elemente in den Faktoren des Modells. So sind inhaltliche Clusterbildungen denkbar, die in mehr oder weniger als acht Faktoren resultieren. Eine entsprechende Validierung der Modell-Struktur könnte auf drei Arten vorgenommen werden:

- Die inhaltliche Überprüfung der Faktorenstruktur durch Expertenurteil
- Die statistisch-faktorenanalytische Untersuchung der Elemente der sechs Theorien. Dieses Vorgehen würde aber wenige Erkenntnisse über die inhaltliche Berechtigung der Clusterbildung bieten, sondern eine Aussage darüber liefern, ob diese Cluster im Verhalten von Personen als voneinander hinreichend unabhängige, eigenständige Faktoren auftauchen. Dies liefert Erkenntnisse über gemeinsame Auftrittswahrscheinlichkeiten, nicht aber über die Berechtigung, korrelierte Elemente des Verhaltens als unterschiedliche Ausdrucksformen ein- und desselben Inhaltsclusters zu identifizieren. Hier sei an die Kritik Neubergers an der Methode der Faktorenanalyse erinnert (Neuberger, 2002, S. 405; siehe auch Kapitel 2.2.2.2).
- Die gezielte und abgrenzbare experimentelle Manipulation einzelner Faktoren und Kontrolle der Effekte dieser Manipulation auf den theorie-relevanten abhängigen Variablen.

7.2 Operationalisierung der Modellparameter

Die wesentlichen statistischen Aussagen über die Struktur des Fragebogens wurden in der Diskussion der Ergebnisse bereits getroffen. Auf sie soll hier nicht noch einmal eingegangen werden.

Der Fragebogen hatte den Anspruch, die Elemente des Acht-Faktoren-Modells in ihrer gesamten Breite zu erfassen. Hierzu mussten zahlreiche Parameter operationalisiert werden, die z. T. heterogene Inhalte aufweisen (wie *Fehlbeanspruchung*, die aus den vier Unterskalen qualitative/quantitative Über-/Unterforderung besteht). Um diese Komplexität abzubilden, bedarf es eines umfangreichen Instruments mit einer großen Anzahl Items.

Diesem Anspruch steht aber der Praxisdruck gegenüber, ein Instrument zu konstruieren, das zum einen ohne allzu großen Produktionsausfall in überschaubarer Zeit ausgefüllt werden kann, und das auch nicht durch übergroße Länge Sättigungseffekte hervorruft, die wiederum in nicht validen Ergebnissen resultieren können („Irgendein Kreuz machen, Hauptsache hier rauskommen!").

Zumindest die für die Überprüfung der Zusammenhangshypothesen wichtigen affektiven abhängigen Variablen *Engagement* und *Arbeitszufriedenheit* sollten in einer Folgeuntersuchung mit einer größeren Anzahl von Items erhoben werden (*Engagement* z. B. umfasste nur zwei Items). Hierdurch werden nicht nur die statistischen Kennwerte verbessert (Bühner, 2011), auch die inhaltliche Breite der Konstrukte kann besser abgebildet werden.

Auch das *Allgemeine körperliche Wohlbefinden* kann und sollte umfassender operationalisiert werden, als dies in der vorliegenden Untersuchung mit der Beschränkung auf fünf Symptombereiche psychosomatischer Beschwerden und eine allgemeine Aussage zum Gesundheitszustand erfolgte. Besonders die immer relevanter werdenden psychischen Beschwerden, die als Vorläufer von Erschöpfungsdepression bzw. Burn-out gelten wie Konzentrationsstörungen, Antriebslosigkeit, Panikattacken, zwanghaftes Grübeln usw. (Lütz, 2011; Comer, 2008), könnten mit Items einschlägiger klinischer Testverfahren wie dem *Beck Depressions Inventar* (Hautzinger et al., zitiert in Amelang & Zielinski, 2002) erhoben werden. Hierbei ist jedoch zu beachten, dass allzu klinische Formulierungen in einem „normalen" Arbeitsumfeld leicht befremdlich wirken und die Mitarbeiter von einer Beantwortung zurückschrecken können, wodurch die Akzeptanz des Verfahrens insgesamt in Frage gestellt wird.

Inhaltlich heterogene Skalen wie *Gratifikationskrise* sollten in ihren Teilelementen durch jeweils eine größere Anzahl von Items operationalisiert werden, damit die in ihrem jeweils eigenständigen Einfluss analysiert werden können. Zwar hat sich das Summenmaß als wichtigstes Korrelat gerade der affektiven Outcomes herausgestellt, jedoch muss man sehen, dass in diesem so unterschiedliche und inhaltlich unabhängige Aspekte wie z. B. *intrinsische*

Verausgabungsneigung und *Arbeitsplatzsicherheit* zusammengefasst sind. Gerade wegen der großen Bedeutung des Konzepts sollte dieses im Fokus stehen, auch was seinen Anteil im Fragebogen betrifft.

Die Ein-Faktor-Struktur der Variablen *Führung* kann – mit Verweis auf die Führungstheorien von Graen (siehe Diskussion dieses Faktors in Kapitel 5.1.2) – auf die Tatsache zurückgeführt werden, dass im Fragebogen nach der Beurteilung der Führungskraft durch den Mitarbeiter gefragt wurde. Diese subjektive Bewertung ist zwar näher an den affektiven und verhaltensbezogenen Auswirkungen der Führung als die (nüchterne) Verhaltensbeschreibung. Will man jedoch zu Zwecken des Führungstrainings und Coachings belastbare Aussagen über die Wirkung des (trainierbaren) Führungsverhaltens gewinnen, sollte eine zukünftige Analyse zumindest die Variable *Subjektive Wahrnehmung des Verhaltens durch den Mitarbeiter* aus Abbildung 40 mit erheben. Wenn hierzu auch noch objektive Verhaltensdaten zur individuellen Führung erfasst werden, z. B. in Form von differenzierten top-down-Beurteilungen oder gar Verhaltensbeobachtungen durch Experten, sowie Merkmale der Person des Geführten, können die Zusammenhänge zwischen Verhalten der Führungskraft, Bewertung durch den Mitarbeiter und Konsequenzen des Verhaltens wesentlich präziser analysiert werden. Dies hätte auch unmittelbare Implikationen für die Weiterentwicklung von Führungstheorien.
Eine Folgeuntersuchung sollte sich nach der hier vorliegenden explorativen, bewusst breit angelegten Studie auf weniger Variablen beschränken, diese aber gründlich operationalisieren und insbesondere die Mediation und Moderation von Wirkzusammenhängen berücksichtigen, um diese inhaltlich noch besser zu erkennen und erklärbar zu machen. Dies folgt der populären Erkenntnis, dass „weniger manchmal mehr ist".

7.3 Der empirische Ansatz

Die grundsätzliche Problematik der empirischen Vorgehensweisen Querschnittstudie und Verwendung subjektiver Daten ist bereits ausführlich diskutiert worden. Zum einen sind diese methodischen Ansätze nicht in der Lage, echte Kausalbeziehungen zwischen unabhängigen und abhängigen Größen nachzuweisen, zum anderen sind subjektive Daten immer anfällig für die *common method variance*, also Kovariation, die lediglich auf den Einsatz ein- und derselben Methode (hier: Erhebung subjektiver Daten) zurückgeht.

Die methodisch überlegeneren Ansätze erheben Veränderungen abhängiger Größen im Zeitverlauf nach der kontrollierten Variation einer Variablen, die als Determinante der Ausprägung der abhängigen Variablen gesehen werden. Werden hierbei neben subjektiven auch noch objektive Daten erhoben, die nicht auf Aussagen der Untersuchungsteilnehmer basieren, wird die wissenschaftliche Aussagekraft der Befunde weiter erhöht. In einem sogenannten *multi-trait-multi-method-Ansatz* kann zudem der Varianzanteil, der auf die Methode zurückzuführen ist, von der Gesamtvarianz getrennt werden (Bühner, 2011).

Einem solchen heuristisch hochwertigen Vorgehen stehen Bedingungen des *Untersuchungsfeldes Produktionsbetrieb* entgegen, die bereits weiter oben diskutiert wurden: Arbeitsbedingungen sind häufig nicht nur in ausgewählten Experimentalgruppen änderbar; Placebo-Manipulationen aus rein wissenschaftlichen Erwägungen heraus sind in einem Arbeitsumfeld nicht hinreichend begründbar; umfangreiche Datenerhebungen sind wegen der Störung der betrieblichen Abläufe nur eingeschränkt möglich; die Wirkung von experimentellen Manipulationen gehen evtl. im „weißen Rauschen" aller sonstigen, nicht kontrollierbaren betrieblichen Veränderungen und Randbedingungen unter etc.

Trotz dieser einschränkenden Bedingungen sollte eine Nachfolgeuntersuchung drei methodische Verbesserungen berücksichtigen:

- Erhebung der Persönlichkeitsdisposition *positive/negative Affektivität* zur Kontrolle der *common method variance*. Hierdurch wird diese zwar nicht verhindert, ihr Einfluss auf die Daten kann aber von dem „wahren" Zusammenhang zwischen den Variablen näherungsweise getrennt werden.
- Einbezug objektiver Daten wie Leistungsdaten, Fluktuation, Absentismus etc., um die Beschränkung auf nur eine einzige Datenquelle – die subjektiven Aussagen der Probanden – zu überwinden.
- Bewusste Manipulation relevanter Arbeitsbedingungen und Messung des Effektes im Zeitverlauf. Dies kann in einem betrieblichen Realumfeld nur gelingen, wenn die Fragestellung stark fokussiert und die Zahl der gemessenen Parameter beschränkt wird. Auch hier gilt es, nach dem eher auf Breite angelegten Untersuchungsansatz der vorliegenden Arbeit einzelne Fragestellungen in der Tiefe zu erkunden.

7.4 Durchführung der Datenerhebungen

Das zweigeteilte Vorgehen bei der Erhebung – postalische Zu- und Rücksendung des Fragebogens und Einzelarbeit bei den Angestellten und Klassenraumsituation bei den Arbeitern – war den unterschiedlichen sprachlichen Verständnisvoraussetzungen dieser Gruppen geschuldet (hoher Anteil von Mitarbeitern mit nicht deutscher Muttersprache etc.). Ebenso wurde zumindest implizit unterstellt, dass die Teilnahmequote bei den blue collars gering ausfällt, wenn diese den Bogen alleine bearbeiten sollen, da dies von den Vorgesetzten während der offiziellen Schichtzeit mit laufender Maschine weniger geduldet wird als bei der planbaren kollektiven Erhebung. Insgesamt hat sich das Vorgehen so bewährt, wenn auch deutlich der förderliche oder hinderliche Einfluss der Vorgesetzten auf die Teilnahme spürbar war: der Befragung positiv gegenüberstehende Vorgesetzte realisierten deutlich höhere Teilnahmequoten als skeptische Vorgesetzte. Hier besteht natürlich die Gefahr der Beeinflussung des Antwortverhaltens!

Um eine möglichst objektiv-neutrale Erhebungsmodalität ohne Störung des betrieblichen Ablaufs zu gewährleisten, sollte bei der nächsten Befragung der Bogen an die Heimadresse des Mitarbeiters gesendet werden. Als Anreiz für seine Bearbeitung wird jedem Mitarbeiter, der den in einem verschlossenen Umschlag befindlichen Bogen in eine „Wahlurne" wirft, eine Arbeitsstunde auf seinem Zeitkonto gut geschrieben. Auch sollten fremdsprachige Mitarbeiter des Betriebsrats benannt werden, die bei Sprach- und Verständnisschwierigkeiten als Helfer zur Verfügung stehen.

Bei einer solchen Erhebung ohne Anwesenheit von Testleitern muss auf eine eindeutige, einfach formulierte Instruktion geachtet werden.

Tatsächlich steht und fällt sowohl die Teilnahmequote als auch die Validität der Angaben mit dem Vertrauen auf die Anonymität und Nicht-Verfolgbarkeit der Angaben. Hierzu ist es ratsam, auf biografische Angaben zu verzichten bzw. diese – falls sie erkenntnistheoretisch bedeutsam sind - auf ein Minimum und allenfalls grobe Cluster zu beschränken. Auch der explizite Hinweis darauf, dass diese Angaben freiwillige sind, kann gerade den Mitarbeitern in kleinen, überschaubaren Bereichen helfen, in denen z. B. die Angabe des Geschlechts und der Altersklasse schon zur persönlichen Identifikation führen könnte.

Diese Skepsis gegenüber der echten Anonymität in Verbindung mit den schwieriger gewordenen Arbeitsbedingungen im Betrieb wird auch als Ursache für den Rückgang der Beteiligung an der Befragung von 61 auf 50% vermutet.

7.5 Das BGM-Programm

Das BGM-Programm *Evita* ist für ein Unternehmen von mittelständischer Größe handwerklich sehr solide konzipiert und gerade in seiner Breite auffallend, was ja auch zur Verleihung der Auszeichnung *Gesundheitspreis 2013 AOK/BGF-Institut* führte.

Tatsächlich setzt es die in Kapitel 2.5.1 formulierten Forderungen an ein nachhaltiges Gesundheitsmanagement weitgehend um (Kastner, 2010a; Leka & Cox, 2010; Elke & Zimolong, 2011). Hier sind als wesentliche Faktoren zu nennen:

- Das Programm folgt dem PDCA-Zyklus, der in Kastners *Systemverträglicher Organisationsentwicklung (SOE)* vorgeschrieben wird
- Auftraggeber ist die Geschäftsführung
- Die Aktivitäten werden durch einen *Steuerkreis* geplant und überwacht, der interdisziplinär und mit Vertretern des obersten Führungskreises besetzt ist
- Das Programm ist theoretisch fundiert und abgeleitet
- *Verhaltens*- und *Verhältnisebene* werden gleichermaßen explizit berücksichtigt

- Das Programm berücksichtigt die Rolle des Faktors *Führung* als einer wesentlichen Determinante von Gesundheit und Leistungsfähigkeit
- Es sind „Spaßelemente“ wie Betriebssport-Veranstaltungen genauso enthalten wie medizinische Check-up-Untersuchungen, die wahrscheinlich als sehr sinnvoll, aber auch weniger lustvoll erlebt werden
- Das Konzept wird mit Unterstützung externer Fachleute und Spezialisten umgesetzt, ohne dass diese aber zu den Hauptakteuren werden: professionelles Vorgehen eines intern gesteuerten Programms
- Die Interventions- und Präventionsansätze sind breit gestreut: Ergonomie, Arbeitssicherheit, Führung, Partizipation durch Gesundheitsscouts, Rückenschulungen, Rauchentwöhnungskurse etc.
- Das Programm ist ein zeitlich unbegrenztes, lernendes und sich anpassendes System, das systematisch erhobene und auch zufällige Erfahrungen in seine weitere Ausgestaltung als Rückmeldung integriert

An dieser Stelle ist aber auch eine selbstkritische Betrachtung notwendig im Sinne von: welches sind die negativen Erfahrungen, die gemäß dem letztgenannten Prinzip „lernendes System“ auf Optimierungspotential hinweisen?

1) Die Richtigen erreichen

Aus den empirisch ermittelten Teilnahmequoten war feststellbar, dass die aktive Teilnahme am Programm positiv mit der Qualifikation und dem hierarchischen Niveau des Mitarbeiters korreliert. Dieser Befund ist ja ein Standard-Befund einschlägiger Untersuchungen (siehe auch Wieland & Hammes, 2008). Wenn aber Gesundheitsmanagement den Erhalt der körperlichen, geistigen und psychischen Leistungsfähigkeit – also auch der *Work-Ability* - zum Ziel hat, muss es gelingen, gerade diese besonders gefährdeten Gruppen einzubeziehen und zur Teilnahme zu aktivieren. Die Gefährdung ergibt sich zum einen aus den körperlich härteren Arbeitsbedingungen in der Produktion (Schichtarbeit, Lärm, schwer Heben und Tragen etc.), aber auch aus der geringeren Grundausbildung, durch die den steigenden Anforderungen anspruchsvoller und komplexer werdender Tätigkeiten immer schwieriger nachzukommen ist.

Mit dem Angebot des Medical Check-Ups versuchen die Programm-Verantwortlichen, näher an diese Gruppe heranzukommen und für das Thema ihrer eigenen Gesundheit zu sensibilisieren. Sicherlich ist dies nur ein Anfang, und es müssen – außer den Sportveranstaltungen, die gerade in der Disziplin Fußball von der schwierigen Zielgruppe „Männer mittleren Alters mit Migrationshintergrund“ eifrig aktiv mitgestaltet werden – neue Wege entwickelt werden. Die Berufung eines türkischen Mitarbeiters in die Gruppe der *Gesundheits-Scouts* war ein weiterer Versuch in diese Richtung.

Auch die Räumlichkeiten, in denen Aktionen z. B. auf *Gesundheitstagen* stattfinden, haben einen Einfluss. Für Mitarbeiter der Produktion kann es eine hohe Schwelle bedeuten, im „Blaumann" in die repräsentativ eingerichteten Empfangs- und Vorzeigeräume des Unternehmens zu kommen, in denen wegen des großzügigen Platzangebots die Aktionen meist ausgetragen werden. Wenn möglich, sollte die Aktion zum Arbeitsplatz des Mitarbeiters kommen, nicht umgekehrt.

2) Durchhalten auch in schwierigen Phasen

Ein BGM-Programm, das sich nicht nur als „bunter Strauß von BGF-Maßnahmen" versteht, sondern als seriöse Organisationsentwicklung, muss auch – oder gerade – in wirtschaftlich schwierigen Phasen fortgesetzt werden. Zu solchen Zeiten steigt erfahrungsgemäß der subjektive Druck auf die Belegschaft: Angst vor Arbeitsplatzverlust, Präsentismus, d. h. arbeiten trotz Krankheit, weil man nicht negativ auffallen will, Gratifikationskrisen wegen der Reduktion von finanziellen Leistungen usw. sind dann üblich. Gerade jetzt ist die Unterstützung der Belegschaft nötig, aber gerade jetzt ist die motivationale Bereitschaft der Belegschaft eingeschränkt, sich an bestimmten Aktionen zu beteiligen („Uns kürzen sie die Schichtzulagen, aber für einen Gesundheitstag geben sie Geld aus!").

Um hier glaubwürdig zu bleiben und nicht das Kommitment der Mitarbeiter zu verlieren, sind die Führungskräfte als Mediator zwischen wirtschaftlich notwendigen Firmenentscheidungen und den Interessen und Befürchtungen der Mitarbeiter unverzichtbar. Sie haben mit ihrem persönlichen, wertschätzenden Führungsverhalten die Möglichkeit – und die Aufgabe – die negativen Folgen einer Krise zu mildern. Sie sind es, die Maßnahmen erklären können, und sie fangen die Emotionen des „Shopfloors" auf. Hier - in schlechten Zeiten - wird Führung zur Führungskunst. Und Gesundheitsmanagement kümmert sich z. B. durch intensives Training und einen engen Dialog mit den Führungskräften um die Gesundheit der Organisation und ihrer Mitglieder, ohne das Wort *Gesundheit* überhaupt zu erwähnen: Krisenmanagement als Teil des Gesundheitsmanagements.

Dies ist nur einer der Gründe, warum Führungskräfte eine zentrale Zielgruppe der BGM-Programme darstellen. Sie müssen für ihre Vermittlungsrolle geschult werden, und sie müssen erkennen, wie sie die Leistungsfähigkeit und –motivation ihrer Mitarbeiter beeinflussen können. Eine solchermaßen gut vorbereitete Führungsmannschaft kann helfen, auch schwierige Phasen durchzustehen, ohne dass die sonst in Krisenzeiten üblichen Folgen wie Kündigung der Besten, Produktivitätsverluste, Sabotagen, hohe Absentismus-Quoten etc. die Krise weiter verschlimmern (dies drückt auch der Untertitel des Vortrags von Fischer, 2012, zum Gesundheits-Management aus: „Warum Führungskräfte für die Gesundheit der Mitarbeiter wichtiger sind als der Arzt").

3) Durchhalten – auch in guten Phasen

BGM-Programme ereilt häufig das Schicksal vieler gut gemeinter Maßnahmen: sie werden mit Enthusiasmus gestartet, und nach den ersten Schwierigkeiten und ernüchternden Erkenntnissen der Realität, die oft nicht mit den zuvor euphorischen Erwartungen übereinstimmt, kühlt das Interesse langsam ab. Wenn jetzt noch neue attraktive Themen auftauchen, die noch nicht diesen Ernüchterungszyklus durchlaufen haben, besteht die Gefahr, die „alte" Aktivität zugunsten der neuen einzustellen.

Es ist also nötig, „dranzubleiben" und immer wieder neue Impulse zu setzen, um das Interesse auf einem hinreichenden Niveau zu halten. Betriebliches Gesundheitsmanagement ist kein Projekt mit definiertem Anfang und Ende, es ist im Idealfall Organisationsentwicklung in einem lernenden System, das zu einer Gesundheitskultur führt, in der Gesundheit und Leistungsfähigkeit der Organisation und ihrer Mitglieder nicht mehr den Status eines Programms haben, sondern wesentlicher und für Innen- und Außenstehende spürbarer Bestandteil der Unternehmenskultur geworden sind.

Damit diese nachhaltige Veränderung gelingt, braucht man zum einen die hierarchische Beauftragung und Verankerung des Themas, aber auch die Personen, deren (Haupt-) Aufgabe es ist, das System immer wieder mit Impulsen zu versehen und lebendig zu halten.

BGM wird dadurch nicht zum Selbstläufer, sondern zur fortlaufenden Organisationsaufgabe, die genauso sichergestellt werden muss, wie die primären Funktionen Produktion, Vertrieb, Buchhaltung etc.

Konkret bedeutet das, dass BGM ein eigenes Budget braucht, aus dem auch die personellen Ressourcen finanziert werden, die zu seiner Aufrechterhaltung nötig sind. Hier verfügen Großunternehmen wie SAP, RWE, VW über eigene Abteilungen, die personell und finanziell gut ausgestattet sind und z. T. beeindruckende Aktionen vorweisen. In KMUs ist die Verantwortung für das Thema häufig dem Bereich *Health, Safety & Environment (HSE)* zugeordnet, was dann kritisch sein kann, wenn dieser rein ingenieurwissenschaftlich denkt und agiert. In diesem Fall kann man mit hervorragenden ergonomischen Analysen und Optimierungen rechnen, das o. a. Kernthema *Führung* wird aber wahrscheinlich zu kurz kommen.

Da sich KMUs i. A. keine eigene BGM-Abteilung leisten können, ist die Institutionalisierung einer *virtuellen BGM-Organisation* als z. B. zwischen Human Resources und HSE geteilten Verantwortung eine Alternative. Neben ihren primären Aufgaben entsenden beide Organisationseinheiten Mitarbeiter zumindest mit einem Teil ihres Arbeitszeitvolumens in die *Funktionseinheit BGM*. Hier entwickeln sie die Ideen, die im Steuerkreis entschieden und überwacht werden, und sie verfügen über ein eigenes Budget, das nicht an einer der Kostenstellen hängt, sondern abteilungsübergreifend aufgesetzt ist. Hierdurch wird sichergestellt, dass die Verantwortung für die Generierung und organisatorische Umsetzung der BGM-Maßnahmen klar allokiert ist und nicht im Druck des Alltagsgeschäfts untergeht.

7.6 Das Instrument zum Führungs-Controlling

Das Instrument zum Führungs-Controlling ist in Kapitel 6 aus der dieser Arbeit zugrunde liegenden Theorie und den empirischen Ergebnissen abgeleitet worden. Es soll ein praktisch leicht anwendbares Analyseinstrument sein, das nicht nur den aktuellen Reifegrad der Organisation im Prozess der Entwicklung *Gesunder Führung* messbar machen, sondern auch die Optimierungsbereiche sowie die bereits vorhandenen Stärken der personalen und organisationalen Führung aufzeigen.

Das vorgelegte Ergebnis, das nicht primäres Ziel dieser Arbeit war, stellt ein Grobkonzept dar. In einem eigenständigen Projekt zur Weiterentwicklung des Instruments müssen folgende Prüf- und ggf. Anpassungsmaßnahmen umgesetzt werden:

- Anzahl und Gewichtung der Dimensionen
  Klärung der Frage: sind alle neun Dimensionen für das „Gesamtbild Führung" in der Organisation gleich relevant, oder müssen diese gewichtet werden? Hierzu könnten Interviews mit Experten (z. B. Organisationsentwicklern, Personalleitern, Betriebsärzten, HSE-Verantwortlichen) durchgeführt werden, und die relative Bedeutung der Dimensionen könnten mit der Methode *Paarvergleich* ermittelt werden. Ebenso müsste die Vollständigkeit der dimensionalen Struktur überprüft werden.

- Beschreibung und Anzahl der Skalenstufen
  Sind die jeweils vier Skalenstufen ausreichend, oder bietet sich eine differenziertere Skala mit mehr Ausprägungsstufen an? Auch die Beschreibung der Skalenstufen muss kritisch hinterfragt werden: sind die Abstände zueinander vergleichbar? (Dies ist wenig wahrscheinlich, für eine Ordinalskala aber auch keine zwingende Voraussetzung. Die Entwicklung einer Intervallskala mit annähernd gleichen Abständen würde jedoch die Anwendbarkeit differenzierter statistischer Analyseverfahren verbessern). Diese Phase der Weiterentwicklung muss über einen Testeinsatz des Instruments in einem Pilotprojekt erfolgen, z. B. dem Vergleich von Unternehmen oder Standorten desselben Konzerns, die sich tatsächlich auf einer hinreichenden Anzahl von Dimensionen unterscheiden.

- Relevanz der Dimensionen
  Um die Bedeutung einzelner Dimensionen, aber auch des Gesamtwertes zum Faktor *Gesunde Führung* einschätzen zu können, müssen die durch das Instrument ermittelten Werte im Rahmen der Überprüfung der internen Validität und der externen Kriteriumsvalidität in Beziehung gesetzt werden zu internen Kontrollkriterien wie Arbeitszufriedenheit, Engagement und Werten in Untersuchungen zur Erfassung der Arbeitgeberattraktivität, aber auch zu externen objektiven Kriterien wie Fluktuation, Krankenstand und wirtschaftlichen Erfolgsparametern.

Das Instrument muss also einigen der Standardprozeduren und Überprüfungen unterzogen werden, denen auch ein psychologisches Testverfahren unterliegt, bevor es Marktreife erlangt. Diese Prozeduren sind in der Methodenliteratur hinreichend beschrieben (siehe u. a. Bühner, 2006). Nach einer solchen weiteren Ausarbeitung, Überprüfung und Anpassung kann es eine sinnvolle Ergänzung der bereits heute vorliegenden Human-Capital-Analyseinstrumente darstellen, das sich gezielt auf den Faktor *Organisationale und personale Führung* konzentriert und mit diesem Wert vorliegende Instrumente sinnvoll ergänzen kann.

Anhang A: Interviewleitfaden zum Führungsverhalten

1) Einleitung

Wir glauben, dass Führungsverhalten einen sehr wichtigen Einfluss auf das Wohlbefinden und die Leistungsfähigkeit aller Mitarbeiter hat. Deshalb widmen wir uns diesem Thema ja gerade auch in unserem *Evita-Programm* mit einem eigenen Modul.
Wir möchten erfahren, welches Führungsverhalten von unseren Mitarbeitern eigentlich gewünscht wird. Zu diesem Zwecke führen wir einige Interviews durch.
In diesen Interviews geht es NICHT darum, einzelne Führungskräfte zu bewerten! Vielmehr wollen wir das Thema allgemeiner behandeln und mit Ihnen über die „ideale" Führung sprechen, wie Sie persönlich sich diese vorstellen.
Hierbei gibt es keine „richtigen" oder „falschen" Antworten, da subjektive Meinungen nicht richtig oder falsch sein können.

2) Die beste Führungskraft

Denken Sie jetzt bitte an eine Führungskraft, die Sie kennengelernt haben und die Sie ganz besonders geschätzt haben. Gibt es eine solche Person?
Wenn „ja", beschreiben Sie diese Person doch bitte und erzählen Sie, was sie so positiv empfunden haben.

3) Die schlechteste Führungskraft

Denken Sie jetzt bitte an eine Führungskraft, die Sie kennengelernt haben und die Sie für besonders ungeeignet als Führungskraft empfunden haben. Gibt es eine solche Person?
Wenn „ja", beschreiben Sie diese Person doch bitte und erzählen Sie, was sie so negativ empfunden haben.

4) Wunschmerkmale einer Führungskraft

Wenn Sie die aus Ihrer Sicht „ideale" Führungskraft beschreiben sollten, was würde diese auszeichnen?

5) Was Führungskräfte vermeiden sollten

Führungskräfte sollten folgendes vermeiden/nicht tun:

6) Paarvergleich

V1: Vertrauen – Die FK vertraut den MAn und lässt Spielraum bei der Aufgabenerfüllung
V2: Zuverlässigkeit – Die FK hält Zusagen ein und setzt die Dinge um
V3: Coaching – Die FK unterstützt bei der Arbeit und der Weiterentwicklung der Mitarbeiter
V4: Gerechte Behandlung – Die FK verteilt Aufgaben gerecht, lobt gute und kritisiert schlechte Leistung
V5: Sinnstiftung – Die FK erklärt Hintergrund, Sinn, Ziel und Auswirkung der Arbeit
V6: Menschlichkeit – Die FK zeigt freundlich-menschlichen Umgang mit Verständnis für die MA
V7: Visionär sein - Die FK hat und kommuniziert klare Zukunftsvorstellungen und langfristige Ideen
V8: Leistung fordern – Die FK setzt hohe Leistungsstandards für die MA und fordert Spitzenleistungen

	V1	V2	V3	V4	V5	V6	V7	V8
V1	X							
V2		X						
V3			X					
V4				X				
V5					X			
V6						X		
V7							X	
V8								X

„1" = Spalte wird gegenüber Zeile bevorzugt

Anhang B: Ergebnisse der Interviews - Alle Elemente

Ad 1) Wie sollte die Führungskraft sein?

Sympathisch-freundlich (4)

Kontaktfreudig-offen sein (1)

Gepflegtes Äußeres (1)

Kompetenz & Fachwissen (8)

Unterstützt fachlich (2)

Ruhig-beherrscht (auch in Stress-Situationen) (2)

Sachlich sein (1)

Hält gewisse Distanz zu Man (1)

Kontaktfreudig sein (1)

Erreichbar & ansprechbar für Alle (5)

Nicht arrogant sein (2)

Offen auch für persönlich-private Anliegen (6)

Setzt sich für MA ein und hilft bei Schwierigkeiten (3)

Loben (3)

Begründet Entscheidungen (auch negative) (1)

Führen durch Freiräume und Einbezug (3)

In Veränderungen partizipativ einbeziehen (2)

Offen und neugierig sein für Neues (3)

Quer denken zulassen (1)

Diskretion – Vertraulichkeit (1)

Führen durch Freiräume und Einbezug (3)

Sympathisch-freundlich (5)

Philantrope Grundeinstellung (2)

Zu seinem Wort stehen, die Vornahmen umsetzen (1)

Fordern, ohne zu überfordern (1)

Wertschätzend (1)

Ruhig-beherrscht (3)

Sachlich bleiben (2)

Empathie (3)

Sich Zeit für MA nehmen (1)

Offen für Probleme der MA (6)

Teamgeist (1)

Vertrauensperson sein (3)

Zuhören und die Ideen der MA ernst nehmen (5)

Fachkompetenz (6)

Die Arbeit der MA fachlich kompetent und gerecht einschätzen können (3)

MA fachlich unterstützen (2)

Loben (3)

Anerkennung zeigen (2)

Kritik konstruktiv-anspornend (2)

Kritik akzeptieren (2)

Ziele vereinbaren (1)

Vertrauen vorschießen – d. h. nicht dauernd kontrollieren (5)

Weiterentwicklung z. B. durch Fortbildung fördern (3)

Offen und ehrlich sein (3)

(Menschliches) Vorbild sein (4)

Richtlinien haben für eigenes Vorgehen (1)

Zielstrebigkeit (1)

Wirtschaftliches Denken (1)

MA gerecht und gleich behandeln (4)

Fairness (1)

Motivieren (2)

Feedback geben (2)

Proaktiv informieren (1)

Kritik üben können (2)

MA individuell und nicht pauschal behandeln (1)

Sensibilität für persönliche Situation (1)

Selbstkritik zeigen und ertragen (2)

Auf Konflikte eingehen (1)

Ehrgeizig sein (1)

Aufgaben delegieren können (1)

Teamgeist haben (1)

Klares Bild von jedem MA haben (2)

Fehlertoleranz (1)

MA nach außen vor Druck schützen (3)

Berechenbarkeit (1)

Zu guten Leistungen anspornen können (1)

Kommunikationsbereitschaft (4)

Sozialkompetenz (2)

Nicht arrogant sein (2)

Gepflegtes Äußeres (2)

Abläufe koordinieren können (1)

Schnelle Entscheidungen treffen können (1)

Entscheidungen gründlich recherchieren/nicht aus der Hüfte schießen (1)

Entscheidungen begründen können (1)

Berechenbarkeit: eine klare Richtung haben und einhalten (1)

Sicheres Auftreten und Argumentieren (1)

Sich Problem stellen und sie annehmen (1)

Organisationsgeschick (1)

Dinge umsetzen – zu Ende bringen (1)

Respektperson sein (2)

Kooperativ führen (1)

Situativ führen (1)

MA in Entscheidungen einbinden (1)

Nicht direkt kritisieren, ohne zu sagen wie es besser geht (1)

Sich auf unterschiedliche MA-Charaktere einstellen können (1)

Nimmt die Ideen der MA über die Arbeit und Verbesserungsideen ernst (3)

Ehrlich-korrekt sein (2)

(Selbst)Kritikfähigkeit (2)I

Wie ein Vater sein (1)

Nicht nachtragend sein (1)

Gut zuhören können (2)

Gerechte Behandlung der MA (5)I

Versprechen einhalten (1)

MA fördern und weiterbilden (2)

Begeistern / Motivieren können (2)

Berechenbar sein (1)

Soziale Kompetenz haben (2)

Natürliche Autorität (1)

Kritik direkt aber behutsam vorbringen (1)

Kooperativ führen (2)

Vertrauen gegenseitig (1)

Informationen umfassend „1 zu 1" weitergeben (1)

Integration der Leiharbeitnehmer (1)

Aufgaben und Hintergrund erklären (1)

Angst vermeidende Fehlertoleranz (1)

Macht Vorschläge für Verbesserungen (1)

Sich vor seine MA und deren Leistung stellen/sie gegenüber Anderen unterstützen (1)

Diskutieren und Meinungen austauschen statt befehlen (1)

Vorbildfunktion (1)

Keine überzogenen Leistungserwartungen, die die FK selbst nicht erfüllen kann (1)

Respektperson (1)

Strategische Ausrichtung der FK (1)

Ad 2) Was sollte die Führungskraft vermeiden?

Nur kritisieren, nicht loben (1)

Überhebliche Distanz/Arroganz (4)

MA vor Anderen nicht bloßstellen/nicht drüber herziehen/lästern (2)

Holt sich Infos über die Mitarbeiter durch Außenstehende, nicht im Gespräch mit dem MA selbst (1)

Distanz und Beziehungslosigkeit zu Mitarbeitern (3)

Sich nicht in die MA individuell einfühlen können (2)

MA nicht individuell sondern pauschal behandeln (1)

Hat kein eigenständiges Bild von seinen MAn (3)

Unbeherrscht sein/Schreien/launisch sein (4)

Führen mit Druck & Drohungen/Zwang (3)

Leere Phrasen und Sprüche klopfen (1)

Nicht realisierbare Forderungen stellen (1)

Autoritär Gehorsam verlangen (2)

Befolgen statt Denken (2)

MA nicht hinterfragen lassen (1)

Ungleichbehandlung der MA (1)

Subjektiver „Nasenfaktor“ (1)

Ziele kritiklos übernehmen und noch verstärken (1)

Arroganz (1)

Geringe fachliche Kompetenz (3)

Keine Zeit für persönliche Probleme des MA’s nehmen (3)

Desinteresse/Gleichgültigkeit gegenüber Problemen (1)

Arrogant-überhebliche Distanz (6)

Permanente Prioritätenverschiebung (1)

Quantitative/qualitative Überforderung (3)

Drohen mit der eigenen Macht (1)

Druck & Zwang ausüben (1)

Künstlichen Druck & Stress aufbauen (1)

Lästern (1)

Sich von Anderen im Bild über die MA beeinflussen lassen (1)

Betroffene nicht in die Konfliktlösung mit einbeziehen (1)

Lügen (2)

Hinterrücks sein (1)

Manipulieren (1)

Andere Meinung nicht akzeptieren (3)

Bei Fehlern „schlachten"/Angstherrschaft (1)

Zu eng kontrollieren/"gängeln" (1)

MA ausspionieren (1)

Unbeherrscht sein/schlechte Umgangsformen (2)

MA fachlich alleine lassen (1)

Unberechenbar sein (1)

Ungleichbehandlung der MA (2)

Diskriminierung (1)

Ungefilterte Druckweitergabe an die MA(1)

Passivität bei Konflikten/"laufen lassen" (1)

Distanzlosigkeit (2)

Unsicheres Auftreten (1)

Rhetorische Mängel

Dinge nicht umsetzen (2)

Missgunst unter Kollegen (1)

Mobben (1)

Kein Rückgrat gegenüber dem eigenen VG haben (1)

Kritik an eigenem Handeln nicht akzeptieren (2)

Keine Rückmeldung/ Ideen der MA annehmen (3)

Selber ohne Eigeninitiative und Ehrgeiz sein (1)

Schlecht organisiert und ohne Übersicht arbeiten (1)

Nasenfaktor (1)

MA vor den Kollegen kritisieren (2)

Unberechenbar-undurchsichtig sein (1)

Launisch sein (1)

Fehlende Vorbildfunktion (1)

Fehlende Sozialkompetenz (2)

Ideen und Hinweise des MAs nicht ernst nehmen bzw. aussitzen (3)

Ideen klauen (2)

Unberechenbar-undurchsichtig sein (1)

MA in negativen Dingen „vorschieben" (1)

Kein Vertrauen zu Mitarbeitern haben (1)

Nicht präsent/ansprechbar für Probleme sein (2)

Unorganisiert sein (2)

Sündenböcke für eigene Fehler suchen (1)

Eigene Fehler vertuschen (1)

Keine Hintergrundinfos und Erklärungen zur Arbeit geben(1)

Autoritär sein (1)

Nicht fördern/entwickeln (1)

Unfaire Rhetorik (1)

MA gegeneinander ausspielen (1)

Ad 3) Allgemeine Wunschmerkmale

Führen durch Freiräume und Einbezug (3)

Sympathisch-freundlich (5)

Philantrope Grundeinstellung (2)

Zu seinem Wort stehen, die Vornahmen umsetzen (1)

Fordern, ohne zu überfordern (1)

Wertschätzend (1)

Ruhig-beherrscht (3)

Sachlich bleiben (2)

Empathie (3)

Sich Zeit für MA nehmen (1)

Offen für Probleme der MA (6)

Teamgeist (1)

Vertrauensperson sein (3)

Zuhören und die Ideen der MA ernst nehmen (5)

Fachkompetenz (6)

Die Arbeit der MA fachlich kompetent und gerecht einschätzen können (3)

MA fachlich unterstützen (2)

Loben (3)

Anerkennung zeigen (2)

Kritik konstruktiv-anspornend (2)

Kritik akzeptieren (2)

Ziele vereinbaren (1)

Vertrauen vorschießen – d. h. nicht dauernd kontrollieren (5)

Weiterentwicklung z. B. durch Fortbildung fördern (3)

Offen und ehrlich sein (3)

(Menschliches) Vorbild sein (4)

Richtlinien haben für eigenes Vorgehen (1)

Zielstrebigkeit (1)

Wirtschaftliches Denken (1)

MA gerecht und gleich behandeln (4)

Fairness (1)

Motivieren (2)

Feedback geben (2)

Proaktiv informieren (1)

Kritik üben können (2)

MA individuell und nicht pauschal behandeln (1)

Sensibilität für persönliche Situation (1)

Selbstkritik zeigen und ertragen (2)

Auf Konflikte eingehen (1)

Ehrgeizig sein (1)

Aufgaben delegieren können (1)

Teamgeist haben (1)

Klares Bild von jedem MA haben (2)

Fehlertoleranz (1)

MA nach außen vor Druck schützen (3)

Berechenbarkeit (1)

Zu guten Leistungen anspornen können (1)

Kommunikationsbereitschaft (4)

Sozialkompetenz (2)

Nicht arrogant sein (2)

Gepflegtes Äußeres (2)

Abläufe koordinieren können (1)

Schnelle Entscheidungen treffen können (1)

Entscheidungen gründlich recherchieren/nicht aus der Hüfte schießen (1)

Entscheidungen begründen können (1)

Berechenbarkeit: eine klare Richtung haben und einhalten (1)

Sicheres Auftreten und Argumentieren (1)

Sich Problem stellen und sie annehmen (1)

Organisationsgeschick (1)

Dinge umsetzen – zu Ende bringen (1)

Respektperson sein (2)

Kooperativ führen (1)

Situativ führen (1)

MA in Entscheidungen einbinden (1)

Nicht direkt kritisieren, ohne zu sagen wie es besser geht (1)

Ad 4) Vermeiden

Keine Zeit für persönliche Probleme des MA's nehmen (3)

Desinteresse/Gleichgültigkeit gegenüber Problemen (1)

Arrogant-überhebliche Distanz (6)

Permanente Prioritätenverschiebung (1)

Quantitative/qualitative Überforderung (3)

Drohen mit der eigenen Macht (1)

Druck & Zwang ausüben (1)

Künstlichen Druck & Stress aufbauen (1)

Lästern (1)

Sich von Anderen im Bild über die MA beeinflussen lassen (1)

Betroffene nicht in die Konfliktlösung mit einbeziehen (1)

Lügen (2)

Hinterrücks sein (1)

Manipulieren (1)

Andere Meinung nicht akzeptieren (3)

Bei Fehlern „schlachten"/Angstherrschaft (1)

Zu eng kontrollieren/“gängeln“ (1)

MA ausspionieren (1)

Unbeherrscht sein/schlechte Umgangsformen (2)

MA fachlich alleine lassen (1)

Unberechenbar sein (1)

Ungleichbehandlung der MA (2)

Diskriminierung (1)

Ungefilterte Druckweitergabe an die MA (1)

Passivität bei Konflikten/“laufen lassen“ (1)

Distanzlosigkeit (2)

Unsicheres Auftreten (1)

Rhetorische Mängel (1)

Dinge nicht umsetzen (2)

Missgunst unter Kollegen (1)

Mobben (1)

Kein Rückgrat gegenüber dem eigenen VG haben (1)

Kritik an eigenem Handeln nicht akzeptieren (2)

Keine Rückmeldung/ Ideen der MA annehmen (3)

Selber ohne Eigeninitiative und Ehrgeiz sein (1)

Schlecht organisiert und ohne Übersicht arbeiten (1)

Nasenfaktor (1)

MA vor den Kollegen kritisieren (2)

Unberechenbar-undurchsichtig sein (1)

Launisch sein (1)

Fehlende Vorbildfunktion(1)

Anhang C: Ergebnisse der Interviews - Cluster positiver Führung

Vorbild & integer sein/Positive Ausstrahlung (60)

Gerechte Behandlung

Richtlinien für eigenes Vorgehen haben

Offen & ehrlich sein

Gepflegtes Äußeres

Philantrope Grundeinstellung

Ruhig-beherrscht auch in Stress-Situationen

Sachlich sein

Berechenbar sein – nicht launisch

Nicht arrogant sein

Natürliche Autorität zeigen

Menschliches Vorbild sein

Etc……

Mitarbeiter einbinden und partizipieren lassen (31)

Führen mit Freiräumen

Vertrauen vorschießen – nicht dauernd kontrollieren

Quer denken zulassen

Ideen der Mitarbeiter und Verbesserungsvorschläge ernst nehmen

In Veränderungen einbeziehen

Diskutieren und Meinungen austauschen statt befehlen

Etc……

Vertrauensvolle Unterstützung (26)

Sich Zeit für die Mitarbeiter nehmen

Vertrauensperson sein

Offen für Probleme der Mitarbeiter sein

Sensibilität bei persönlichen Problemen der Mitarbeiter zeigen

Mitarbeiter vor Druck von außen schützen

Etc……

Fachkompetenz/Organisation & fachliche Unterstützung (21)

Kompetenz & Fachwissen zeigen

Mitarbeiter fachlich unterstützen

Abläufe koordinieren und organisieren können

Strategisch ausgerichtet sein

Etc……

Präsent sein, zuhören und aktiv informieren (19)

Entscheidungen – auch negative – begründen

Proaktiv informieren

Sich auf verschiedene Mitarbeiter einstellen können

Erreichbarkeit und Ansprechbarkeit für Alle

Kontaktfreudig-offen sein

Etc……

Konstruktives Feedback geben (19)

Kritik konstruktiv-anspornend, direkt, aber auch behutsam vorbringen

Loben & Anerkennung zeigen

Wertschätzend mit dem Mitarbeiter umgehen

Fehlertoleranz

Etc……

Führungsgrundsätze
Werk Solingen

Wie im Spitzensport müssen wir auch in der Führung eines Werkes täglich Top-Leistung bringen. Und wie im Sport wissen wir, dass dies nur mit einer Mannschaft gelingen kann, in der jeder Einzelne seinen Beitrag zum Gesamterfolg kennt und diesen Beitrag leisten kann und auch will – egal, auf welcher Position er spielt.

Aufgabe der Führungskräfte ist es, Trainer ihrer Teams zu sein. Sie befähigen, lehren, fordern, ermutigen, vertrauen, fördern. Und sie kooperieren mit den anderen Teams unseres Werkes, mit denen sie sich zur Hochleistungsorganisation vernetzen – Konkurrenz darf niemals intern herrschen.

Diese Führungsgrundsätze sollen uns helfen, als Mannschaft erfolgreich zu sein und zu bleiben. Sie sind Maßstab für die Qualität unserer Arbeit als Trainer.

Wir führen mit Vertrauen

- Wir vermitteln den Sinn der Tätigkeit
- Wir fördern die Weiterentwicklung des Mitarbeiters
- Wir übertragen Verantwortung, geben Handlungsspielraum und Kompetenzen
- Wir kontrollieren so viel wie nötig und so wenig wie möglich
- Wir melden Ergebnisse zurück

Wir kommunizieren klar und wertschätzend

- Wir tun was wir sagen und sagen was wir tun
- Wir reden miteinander statt übereinander
- Wir sind offen, ehrlich und konstruktiv

Wir sind offen für Veränderungen

- Wir teilen Erfahrungen und Wissen
- Wir nehmen Veränderungen als Herausforderung an und unterstützen neue Ideen
- Wir lernen auch aus Fehlern und vertuschen sie nicht
- Wir machen Betroffene zu Beteiligten

Wir packen es an

- Wir leben das Erwünschte vor
- Wir suchen Lösungen, keine Probleme
- Wir übernehmen Verantwortung, handeln überlegt und abgestimmt und bringen es zu Ende
- Wir unterstützen Andere und nehmen selber Hilfe an

Anhang E: Beispielhafte Rückmeldung der Befragungsergebnisse - Abteilungsniveau

Mittelwertvergleich einzelner Abteilungen – März 2013

Abteilungsergebnis über *Führung* im Vergleich zum gesamten Werk

Abteilung X

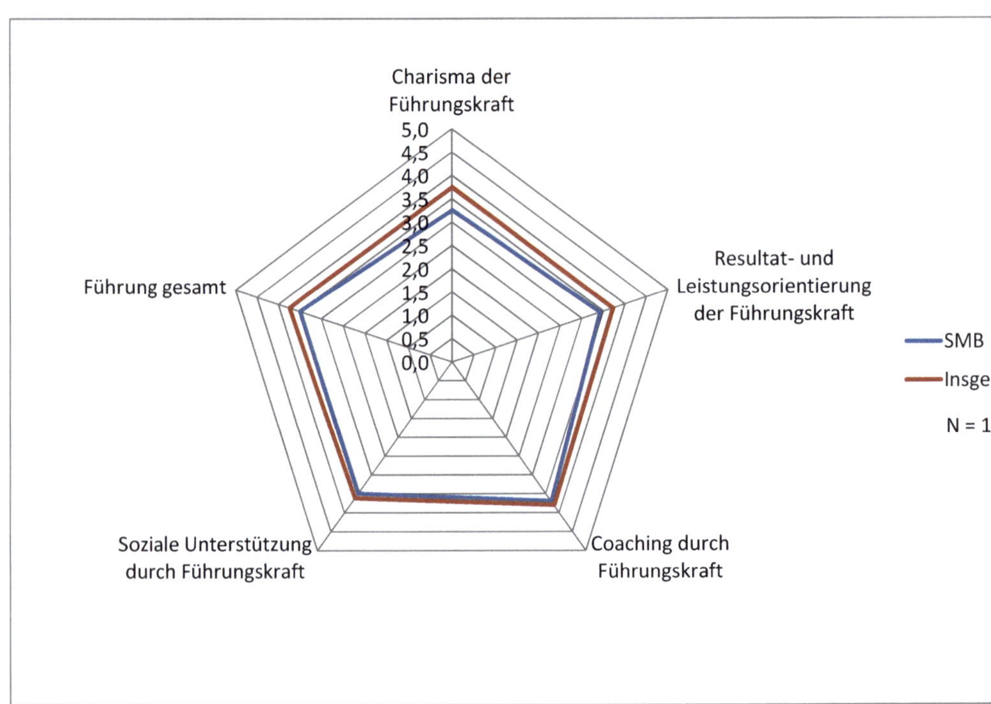

Anhang F: Beispielhafte Rückmeldung der Befragungsergebnisse - Führungskraft

	N	Minimum	Maximum	Mittelwert	Standardabweichung	Schiefe		Kurtosis	
	Statistik	Statistik	Statistik	Statistik	Statistik	Statistik	Standardfehler	Statistik	Standardfehler
Charisma	6	4,00	4,67	4,2500	,29345	,495	,845	-1,925	1,741
RLO	6	3,83	5,00	4,2222	,44305	1,189	,845	1,279	1,741
Coaching	6	4,00	4,60	4,2667	,28048	,429	,845	-2,226	1,741
Soziale Unterstützung	6	4,00	5,00	4,3333	,51640	,968	,845	-1,875	1,741
Führung gesamt	6	3,96	4,68	4,2600	,30542	,467	,845	-1,761	1,741

Name	N	Minimum	Maximum	Mittelwert	Standardabweichung
1. ... handelt in einer Weise, die bei mir Respekt erzeugt	6	4	5	4,50	,548
2. ...sorgt in seinem Verantwortungsbereich für klare Zustände und Abläufe	6	4	5	4,17	,408
3. ... gibt uns Rückmeldungen die helfen, unsere Leistungen zu verbessern	6	4	5	4,33	,516
4 .... spricht mit Begeisterung über das, was erreicht werden soll	6	4	4	4,00	0,000
5. ... hält ein, was er zusagt	6	4	5	4,17	,408
6. ... setzt hohe, aber erreichbare Ziele	6	3	5	3,67	,816
7. ... konzentriert sich auf Problemlösungen, nicht auf die Schwierigkeiten und Hürden	6	4	5	4,33	,516
8. ...berücksichtigt meine Individualität und behandelt mich nicht nur als irgendein Mitarbeiter unter vielen	6	4	5	4,50	,548
9. ... stellt die eigenen Interessen zurück wenn es um das Wohl der Gruppe geht	6	4	5	4,17	,408
10. ... unterstützt mich mit seiner Fachkompetenz bei der Lösung von Problemen	6	4	5	4,50	,548
11. ... arbeitete bereitwillig mit Kollegen aus anderen Abteilungen zusammen	6	4	5	4,17	,408
12. ... ist wie ein Trainer, der seine Mannschaft dabei unterstützt, immer besser zu werden	6	4	5	4,67	,516
13. ... stellt sich auf die unterschiedlichen Fähigkeiten und Erfahrungen der Mitarbeiter ein	6	4	5	4,33	,516
14. ... vertraut unseren Fähigkeiten und Erfahrungen, ohne unsere Arbeit dauernd zu kontrollieren	6	4	5	4,33	,516
15. ... ist gut erreichbar und hat ein "offenes Ohr" für uns	6	4	5	4,33	,516
16. ... investiert Zeit, um uns zu informieren und über wichtige Dinge auf dem Laufenden zu halten	6	3	4	3,67	,516
17. ... nimmt unsere Vorschläge für Verbesserungen gerne an	0	4	5	4,33	,516
18. ... ist jemand, dem ich auch persönliche Probleme und Themen anvertrauen kann	6	4	5	4,33	,516
19. ... ist dankbar für unsere Vorschläge und Ideen	6	4	5	4,33	,516
20. ... tut viel dafür, dass wir unter uns Kollegen gut und verträglich zusammenarbeiten	6	3	5	4,17	,753
21. ... steht zu seinen Mitarbeitern, wenn "Druck von oben" kommt	6	4	5	4,33	,516
22. ... berücksichtigt, dass wir als Mitarbeiter wertvolle Kenntnisse haben, die genutzt werden sollten	6	4	5	4,50	,548
23. ... versucht meine persönliche Situation bei der Arbeit zuberücksichtigen	6	4	5	4,33	,516
24. ... hilft uns dabei, unsere Arbeit noch besser zu machen	6	4	4	4,00	0,000
25. ... sieht einen Arbeitsfehler als Chance, Kenntnisse und Prozesse zu verbessern statt zu bestrafen	6	4	5	4,33	,516

Zuordnung der Fragen zu den Führungsdimensionen

Charisma	1, 4, 5, 8, 9, 11
RLO	2, 3, 6, 7, 10, 13
Coaching	12, 14, 15, 16, 17, 19, 20, 22, 24, 25
Soziale Unterstützung	18, 21, 23

Anhang G: Fragebogenstruktur, Itemquellen und Items

-1

Skala	Subskala	Quelle/Item-Nr.	Kürzel	Item	Antwortformat
			Leitsatz:	**In welchem Maße treffen die folgenden Aussagen auf Ihre Tätigkeit zu?**	
Salutogenetisches Motivationspotential der Arbeit	Anforderungs-vielfalt	SALSA/B29	SMP1	Meine Arbeit ist abwechslungsreich.	5-stufig: trifft nicht zu-trifft eher nicht zu-teils/teils-trifft zu-trifft voll zu
		SALSA/B02	SMP4	Ich muss für diese Arbeit gründlich ausgebildet sein.	
		SALSA/B21	SMP8	Ich muss bei dieser Arbeit immer wieder Neues dazulernen.	
		SALSA/B31	SMP11	Bei meiner Arbeit werden besonderen Fähigkeiten und Fertigkeiten erwartet.	
	Bedeutsamkeit	Eigenentwicklung	SMP3	Mit meiner Arbeit leiste ich einen wichtigen Beitrag für die Firma.	
		Eigenentwicklung	SMP9	Ich kann meinen Anteil am Erfolg der Firma gut erkennen.	
		SALSA/B20	SMP17	Meine Arbeit erfordert große Verantwortung.	
	Vollständigkeit	SALSA/B33	SMP2	Bei meiner Arbeit kann ich eine Sache oder einen Auftrag von A bis Z herstellen bzw. ausführen.	
		SALSA/B01	SMP7	Bei dieser Arbeit mache ich etwas Ganzes, Abgerundetes.	
	Partizipation	SALSA/B13	SMP13	Wenn ich eine gute Idee habe, kann ich sie in der Firma auch verwirklichen.	
		Eigenentwicklung	SMP14	Ich werde aufgefordert, meine Meinung zu sagen, bevor Dinge neu eingeführt oder geändert werden	
		SALSA/B42	SMP15	Bei wichtigen Dingen in der Firma kann ich mitreden und mitentscheiden.	
	Autonomie	SALSA/B15	SMP5	Ich muss in der Lage sein, selbstständig Entscheidungen zu treffen.	
		SALSA/B09	SMP10	Meine Arbeit erlaubt es mir, eine Menge eigener Entscheidungen zu treffen.	
	Feedback	Eigenentwicklung	SMP6	Ich kann auch ohne Rückmeldung durch den Vorgesetzten erkennen, ob mein Arbeitsergebnis gut ist.	
		SALSA/B07	SMP12	Bei dieser Tätigkeit merke ich, wie gut ich meine Arbeit gemacht hat.	
		Eigenentwicklung	SMP16	Ich kann leicht erkennen, ob ich die Arbeit gerade richtig oder falsch mache.	
			Leitsatz	**In welchem Maße treffen die folgenden Aussagen auf Ihre Tätigkeit zu?**	
Regulations-behinderungen		Eigenentwicklung	RB1	Ich muss meine Arbeit häufig unterbrechen, z. B. wegen technischer Störungen, Besuchern, Anfragen von Kollegen usw.	5-stufig: trifft nicht zu-trifft eher nicht zu-teils/teils-trifft zu-trifft voll zu
		Eigenentwicklung	RB2	Wenn ich eine Information brauche, weiß ich genau, woher ich diese bekomme	
		Eigenentwicklung	RB3	Ich weiß, wer im Werk wofür zuständig ist	
		Eigenentwicklung	RB4	Ich muss häufig auf Informationen, Ersatzteile usw. warten, ohne die ich die Arbeit nicht beenden kann.	
Gratifikationskrisen		Eigenentwicklung	GK1	Ich habe den Eindruck, dass auch die größte Anstrengung hier nicht anerkannt und belohnt wird.	
		Eigenentwicklung	GK2	Mein Arbeitseinsatz und das, was ich dafür bekomme, stimmen gut überein.	
		Eigenentwicklung	GK3	Bei Beförderungen werden diejenigen berücksichtigt, die sich stark für ihre Arbeit einsetzen.	
		Eigenentwicklung	GK4	Ich glaube, mein Arbeitsplatz ist sicher.	
		Eigenentwicklung	GK5	Ich habe neben meinen Verpflichtungen noch genügend Zeit für mich selbst und das, was mir Spaß macht.	
Fehlbeanspruchung	Überforderung quantitativ	SALSA/B04	BE1	Man hat genügend Zeit, diese Arbeit zu erledigen.	
		SALSA/B12	BE3	Es gibt so viel zu tun, dass es mir über den Kopf wächst.	
		SALSA/B23	BE5	Es passiert so viel auf einmal, dass ich es kaum bewältigen kann.	
	Überforderung qualitativ	SALSA/B11	BE2	Ich muss Dinge tun, für die ich eigentlich zu wenig ausgebildet und vorbereitet bin.	
		SALSA/B18	BE4	Es kommt schon vor, dass mir die Aufgabe zu schwierig ist.	
		SALSA/B34	BE6	Bei meiner Arbeit gibt es Sachen, die zu kompliziert sind.	
	Unterforderung qualitativ	Eigenentwicklung	BE7	Manchmal befürchte ich, bei dieser Arbeit zu verdummen, weil ich zu wenig gefordert werde.	
		SALSA/B16	BE8	Man habe bei meiner Arbeit zu wenig Gelegenheit, Dinge zu tun, die ich gut beherrsche.	
	Unterforderung quantitativ	SALSA/B25	BE9	Ich könnte mehr tun, als von mir verlangt wird.	

Anhang G: Fragebogenstruktur, Itemquellen und Items -2

Skala	Subskala	Quelle/Item-Nr.	Kürzel	Item	Antwortformat
			Leitsatz	**In welchem Maße treffen die folgenden Aussagen auf Ihr Umfeld zu?**	5-stufig: trifft nicht zu-trifft eher nicht zu-teils/teils-trifft zu-trifft voll zu
Soziale Unterstützung	SU durch Kollegen	SALSA/B19	SUK1	Das gegenseitige Vertrauen ist bei uns so groß, dass wir offen über alles, auch persönliche Sachen, reden können.	
		SALSA/B37	SUK2	Die Leute, mit denen ich zusammenarbeite, sind freundlich.	
		SALSA/B43	SUK3	Die Leute, mit denen ich zusammenarbeite, helfen mir bei der Erledigung der Aufgaben.	
		SALSA/B45	SUK4	Die Leute, mit denen ich zusammenarbeite, interessieren sich für mich persönlich.	
	SU durch Vorgesetzten	SALSA/D44	SUV1	Mein Vorgesetzter ist dazu bereit, meine Probleme in der Arbeit anzuhören.	
	SU durch Freunde/Familie	SALSA/D47	SUF1	Andere Personen außerhalb der Arbeit (Freunde, Familie...) sind bereit, meine Probleme in der Arbeit anzuhören.	
			Leitsatz	**Wie stark fühlen Sie sich durch einen der angeführten Faktoren belastet?**	5-stufig; nie-selten-manchmal-oft-dauernd
Soziale Belastungen		Eigenentwicklung	SB1	Streit und Konflikte mit den eigenen Kollegen	
		Eigenentwicklung	SB2	Streit und Konflikte mit Kollegen aus anderen Abteilungen	
		Eigenentwicklung	SB3	Streit und Konflikte mit dem Vorgesetzten	
		Eigenentwicklung	SB4	Angst um den Arbeitsplatz	
			Leitsatz	**Wie stark fühlen Sie sich durch einen der angeführten Faktoren belastet?**	5-stufig; nie-selten-manchmal-oft-dauernd
Physikalische Umgebungs-bedingungen		SALSA/B46	PB1	Lärm	
		SALSA/B47	PB2	Ungünstige Beleuchtung	
		SALSA/B48	PB3	unangenehme Temperatur	
		SALSA/B55	PB4	Klimaanlage (Zugluft, Geräusche, trockene Luft etc.)	
		SALSA/Z05	PB5	Schichtarbeit oder ungünstige Arbeitszeiten	
		SALSA/Z06	PB6	Arbeitshaltung (auch viel Sitzen, Stehen, usw.)	
		SALSA/Z07	PB7	Zeitdruck bei der Arbeit	
		Eigenentwicklung	PB8	Bewegen, Tragen, Heben schwerer Lasten	
Allgemeines körperliches Wohlbefinden		Eigenentwicklung	AWB1	Wie oft haben Sie Schulter-/Nackenschmerzen?	5-stufig; nie-selten-manchmal-oft-dauernd
		Eigenentwicklung	AWB2	Wie oft haben Sie Ein- oder Durchschlafstörungen	
		Eigenentwicklung	AWB3	Wie oft haben Sie Kopfschmerzen?	
		Eigenentwicklung	AWB4	Wie oft haben Sie Magenbeschwerden?	
		Eigenentwicklung	AWB5	Wie oft haben Sie Rückenschmerzen?	
		Eigenentwicklung	AWB6	Wie beurteilen Sie ganz allgemein Ihren Gesundheitszustand?	5-stufig; sehr schlecht-schlecht-mittelmäßig-
Gesundheits-verhalten	Sport	Eigenentwicklung	GV1	Wie häufig treiben Sie Sport? 1 = nie, 2 = bis 2 Stunden pro Monat, 3 = bis 2 Stunden pro Woche, 4 = bis 4 Stunden pro Woche, 5 = mehr als 4 Stunden pro Woche	←
	Rauchen	Eigenentwicklung	GV2	Rauchen Sie? 1=nein, 2=10 Zigaretten pro Monat, 3=bis 5 Zigaretten pro Tag, 4= 6 - 15 Zigaretten pro Tag, 5= mehr als 15 Zigaretten pro Tag	←
	Evita	Eigenentwicklung	GV3	Nehmen Sie an Evita-Aktionen teil? 1=nein, 2=nur an den Gesundheitstagen, 3=Gesundheitstage u. a. Aktionen (z. B. Betriebssport, Nichtrauchertraining etc.)	←
			Leitsatz	**Bitte geben Sie für jedes der folgenden Arbeitsmerkmale an, wie wichtig es für Sie persönlich ist:**	5-stufig: nicht wichtig-weniger wichtig-mittelmäßig wichtig-wichtig-sehr wichtig
Bedürfnis nach Selbstentfaltung	Bedürfnis nach Selbstentfaltung	Job Diagnostic Survey	BSE2	Eine anregende und herausfordernde Tätigkeit	
		Job Diagnostic Survey	BSE3	Die Möglichkeit, selbstständig und unabhängig zu handeln	
		Job Diagnostic Survey	BSE4	Hohe Arbeitsplatzsicherheit (das heißt geringe Wahrscheinlichkeit, gekündigt zu werden) (Füllitem)	
		Job Diagnostic Survey	BSE6	Möglichkeiten bei meiner Arbeit, etwas Neues zu lernen	
		Job Diagnostic Survey	BSE8	Gelegenheiten zu kreativen Arbeiten	
		Job Diagnostic Survey	BSE10	Gelegenheiten, sich bei der Arbeit persönlich weiterzuentwickeln	
		Job Diagnostic Survey	BSE11	Das Gefühl, dass man bei der Arbeit etwas Sinnvolles und Nützliches erreichen kann	
	Füllitem ohne Auswertung	Job Diagnostic Survey	BSE1	Hohe Achtung und gerechte Behandlung durch meinen Vorgesetzten (Füllitem)	
		Job Diagnostic Survey	BSE5	Sehr freundliche Kollegen (Füllitem)	
		Job Diagnostic Survey	BSE7	Hohes Gehalt und gute Sozialleistungen (Füllitem)	
		Job Diagnostic Survey	BSE9	Schnelle Beförderungen (Füllitem)	

Anhang G: Fragebogenstruktur, Itemquellen und Items -3

Skala	Subskala	Quelle/Item-Nr.	Kürzel	Item	Antwortformat
			Leitsatz	In welchem Maße treffen die folgenden Aussagen auf Sie zu?	Skala 5-stufig: trifft nicht zu-trifft eher nicht zu-teils/teils-trifft zu-trifft voll zu
Engagement		Cockpit Arbeitgeber-Attraktivität	E1	Mein Unternehmen motiviert mich, meine Arbeit jeden Tag bestmöglich zu tun	
		Cockpit Arbeitgeber-Attraktivität	E2	Mein Unternehmen motiviert mich, dass ich mich über die normale Erfüllung meiner Aufgaben hinaus einbringe	
Arbeitszufriedenheit		Cockpit Arbeitgeber-Attraktivität	AZ1	Ich empfehle unser Unternehmen einem Freund, der eine Anstellung sucht, ohne zu zögern	
		Cockpit Arbeitgeber-Attraktivität	AZ2	Häufig berichte ich anderen, wie gut es ist, hier zu arbeiten	
		Cockpit Arbeitgeber-Attraktivität	AZ3	Ich habe es nie bereut, diesem Unternehmen beigetreten zu sein	
		Cockpit Arbeitgeber-Attraktivität	AZ4	Ich kann mir vorstellen, in diesem Unternehmen noch viele Jahre zu arbeiten	
			Leitsatz	Wie beurteilen Sie Ihre Führungskraft auf den folgenden Merkmalen? Meine FK...	5-stufig; sehr schlecht-schlecht-mittelmäßig-gut-sehr gut
Vorgesetzten-beurteilung	Charisma	MLQ21	F1	... handelt in einer Weise, die bei mir Respekt erzeugt	
		MLQ18	F9	... stellt die eigenen Interessen zurück, wenn es um das Wohl der Gruppe geht	
		MLQ51	F20	... verfügt über Fähigkeiten und Eigenschaften, die ich bewundere	
		MLQ13	F4	... spricht mit Begeisterung über das, was erreicht werden soll	
		Eigenentwicklung	F5	... hält ein, was sie zusagt	
		Eigenentwicklung	F16	... kann in unterschiedlichsten Situationen selbstsicher und gewinnend auftreten	
		Eigenentwicklung	F11	... arbeitet bereitwillig mit Kollegen aus anderen Abteilungen zusammen	
		MLQ19	F8	... berücksichtigt meine Individualität und behandelt mich nicht nur als irgendeinen Mitarbeiter unter vielen	
	Resultat- und Leistungsorientie-rung	Eigenentwicklung	F2	... sorgt in ihrem Verantwortungsbereich für klare Zuständigkeiten und Abläufe	
		Eigenentwicklung	F10	... unterstützt mich mit ihrer Fachkompetenz bei der Lösung von Problemen	
		Eigenentwicklung	F7	... konzentriert sich auf Problemlösungen, nicht auf die Schwierigkeiten und Hürden	
		Eigenentwicklung	F12	... übernimmt bereitwillig Aufgaben und Verantwortung selbst	
		Eigenentwicklung	F13	... trifft Entscheidungen	
		Eigenentwicklung	F25	... sorgt dafür, dass Entscheidungen auch umgesetzt werden	
		Eigenentwicklung	F15	... erwartet von uns, dass wir uns anstrengen, um gute Leistungen zu erreichen	
		Eigenentwicklung	F6	... setzt hohe, aber erreichbare Ziele	
		Eigenentwicklung	F17	... äußert gerechte Lob und Kritik, die der Leistung des Mitarbeiters entspricht	
		Eigenentwicklung	F18	... stellt sich auf die unterschiedlichen Fähigkeiten und Erfahrungen der Mitarbeiter ein	
		MLQ35	F30	... zeigt Zufriedenheit, wenn wir Mitarbeiter ihre Erwartungen erfüllen	
		Eigenentwicklung	F3	... gibt uns Rückmeldungen die helfen, unsere Leistung zu verbessern	
	Coaching	Eigenentwicklung	F21	... ist leicht erreichbar und ansprechbar, wenn sie gebraucht wird	
		MLQ15	F22	... verbringt Zeit mit Führung und damit, uns etwas beizubringen	
		Eigenentwicklung	F23	... ist gut erreichbar und hat ein "offenes Ohr" für uns	
		Eigenentwicklung	F24	... fragt nach unserer Meinung und unseren Ideen, bevor Dinge eingeführt oder geändert werden	
		Eigenentwicklung	F14	... ist wie ein Trainer, der seine Mannschaft dabei unterstützt, immer besser zu werden	
		Eigenentwicklung	F26	... investiert Zeit, um uns zu informieren und über wichtige Dinge auf dem Laufenden zu halten	
		Eigenentwicklung	F27	... nimmt unsere Vorschläge für Verbesserungen gerne auf	
		Eigenentwicklung	F33	... berücksichtigt dass wir als Mitarbeiter wertvolle Kenntnisse haben, die genutzt werden sollten	
		Eigenentwicklung	F29	... ist dankbar für unsere Vorschläge und Ideen	
		Eigenentwicklung	F19	... vertraut unseren Fähigkeiten und Erfahrungen, ohne unsere Arbeit dauernd zu kontrollieren	
		Eigenentwicklung	F31	... tut viel dafür, dass wir unter uns Kollegen gut und verträglich zusammenarbeiten	
	Soziale Unterstützung	Eigenentwicklung	F32	... steht zu ihren Mitarbeitern, wenn "Druck von oben" kommt	
		Eigenentwicklung	F28	... ist jemand, der ich auch persönliche Probleme und Themen anvertrauen kann	
		Eigenentwicklung	F34	... versucht meine persönliche Situation bei der Arbeit zu berücksichtigen	

Anhang H: Fragebogen Studie 1

Fragebogen Arbeit, Führung und Gesundheit

Daten zu Ihrer Person   Bereich: Qualität

Zunächst haben wir einige Fragen zu Ihrer Person. Diese Daten benötigen wir, um zukünftig Maßnahmen an die verschiedenen Beschäftigungsgruppen anpassen zu können. Wichtig: durch die folgenden Angaben sind keinerlei Rückschlüsse auf Ihre Person möglich!

Persönlicher Code
(dieser Code soll ermöglichen, eine Veränderung zwischen dieser und einer späteren Erhebung erkennbar zu machen)

1 = 1. Buchstabe Vorname Mutter

A	B	C	D	E	F	G	H	I	J	K	L	M	N	O	P	Q	R	S	T	U	V	W	X	Y	Z

2 = Geburtsmonat des Vaters

01	02	03	04	05	06	07	08	09	10	11	12

3 = Letzter Buchstabe des eigenen Geburtsortes

A	B	C	D	E	F	G	H	I	J	K	L	M	N	O	P	Q	R	S	T	U	V	W	X	Y	Z

4 = letzte Zahl der eigenen Körpergröße

1	2	3	4	5	6	7	8	9	0

5 = Anzahl Geschwister

1	2	3	4	5	6	7	8	9	0

Ihr Alter?
○ bis 30 ○ 31 – 40 ○ 41 – 50 ○ über 50

Ihr Geschlecht?
○ = männlich ○ = weiblich

Ihr Wohnstatus?
○ = alleine lebend (Single) ○ = in Beziehung lebend

Ihre Qualifikation?
○ = angelernt ○ = Berufsausbildung
○ = Techniker/Meister/Betriebswirt (BA) ○ = Uni/FH-Studium

Ihr Hierarchielevel?
○ = Operator/Maschinenführer ○ = Facharbeiter/Sachbearbeiter/techn. Spezialist
○ = Meister ○ = Abteilungsleiter/Bereichsleiter

Ihr Arbeitszeitsystem?
○ = Gleitzeit ○ = Tagschicht ○ = F/S ohne WE ○ = F/S mit WE
○ = F/S/N ohne WE ○ = F/S/N mit WE ○ = Sonstiges

Arbeitstätigkeit

	In welchem Maße treffen die folgenden Aussagen auf Ihre Tätigkeit zu?	trifft nicht zu	trifft eher nicht zu	teils / teils	trifft eher zu	trifft zu
1.	Meine Arbeit ist abwechslungsreich.	○	○	○	○	○
2.	Bei meiner Arbeit kann ich eine Sache oder einen Auftrag von A bis Z herstellen bzw. ausführen.	○	○	○	○	○
3.	Mit meiner Arbeit leiste ich einen wichtigen Beitrag für die Firma.	○	○	○	○	○
4.	Ich muss für diese Arbeit gründlich ausgebildet sein.	○	○	○	○	○
5.	Ich muss in der Lage sein, selbstständig Entscheidungen zu treffen.	○	○	○	○	○
6.	Ich kann auch ohne Rückmeldung durch den Vorgesetzten erkennen, ob mein Arbeitsergebnis gut ist.	○	○	○	○	○
7.	Bei dieser Arbeit mache ich etwas Ganzes, Abgerundetes.	○	○	○	○	○
8.	Ich muss bei dieser Arbeit immer wieder Neues dazulernen.	○	○	○	○	○
9.	Ich kann meinen Anteil am Erfolg der Firma gut erkennen.	○	○	○	○	○
10.	Meine Arbeit erlaubt es mir, eine Menge eigener Entscheidungen zu treffen.	○	○	○	○	○
11.	Bei meiner Arbeit werden besonderen Fähigkeiten und Fertigkeiten erwartet.	○	○	○	○	○
12.	Bei dieser Tätigkeit merke ich, wie gut ich meine Arbeit gemacht habe.	○	○	○	○	○
13.	Wenn ich eine gute Idee habe, kann ich sie in der Firma auch verwirklichen.	○	○	○	○	○
14.	Ich werde aufgefordert, meine Meinung zu sagen, bevor Dinge neu eingeführt oder geändert werden	○	○	○	○	○
15.	Bei wichtigen Dingen in der Firma kann ich mitreden und mitentscheiden.	○	○	○	○	○
16.	Ich kann leicht erkennen, ob ich die Arbeit gerade richtig oder falsch mache.	○	○	○	○	○
17.	Meine Arbeit erfordert große Verantwortung.	○	○	○	○	○
18.	Ich muss meine Arbeit häufig unterbrechen, z. B. wegen technischer Störungen, Besuchern, Anfragen von Kollegen usw.	○	○	○	○	○
19.	Wenn ich eine Information brauche, weiß ich genau, woher ich diese bekomme	○	○	○	○	○
20.	Ich weiß, wer im Werk wofür zuständig ist	○	○	○	○	○
21.	Ich muss häufig auf Informationen, Ersatzteile usw. warten, ohne die ich die Arbeit nicht beenden kann.	○	○	○	○	○
22.	Ich habe den Eindruck, dass auch die größte Anstrengung hier nicht anerkannt und belohnt wird.	○	○	○	○	○
23.	Mein Arbeitseinsatz und das, was ich dafür bekomme, stimmen gut überein.	○	○	○	○	○
24.	Bei Beförderungen werden diejenigen berücksichtigt, die sich stark für ihre Arbeit einsetzen.	○	○	○	○	○
25.	Ich glaube, mein Arbeitsplatz ist sicher.	○	○	○	○	○
26.	Ich habe neben meinen Verpflichtungen noch genügend Zeit für mich selbst und das, was mir Spaß macht.	○	○	○	○	○
27.	Man hat genügend Zeit, diese Arbeit zu erledigen	○	○	○	○	○
28.	Ich muss Dinge tun, für die ich eigentlich zu wenig ausgebildet und vorbereitet bin.	○	○	○	○	○
29.	Es gibt so viel zu tun, dass es mir über den Kopf wächst.	○	○	○	○	○

30.	Es kommt schon vor, dass mir die Aufgabe zu schwierig ist.	○	○	○	○	○
31.	Es passiert so viel auf einmal, dass ich es kaum bewältigen kann.	○	○	○	○	○
32.	Bei meiner Arbeit gibt es Sachen, die zu kompliziert sind.	○	○	○	○	○
33.	Manchmal befürchte ich, bei dieser Arbeit zu verdummen, weil ich zu wenig gefordert werde.	○	○	○	○	○
34.	Ich habe bei meiner Arbeit zu wenig Gelegenheit, Dinge zu tun, die ich gut beherrsche.	○	○	○	○	○
35.	Ich könnte mehr tun, als von mir verlangt	○	○	○	○	○
36.	Ich kann selber mit entscheiden, wie ich meine Arbeit erledige	○	○	○	○	○
37.	Ich kann selber mitentscheiden, wann ich eine bestimmte Tätigkeit erledige	○	○	○	○	○

Soziales Umfeld

	In welchem Maße treffen die folgenden Aussagen auf Ihr Umfeld zu?	trifft nicht zu	trifft eher nicht zu	teils / teils	trifft eher zu	trifft zu
38.	Das gegenseitige Vertrauen ist bei uns so groß, dass wir offen über alles, auch persönliche Sachen, reden können.	○	○	○	○	○
39.	Die Leute, mit denen ich zusammenarbeite, sind freundlich.	○	○	○	○	○
40.	Die Leute, mit denen ich zusammenarbeite, helfen mir bei der Erledigung der Aufgaben.	○	○	○	○	○
41.	Die Leute, mit denen ich zusammenarbeite, interessieren sich für mich persönlich.	○	○	○	○	○
42.	Mein Vorgesetzter ist dazu bereit, meine Probleme in der Arbeit anzuhören.	○	○	○	○	○
43.	Andere Personen außerhalb der Arbeit (Freunde, Familie...) sind bereit, meine , meine Probleme in der Arbeit anzuhören	○	○	○	○	○

Belastungen

	Wie stark fühlen Sie sich durch einen der angeführten Faktoren belastet?	nie	selten	man-chmal	oft	dau-ernd
44.	Streit und Konflikte mit den eigenen Kollegen	○	○	○	○	○
45.	Streit und Konflikte mit Kollegen aus anderen Abteilungen	○	○	○	○	○
46.	Streit und Konflikte mit dem Vorgesetzten	○	○	○	○	○
47.	Angst um den Arbeitsplatz	○	○	○	○	○
48.	Lärm	○	○	○	○	○
49.	Ungünstige Beleuchtung	○	○	○	○	○
50.	unangenehme Temperatur	○	○	○	○	○
51.	Klimaanlage (Zugluft, Geräusche, trockene Luft etc.)	○	○	○	○	○
52.	Schichtarbeit oder ungünstige Arbeitszeiten	○	○	○	○	○
53.	Arbeitshaltung (auch viel Sitzen, Stehen, usw.)	○	○	○	○	○
54.	Zeitdruck bei der Arbeit	○	○	○	○	○
55.	Bewegen, Tragen, Heben schwerer Lasten	○	○	○	○	○

Gesundheit

		nie	selten	manchmal	oft	dauernt
54.	Wie oft haben Sie Schulter-/Nackenschmerzen?	○	○	○	○	○
55.	Wie oft haben Sie Ein- oder Durchschlafstörungen	○	○	○	○	○
56.	Wie oft haben Sie Kopfschmerzen?	○	○	○	○	○
57.	Wie oft haben Sie Magenbeschwerden?	○	○	○	○	○
58.	Wie oft haben Sie Rückenschmerzen	○	○	○	○	○

		sehr schlecht	schlecht	mittelmäßig	gut	sehr gut
59.	Wie beurteilen Sie ganz allgemein Ihren Gesundheitszustand?	○	○	○	○	○

60. Wie häufig treiben Sie Sport?

○ = nie
○ = Bis 2 Stunden pro Monat
○ = Bis 2 Stunden pro Woche
○ = Bis 4 Stunden pro Woche
○ = mehr als 4 Stunden pro Woche

61. Rauchen Sie?

○ = nein
○ = 10 Zigaretten pro Monat
○ = bis 5 Zigaretten pro Tag
○ = 6-15 Zigaretten pro Tag
○ = mehr als 15 Zigaretten pro Tag

62. Nehmen Sie an Evita-Aktionen teil?

○ = nein
○ = nur an den Gesundheitstagen
○ = Gesundheitstage u. a. Aktionen (z. B. Betriebssport, Nichtrauchertraining, etc.)

Bedürfnisse

	Bitte geben Sie für jedes der folgenden Arbeitsmerkmale an, wie wichtig es für Sie persönlich ist:	nicht wichtig	weniger wichtig	mittelmäßig wichtig	wichtig	sehr wichtig
63.	Hohe Achtung und gerechte Behandlung durch meinen Vorgesetzten	○	○	○	○	○
64.	Eine anregende und herausfordernde Tätigkeit	○	○	○	○	○
65.	Die Möglichkeit, selbstständig und unabhängig zu handeln	○	○	○	○	○
66.	Hohe Arbeitsplatzsicherheit (das heißt geringe Wahrscheinlichkeit, gekündigt zu werden)	○	○	○	○	○
67.	Sehr freundliche Kollegen	○	○	○	○	○
68.	Möglichkeiten bei meiner Arbeit, etwas Neues zu lernen	○	○	○	○	○
69.	Hohes Gehalt und gute Sozialleistungen	○	○	○	○	○
70.	Gelegenheiten zu kreativen Arbeiten	○	○	○	○	○
71.	Schnelle Beförderungen	○	○	○	○	○
72.	Gelegenheiten, sich bei der Arbeit persönlich weiterzu- entwickeln	○	○	○	○	○
73.	Das Gefühl, dass man bei der Arbeit etwas Sinnvolles und Nützliches erreichen kann	○	○	○	○	○

Arbeitszufriedenheit und Engagement

In welchem Maße treffen die folgenden Aussagen auf Sie zu?	trifft nicht zu	trifft eher nicht zu	teils / teils	trifft eher zu	trifft zu
74. Mein Unternehmen motiviert mich, meine Arbeit jeden Tag bestmöglich zu tun	○	○	○	○	○
75. Mein Unternehmen motiviert mich, dass ich mich über die normale Erfüllung meiner Aufgaben hinaus einbringe	○	○	○	○	○
76. Ich empfehle unser Unternehmen einem Freund, der eine Anstellung sucht, ohne zu zögern	○	○	○	○	○
77. Häufig berichte ich anderen, wie gut es ist, hier zu arbeiten	○	○	○	○	○
78. Ich habe es nie bereut, diesem Unternehmen beigetreten zu sein	○	○	○	○	○
79. Ich kann mir vorstellen, in diesem Unternehmen noch viele Jahre zu arbeiten	○	○	○	○	○

Führung

Zu beurteilende Führungskraft:

Name

Wie beurteilen Sie Ihre Führungskraft auf den folgenden Merkmalen?	sehr sch-lecht	sch-lecht	mittel-mäßig	gut	sehr gut
Meine Führungskraft...					
80. ... handelt in einer Weise, die bei mir Respekt erzeugt	○	○	○	○	○
81. ... sorgt in ihrem Verantwortungsbereich für klare Zuständigkeiten und Abläufe	○	○	○	○	○
82. ... gibt uns Rückmeldungen die helfen, unsere Leistung zu verbessern	○	○	○	○	○
83. ... spricht mit Begeisterung über das, was erreicht werden soll	○	○	○	○	○
84. ... hält ein, was sie zusagt	○	○	○	○	○
85. ... setzt hohe, aber erreichbare Ziele	○	○	○	○	○
86. ... konzentriert sich auf Problemlösungen, nicht auf die Schwierigkeiten und Hürden	○	○	○	○	○
87. ... berücksichtigt meine Individualität und behandelt mich nicht nur als irgendeinen Mitarbeiter unter vielen	○	○	○	○	○
88. ... stellt die eigenen Interessen zurück, wenn es um das Wohl der Gruppe geht	○	○	○	○	○
89. ... unterstützt mich mit ihrer Fachkompetenz bei der Lösung von Problemen	○	○	○	○	○
90. ... arbeitet bereitwillig mit Kollegen aus anderen Abteilungen zusammen	○	○	○	○	○
91. ... übernimmt bereitwillig Aufgaben und Verantwortung selbst	○	○	○	○	○
92. ... trifft Entscheidungen	○	○	○	○	○
93. ... ist wie ein Trainer, der seine Mannschaft dabei unterstützt, immer besser zu werden	○	○	○	○	○
94. ... erwartet von uns, dass wir uns anstrengen, um gute Leistungen zu erreichen	○	○	○	○	○
95. ... kann in unterschiedlichsten Situationen selbstsicher und gewinnend auftreten	○	○	○	○	○

96.	... äußert gerechte Lob und Kritik, die der Leistung des Mitarbeiters entspricht	○	○	○	○	○
97.	... stellt sich auf die unterschiedlichen Fähigkeiten und Erfahrungen der Mitarbeiter ein	○	○	○	○	○
98.	... vertraut unseren Fähigkeiten und Erfahrungen, ohne unsere Arbeit dauernd zu kontrollieren	○	○	○	○	○
99.	... verfügt über Fähigkeiten und Eigenschaften, die ich bewundere	○	○	○	○	○
100.	... ist leicht erreichbar und ansprechbar, wenn sie gebraucht wird	○	○	○	○	○
101.	... verbringt Zeit mit Führung und damit, uns etwas beizubringen	○	○	○	○	○
102.	... ist gut erreichbar und hat ein "offenes Ohr" für uns	○	○	○	○	○
103.	... fragt nach unserer Meinung und unseren Ideen, bevor Dinge eingeführt oder geändert werden	○	○	○	○	○
104.	... sorgt dafür, dass Entscheidungen auch umgesetzt werden	○	○	○	○	○
105.	... investiert Zeit, um uns zu informieren und über wichtige Dinge auf dem Laufenden zu halten	○	○	○	○	○
106.	... nimmt unsere Vorschläge für Verbesserungen gerne auf	○	○	○	○	○
107.	... ist jemand, der ich auch persönliche Probleme und Themen anvertrauen kann	○	○	○	○	○
108.	... ist dankbar für unsere Vorschläge und Ideen	○	○	○	○	○
109.	... zeigt Zufriedenheit, wenn wir Mitarbeiter ihre Erwartungen erfüllen	○	○	○	○	○
110.	... tut viel dafür, dass wir unter uns Kollegen gut und verträglich zusammenarbeiten	○	○	○	○	○
111.	... steht zu ihren Mitarbeitern, wenn "Druck von oben" kommt	○	○	○	○	○
112.	... berücksichtigt dass wir als Mitarbeiter wertvolle Kenntnisse haben, die genutzt werden sollten	○	○	○	○	○
113.	... versucht meine persönliche Situation bei der Arbeit zu berücksichtigen	○	○	○	○	○

Vielen Dank für Ihre Mitarbeit!

Anhang I: Informationsschreiben zur Mitarbeiterbefragung

Information für alle Mitarbeiterinnen und Mitarbeiter der Bereiche Werk und Entwicklung
Einladung zur Mitarbeiterbefragung
Arbeit, Führung und Gesundheit

Liebe Mitarbeiterinnen und Mitarbeiter,
mit unserem Evita-Gesundheitsmanagement haben wir das Thema Gesundheit zur „Chefsache“ und zum strategischen Thema gemacht.
Wenn wir unter Beachtung des wertvollen Gutes Gesundheit langfristig erfolgreich arbeiten wollen, müssen wir die „Problemzonen“ in unserer Organisation, in den Arbeitsabläufen, im Klima der Zusammenarbeit und den Umgebungsbedingungen kennen. Hierfür wollen wir eine Mitarbeiterbefragung durchführen, zu der wir Sie herzlich einladen.
Die Befragung ist streng anonym, es wird nicht möglich sein, den von Ihnen ausgefüllten Fragebogen mit Ihrer Person zu verbinden. Die Erhebung wird überwiegend in Gruppen stattfinden mit einem Befragungsleiter, der für Verständnisfragen zur Verfügung steht. Der ausgefüllte Bogen wird nicht eingesammelt, sondern von Ihnen in einen verschlossenen Behälter geworfen.
Die Fragen befassen sich damit, wie zufrieden Sie mit Ihrer Arbeitstätigkeit, den Umgebungsbedingungen und Ihrem Vorgesetzten sind. Die Auswertung erfolgt nach Abteilungen, wodurch wir erkennen können, in welchen Bereichen wir Handlungsbedarf haben.
Bitte helfen Sie uns durch Ihre Mitwirkung und Ihre offenen Antworten, die Arbeitsbedingungen bei Wilkinson noch befriedigender und besser zu gestalten!
Der Betriebsrat unterstützt diese Befragung sehr, da auch er sich hiervon wertvolle Erkenntnisse verspricht.
Die Befragung soll in den ersten Juliwochen in der Kantine stattfinden. Sie werden über den konkreten Termin rechtzeitig informiert. Selbstverständlich ist die Teilnahme Arbeitszeit.

Jürgen Dost

Anhang J: Instruktion zur Befragung

Erläuterung zur
Mitarbeiterbefragung Arbeit, Führung und Gesundheit

Liebe Mitarbeiterinnen und Mitarbeiter,
mit unserem Evita-Gesundheitsmanagement haben wir es uns zur Pflicht gemacht, die Arbeitsbedingungen in unserer Organisation ständig zu überprüfen und – wo nötig – zu verbessern. Denn wir wissen, dass ein gesundheitsförderliches Umfeld und ein positives Arbeits- und Führungsklima nicht nur jedem einzelnen Mitarbeiter persönlich nutzt, sondern auch maßgeblich zum Unternehmenserfolg beiträgt.
Mit dem Ihnen vorliegenden Fragebogen wollen wir den momentanen Zustand unseres Werkes erfassen. Hierzu können Sie einen sehr wichtigen Beitrag leisten, indem Sie die Fragen offen und ehrlich beantworten.
Die Anonymität Ihrer Antworten ist absolut sichergestellt, auch dadurch, dass Sie im Bogen keine handschriftlichen Eintragungen machen, sondern lediglich Kreuze auf einer Skala setzen sollen. Um die Ergebnisse Abteilungen zuordnen zu können, und um zu erkennen, ob bestimmte Situationen mit dem Alter, dem Geschlecht, der Ausbildung oder auch dem Schichtsystem unserer Mitarbeiter zusammenhängen, fragen wir diese in sehr groben Kategorien ab. Auch hierdurch ist kein Rückschluss auf die Person möglich.
Um die Wirkungen unserer Maßnahmen, die wir auf der Grundlage der Befragungsergebnisse umsetzen werden, bei einer erneuten Messung überprüfen zu können, bitten wir Sie zu Beginn des Bogens, einen persönlichen Code einzutragen. Hierdurch wird es möglich, Veränderungen zwischen dieser ersten und der folgenden Messung zu erkennen – hat sich der Zustand verbessert, verschlechtert, oder ist er gleich geblieben? Dieser Code beruht auf Informationen, die NUR IHNEN bekannt sind, in die der Arbeitgeber also keinen Einblick hat.
In dem Teil des Fragebogens, der sich mit dem Vorgesetzten befasst, sollen Sie Ihre Zufriedenheit mit dem Verhalten Ihres Vorgesetzten angeben. In dem Fall, dass Sie mehrere direkte Vorgesetzte haben – also z. B. mehrere Schichtmeister – sind diese zur Auswahl angegeben. Bitte entscheiden Sie sich dann, welchen dieser Vorgesetzten Sie einschätzen wollen, und kreuzen Sie dessen Namen in der Auswahl an. Nur so können wir die Beurteilungen eindeutig einzelnen Vorgesetzten zuordnen.
Es geht bei dieser Befragung um Ihre persönliche, subjektive Einschätzung, nicht um „objektive Wahrheiten“. Deshalb können Ihre Antworten auch nicht „richtig“ oder „falsch“ sein.
Sollten Sie Fragen zu einzelnen Inhalten oder zum Sinn der Befragung gesamt haben, sprechen Sie bitte Ihre Personalabteilung oder – bei Befragung in der Gruppe – Ihren Befragungsleiter an. Diese werden Ihnen Ihre Fragen gerne beantworten.

Vielen Dank für Ihre Mitarbeit!

Anhang K: Deskriptive Statistiken Skalen und Subskalen

(Sub)Skala	N	Minimum	Maximum	Mittelwert	Standardabweichung	Schiefe		Kurtosis	
	Statistik	Statistik	Statistik	Statistik	Statistik	Statistik	Standardfehler	Statistik	Standardfehler
SMP Anf	333	1,00	5,00	3,7728	,83886	-,680	,134	,223	,266
SMP Bedeut	333	2,00	5,00	3,9419	,68166	-,353	,134	-,359	,266
SMP Vollstd	331	1,00	5,00	3,5861	,94275	-,537	,134	-,016	,267
SMP Partiz	333	1,00	5,00	2,6126	,91657	,390	,134	-,204	,266
SMP Autonomie	330	1,00	5,00	3,7879	,90448	-,371	,134	-,633	,268
SMP Feedback	333	1,67	5,00	4,1206	,64502	-,545	,134	,207	,266
SMP gesamt	333	1,82	5,00	3,6381	,53056	-,168	,134	,173	,266
ReguBehind	330	1,00	5,00	2,7240	,66230	-,141	,134	,316	,268
GFK	333	1,00	5,00	3,1016	,75137	-,062	,134	,094	,266
Ueford quantitativ	331	1,00	5,00	2,6913	,78086	,237	,134	-,196	,267
Ueford qualitativ	332	1,00	5,00	2,0341	,82152	,838	,134	,738	,267
Untford qualitativ	330	1,00	5,00	2,2727	1,05467	,668	,134	-,282	,268
Untford quantitativ	328	1,00	5,00	2,7652	1,20514	,165	,135	-,738	,268
Fehlbeanspruchung gesamt	333	1,00	4,22	2,3808	,56800	,099	,134	,018	,266
SocSupK	332	1,00	5,00	3,3725	,78351	-,204	,134	-,009	,267
SocSupSum	333	1,17	5,00	3,4533	,71647	-,190	,134	-,070	,266
SozBelast	332	1,00	4,00	2,1531	,61748	,338	,134	,126	,267
PhysBelast	332	1,00	5,00	2,9518	,89008	,074	,134	-,404	,267
SumBelast	332	1,00	4,58	2,6728	,67733	-,014	,134	-,416	,267
AWB	332	1,17	5,00	3,4543	,77119	-,155	,134	-,481	,267
GesVerhalt	331	1,00	13,00	8,2356	2,82286	-,352	,134	-,650	,267
BSE	333	1,00	5,00	4,1211	,60017	-1,627	,134	6,304	,266
Engagement	329	1,00	5,00	3,0821	1,04149	-,249	,134	-,553	,268
Arbeitszufriedenheit	328	1,50	5,00	3,8608	,77667	-,554	,135	-,236	,268
Charisma gesamt	332	1,00	5,00	3,4447	,93268	-,620	,134	-,400	,267
RLOgesamt	331	1,00	5,00	3,5406	,85509	-,611	,134	-,173	,267
Coaching gesamt	330	1,00	5,00	3,4468	,89825	-,563	,134	-,283	,268
SozialeUnterstützung gesamt	324	1,00	5,00	3,3020	1,07498	-,466	,135	-,706	,270
Fuehrung gesamt	332	1,00	5,00	3,4723	,87601	-,596	,134	-,352	,267

Anhang L: Ergebnis der Faktorenanalyse mit 15 Faktoren (15 Faktorenlösung ohne BSE mit Führung) -1

Item	Ladung	Bedeutung
... handelt in einer Weise, die bei mir Respekt erzeugt	,848	
... sorgt in ihrem Verantwortungsbereich für klare Zuständigkeiten und Abläufe	,845	
... ist wie ein Trainer, der seine Mannschaft dabei unterstützt, immer besser zu werden	,840	
... berücksichtigt dass wir als Mitarbeiter wertvolle Kenntnisse haben, die genutzt werden sollten	,837	
... stellt sich auf die unterschiedlichen Fähigkeiten und Erfahrungen der Mitarbeiter ein	,836	
... steht zu ihren Mitarbeitern, wenn "Druck von oben" kommt	,829	
... unterstützt mich mit ihrer Fachkompetenz bei der Lösung von Problemen	,819	
... nimmt unsere Vorschläge für Verbesserungen gerne auf	,808	
... gibt uns Rückmeldungen die helfen, unsere Leistung zu verbessern	,806	
... äußert gerechte Lob und Kritik, die der Leistung des Mitarbeiters entspricht	,799	
... verfügt über Fähigkeiten und Eigenschaften, die ich bewundere	,793	
... trifft Entscheidungen	,789	
... konzentriert sich auf Problemlösungen, nicht auf die Schwierigkeiten und Hürden	,785	
... tut viel dafür, dass wir unter uns Kollegen gut und verträglich zusammenarbeiten	,785	
... sorgt dafür, dass Entscheidungen auch umgesetzt werden	,780	
... stellt die eigenen Interessen zurück, wenn es um das Wohl der Gruppe geht	,780	
... ist gut erreichbar und hat ein "offenes Ohr" für uns	,780	Führung
... zeigt Zufriedenheit, wenn wir Mitarbeiter ihre Erwartungen erfüllen	,776	
... berücksichtigt meine Individualität und behandelt mich nicht nur als irgendeinen Mitarbeiter unter vielen	,776	
... hält ein, was sie zusagt	,772	
... versucht meine persönliche Situation bei der Arbeit zu berücksichtigen	,768	
... übernimmt bereitwillig Aufgaben und Verantwortung selbst	,765	
... verbringt Zeit mit Führung und damit, uns etwas beizubringen	,764	
... arbeitet bereitwillig mit Kollegen aus anderen Abteilungen zusammen	,763	
... ist jemand, der ich auch persönliche Probleme und Themen anvertrauen kann	,761	
... investiert Zeit, um uns zu informieren und über wichtige Dinge auf dem Laufenden zu halten	,761	
... setzt hohe, aber erreichbare Ziele	,760	
... ist dankbar für unsere Vorschläge und Ideen	,756	
... kann in unterschiedlichsten Situationen selbstsicher und gewinnend auftreten	,751	
... vertraut unseren Fähigkeiten und Erfahrungen, ohne unsere Arbeit dauernd zu kontrollieren	,745	
fragt nach unserer Meinung und unseren Ideen, bevor Dinge eingeführt oder geändert werden	,736	
... spricht mit Begeisterung über das, was erreicht werden soll	,735	
Streit und Konflikte mit dem Vorgesetzten	-,495	

Anhang L: Ergebnis der Faktorenanalyse mit 15 Faktoren (15 Faktorenlösung ohne BSE mit Führung) -2

Item	Ladung	Bedeutung
Bei meiner Arbeit werden besonderen Fähigkeiten und Fertigkeiten erwartet.	,773	Anforderungsvielfalt
Ich muss in der Lage sein, selbstständig Entscheidungen zu treffen.	,713	
Ich muss für diese Arbeit gründlich ausgebildet sein.	,689	
Ich muss bei dieser Arbeit immer wieder Neues dazulernen.	,634	
Meine Arbeit erlaubt es mir, eine Menge eigener Entscheidungen zu treffen.	,616	
Meine Arbeit erfordert große Verantwortung.	,486	
unangenehme Temperatur	,707	Physikalische Belastungen
Lärm	,704	
Klimaanlage (Zugluft, Geräusche, trockene Luft etc.)	,699	
Arbeitshaltung (auch viel Sitzen, Stehen, usw.)	,607	
Ungünstige Beleuchtung	,593	
Schichtarbeit oder ungünstige Arbeitszeiten	,558	
Bewegen, Tragen, Heben schwerer Lasten	,537	
Ich empfehle unser Unternehmen einem Freund, der eine Anstellung sucht, ohne zu zögern	,754	Commitment
Häufig berichte ich anderen, wie gut es ist, hier zu arbeiten	,685	
Mein Unternehmen motiviert mich, meine Arbeit jeden Tag bestmöglich zu tun	,667	
Ich kann mir vorstellen, in diesem Unternehmen noch viele Jahre zu arbeiten	,657	
Mein Unternehmen motiviert mich, dass ich mich über die normale Erfüllung meiner Aufgaben hinaus einbringe	,651	
Ich habe es nie bereut, diesem Unternehmen beigetreten zu sein	,609	
Wie oft haben Sie Rückenschmerzen?	,747	Gesundheitliche Beschwerden
Wie oft haben Sie Schulter-/Nackenschmerzen?	,703	
Wie oft haben Sie Magenbeschwerden?	,604	
Wie beurteilen Sie ganz allgemein Ihren Gesundheitszustand?	,645	
Wie oft haben Sie Ein- oder Durchschlafstörungen	,639	
Wie oft haben Sie Kopfschmerzen?	,627	
Es kommt schon vor, dass mir die Aufgabe zu schwierig ist.	,749	Überforderung
Bei meiner Arbeit gibt es Sachen, die zu kompliziert sind.	,745	
Es passiert so viel auf einmal, dass ich es kaum bewältigen kann.	,647	
Ich muss Dinge tun, für die ich eigentlich zu wenig ausgebildet und vorbereitet bin.	,637	
Es gibt so viel zu tun, dass es mir über den Kopf wächst.	,607	

Anhang L: Ergebnis der Faktorenanalyse mit 15 Faktoren (15 Faktorenlösung ohne BSE mit Führung) -3

Item	Ladung	Bedeutung
Die Leute, mit denen ich zusammenarbeite, interessieren sich für mich persönlich.	,738	Soziale Unterstützung Kollegen
Die Leute, mit denen ich zusammenarbeite, sind freundlich.	,700	
Die Leute, mit denen ich zusammenarbeite, helfen mir bei der Erledigung der Aufgaben.	,695	
Das gegenseitige Vertrauen ist bei uns so groß, dass wir offen über alles, auch persönliche Sachen, reden können.	,634	
Ich werde aufgefordert, meine Meinung zu sagen, bevor Dinge neu eingeführt oder geändert werden	,769	Partizipation
Bei wichtigen Dingen in der Firma kann ich mitreden und mitentscheiden.	,661	
Wenn ich eine gute Idee habe, kann ich sie in der Firma auch verwirklichen.	,607	
Man hat genügend Zeit, diese Arbeit zu erledigen.	,729	Zeitdruck
Ich habe neben meinen Verpflichtungen noch genügend Zeit für mich selbst und das, was mir Spaß macht.	,685	
Zeitdruck bei der Arbeit	,579	
Ich kann leicht erkennen, ob ich die Arbeit gerade richtig oder falsch mache.	,706	Feedback
Bei dieser Tätigkeit merke ich, wie gut ich meine Arbeit gemacht hat.	,526	
Ich kann meinen Anteil am Erfolg der Firma gut erkennen.	,413	
Ich könnte mehr tun, als von mir verlangt wird.	,738	Unterforderung
Manchmal befürchte ich, bei dieser Arbeit zu verdummen, weil ich zu wenig gefordert werde.	,625	
Man habe bei meiner Arbeit zu wenig Gelegenheit, Dinge zu tun, die ich gut beherrsche.	,588	
Angst um den Arbeitsplatz	,738	Angst um Arbeitsplatz
Ich glaube, mein Arbeitsplatz ist sicher.	,685	
Bei meiner Arbeit kann ich eine Sache oder einen Auftrag von A bis Z herstellen bzw. ausführen.	,645	Vollständigkeit
Mit meiner Arbeit leiste ich einen wichtigen Beitrag für die Firma.	,459	
Andere Personen außerhalb der Arbeit (Freunde, Familie...) sind bereit, meine Probleme in der Arbeit anzuhören.	,781	Soziale Kompensation Freizeit
Streit und Konflikte mit den eigenen Kollegen	,464	
Bei dieser Arbeit mache ich etwas Ganzes, Abgerundetes.	,485	Transparenz
Wenn ich eine Information brauche, weiß ich genau, woher ich diese bekomme	,412	

Anhang M: Fragebogen Studie 2

Fragebogen Arbeit, Führung und Gesundheit

Daten zu Ihrer Person Bereich:

Zunächst haben wir einige Fragen zu Ihrer Person. Diese Daten benötigen wir, um zukünftig Maßnahmen an die verschiedenen Beschäftigungsgruppen anpassen zu können. Wichtig: durch die folgenden Angaben sind keinerlei Rückschlüsse auf Ihre Person möglich!

Persönlicher Code
(dieser Code soll ermöglichen, eine Veränderung zwischen dieser und der vorherigen Erhebung erkennbar zu machen)

1 = 1. Buchstabe Vorname Mutter

A	B	C	D	E	F	G	H	I	J	K	L	M	N	O	P	Q	R	S	T	U	V	W	X	Y	Z

2 = Geburtsmonat des Vaters

01	02	03	04	05	06	07	08	09	10	11	12

3 = Letzter Buchstabe des eigenen Geburtsortes

A	B	C	D	E	F	G	H	I	J	K	L	M	N	O	P	Q	R	S	T	U	V	W	X	Y	Z

4 = letzte Zahl der eigenen Körpergröße

1	2	3	4	5	6	7	8	9	0

5 = Anzahl Geschwister

1	2	3	4	5	6	7	8	9	0

Haben Sie an der Befragung in 2011 teilgenommen?
○ = ja ○ = nein

Ihr Alter?
○ bis 30 ○ 31 – 40 ○ 41 – 50 ○ über 50

Ihr Geschlecht?
○ = männlich ○ = weiblich

Ihre Qualifikation?
○ = angelernt ○ = Berufsausbildung
○ = Techniker/Meister/Betriebswirt (BA) ○ = Uni/FH-Studium

Ihr Hierarchielevel?
○ = Operator/Maschinenführer ○ = Facharbeiter/Sachbearbeiter/techn. Spezialist
○ = Meister ○ = Abteilungsleiter/Bereichsleiter

Ihr Arbeitszeitsystem?
○ = Gleitzeit ○ = Tagschicht ○ = F/S ohne WE ○ = F/S mit WE
○ = F/S/N ohne WE ○ = F/S/N mit WE ○ = Sonstiges

Arbeitstätigkeit

In welchem Maße treffen die folgenden Aussagen auf Ihre Tätigkeit zu?	trifft nicht zu	trifft eher nicht zu	teils / teils	trifft eher zu	trifft zu
1. Meine Arbeit ist abwechslungsreich.	○	○	○	○	○
2. Bei meiner Arbeit kann ich eine Sache oder einen Auftrag von A bis Z herstellen bzw. ausführen.	○	○	○	○	○
3. Mit meiner Arbeit leiste ich einen wichtigen Beitrag für die Firma.	○	○	○	○	○
4. Ich muss für diese Arbeit gründlich ausgebildet sein.	○	○	○	○	○
5. Ich muss in der Lage sein, selbstständig Entscheidungen zu treffen.	○	○	○	○	○
6. Ich kann auch ohne Rückmeldung durch den Vorgesetzten erkennen, ob mein Arbeitsergebnis gut ist.	○	○	○	○	○
7. Bei dieser Arbeit mache ich etwas Ganzes, Abgerundetes.	○	○	○	○	○
8. Ich muss bei dieser Arbeit immer wieder Neues dazulernen.	○	○	○	○	○
9. Ich kann meinen Anteil am Erfolg der Firma gut erkennen.	○	○	○	○	○
10. Meine Arbeit erlaubt es mir, eine Menge eigener Entscheidungen zu treffen.	○	○	○	○	○
11. Bei meiner Arbeit werden besonderen Fähigkeiten und Fertigkeiten erwartet.	○	○	○	○	○
12. Bei dieser Tätigkeit merke ich, wie gut ich meine Arbeit gemacht habe.	○	○	○	○	○
13. Wenn ich eine gute Idee habe, kann ich sie in der Firma auch verwirklichen.	○	○	○	○	○
14. Ich werde aufgefordert, meine Meinung zu sagen, bevor Dinge neu eingeführt oder geändert werden	○	○	○	○	○
15. Bei wichtigen Dingen in der Firma kann ich mitreden und mitentscheiden.	○	○	○	○	○
16. Ich kann leicht erkennen, ob ich die Arbeit gerade richtig oder falsch mache.	○	○	○	○	○
17. Meine Arbeit erfordert große Verantwortung.	○	○	○	○	○
18. Ich muss meine Arbeit häufig unterbrechen, z. B. wegen technischer Störungen, Besuchern, Anfragen von Kollegen usw.	○	○	○	○	○
19. Wenn ich eine Information brauche, weiß ich genau, woher ich diese bekomme	○	○	○	○	○
20. Ich weiß, wer im Werk wofür zuständig ist	○	○	○	○	○
21. Ich muss häufig auf Informationen, Ersatzteile usw. warten, ohne die ich die Arbeit nicht beenden kann.	○	○	○	○	○
22. Ich habe den Eindruck, dass auch die größte Anstrengung hier nicht anerkannt und belohnt wird.	○	○	○	○	○
23. Mein Arbeitseinsatz und das, was ich dafür bekomme, stimmen gut überein.	○	○	○	○	○
24. Bei Beförderungen werden diejenigen berücksichtigt, die sich stark für ihre Arbeit einsetzen.	○	○	○	○	○
25. Ich glaube, mein Arbeitsplatz ist sicher.	○	○	○	○	○
26. Ich habe neben meinen Verpflichtungen noch genügend Zeit für mich selbst und das, was mir Spaß macht.	○	○	○	○	○
27. Man hat genügend Zeit, diese Arbeit zu erledigen.	○	○	○	○	○
28. Ich muss Dinge tun, für die ich eigentlich zu wenig ausgebildet und vorbereitet bin.	○	○	○	○	○
29. Es gibt so viel zu tun, dass es mir über den Kopf wächst.	○	○	○	○	○
30. Es kommt schon vor, dass mir die Aufgabe zu schwierig ist	○	○	○	○	○

31.	Es passiert so viel auf einmal, dass ich es kaum bewältigen kann.	○	○	○	○	○
32.	Bei meiner Arbeit gibt es Sachen, die zu kompliziert sind.	○	○	○	○	○
33.	Manchmal befürchte ich, bei dieser Arbeit zu verdummen, weil ich zu wenig gefordert werde.	○	○	○	○	○
34.	Ich habe bei meiner Arbeit zu wenig Gelegenheit, Dinge zu tun, die ich gut beherrsche.	○	○	○	○	○
35.	Ich könnte mehr tun, als von mir verlangt	○	○	○	○	○
36.	Ich kann selber mit entscheiden, wie ich meine Arbeit erledige	○	○	○	○	○
37.	Ich kann selber mitentscheiden, wann ich eine bestimmte Tätigkeit erledige	○	○	○	○	○

Soziales Umfeld

	In welchem Maße treffen die folgenden Aussagen auf Ihr Umfeld zu?	trifft nicht zu	trifft eher nicht zu	teils / teils	trifft eher zu	trifft zu
38.	Das gegenseitige Vertrauen ist bei uns so groß, dass wir offen über alles, auch persönliche Sachen, reden können.	○	○	○	○	○
39.	Die Leute, mit denen ich zusammenarbeite, sind freundlich.	○	○	○	○	○
40.	Die Leute, mit denen ich zusammenarbeite, helfen mir bei der Erledigung der Aufgaben.	○	○	○	○	○
41.	Die Leute, mit denen ich zusammenarbeite, interessieren sich für mich persönlich.	○	○	○	○	○
42.	Mein Vorgesetzter ist dazu bereit, meine Probleme in der Arbeit anzuhören.	○	○	○	○	○
43.	Andere Personen außerhalb der Arbeit (Freunde, Familie...) sind bereit, meine Probleme in der Arbeit anzuhören	○	○	○	○	○

Belastungen

	Wie stark fühlen Sie sich durch einen der angeführten Faktoren belastet?	nie	selten	manchmal	oft	dauernd
44.	Streit und Konflikte mit den eigenen Kollegen	○	○	○	○	○
45.	Streit und Konflikte mit Kollegen aus anderen Abteilungen	○	○	○	○	○
46.	Streit und Konflikte mit dem Vorgesetzten	○	○	○	○	○
47.	Angst um den Arbeitsplatz	○	○	○	○	○
48.	Lärm	○	○	○	○	○
49.	Ungünstige Beleuchtung	○	○	○	○	○
50.	unangenehme Temperatur	○	○	○	○	○
51.	Klimaanlage (Zugluft, Geräusche, trockene Luft etc.)	○	○	○	○	○
52.	Schichtarbeit oder ungünstige Arbeitszeiten	○	○	○	○	○
53.	Arbeitshaltung (auch viel Sitzen, Stehen, usw.)	○	○	○	○	○
54.	Zeitdruck bei der Arbeit	○	○	○	○	○
55.	Bewegen, Tragen, Heben schwerer Lasten	○	○	○	○	○

Gesundheit

		nie	selten	manchmal	oft	dauernt
54.	Wie oft haben Sie Schulter-/Nackenschmerzen?	○	○	○	○	○
55.	Wie oft haben Sie Ein- oder Durchschlafstörungen	○	○	○	○	○

56.	Wie oft haben Sie Kopfschmerzen?	○	○	○	○	○
57.	Wie oft haben Sie Magenbeschwerden?	○	○	○	○	○
58.	Wie oft haben Sie Rückenschmerzen	○	○	○	○	○

		sehr sch-lecht	sch-lecht	mittel-mäßig	gut	sehr gut
59.	Wie beurteilen Sie ganz allgemein Ihren Gesundheitszustand?	○	○	○	○	○

60. Wie häufig treiben Sie Sport?

○ = nie
○ = Bis 2 Stunden pro Monat
○ = Bis 2 Stunden pro Woche
○ = Bis 4 Stunden pro Woche
○ = mehr als 4 Stunden pro Woche

61. Rauchen Sie?

○ = nein
○ = 10 Zigaretten pro Monat
○ = bis 5 Zigaretten pro Tag
○ = 6-15 Zigaretten pro Tag
○ = mehr als 15 Zigaretten pro Tag

62. Nehmen Sie an Evita-Aktionen teil?

○ = nein

Ja, und zwar (Zutreffendes bitte ankreuzen und bezüglich seiner Nützlichkeit für Ihr Wohlbefinden und Ihre Gesundheit bewerten):

			sehr gut	gut	befrie-digend	ausrei-chend	man-gelhaft
63.	○	an den Gesundheitstagen	○	○	○	○	○
64.	○	am Betriebssport	○	○	○	○	○
65.	○	am Nichtrauchertraining	○	○	○	○	○
66.	○	an den medizinischen Check-ups	○	○	○	○	○
67.	○	an „Rückenfit am Arbeitsplatz"	○	○	○	○	○
68.	○	als Gesundheits-Scout	○	○	○	○	○
69.	○	am Kochkurs	○	○	○	○	○
70.	○	Nutzung des „Job & Fit-Angebots" in der Kantine	○	○	○	○	○
71.	○	Mitgliedschaft in Fitness-Studio	○	○	○	○	○
72.	○	Teilnahme am Seminar „Führung & Gesundheit"	○	○	○	○	○
73.	○	Wie hilfreich ist das Evita-Angebot aus Ihrer Sicht insgesamt, um sich am Arbeitsplatz wohl zu fühlen und gesund zu bleiben?	○	○	○	○	○

Arbeitszufriedenheit und Engagement

	In welchem Maße treffen die folgenden Aussagen auf Sie zu?	trifft nicht zu	trifft eher nicht zu	teils / teils	trifft eher zu	trifft zu
74.	Mein Unternehmen motiviert mich, meine Arbeit jeden Tag bestmöglich zu tun	○	○	○	○	○
75.	Mein Unternehmen motiviert mich, dass ich mich über die normale Erfüllung meiner Aufgaben hinaus einbringe	○	○	○	○	○

76. Ich empfehle unser Unternehmen einem Freund, der eine Anstellung sucht, ohne zu zögern	○	○	○	○	○
77. Häufig berichte ich anderen, wie gut es ist, hier zu arbeiten	○	○	○	○	○
78. Ich habe es nie bereut, diesem Unternehmen beigetreten zu sein	○	○	○	○	○
79. Ich kann mir vorstellen, in diesem Unternehmen noch viele Jahre zu arbeiten	○	○	○	○	○

Berufliche Selbstwirksamkeit

	trifft nicht zu	trifft eher nicht zu	teils / teils	trifft eher zu	trifft zu
80. Wenn sich bei der Arbeit Widerstände auftun, finde ich Mittel und Wege, mich durchzusetzen	○	○	○	○	○
81. Die Lösung schwieriger Arbeitsprobleme gelingt mir immer, wenn ich mich darum bemühe	○	○	○	○	○
82. In unerwarteten Situationen bei der Arbeit weiß ich immer, wie ich mich verhalten soll	○	○	○	○	○
83. Wenn bei der Arbeit eine neue Sache auf mich zukommt, weiß ich, wie ich damit umgehen kann	○	○	○	○	○
84. Was auch immer bei der Arbeit passiert, ich werde schon klarkommen.	○	○	○	○	○

Führung

Zu beurteilende Führungskraft:

Vorname, Nachname

Wie beurteilen Sie Ihre Führungskraft auf den folgenden Merkmalen?	sehr schlecht	schlecht	mittelmäßig	gut	sehr gut
Meine Führungskraft...					
85. ... handelt in einer Weise, die bei mir Respekt erzeugt	○	○	○	○	○
86. ... sorgt in ihrem Verantwortungsbereich für klare Zuständigkeiten und Abläufe	○	○	○	○	○
87. ... gibt uns Rückmeldungen die helfen, unsere Leistung zu verbessern	○	○	○	○	○
88. ... spricht mit Begeisterung über das, was erreicht werden soll	○	○	○	○	○
89. ... hält ein, was sie zusagt	○	○	○	○	○
90. ... setzt hohe, aber erreichbare Ziele	○	○	○	○	○
91. ... konzentriert sich auf Problemlösungen, nicht auf die Schwierigkeiten und Hürden	○	○	○	○	○
92. ... berücksichtigt meine Individualität und behandelt mich nicht nur als irgendeinen Mitarbeiter unter vielen	○	○	○	○	○
93. ... stellt die eigenen Interessen zurück, wenn es um das Wohl der Gruppe geht	○	○	○	○	○
94. ... unterstützt mich mit ihrer Fachkompetenz bei der Lösung von Problemen	○	○	○	○	○
95. ... arbeitet bereitwillig mit Kollegen aus anderen Abteilungen zusammen	○	○	○	○	○
96. ... ist wie ein Trainer, der seine Mannschaft dabei unterstützt, immer besser zu werden	○	○	○	○	○

97.	... stellt sich auf die unterschiedlichen Fähigkeiten und Erfahrungen der Mitarbeiter ein	○	○	○	○	○
98.	... vertraut unseren Fähigkeiten und Erfahrungen, ohne unsere Arbeit dauernd zu kontrollieren	○	○	○	○	○
99.	... ist gut erreichbar und hat ein "offenes Ohr" für uns	○	○	○	○	○
100.	... investiert Zeit, um uns zu informieren und über wichtige Dinge auf dem Laufenden zu halten	○	○	○	○	○
101.	... nimmt unsere Vorschläge für Verbesserungen gerne auf	○	○	○	○	○
102.	... ist jemand, der ich auch persönliche Probleme und Themen anvertrauen kann	○	○	○	○	○
103.	... ist dankbar für unsere Vorschläge und Ideen	○	○	○	○	○
104.	... tut viel dafür, dass wir unter uns Kollegen gut und verträglich zusammenarbeiten	○	○	○	○	○
105.	... steht zu ihren Mitarbeitern, wenn "Druck von oben" kommt	○	○	○	○	○
106.	... berücksichtigt dass wir als Mitarbeiter wertvolle Kenntnisse haben, die genutzt werden sollten	○	○	○	○	○
107.	... versucht meine persönliche Situation bei der Arbeit zu berücksichtigen	○	○	○	○	○
108.	...hilft uns dabei, unsere Arbeit noch besser zu machen	○	○	○	○	○
109.	...sieht einen Arbeitsfehler als Chance, Kenntnisse und	○	○	○	○	○
110.	Prozesse zu verbessern statt nur zu bestrafen	○	○	○	○	○

<u>Vielen Dank für Ihre Mitarbeit!</u>

Anhang N: Item-Skalen-Zuordnung Studie 2

Übersicht der Item-Skalen-Zuordnung - Fragebogen 2013

Skala	Items	Item Nummer im Fragebogen
SMP Anforderungen	SMP1, SMP4, SMP8, SMP11	1, 4, 8, 11
SMP Bedeutsamkeit	SMP3, SMP9, SMP17	3, 9, 17
SMP Vollständigkeit	SMP2, SMP7	2 ,7
SMP Partizipation	SMP13, SMP14, SMP15	13, 14, 15
SMPAutonomie	SMP5, SMP10, SMP18, SMP19	5, 10, 36, 37
SMP Feedback	SMP6, SMP12, SMP16	6, 12, 16
Regulationsbehinderungen	RB1, RB2, RB3, RB4	18, 19, 20, 21
Gratifikationskrise	GK1, GK2, GK3, GK4, GK5	22, 23, 24, 25, 26
Überforderung quantitativ	BE3, BE5, BE1, BE9	27, 29, 31, 35
Überforderung qualitativ	BE2, BE4, BE6, BE7, BE8	28, 30, 32, 33, 34
Überforderung gesamt	BE1, BE2, BE3, BE4, BE5, BE6, BE7, BE8, BE9	27, 28, 29, 30, 31, 32, 33, 34, 35
Social Support Kollegen	SUK1, SUK2, SUK3, SUK4	38, 39, 40, 41
Social Support Vorgesetzte	SUV	42
Social Support Familie	SUF	43
Soziale Belastungen	SB1, SB2, SB3, SB4	44, 45, 46, 47
Physikalische Belastungen	PB1, PB2, PB3, PB4, PB5, PB6, PB7, PB8	48, 49, 50, 51, 52, 53, 54, 55
Allgemeines Wohlbefinden	AWB1, AWB2, AWB3, AWB4, AWB5, AWB6	56, 57, 58, 59, 60, 61
Gesundheitsverhalten	GV1, GV2, GV3	62, 63, 64
Teilnahme Evita	TNGT, TNBS, TNNR, TNMC, TNRF, TNGS, TNKK, TNJF, TNFS, TNFG	65, 66, 67, 68, 69, 70, 71, 72, 73, 74
Nutzen Evita	NUGT, NUBS, NUNR, NUMC, NURF, NUGS, NUKK, NUJF, NUFS, NUFG, NU_WOHLBF, NU_GF	65, 66, 67, 68, 69, 70, 71, 72, 73, 74, 75, 76
Engagement	E1, E2	77, 78
Arbeitszufriedenheit	AZ1, AZ2, AZ3, AZ4	79, 80, 81, 82
Berufliche Wirksamkeit	BSW1, BSW2, BSW3, BSW4, BSW5	83, 84, 85, 86, 87
Führungskräfte: Charisma	F1, F4, F5, F8, F9, F11	88, 91, 92, 95, 96, 98
Führungskräfte: Resultat- und Leistungsorientierung	F2, F3, F6, F7, F10, F13	89, 90, 93, 94, 97, 100
Führungskräfte: Coaching	F12, F14, F15, F16, F17, F19, F20, F22, F24, F25	99, 101, 102, 103, 104, 106, 107, 109, 111, 112
Führungskräfte: Soziale Unterstützung	F18, F21, F23	105, 108, 110

Invertierte / neg. gepolte Items: RB2, RB3, GK2, GK3, GK4, GK5, BE1, BE7, BE8, BE9, AWB1, AWB2, AWB3, AWB4, AWB5, GV2, NUGT, NUBS, NUNR, NUMC, NURF, NUGS, NUKK, NUJF, NUFS, NUFG, NU_WOHLBF, NU_GF

Literaturverzeichnis

Adli, Mazda (2012): Stress und Burn-Out: Symptome und Ursachen erkennen, Strategie entwickeln. Tagung Gesundheitsmanagement. HRM Forum. Berlin, 08.02.2012.

Allmendinger, Jutta (2013): Verschenkte Potentiale. Frauen zwischen Beruf und Familie. In: *Personalführung* (4), S. 32–36.

Amelang, Manfred; Bartussek, Dieter (2001): Differentielle Psychologie und Persönlichkeitsforschung. 5. Auflage. Stuttgart: Kohlhammer.

Amelang, Manfred; Schmidt-Rathjens, Claudia (2003): Persönlichkeit, Krebs und koronare Herzerkrankungen: Fiktionen und Fakten in der Ätiologieforschung. In: *Psychologische Rundschau* (54 (1)), S. 12–23.

Amelang, Manfred; Zielinski, Werner (2002): Psychologische Diagnostik und Intervention. 3. Auflage // 3. Berlin, Heidelberg, New York: Springer.

Antonovsky, Aaron (1997): Salutogenese - Zur Entmystifizierung der Gesundheit. Tübingen: dgvt Verlag.

Apenburg, Eckhard; Dost, Jürgen (1985): Typ-A-Verhalten und Kompetitivität. Wuppertaler Psychologische Berichte. Bergische Universität Wuppertal, Wuppertal.

Argyris, Chris (1973): Intervention Theory and Method. 2. Aufl. Reading, MA: Addison-Wesley Publishing Company.

Armutat, Sascha (Hrsg.) (2009): Lebensereignisorientiertes Personalmanagement. Eine Antwort auf die demografische Herausforderung ; Grundlagen, Handlungshilfen, Praxisbeispiele. 1. Aufl. Bielefeld: Bertelsmann.

Atwater, David C.; Bass, Bernard M. (1990): Transformational Leadership in Teams. In: B. M. Bass und B. J. Aviolo (Hrsg.): Improving Organizational Effectiveness through Transformational Leadership: Sage Publications, S. 48–83.

Badura, A.; Ducki, A.; Schröder, H.; Klose, J.; Macco, K. (Hrsg.) (2011): Fehlzeitenreport 2011. Führung und Gesundheit - Zahlen, Daten, Analysen aus allen Branchen der Wirtschaft. Berlin, Heidelberg: Springer-Verlag Berlin Heidelberg.

Badura, B. (2000): Evaluation und Qualitätsentwicklung betrieblichen Gesundheitsmanagements. In: B. Badura, M. Litsch und C. Vetter (Hrsg.): Fehlzeiten-Report 2000. Zukünftige Arbeitswelten: Gesundheitsschutz und Gesundheitsmanagement. Berlin, Heidelberg, New York, Tokio: Springer, S. 145–151.

Badura, B.; Litsch, M.; Vetter, C. (Hrsg.) (2000): Fehlzeiten-Report 2000. Zukünftige Arbeitswelten: Gesundheitsschutz und Gesundheitsmanagement. Berlin, Heidelberg, New York, Tokio: Springer.

Badura, B.; Schröder, H.; Klose, J.; Macco, K. (Hrsg.) (2010): Fehlzeiten-Report 2009. Arbeit und Psyche: Belastungen reduzieren - Wohlbefinden fördern. Berlin, Heidelberg, New York, Tokio: Springer.

Badura, Bernd (2010): Gesundheitspolitik: Für eine Kultur der Achtsamkeit für Gesundheit im Unternehmen. 9. BGF-Symposium: Psychische Erkrankungen - Betriebliche Ursachen und Maßnahmen. Institut für Betriebliche Gesundheitsförderung. Köln, 17.11.2010.

Bakker, Arnold B.; Albrecht, Simon L.; Leiter, Michael P. (2011): Key questions regarding work engagement. In: *European Journal of Work and Organizational Psychology* (20 (1)), S. 4–28.

Bandura, Albert (1976): Self-Efficacy: Toward a Unifying Theory of Behavioral Change. In: *Journal of Educational Psychology*, S. 191–215.

Barbuto, John E., jr.; Burbach, Mark E. (2006): The Emotional Intelligence of Transformational Leaders: A Field Study of Elected Officials. In: *The Journal of Social Psychology* (146(1)), S. 51–64.

Bass, Bernard M. (1990): Transformational Leadership and Team and Organizational Decision Making. a. In: B. M. Bass und B. J. Aviolo (Hrsg.): Improving Organizational Effectiveness through Transformational Leadership: Sage Publications, S. 104–120.

Bass, Bernhard M.; Aviolo, Bruce J. (1990): Introduction. In: B. M. Bass und B. J. Aviolo (Hrsg.): Improving Organizational Effectiveness through Transformational Leadership: Sage Publications, S. 1–9.

Becker, Peter (1984): Primäre Prävention. In: Lothar R. Schmidt und Peter Becker (Hrsg.): Lehrbuch der Klinischen Psychologie. 2. Aufl. Stuttgart: Enke (1), S. 355–389.

Becker-Carus, Christian (1981): Grundriss der Physiologischen Psychologie. Heidelberg: Quelle und Meyer.

Bengel, Jürgen; Jerusalem, Matthias (Hrsg.) (2009): Handbuch der Gesundheitspsychologie und Medizinischen Psychologie. Göttingen u. a.: Hogrefe Verlag GmbH & Co. KG (Handbuch der Psychologie, 12).

Bengel, Jürgen; Strittmatter, Regine; Willmann, Hildegard (2001): Was erhält Menschen gesund? Antonovskys Modell der Salutogenese - Diskussionsstand und Stellenwert. 2. Aufl. Köln: Bundeszentrale für gesundheitliche Aufklärung (Forschung und Praxis der Gesundheitsförderung, Band 6).

Benschop, Robert J.; Schedlowski, Manfred (1999): Acute Psychological Stress. In: Manfred Schedlowski und Uwe Tewes (Hrsg.): Psychoneuroimmunology: An interdisciplinary Introduction. New York: Kluwer Academic, S. 293–306.

Berger, Christoph (2012): Was der Leithirsch macht, sagt und denkt. Umbaumaßnahmen im "Haus der Arbeitsfähigkeit". In: *Personalführung* (12), S. 22–25.

Berry, Leonard L.; Mirabito, Ann M.; Braun, William B. (2011): Mein Mitarbeiter, mein Patient. In: *Harvard Business Manager*, S. 51–63.

Bertelsmann Stiftung; Deutsche Gesellschaft für Personalführung e.V. (Hrsg.) (2005): Cockpit Arbeitgeber-Attraktivität. 1. Aufl. Bielefeld: Bertelsmann.

Berthoin Antal, Ariane; Dierkes, Meinolf; Oppen, Maria (2008): Zur Zukunft der Wirtschaft in der Gesellschaft. Sozial verantwortliche Unternehmensführung als Experimentierfeld. In: Jürgen Kocka (Hrsg.): Zukunftsfähigkeit Deutschlands. Sozialwissenschaftliche Essays. Berlin: bpb Bundeszentrale für politische Bildung, S. 251–273.

Bono, Joyce E.; Jackson Foldes, Hannah; Vinson, Gregory; Muros, John P. (2007): Workplace Emotions: The Role of Supervision and Leadership. In: *Journal of Applied Psychology* (Vol. 92, No. 5), S. 1357–1367.

Bortz, Jürgen; Schuster, Christof (2010): Statistik für Human- und Sozialwissenschaftler. 7. Auflage. Berlin, Heidelberg: Springer.

Braun, Martin (2013): Die Bedeutung des Bewegungsaspektes am Arbeitsplatz. Relevante Faktoren für eine gesundheitsförderliche Gestaltung von Büro- und Industriearbeit. In: Julia K. Schröder und Andreas Schmidt (Hrsg.): Das bewegte Unternehmen. Mit körperlicher Aktivität zu mehr Arbeitszufriedenheit und Wohlbefinden. Köln: BGF Institut für Betriebliche Gesundheitsförderung (Themenband XI), S. 59–73.

Brosius, Felix (2011): SPSS 19. Heidelberg, München, Landsberg, Frechen, Hamburg: mitp.

Brouwer, Sandra; Reneman, Michiel F.; Bültmann, Ute; van der Klink, Jac J. L.; Groothoff, Johan W. (2010): A Prospective Study of Return to Work Across Health Conditions: Perceived Work Attitude, Self-efficacy and Perceived Social Support. In: *Journal of Occupational Rehabilitation* (20), S. 104–112.

Browner, C. H. (1987): Job Stress and Health: The Role of Social Support at Work. In: *Research in Nursing & Health* (10), S. 93–100.

Bruggemann, A.; Groskurth, P.; Ulich, E. (1975): Arbeitszufriedenheit. Bern: H. Huber .

Buck, Hartmut (2004): Notwendigkeit eines Miteinanders der Generationen. Alternde Belegschaften und betriebliche Handlungsoptionen. In: DGFP e.V. (Hrsg.): Personalentwicklung für ältere Mitarbeiter. Grundlagen, Handlungshilfen, Praxisbeispiele. 1. Aufl. Bielefeld: Bertelsmann, S. 11–18.

Bühner, Markus (2006): Einführung in die Test- und Fragebogenkonstruktion. 2., aktualisierte Auflage. München, Boston, San Francisco u. a.: Pearson Education.

Bühner, Markus; Ziegler, Matthias (2012): Statistik für Psychologen und Sozialwissenschaftler. 3. Aufl. München: Pearson Studium.

Busch, Jürgen; Flüter-Hoffmann, Christiane (2009): Demografischer Wandel und veränderte Altersstrukturen im Unternehmen. In: Sascha Armutat (Hrsg.): Lebensereignisorientiertes Personalmanagement. Eine Antwort auf die demografische Herausforderung; Grundlagen, Handlungshilfen, Praxisbeispiele. 1. Aufl. Bielefeld: Bertelsmann, S. 15–28.

Cancelliere, Carol; Cassidy, David J.; Ammendolia, Carlo; Côte, Pierre (2011): Are workplace health promotion programs effective at improving presenteeism in workers? A systematic review and best evidence synthesis of the literature. Hrsg. v. BMC Public Health (11:395). Online verfügbar unter http://www.biomedcentral.com/1471-2458/11/395.

Comer, Ronald J. (2008): Klinische Psychologie. 6. Auflage. Heidelberg: Spektrum.

Cox, Tom; Griffiths, Amanda (2010): Work-Related Stress. In: Stavroula Leka und Jonathan Houdmont (Hrsg.): Occupational Health Psychology. Chichester, UK ; Malden, Mass.: Wiley-Blackwell, S. 31–56.

Crampton, Suzanne M.; Wagner III, John A. (1994): Percept-Percept Inflation in Microorganizational Research: An Investigation of Prevalence and Effect. In: *Journal of Applied Psychology* (Vol. 79, No. 1), S. 67–76.

Crawford, Eean R.; LePine, Jeffery A.; Rich, Bruce Louis (2010): Linking Job Demands and Resources to Employee Engagement and Burnout: A Theoretical Extension and Meta-Analytic Test. In: *Journal of Applied Psychology* (95(5)), S. 834–848.

Csikszentmihaly, Mihaly (1997): Finding Flow. The Psychology of Engagement with Everyday Life. New York: Basic Books.

de Lange, Annet H.; Taris, Toon W.; Kompier, Michiel A.J.; Houtman, Irene L.D. (2003): The Very Best of the Millennium: Longitudinal Research and the Demand-Control.(Support) Model. In: *Journal of Occupational Health Psychology* (Vol. 8, No. 4), S. 282–305.

Dellve, Lotta; Skagert, Katrin; Vilhelsson, Rebecka (2007): Leadership in Workplace Health Promotion Projects: 1- and 2-year effects on long-term work attendance. In: *The European Journal of Public Health* (17 (5)), S. 471–476.

De Longis, Anita; Folkman, Susan; Lazarus, Richard S. (1984): The impact of daily stress on health and mood: Psychological and social resources as mediators. Journal of Personality and Social Psychology 54 (3), S. 486-495

Dembroski, T. M.; MacDougall, J. M.; Buell, J. C.; Eliot, R. S. (1981): Type A, Stress, and Autonomic Reactivity: Considerations for a Study of these Factors in the Work Place. In: Johannes Siegrist und Max. J. Halhuber (Hrsg.): Myocardial Infarction and Psychosocial Risks. Berlin, Heidelberg, New York: Springer, S. 89–106.

DGFP e.V. (Hrsg.) (2004): Personalentwicklung für ältere Mitarbeiter. Grundlagen, Handlungshilfen, Praxisbeispiele. 1. Aufl. Bielefeld: Bertelsmann.

Dost, Jürgen (1986): Empirische Überprüfung eines Modells der Arbeitsmotivation am Beispiel einer rechnergestützten Textverarbeitung. Unveröffentlichte Diplomarbeit. Bergische Universität Wuppertal, Wuppertal. Arbeits- & Organisationspsychologie im Fach Psychologie.

Dost, Jürgen (2008): Personalmanagement in der Hotellerie. Von der Personalverwaltung zum internen Marketing am Beispiel der Lindner Hotels AG. In: Marco A. Gardini (Hrsg.): Marketing-Management in der Hotellerie. 2. Aufl. München: Oldenbourg, S. 557–565.

Ducki; Jenewein; Knoblich (1998): Gesundheitszirkel - ein Instrument der Organisationsentwicklung. In: E. Bamberg, A. Ducki und A. M. Metz (Hrsg.): Handbuch betriebliche Gesundheitsförderung. Arbeits- und organisationspsychologische Methoden und Konzepte. Göttingen: Verlag für Angewandte Psychologie, S. 267–282.

Edwards, Jeffrey A.; Caplan, Robert D.; Van Harrisson, R. (1998): Person-Environment Fit Theory: Conceptual Foundations, Empirical Evidence, and Directions for Future Research. In: Cary L. Cooper (Hrsg.): Theories of Organizational Stress. Oxford: Oxford University Press, S. 28–67.

Elke, Gabriele; Zimolong, Bernhard (2001): Erfolg im Arbeits- und Gesundheitsschutz durch ein ganzheitliches Management (GAMAGS). In: Bernhard Badura und Christoph Acker (Hrsg.): Zukünftige Arbeitswelten: Gesundheitsschutz und Gesundheitsmanagement. Berlin: Springer (Fehlzeiten-Report, 2000), S. 114–128.

Eriksson, Andrea; Jansson, Bjarne; Haglund, Bo J. A.; Axelsson, Runo (2008): Leadership, organization and health at work: a case study of a Swedish industrial company. In: *Oxford Journals Medicine Health Promotion International* (23 (2)), S. 127–133.

Eschenbeck, Heike (2009): Positive und negative Affektivität. In: Jürgen Bengel und Matthias Jerusalem (Hrsg.): Handbuch der Gesundheitspsychologie und Medizinischen Psychologie. Göttingen u. a.: Hogrefe Verlag GmbH & Co. KG (Handbuch der Psychologie, 12), S. 86–91.

Faltermaier, Toni (2005): Gesundheitspsychologie. Stuttgart: Kohlhammer (Grundriss der Psychologie, 21).

Felfe, J.; Goihl: Deutsche überarbeitete und ergänzte Version des "Multifactor Leadership Questionnaire" (MLQ) von Bass und Aviolo. In: Frey und Irle (Hrsg.): Theorie der Sozialpsychologie 2.

Felfe, Jörg (2006): Validierung einer deutschen Version des "Multifactor Leadership Questionnaire" (MLQ Form 5 x Short) von Bass und Aviolo (1995). In: *Zeitschrift für Arbeits- und Organisationspsychologie* (50 (N.F. 24) 2), S. 61–78.

Fischer, Joachim (2012): Betriebliches Gesundheitsmanagement als Teil einer nachhaltigen Unternehmensstrategie. Warum Führungskräfte für die Gesundheit wichtiger sind als der Arzt. Tagung Gesundheitsmanagement. HRM Forum. Berlin, 08.02.2012.

Fischer-Epe, Maren (2012): Führen und coachen in der Praxis. Was Vorgesetzte über Coaching wissen sollten. In: *Personalführung* (12).

Fittkau-Garthe, H.; Fittkau, B. (1971): Fragebogen zur Vorgesetzten-Verhaltens-Beurteilung (FVVB). Göttingen: Hogrefe Verl. für Psychologie.

Frick, Kaj; Zwetsloot, Gerard (2007): From safety management to corporate citizenship: An overview of approaches to managing health. In: Ulf Johanson (Hrsg.): Work Health and Management Control. Stockholm: Thomson Fakta, S. 99–134.

Fried, Yitzhak; Ferris, Gerald R. (1987): The Validity of the Job Characteristics Model: A Review and Meta-Analysis. In: *Personnel Psychology* (40), S. 287–322.

Friederichs, Peter (2004a): Die Human-Capital-Bewegung. Von der Vision zur politischen Umsetzung. In: Martina Dürndorfer und Peter Friederichs (Hrsg.): Human Capital Leadership. Strategien und Instrumente zur Wertsteigerung der wichtigsten Ressource von Unternehmen. Hamburg: Murmann Verlag GmbH, S. 27–43.

Friederichs, Peter (2004b): Nutzen für Unternehmen und Mitarbeiter - Das Humankapital der Generation 40+ messbar machen! In: DGFP e.V. (Hrsg.): Personalentwicklung für ältere Mitarbeiter. Grundlagen, Handlungshilfen, Praxisbeispiele. 1. Aufl. Bielefeld: Bertelsmann, S. 19–30.

Friederichs, Peter; Sattler, Andreas (2004): Der Employee-Value-Index (E.V.I.). Wie kann man die Personalführungsleistung von Managern beurteilen, fördern und messen? In: Martina Dürndorfer und Peter Friederichs (Hrsg.): Human Capital Leadership. Strategien und Instrumente zur Wertsteigerung der wichtigsten Ressource von Unternehmen. Hamburg: Murmann Verlag GmbH, S. 443–465.

Friedman, M.; Rosenman, R. H. (1975): Der A-Typ und der B-Typ. Reinbek: Rowohlt.

Froböse, Ingo; Frick, Fabienne (2013): Besser wenig als gar nicht. Wie Sie mit geringem Einsatz die Gesundheit Ihrer Mitarbeiter effektiv fördern können. In: Julia K. Schröder und Andreas Schmidt (Hrsg.): Das bewegte Unternehmen. Mit körperlicher Aktivität zu mehr Arbeitszufriedenheit und Wohlbefinden. Köln: BGF Institut für Betriebliche Gesundheitsförderung (Themenband XI), S. 39–46.

Gebert, Diether; Rosenstiel, Lutz von (1981): Organisationspsychologie. Person und Organisation. Stuttgart: W. Kohlhammer.

Gerlmaier, A. (2011): Nachhaltige Burnout-Prävention in der Wissensökonomie - das Konzept "In-Balance". In: Michael Kastner und Rolf Otte (Hrsg.): Empirische Ergebnisse und Zukunftsaspekte im betrieblichen Gesundheitsmanagement. Lengerich: Pabst Science Publishers, S. 93–109.

Gerlmaier, A.; Kastner, M. (2000): Auswirkungen betrieblicher Restrukturierungen auf die Gewährleistung von Sicherheit und Gesundheit. In: B. Badura, M. Litsch und C. Vetter (Hrsg.): Fehlzeiten-Report 2000. Zukünftige Arbeitswelten: Gesundheitsschutz und Gesundheitsmanagement. Berlin, Heidelberg, New York, Tokio: Springer, S. 89–101.

Gerlmaier, Anja (2005): Projektarbeit - terra incognita für den Arbeits- und Gesundheitsschutz? (WSI Mitteilungen, 9/2005). Online verfügbar unter http://www.boeckler.de/wsimit_2005_09_gerlmaier.pdf.

Glass, D. C. (1981): Type A Behavior: Mechanisms Linking Behavioral and Pathophysiologic Processes. In: Johannes Siegrist und Max. J. Halhuber (Hrsg.): Myocardial Infarction and Psychosocial Risks. Berlin, Heidelberg, New York: Springer, S. 77–88.

Graen, George B. (1976): Role-Making Processes within Complex Organizations. In: Marvin D. Dunnette (Hrsg.): Handbook of Industrial and Organizational Psychology. Chicago: Rand McNally, S. 1201–1245.

Graen, George B.; Scandura, Terri A. (1987): Theorie der Führungsdyaden. a. In: Alfred Kieser, Gerhard Reber und Rolf Wunderer (Hrsg.): Handwörterbuch der Führung. Stuttgart: Poeschel (10), S. 378–389.

Graen, George B.; Scandura, Terri A. (1987): Towards a Psychology of Dyadic Organizing. In: *Research in Organizational Behavior* (9), S. 175–208.

Graen, George B.; Uhl-Bien, Mary (1995): Führungstheorien, von Dyaden zu Teams. In: Alfred Kieser, Gerhard Reber und Rolf Wunderer (Hrsg.): Handwörterbuch der Führung. 2., neu gestaltete und ergänzte Auflage. Stuttgart: Poeschel (Bd. 10), S. 1046–1058.

Graen, George B.; Zalesny, Mary (1987): Führungstheorien - Austauschtheorien. In: Alfred Kieser, Gerhard Reber und Rolf Wunderer (Hrsg.): Handwörterbuch der Führung. Stuttgart: Poeschel (10), S. 714–727.

Grebner, Simone; Elfering, Achim; Semmer, Norbert K.; Kaiser-Probst, Claudia; Schlapbach, Marie-Louise (2004): Stressful Situations at Work and in Private Life among Young Workers: An Event-Sampling Approach. In: *Social Indicators Research* (67), S. 11–49.

Grebner, Simone; Semmer, Norbert K.; Elfering, Achim (2005): Working Conditions and Three Types of Well-Being: A Longitudinal Study With Self-Report and Rating Data. In: *Journal of Occupational Health Psychology* (10 (1)), S. 31–43.

Gregersen, S.; Kuhnert, S.; Zimber, A.; Nienhaus, A. (2011): Führungsverhalten und Gesundheit - Zum Stand der Forschung. In: *Gesundheitswesen* (73: 1-2), S. 3–12.

Gregersen, S.; Zimber, A.; Kuhnert, S.; Nienhaus, A. (2010): Betriebliche Gesundheitsförderung durch Personalentwicklung Teil II: Praxistransfer eines Qualifizierungsprogramms zur Prävention psychischer Belastungen. In: *Gesundheitswesen* (72), S. 216–221.

Greiner, Birgit A. (1998): Der Gesundheitsbegriff. In: Eva Bamberg, Antje Ducki und Anna-Marie Metz (Hrsg.): Handbuch Betriebliche Gesundheitsförderung. Göttingen, Bern, Toronto, Seattle: Hogrefe Verl. für Psychologie, S. 39–55.

Gröning, Wolfgang (2006): Sicherheitsbeauftragte im Betrieb. Online verfügbar unter http://www.bgw-online.de/SharedDocs/Downloads/DE/Medientypen/bgw-themen/TP-SiB-Sicherheitsbeauftragte-im-Betrieb_Download.pdf?__blob=publicationFile.

Gunkel, L.; Grofmeyer, E.; Resch-Becke, G. (2011): Handlungsfelder und Interventionen zur Entwicklung gesundheitsrelevanter Führungskompetenz in der betrieblichen Praxis. In: A. Badura, A. Ducki, H. Schröder, J. Klose und K. Macco (Hrsg.): Fehlzeitenreport 2011. Führung und Gesundheit - Zahlen, Daten, Analysen aus allen Branchen der Wirtschaft. Berlin, Heidelberg: Springer-Verlag Berlin Heidelberg, S. 121–134.

Gunkel, Ludwig (2004): Die gesundheitsfördernde Gestaltung von Führungshandeln im Betrieb. In: Rolf Busch und AOK Berlin (Hrsg.): Unternehmensziel Gesundheit. Betriebliches Gesundheitsmanagement in der Praxis - Bilanz und Perspektiven. München und Mering, S. 104–134.

Hacker, Winfried (1998): Die Bedeutung der Allgemeinen Psychologie für die Gesundheitsförderung. In: Eva Bamberg, Antje Ducki und Anna-Marie Metz (Hrsg.): Handbuch Betriebliche Gesundheitsförderung. Göttingen, Bern, Toronto, Seattle: Hogrefe Verl. für Psychologie, S. 57–74.

Hackman, J. R.; Oldham, G. R. (1975): Development of the Job Diagnostic Survey. In: *Journal of Applied Psychology* (60), S. 159–170.

Hackman, J. R.; Oldham, G. R. (1980): Work Redesign. Reading, MA: Addison-Wesley Publishing Company.

Halbesleben, Jonathon R.B. (2010): A meta-analysis of work engagement: Relationships with burnout, demands, resources, and consequences. In: Arnold B. Bakker und Michael P. Leiter (Hrsg.): Work Engagement - A Handbook of Essential Theory and Research. Hove u. a.: Psychology Press, S. 102–117.

Harris, James R. (1995): An Examination of the Transaction Approach in Occupational Stress Research. In: Rick Crandall und Pamela L. Perrewé (Hrsg.): Occupational Stress. A Handbook. Washington, D.C.: Taylor & Francis, S. 21–28.

Hartlapp, Miriam; Schmid, Günther (2008): Arbeitsmarktpolitik für aktives Altern. Zur Zukunftsfähigkeit Deutschlands im Licht europäischer Erfahrungen. In: Jürgen Kocka (Hrsg.): Zukunftsfähigkeit Deutschlands. Sozialwissenschaftliche Essays. Berlin: bpb Bundeszentrale für politische Bildung, S. 133–154.

Hays, William L. (1980): Statistics for the social sciences. 2nd edition. London, New York, Sydney, Toronto: Holt, Rinehart and Winston.

Heckhausen, Heinz (1989): Motivation und Handeln. Mit 52 Tabellen. 2. Aufl. Berlin <West> [u.a.]: Springer.

Hedge, Jerry W.; Borman, Walter C.; Lammlein, Steven E. (2002): The Aging Workforce. Realities, Myths, and Implications for Organizations. Washington, D.C.: American Psychological Association.

Hennig, Jürgen (1998): Psychoneuroimmunologie. Göttingen, Bern, Toronto, Seattle: Hogrefe Verl. für Psychologie (Gesundheitspsychologie, 9).

Hohmann, Cynthia; Schwarzer, Ralf (2009): Selbstwirksamkeitserwartung. In: Jürgen Bengel und Matthias Jerusalem (Hrsg.): Handbuch der Gesundheitspsychologie und Medizinischen Psychologie. Göttingen u. a.: Hogrefe Verlag GmbH & Co. KG (Handbuch der Psychologie, 12), S. 61–67.

Holmes; Rahe (1967): The Social Readjustment Rating Scale. Journal of Psychosomatic Research 11 (2), S. 213-218

Houdmont, Jonathan; Leka, Stavroula (2010): An Introduction to Occupational Health Psychology. In: Stavroula Leka und Jonathan Houdmont (Hrsg.): Occupational Health Psychology. Chichester, UK ; Malden, Mass.: Wiley-Blackwell, S. 1–30.

Hoyer, Jürgen; Herzberg, Philipp Yorck (2009): Optimismus. In: Jürgen Bengel und Matthias Jerusalem (Hrsg.): Handbuch der Gesundheitspsychologie und Medizinischen Psychologie. Göttingen u. a.: Hogrefe Verlag GmbH & Co. KG (Handbuch der Psychologie, 12), S. 68–73.

Inceoglu, Ilke; Warr, Peter (2012): Personality and Job Engagement (to appear in: Journal of Personnel Psychology 2012). Sheffield. Internet.

Jerusalem, Matthias; Schwarzer, Ralf (2013): Allgemeine Selbstwirksamkeitserwartung (SWE). Beschreibung der psychometrischen Skala. Freie Universität Berlin. Online verfügbar unter http://userpage.fu-berlin.de/~health/germscal.htm.

Johnson, Jeffrey V.; Hall, Ellen M. (1988): Job Strain, Work Place Social Support, and Cardiovascular Disease: A Cross-Sectional Study of a Random Sample of the Swedish Work Population. In: *American Journal of Public Health* (78), S. 1336–1342.

Judge, Timothy A.; Woolf, Erin Fluegge; Hurst, Charlice; Livingston, Beth (2006): Charismatic and Transformational Leadership. A Review and an Agenda for Future Research. In: *Zeitschrift für Arbeits- und Organisationspsychologie* 2006 (50 (N.F. 24) 4), S. 203–214.

Jürgens, Ulrich; Krzywdinski, Martin (2008): Zur Zukunftsfähigkeit des deutschen Produktionsmodells. In: Jürgen Kocka (Hrsg.): Zukunftsfähigkeit Deutschlands. Sozialwissenschaftliche Essays. Berlin: bpb Bundeszentrale für politische Bildung, S. 179–203.

Kaluza, Gert; Renneberg, Babette (2009): Stressbewältigung. In: Jürgen Bengel und Matthias Jerusalem (Hrsg.): Handbuch der Gesundheitspsychologie und Medizinischen Psychologie. Göttingen u. a.: Hogrefe Verlag GmbH & Co. KG (Handbuch der Psychologie, 12), S. 265–272.

Karasek, Robert; Brisson, Chantal; Kawakami, Norito; Houtman, Irene; Bongers, Paulien; Amick, Benjamin (1998): The Job Content Questionnaire (JCQ): An instrument for internationally comparative assessments of psychosocial job characteristics. In: *Journal of Occupational Health Psychology* 3 (4), S. 322–355.

Karasek, Robert; Theorell, Töres (1990): Healthy Work. Stress, Productivity, and the Reconstruction of Working Life: Basic Books.

Kastner, Michael (2010a): Führung und Gesundheit im Kontext eines ganzheitlichen, integrativen, nachhaltigen und systemverträglichen Leistungs- und Gesundheitsmanagement. In: Kastner (Hrsg.): Leistungs- und Gesundheitsmanagement – psychische Belastung und Altern, inhaltliche und ökonomische Evaluation. Lengerich u. a.: Pabst, S. 82–134.

Kastner, Michael (2010b): Leistung und Gesundheitsmanagement - Die individuelle Ebene. In: Kastner (Hrsg.): Leistungs- und Gesundheitsmanagement – psychische Belastung und Altern, inhaltliche und ökonomische Evaluation. Lengerich u. a.: Pabst, S. 285–323.

Kastner, Michael (Hrsg.) (1998): Verhaltensorientierte Prozessoptimierung. Tagungsband zum 4. Dortmunder Personalforum. Dortmunder Personalforum 4, 1997, Dortmund. Herdecke: Maori Verlag.

Kastner, Michael (1999): Syn-Egoismus. Nachhaltiger Erfolg durch soziale Kompetenz. Freiburg i. Br.: Herder.

Kastner, Michael (2011): Führung und Gesundheit als Produktivitätstreiber. In: Michael Kastner und Rolf Otte (Hrsg.): Empirische Ergebnisse und Zukunftsaspekte im betrieblichen Gesundheitsmanagement. Lengerich: Pabst Science Publishers, S. 11–19.

Kastner, Michael (2012a): Führung und Gesundheit. Seminarreihe Führung und Gesundheit. Wilkinson Sword GmbH. Heiligenhaus, Februar 2012.

Kastner, Michael (2012b): Erholungszeit - eine unterschätzte Ressource im betrieblichen Alltag. In: Julia Schröder und Andreas Schmidt (Hrsg.): Den Akku wieder aufladen. Regenerationsfähigkeit in der Arbeitswelt von morgen: BGF Institut für Betriebliche Gesundheitsförderung (10. BGF-Symposium - Themenband X), S. 49–54.

Kastner, Michael (im Druck): Demografie-, Diversity- und Innovationsmanagement im Kontext des Leistungs- und Gesundheitsmanagements.

Kastner, Michael; Otte, Rolf (Hrsg.) (2011): Empirische Ergebnisse und Zukunfsaspekte im betrieblichen Gesundheitsmanagement. Lengerich: Pabst Science Publishers.

Kaufmann, Franz-Xaver (2005): Schrumpfende Gesellschaft. Vom Bevölkerungsrückgang und seinen Folgen. Frankfurt am Main: Suhrkamp Verlag (Schriftenreihe der Bundeszentrale für politische Bildung, 508).

Kjaerheim, Kristina; Haldorsen, Tor; Andersen, Aage (1997): Work-related stress, coping resources, and heavy drinking in the restaurant business. In: *Work & Stress* (11, No. 1), S. 6–16.

Klauer, Thomas (2009): Soziale Unterstützung. In: Jürgen Bengel und Matthias Jerusalem (Hrsg.): Handbuch der Gesundheitspsychologie und Medizinischen Psychologie. Göttingen u. a.: Hogrefe Verlag GmbH & Co. KG (Handbuch der Psychologie, 12), S. 80–85.

Kleinbeck, Uwe; Schmidt, Klaus-Helmut; Rutenfranz, J. (1982): Motivationspsychologische Untersuchungen zur Arbeitsgestaltung - Ein Feldexperiment. In: *Zeitschrift für experimentelle und angewandte Psychologie* (24 (3)), S. 442–472.

Kocka, Jürgen (Hrsg.) (2008): Zukunftsfähigkeit Deutschlands. Sozialwissenschaftliche Essays. Berlin: bpb Bundeszentrale für politische Bildung.

Kornitzer, M.; Kittel, F.; De Backer, G.; Dramaix, M.; Sobolski, J.; Degré, S. (1981): Work Load and Coronary Heart Desease. In: Johannes Siegrist und Max. J. Halhuber (Hrsg.): Myocardial Infarction and Psychosocial Risks. Berlin, Heidelberg, New York: Springer, S. 18–40.

Krämer, Walter (2013): Die Angst der Woche. Warum wir uns vor den falschen Dingen fürchten. München: Piper.

Kreis, Julia; Bödeker, Wolfgang (2003): Gesundheitlicher und ökonomischer Nutzen betrieblicher Gesundheitsförderung und Prävention. Zusammenstellung der wissenschaftlichen Evidenz (Initiative Gesundheit und Arbeit - IGA-Report, 3).

Kremeskötter, Nils; Schmidt, Burkhard; Kastner, Michael (2010): Ökonomische Evaluation - ein Datenmodell zur Erfassung der Effekte und Wirkpfade von Personalauswahl, -entwicklung und betriebliches Gesundheitsförderung. In: Michael Kastner (Hrsg.): Leistungs- und Gesundheitsmanagement - psychische Belastung und Altern, inhaltliche und ökonomische Evaluation. Lengerich: Pabst Science Publishers, S. 230–242.

Kuhn, Joseph (2004): Die betriebliche Gesundheitsförderung zwischen konzeptioneller Erneuerung und praktischer Stagnation - einige Anmerkungen zum Stand der Dinge. In: Rolf Busch und AOK Berlin (Hrsg.): Unternehmensziel Gesundheit. Betriebliches Gesundheitsmanagement in der Praxis - Bilanz und Perspektiven. München und Mering, S. 51–58.

Kuhnert, Karl W. (1990): Developing People through Delegation. In: B. M. Bass und B. J. Avio-lo (Hrsg.): Improving Organizational Effectiveness through Transformational Leadership: Sage Publications, S. 10–25.

Kuoppala, Jaana; Lamminpää, Anne; Husman, Päivi (2008): Work Health Promotion, Job Well-Being, and Sickness Absences - A Systematic Review and Meta-Analysis. In: *Journal of Occupational and environmental medicine* 50 (11), S. 1216–1227.

Landesverband Rheinland (2011): Schichtwechsel. Von der Kohlekrise zum Strukturwandel ; Katalog zur Ausstellung im LWL-Industriemuseum, Zeche Hannover in Bochum, 3.7. - 30.10.2011. 1. Aufl. Essen: Klartext.

Langer, Wolfgang (Sommersemester 2002): Einführung in die Grundlagen der explorativen Pfadanalyse nach Wright. Internet: http://www.soziologie.uni-halle.de/langer/lisrel /skripten/pfadwright2.pdf.

Lazarus, Richard S. (1995): Psychological Stress in the Workplace. In: Rick Crandall und Pamela L. Perrewé (Hrsg.): Occupational Stress. A Handbook. Washington, D.C.: Taylor & Francis, S. 3–14.

Lazarus, Richard S.; Folkman, Susan (1984): Stress, Appraisal, and Coping. New York: Springer.

Lehnhardt, Uwe (2004): Präventionsbericht zeigt Stärken und Schwächen der BGF auf. In: Rolf Busch und AOK Berlin (Hrsg.): Unternehmensziel Gesundheit. Betriebliches Gesundheitsmanagement in der Praxis - Bilanz und Perspektiven. München und Mering, S. 44–49.

Leka, Stavroula; Cox, Tom (2010): Psychosocial Risk Management at the Workplace Level. In: Stavroula Leka und Jonathan Houdmont (Hrsg.): Occupational Health Psychology. Chichester, UK ; Malden, Mass.: Wiley-Blackwell, S. 124–156.

Lütz, Manfred (2011): Irre! Wir behandeln die Falschen, unser Problem sind die Normalen ; eine heitere Seelenkunde. 1. Aufl. München: Goldmann Verlag.

Malhotra, Rahul (2012): 2012 Trends in Global Employee Engagement. Hg. v. Aon Hewitt.

Marmot, Michael; Theorell, Tores; Siegrist, Johannes (2002): Work and coronary heart disease. In: Stansfeld und Marmot (Hrsg.): Stress and the Heart, S. 50–71.

Meichenbaum, Donald W.; Meichenbaum, Donald; Kutscher, Joachim (1979): Kognitive Verhaltensmodifikation. München, Wien, Baltimore: Urban & Schwarzenberg.

Meier, Laurenz L.; Semmer, Norbert K.; Elfering, Achim; Jacobshagen, Nicola (2008): The Double Meaning of Control: Three-Way Interactions Between Internal Resources, Job Control, and Stressors at Work. In: *Journal of Occupational Health Psychology* (13(3)), S. 24–258.

Montgomery, Hugh; Hemingway, Harry; Humphries, Steve (2002): Stress and gene-enviromnet interactions in coronary heart disease. In: Stephen A. Stansfeld und Michael G. Marmot (Hrsg.): Stress and the Heart. Psychosocial Pathways to Coronary Heart Disease. London: BMJ Books, S. 256–277.

Müller, Normann (2009): Akademikerausbildung in Deutschland: Blinde Flecken beim internationalen OECD-Vergleich. In: *Berufsbildung in Wissenschaft und Praxis* (38), S. 42-42.

Nefiodow, Leo A, (2006): Der sechste Kondratieff. Wege zur Produktiviät und Vollbeschäftigung im Zeitalter der Information. St. Augustin: Rhein-Sieg Verlag.

Nestmann, Frank (2007): Soziale Unterstützung. In: Andreas Weber und Georg Hörmann (Hrsg.): Psychosoziale Gesundheit im Beruf. Mensch - Arbeitswelt - Gesellschaft. Stuttgart: Gentner Verlag, S. 265–274.

Neuberger, Oswald (2002): Führen und führen lassen. 6. völlig neu bearb. und erw. Aufl. Stuttgart: Lucius & Lucius.

Noblet, Andrew; Rodwell, John; McWilliams, John (2006): Organizational change in the public sector: Augmenting the demand control model to predict employee outcomes under New Public Management. In: *Work & Stress* (20(4)), S. 335–352.

Nyberg, A; Alfredsson, L.; Theorell, T.; Westerlund, H.; Vahtera, J.; Kivimäki, M. (2009): Managerial Leadership and ischaemic heart disease among employees: the Swedish WOLF study. In: *Occupational and environmental medicine* (66 (9)), S. 51–55.

Nyberg, A.; Holmberg, I.; Bernin, P.; et al. (2011): Destructive managerial leadership and psychological well-being among employees in Swedish, Polish, and Italian hotels. In: *Work: A journal of prevention, assessment and rehabilitation* (39, 3), S. 267–281.

Oesterreich, Rainer (1998): Die Bedeutung arbeitspsychologischer Konzepte der Handlungsregulationstheorie für die betriebliche Gesundheitsförderung. In: Eva Bamberg, Antje Ducki und Anna-Marie Metz (Hrsg.): Handbuch Betriebliche Gesundheitsförderung. Göttingen, Bern, Toronto, Seattle: Hogrefe Verlag für Psychologie, S. 75–94.

Orth-Gomér (1981): Psychosocial Stress and CHD when Controlling for Traditional Risk Factors. In: Johannes Siegrist und Max. J. Halhuber (Hrsg.): Myocardial Infarction and Psychosocial Risks. Berlin, Heidelberg, New York: Springer, S. 65–70.

Orthmann, A.; Gunkel, L.; Schwab, K.; Grofmeyer, E. (2010): Psychische Belastungen reduzieren - Die Rolle der Führungskräfte. In: B. Badura, H. Schröder, J. Klose und K. Macco (Hrsg.): Fehlzeiten-Report 2009. Arbeit und Psyche: Belastungen reduzieren - Wohlbefinden fördern. Berlin, Heidelberg, New York, Tokio: Springer, S. 227–239.

Orthmann, A.; Otte, R. (2011): Ressourcen als Schlüssel für Führung und Gesundheit im Betrieb. In: Michael Kastner und Rolf Otte (Hrsg.): Empirische Ergebnisse und Zukunftsaspekte im betrieblichen Gesundheitsmanagement. Lengerich: Pabst Science Publishers, S. 20–92.

Pangert, B.; Schüpbach, H. (2011): Arbeitsbedingungen und Gesundheit von Führungskräften auf mittlerer und unterer Hierarchiestufe. In: A. Badura, A. Ducki, H. Schröder, J. Klose und K. Macco (Hrsg.): Fehlzeitenreport 2011. Führung und Gesundheit - Zahlen, Daten, Analysen aus allen Branchen der Wirtschaft. Berlin, Heidelberg: Springer-Verlag Berlin Heidelberg, S. 71–79.

Park, Gregory (2012): Burn-Out Prevention @ SAP. Tagung Gesundheitsmanagement. HRM Forum. Berlin, 08.02.2012.

Pelster, K. (2011): Führung und Gesundheit in klein- und mittelständischen Unternehmen. In: A. Badura, A. Ducki, H. Schröder, J. Klose und K. Macco (Hrsg.): Fehlzeitenreport 2011. Führung und Gesundheit - Zahlen, Daten, Analysen aus allen Branchen der Wirtschaft. Berlin, Heidelberg: Springer-Verlag Berlin Heidelberg, S. 97–102.

Peter, R.; Siegrist, J.; Hallqvist, J.; Reuterwall, C.; Theorell, T. (2002): Psychosocial work environment and myocardial infarction: improving risk estimation by combining two complementary job stress models in the SHEEP Study. In: *Journal of Epidemiology and Community Health* (56), S. 294–300.

Pfaff, Holger (1981): Arbeitsbelastungen, soziale Beziehungen und koronare Herzkrankheiten. In: Bernhard Badura (Hrsg.): Soziale Unterstützung und chronische Krankheit. Zum Stand sozialepidemiologischer Forschung. Frankfurt am Main: Suhrkamp Verlag, S. 120–167.

Pfaff, Holger (2010): Warum Sozialberufe häufiger psychisch erkranken. 9. BGF-Symposium: Psychische Erkrankungen - Betriebliche Ursachen und Maßnahmen. Institut für Betriebliche Gesundheitsförderung. Köln, 17.11.2010.

Phipps, Denham L.; Malley, Christine; Ashcroft, Darren M. (2012): Job Characteristics and Safety Climate: The Role of Effort-Reward and Demand-Control-Support Models. In: *Journal of Occupational Health Psychology* (17(3)), S. 279–289.

Plath, H.-E.; Richter, P. (1978): Der BMS (I) - Erfassungsbogen. Ein Verfahren zur skalierten Erfassung erlebter Beanspruchungsfolgen. In: *Probleme und Ergebnisse der Psychologie* (65), S. 45–85.

Pötzsch, Olga (2012): Geburten in Deutschland. Ausgabe 2012. Hg. v. Statistisches Bundesamt. Statistisches Bundesamt. Wiesbaden.

Priemuth, Katrin (2004): Fehlzeiten erfolgreich senken - ein Beitrag zur Steuerung des Humankapitals. In: Martina Dürndorfer und Peter Friederichs (Hrsg.): Human Capital Leadership. Strategien und Instrumente zur Wertsteigerung der wichtigsten Ressource von Unternehmen. Hamburg: Murmann Verlag GmbH, S. 546–559.

Renn, Robert W.; Swiercz, Paul M.; Icenogle, Marjorie L. (1993): Measurement Properties of the Revised Job Diagnostic Survey: More Promising News from the Public Sector. In: *Educational and Psychological Measurement* (53), S. 1011–1021.

Renneberg, Babette; Erken, Jana; Kaluza, Gert (2009): Stress. In: Jürgen Bengel und Matthias Jerusalem (Hrsg.): Handbuch der Gesundheitspsychologie und Medizinischen Psychologie. Göttingen u. a.: Hogrefe Verlag GmbH & Co. KG (Handbuch der Psychologie, 12), S. 139–146.

Rheinberg, Falko; Vollmeyer, Regina (2012): Motivation. 8. aktualisierte Auflage. Stuttgart: Kohlhammer (Grundriss der Psychologie, Band 6).

Rhoades, Linda; Eisenberger, Robert (2002): Perceived Organizational Support: A Review of the Literature. In: *Journal of Applied Psychology* (87), S. 698–714.

Rich, Bruce Louis; Lepine, Jeffrey A.; Crawford, Eean R. (2010): Job Engagement: Antecedents and Effects on Job Performance. In: *Academy of Management Journal* (Vol. 53, No. 3), S. 617–635.

Rogge, Klaus-Eckart (1981): Physiologische Psychologie. München, Wien & Baltimore: Urban & Schwarzenberg.

Scandura, Terry A.; Graen, George B. (1986): When Managers decide not to decide autocratically: An investigation of Leader-Member-Exchange and decision influence. In: *Journal of Applied Psychology* (71 (4)), S. 579–584.

Schandry, Rainer (1981): Psychophysiologie. Körperliche Indikatoren menschlichen Verhaltens. München, Wien & Baltimore: Urban & Schwarzenberg.

Schaufeli, Wilmar B.; Salanova, Marisa; Gonzále-Romá, Vicente; Bakker, Arnold B. (2002): The Measurement of Engagement and Burnout: A Two Sample Confirmatory Factor Analytic Approach. In: *Journal of Happiness Studies* (3), S. 71–92.

Schedlowski, Manfred; Tewes, Uwe (Hrsg.) (1999): Psychoneuroimmunology: An interdisciplinary Introduction. New York: Kluwer Academic.

Schermuly, Carsten Christoph; Meyer, Bertolt; Dämmer, Lando (2013): Leader-Member Exchange and Innovative Behavior. The Mediating Role of Psychological Empowerment. In: *Journal of Personnel Psychology* (12(3)), S. 132–142.

Schmalt, Heinz-Dieter; Meyer, Wulf-Uwe (Hrsg.) (1976): Leistungsmotivation und Verhalten. 1. Aufl. Stuttgart: Klett.

Schmidt, B.; Kastner, M. (2011): Wie Leistung und Gesundheit strategisch zusammengeführt werden können - Ursache-Wirkungsbeziehungen im Leistungs- und Gesundheitsmanagement. In: Michael Kastner und Rolf Otte (Hrsg.): Empirische Ergebnisse und Zukunftsaspekte im betrieblichen Gesundheitsmanagement. Lengerich: Pabst Science Publishers, S. 110–143.

Schmidt, Burkhard (2011): Transformationale und transaktionale Führung als erfolgreicher Führungsstil für Leistung und Gesundheit? Eine kritische Überprüfung des "Full Range of Leadership"-Konzeptes für das betriebliche Gesundheitsmanagement. Online verfügbar unter https://eldorado.tu-dortmund.de/bitstream/2003/29392/1/Dissertation.pdf.

Schmidt, Klaus-H.; Kleinbeck, Uwe (1999): Job Diagnostic Survey (JDS - Deutsche Fassung). In: Heiner Dunckel (Hrsg.): Handbuch psychologischer Arbeitsanalyseverfahren. Zürich: vdf Hochschulverlag an der ETH (Mensch, Technik, Organisation, 14), S. 205–230.

Schmidt, Klaus-Helmut (1996): Wahrgenommenes Vorgesetztenverhalten, Fehlzeiten und Fluktuation. In: *Zeitschrift für Arbeits- und Organisationspsychologie* 40 ((N.F.14) 2), S. 54–62.

Schmidt, Klaus-Helmut; Kleinbeck, Uwe; Ottmann, W.; Seidel, B. (1986): Ein Verfahren zur Diagnose von Arbeitsinhalten: Der Job Diagnostic Survey (JDS). In: *Psychologie und Praxis - Zeitschrift für Arbeits- und Organisationspsychologie* (29 (N. F. 3)), S. 162–172.

Schmidt, Lothar R. (1984): Klinische Klassifikation: Systeme und Probleme. In: Lothar R. Schmidt (Hrsg.): Lehrbuch der Klinischen Psychologie. 2., neu bearbeitete und erweiterte Auflage. Stuttgart: Ferdinand Enke Verlag (Klinische Psychologie und Psychopathologie, Band 1), S. 82–99.

Schmidtke; Schmidtke, Heinz; Bernotat, Rainer (1993): Ergonomie. 3. Aufl. München [u.a.]: Hanser.

Schneider, Wolfgang (2010): Die Bedeutung psychischer und psychosomatischer Erkrankungen für die berufliche Leistungsfähigkeit. In: Michael Kastner (Hrsg.): Leistungs- und Gesundheitsmanagement - psychische Belastung und Altern, inhaltliche und ökonomische Evaluation. Lengerich: Pabst Science Publishers, S. 34–49.

Scholz, Christian; Stein, Volker (2006): Humankapital messen. In: *Personalführung* (1), S. 8–11.

Scholz, Christian; Stein, Volker; Bechtel, Roman (2006): Human Capital Management. 2. Aufl. München/Unterschleißheim: Wolters Kluwer.

Schönwälder, Karen (2008): Reformprojekt Integration. In: Jürgen Kocka (Hrsg.): Zukunftsfähigkeit Deutschlands. Sozialwissenschaftliche Essays. Berlin: bpb Bundeszentrale für politische Bildung, S. 315–334.

Schüpbach, Heinz; Krause, Andreas (2009): Arbeit und Arbeitslosigkeit, Mitarbeiterzufriedenheit und Burnout. In: Jürgen Bengel und Matthias Jerusalem (Hrsg.): Handbuch der Gesundheitspsychologie und Medizinischen Psychologie. Göttingen u. a.: Hogrefe Verlag GmbH & Co. KG (Handbuch der Psychologie, 12), S. 495–508.

Schüpbach, Heinz; Zölch, Martina (2009): Analyse und Bewertung von Arbeitssystemen und Arbeitstätigkeiten. In: Heinz Schuler (Hrsg.): Lehrbuch Organisationspsychologie, S. 197–220.

Schwarzer, Ralf; Scholz, Urte (2002): Is perceived Self-Efficacy a universal construct? Psychometric findings from 22 cultures. In: *European Journal of Psychological Assessment* (18 (3)), S. 242–251.

Seligman, Martin E. P.; Csikszentmihaly, Mihaly (2000): Positive Psychology. An Introduction. In: *American Psychologist* (55 (1)), S. 5–14.

Semmer, Norbert K.; Udris, Ivars (2007): Bedeutung und Wirkung von Arbeit. In: Heinz Schuler (Hrsg.): Lehrbuch Organisationspsychologie. 4., aktualisierte Auflage. Bern: Hans Huber, Hogrefe AG, S. 157–195.

Semmer, Norbert; Zapf, Dieter; Dunckel, Heiner (1999): Instrument zur stressbezogenen Tätigkeitsanalyse (ISTA). In: Heiner Dunckel (Hrsg.): Handbuch psychologischer Arbeitsanalyseverfahren. Zürich: vdf Hochschulverlag an der ETH (Mensch, Technik, Organisation, 14), S. 179–204.

Siegrist, J.; Dittmann, K.; Rittner, K.; Weber, I. (1981): Psychosocial Risk Constellations and First Myocardial Infarction. In: Johannes Siegrist und Max. J. Halhuber (Hrsg.): Myocardial Infarction and Psychosocial Risks. Berlin, Heidelberg, New York: Springer, S. 41–57.

Siegrist, Johannes: Gesellschaftliche Einflüsse auf Gesundheit und Krankheit - zur ethischen Dimension sozialer Ungleichheit. Internet http://www.studgen.uni-mainz.de / manuskripte /siegrist.pdf.

Siegrist, Johannes (1996): Soziale Krisen und Gesundheit. Eine Theorie der Gesundheitsförderung am Beispiel von Herz-Kreislauf-Risiken. Göttingen: Hogrefe Verl. für Psychologie (Reihe Gesundheitspsychologie, 5).

Siegrist, Johannes (2010): Neue wissenschaftliche Erkenntnisse zur Wiedereingliederung von an Depression erkrankten Beschäftigten. 9. BGF-Symposium: Psychische Erkrankungen - Betriebliche Ursachen und Maßnahmen. Institut für Betriebliche Gesundheitsförderung. Köln, 17.11.2010.

Siegrist, Johannes; Wege, Natalia; Pülhofer, Frank; Wahrendorf, Morten (2009): A short generic measure of work stress in the era of globalization: effort-reward imbalance. In: *International Archive of Occupational and Environmental Health* (82), S. 1005–1013.

Siegrist, Karin; Siegrist, Johannes (2010): Berufliche Wiedereingliederung von an Depression erkrankten Beschäftigten. Literaturüberblick und Experten-gestützte Empfehlungen. Düsseldorf.

Skakon, Janne; Nielsen, Karina; Borg, Vilhelm; Guzman, Jaime (2010): Are leaders' well-being, behaviours and style associated with the affective well-being of their employees? A systematic review of three decades of research. In: *Work & Stress* (24(2)), S. 107–139.

Slesina, W. (2000): Evaluation von Gesundheitszirkeln. In: B. Badura, M. Litsch und C. Vetter (Hrsg.): Fehlzeiten-Report 2000. Zukünftige Arbeitswelten: Gesundheitsschutz und Gesundheitsmanagement. Berlin, Heidelberg, New York, Tokio: Springer, S. 199–212.

Spector, P. E. (1986): Perceived Control by Employees: A Meta-Analysis of Studies Concerning Autonomy and Participation at Work. In: *Human Relations* 39 (11), S. 1005–1016.

Spieß, Erika; Stadler, Peter (2007): Gesundheitsförderliches Führen - Defizite erkennen und Fehlbelastungen der Mitarbeiter reduzieren. In: Andreas Weber und Georg Hörmann (Hrsg.): Psychosoziale Gesundheit im Beruf. Mensch - Arbeitswelt - Gesellschaft. Stuttgart: Gentner Verlag, S. 255–264.

Stansfeld, Stephen Alfred; Bosma, Hans; Hemingway, Harry; Marmot, Michael G. (1998): Psychosocial Work Characteristics and Social Support as Predictors of SF-36 Health Functioning: The Whitehall II Study. In: *Psychosomatic Medicine* (60), S. 247–255.

Stansfeld, Stephen; Candy, Bridget (2006): Psychosocial Work Environment and Mental health - A Meta-analytical Review. In: *Scandinavian Journal of Work and Environmental Health* (32(6, special issue)), S. 443–462.

Stansfeld, Stephen; Marmot, Michael (2002): Introduction. In: Stephen A. Stansfeld und Michael G. Marmot (Hrsg.): Stress and the Heart. Psychosocial Pathways to Coronary Heart Disease. London: BMJ Books, S. 1–4.

Tempel, Jürgen; Ilmarinen, Juhani; Giesert, Marianne (2013 // 2011): Arbeitsleben 2025. Das Haus der Arbeitsfähigkeit im Unternehmen bauen. 1. Aufl. Hamburg: VSA.

Tewes, Uwe (1999): Concepts in Psychology. In: Manfred Schedlowski und Uwe Tewes (Hrsg.): Psychoneuroimmunology: An interdisciplinary Introduction. New York: Kluwer Academic, S. 93–111.

Theorell, T. (1981): Life Events, Job Stress. and Coronary Heart Disease. In: Johannes Siegrist und Max. J. Halhuber (Hrsg.): Myocardial Infarction and Psychosocial Risks. Berlin, Heidelberg, New York: Springer, S. 1–17.

Theorell, Töres; Bernin, Peggy; Nyberg, Anna; Oxenstierna, Gabriel; Romanowska, Julia; Westerlund, Hugo (2010): Leadership and Employee Health - A Challenge in the Contemporary Workplace. In: J. Houdmont (Hrsg.): Global perspectives on research and practice, Bd. 1, S. 46–58.

Thiermann, Helge (2002): Tätigkeits-Bewertungssystem (TBS). In: Kanning, Holling, Uwe Peter Kanning und Heinz Holling (Hrsg.): Handbuch personaldiagnostischer Instrumente. Göttingen, Bern, Toronto, Seattle: Hogrefe Verl. für Psychologie; Hogrefe, S. 110–117.

Tuomi, Kaija; Ilmarinen, Juhani; Martikainen, Rami; Aalto, Lea; Klockars, Matti (1997): Aging, work, life-style and work ability among Finnish municipal workers in 1981 - 1992. In: *Scandinavian Journal of Work and Environmental Health* (23 (1)), S. 58–65.

Udris, Ivars; Rimann, Martin (1999): SAA und SALSA: Zwei Fragebögen zur subjektiven Arbeitsanalyse. In: Heiner Dunckel (Hrsg.): Handbuch psychologischer Arbeitsanalyseverfahren. Zürich: vdf Hochschulverlag an der ETH (Mensch, Technik, Organisation, 14), S. 397–419.

Ulich, Eberhard; Wülser, Marc (2009): Gesundheitsmanagement im Unternehmen. Arbeitspsychologische Perspektiven. 3. Auflage. Wiesbaden: Gabler.

van den Berg, T. I. J.; Elders, L. A. M.; de Zwart, B. C. H.; Burdorf, A. (2008): The effects of work-related and individual factors on the Work Ability Index: a systematic review. In: *Occupational and environmental medicine* (66), S. 211–220.

Van Dijkhuizen, N. (1981): Measurement and Impact of Organizational Stress. In: Johannes Siegrist und Max. J. Halhuber (Hrsg.). Myocardial Infarction and Psychosocial Risks. Berlin, Heidelberg, New York: Springer, S. 58–64.

Vincent, S. (2011): Gesundheits- und entwicklungsförderliches Führungsverhalten: ein Analyseinstrument. In: A. Badura, A. Ducki, H. Schröder, J. Klose und K. Macco (Hrsg.): Fehlzeitenreport 2011. Führung und Gesundheit - Zahlen, Daten, Analysen aus allen Branchen der Wirtschaft. Berlin, Heidelberg: Springer-Verlag Berlin Heidelberg, S. 49–60.

Vogt, Joachim; Kastner, Michael (1998): Mens sana in corpore sano. Prozessoptimierung durch Gesundheitsverhalten. In: Michael Kastner (Hrsg.): Verhaltensorientierte Prozessoptimierung. Tagungsband zum 4. Dortmunder Personalforum. Herdecke: Maori Verlag, S. 211–227.

von Dawans, Bernadette; Kirschbaum, Clemens; Heinrichs, Markus (2009): Körperliche Prozesse und Gesundheit. In: Jürgen Bengel und Matthias Jerusalem (Hrsg.): Handbuch der Gesundheitspsychologie und Medizinischen Psychologie. Göttingen u. a.: Hogrefe Verlag GmbH & Co. KG (Handbuch der Psychologie, 12), S. 15–33.

von dem Knesebeck, Olaf (2010): Psychosoziale Arbeitsbelastungen im Krankenhaus. 9. BGF-Symposium: Psychische Erkrankungen - Betriebliche Ursachen und Maßnahmen. Institut für Betriebliche Gesundheitsförderung. Köln, 17.11.2010.

Vroom, Victor H. (1976): Leadership. In: Marvin D. Dunnette (Hrsg.): Handbook of Industrial and Organizational Psychology. Chicago: Rand McNally, S. 1527–1551.

Wall, Toby D.; Clegg, Chris W. (1981): A longitudinal field study of work group redesign. In: *Journal of Occupational behaviour* (2), S. 31–49.

Wall, Toby D.; Clegg, Chris W.; Jackson, Paul R. (1978): An evaluation of the Job Characteristics Model. In: *Journal of Occupational Psychology* (51), S. 183–196.

Warr, Peter (1987): Work, Unemployment and Mental Health. Oxford: Clarendon Press.

Warr, Peter (1999): Well-being and the Workplace. In: D. Kahnemann und F. Diener (Hrsg.): Well-being: The Foundations of Hedonic Psychology. New York: Russell Sage Foundation, S. 392–412.

Warr, Peter (2007): Work, Happiness, and Unhappiness. New York, London: Lawrence Erlbaum Associates.

Warr, Peter (2010): What about the Workers? Institutsveröffentlichung. University of Sheffield, Sheffield. MRC/ESRC Social and Applied Psychology Unit/SOHP - Society for Occupational Health Psychology.

Warr, Peter; Inceoglu, Ilke (2012): Job Engagement, Job Satisfaction, and Contrasting Associations with Person-Job Fit. In: *Journal of Occupational Health Psychology*.

Weber, Max; Kaesler, Dirk (Hrsg.) (2010): Die protestantische Ethik und der Geist des Kapitalismus. Vollständige Ausgabe. 3. Aufl. München: C. H. Beck Verlag.

Wegge, Jürgen; von Rosenstiel, Lutz (2007): Führung. In: Heinz Schuler (Hrsg.): Lehrbuch Organisationspsychologie. 4., aktualisierte Auflage. Bern: Hans Huber, Hogrefe AG, S. 475–512.

Wehrle, Martin (2011): Ich arbeite in einem Irrenhaus. Vom ganz normalen Büroalltag ; [mit großem Irrenhaus-Test]. 2. Aufl. Berlin: Econ.

Weibler, Jürgen (1997): Unternehmenssteuerung durch charismatische Führungspersönlichkeiten? Anmerkungen zur gegenwärtigen Transformationsdebatte. In: *Zeitschrift für Führung & Organisation* (1), S. 27–32.

Wentura, Dirk (Sommersemester 2006): Mediator- und Pfadanalysen, Strukturgleichungsmodelle. Universität des Saarlandes, Saarbrücken. http://www.uni-saarland.de/fak5/excops/download/MV5www06.pdf.

Westerlund, Hugo; Nyberg, Anna; Bernin, Peggy; Hyde, Martin; Oxenstierna, Gabriel; Jäppinen, Paavo et al. (2010): Managerial leadership is associated with employee stress, health, and sickness absence independently of the demand-control-support model. In: *Work* (37), S. 71–79.

Westermeyer, Gerhard; Wohlfeil, Jens (2004): Zehn Jahre Betriebliche Gesundheitsförderung durch die AOK Berlin. State of the Art und Zukunftsweisendes. In: Rolf Busch und AOK Berlin (Hrsg.): Unternehmensziel Gesundheit. Betriebliches Gesundheitsmanagement in der Praxis - Bilanz und Perspektiven. München und Mering, S. 70–103.

Wieland, Rainer (2001): Belastungsdiagnostik und Beanspruchungsmanagement in neuen Arbeits- und Organisationsformen. In: Bernhard Badura und Christoph Acker (Hrsg.): Zukünftige Arbeitswelten: Gesundheitsschutz und Gesundheitsmanagement. Berlin: Springer (Fehlzeiten-Report, 2000), S. 34–47.

Wieland, Rainer; Hammes, Mike (2008): Gesundheitskompetenz als personale Ressource. In: K. Mozygemba, S. Mümken, U. Krause und et al. (Hrsg.): Nutzerorientierung - Ein Fremdwort in der Gesundheitssicherung? Bern: Huber-Verlag.

Wieland, Rainer; Winizuk, Sandra; Hammes, Mike (2009): Führung und Arbeitsgestaltung - Warum gute Führung allein nicht gesund macht. Manuskript für Zeitschrift *Arbeit*, 2009.

Wilson, Mark G.; DeJoy, David M.; Vandenberg, Robert J.; Richardson, Hettie A.; McGrath, Allison L. (2004): Work characteristics and employee health and well-being: Test of a model of healthy work organization. In: *Journal of Occupational and Organizational Psychology* (77), S. 565–588.

Wittig, Jarno; Fräbel-Simon, Peter (2013): Vom "Alteisen" zum Hoffnungsträger. Was HR tun kann, um ältere Mitarbeiter länger im Beruf zu halten. In: *Personalführung* (1), S. 38–42.

Wittig-Goetz, Ulla (2006): Gesundheitszirkel: Verschiedene Modelle. Online verfügbar unter http://www.ergo-online.de/site.aspx?url=html/gesundheitsvorsorge/betriebliche_gesund heitsfoerd/gesundheitszirkel_verschieden.htm.

Wöhe, Günter (1986): Einführung in die Allgemeine Betriebswirtschaftslehre. 16., überarbeitete Auflage. München: Verlag Franz Vahlen.

Yammarino, Francis J. (1990): Transformational Leadership at a Distance. In: B. M. Bass und B. J. Aviolo (Hrsg.): Improving Organizational Effectiveness through Transformational Leadership: Sage Publications, S. 26–47.

Zimber, A.; Gregersen, S.; Kuhnert, S.; Nienhaus, A. (2010): Betriebliche Gesundheitsförderung durch Personalentwicklung Teil I: Entwicklung und Evaluation eines Qualifizierungsprogramms zur Prävention psychischer Belastungen. In: *Gesundheitswesen* (72), S. 29–215.

Zimmerman, Ryan D. (2008): Understanding the impact of personality traits on individuals' turnover decisions: A meta-analytic path model. In: *Personnel Psychology* (Vol 61(2)), S. 309–348.

Zink, Christoph (1990): Pschyrembel Klinisches Wörterbuch. Mit klinischen Syndromen und Nomina Anatomica. 256. Aufl. Berlin ; New York: De Gruyter.

Zok, K. (2011): Führungsverhalten und Auswirkungen auf die Gesundheit der Mitarbeiter - Analyse von WIdO-Befragungen. In: A. Badura, A. Ducki, H. Schröder, J. Klose und K. Macco (Hrsg.): Fehlzeitenreport 2011. Führung und Gesundheit - Zahlen, Daten, Analysen aus allen Branchen der Wirtschaft. Berlin, Heidelberg: Springer-Verlag Berlin Heidelberg, S. 27–36.

Zündorf, Lutz (1987): Führungsebene und Führung. In: Alfred Kieser, Gerhard Reber und Rolf Wunderer (Hrsg.): Handwörterbuch der Führung. Stuttgart: Poeschel (10), S. 390–398.

Zwetsloot, Gerard; Leka, Stavroula (2010): Corporate Culture, Health, and Well-Being. In: Stavroula Leka und Jonathan Houdmont (Hrsg.): Occupational Health Psychology. Chichester, UK ; Malden, Mass.: Wiley-Blackwell, S. 250–268